Herkünfte erzählen

**Gegenwartsliteratur –
Autoren und Debatten**

Herkünfte erzählen

Verflechtungsästhetiken von Interkulturalität und Intersektionalität in deutschsprachiger Gegenwartsliteratur

Herausgegeben von
Reto Rössler und Dominik Zink

DE GRUYTER

Die freie Verfügbarkeit der E-Book-Ausgabe dieser Publikation wurde durch 37 wissenschaftliche Bibliotheken und Initiativen ermöglicht, die die Open-Access-Transformation in der Deutschen Literaturwissenschaft fördern.

ISBN 978-3-11-124915-5
e-ISBN (PDF) 978-3-11-124947-6
e-ISBN (EPUB) 978-3-11-124953-7
ISSN 2567-1219
DOI https://doi.org/10.1515/9783111249476

Dieses Werk ist lizenziert unter der Creative Commons Namensnennung 4.0 International Lizenz. Weitere Informationen finden Sie unter http://creativecommons.org/licenses/by/4.0.

Die Creative Commons-Lizenzbedingungen für die Weiterverwendung gelten nicht für Inhalte (wie Grafiken, Abbildungen, Fotos, Auszüge usw.), die nicht im Original der Open-Access-Publikation enthalten sind. Es kann eine weitere Genehmigung des Rechteinhabers erforderlich sein. Die Verpflichtung zur Recherche und Genehmigung liegt allein bei der Partei, die das Material weiterverwendet.

Library of Congress Control Number: 2024950769

Bibliografische Information der Deutschen Nationalbibliothek
Die Deutsche Nationalbibliothek verzeichnet diese Publikation in der Deutschen Nationalbibliografie; detaillierte bibliografische Daten sind im Internet über http://dnb.dnb.de abrufbar.

© 2025 bei den Autorinnen und Autoren, Zusammenstellung © 2025 Reto Rössler und Dominik Zink, publiziert von Walter de Gruyter GmbH, Berlin/Boston, Genthiner Straße 13, 10785 Berlin. Dieses Buch ist als Open-Access-Publikation verfügbar über www.degruyter.com.
Einbandabbildung: Thet Aung / iStock / Getty Images Plus
Satz: bsix information exchange GmbH, Braunschweig

www.degruyter.com
Fragen zur allgemeinen Produktsicherheit:
productsafety@degruyterbrill.com

Open-Access-Transformation in der Literaturwissenschaft

Open Access für exzellente Publikationen aus der Deutschen Literaturwissenschaft: Dank der Unterstützung von 37 wissenschaftlichen Bibliotheken und Initiativen können 2023 insgesamt neun literaturwissenschaftliche Neuerscheinungen transformiert und unmittelbar im Open Access veröffentlicht werden, ohne dass für Autorinnen und Autoren Publikationskosten entstehen.

Folgende Einrichtungen und Initiativen haben durch ihren Beitrag die Open-Access-Veröffentlichung dieses Titels ermöglicht:

Dachinitiative „Hochschule.digital Niedersachsen" des Landes Niedersachsen
Universitätsbibliothek Augsburg
Universitätsbibliothek Bayreuth
Staatsbibliothek zu Berlin – Preußischer Kulturbesitz
Universitätsbibliothek der Freien Universität Berlin
Universitätsbibliothek der Humboldt-Universität zu Berlin
Universität Bern
Universitätsbibliothek Bielefeld
Universitätsbibliothek Bochum
Universitäts- und Landesbibliothek Bonn
Universitätsbibliothek Braunschweig
Staats- und Universitätsbibliothek Bremen
Universitäts- und Landesbibliothek Darmstadt
Sächsische Landesbibliothek – Staats- und Universitätsbibliothek Dresden
Universitätsbibliothek Duisburg-Essen
Universitäts- und Landesbibliothek Düsseldorf
Universitätsbibliothek Johann Christian Senckenberg, Frankfurt a. M.
Universitätsbibliothek Freiburg
Niedersächsische Staats- und Universitätsbibliothek Göttingen
Fernuniversität Hagen, Universitätsbibliothek
Gottfried Wilhelm Leibniz Bibliothek – Niedersächsische Landesbibliothek, Hannover
Technische Informationsbibliothek (TIB) Hannover
Universitätsbibliothek Hildesheim
Universitätsbibliothek Kassel – Landesbibliothek und Murhardsche Bibliothek der Stadt Kassel
Universitäts- und Stadtbibliothek Köln
Université de Lausanne
Zentral- und Hochschulbibliothek Luzern
Universitätsbibliothek Marburg
Universitätsbibliothek der Ludwig-Maximilians-Universität München
Universitäts- und Landesbibliothek Münster
Bibliotheks- und Informationssystem (BIS) der Carl von Ossietzky Universität Oldenburg
Universitätsbibliothek Osnabrück
Universität Potsdam
Universitätsbibliothek Trier
Universitätsbibliothek Vechta
Herzog August Bibliothek Wolfenbüttel
Universitätsbibliothek Wuppertal
Zentralbibliothek Zürich

Open Access. © 2025 bei den Autorinnen und Autoren, publiziert von De Gruyter. Dieses Werk ist lizenziert unter der Creative Commons Namensnennung 4.0 International Lizenz.
https://doi.org/10.1515/9783111249476-201

Inhalt

Dominik Zink und Reto Rössler
Herkünfte erzählen
  Einleitung —— 1

Teil I: Erzählte Herkünfte und ihre literarischen Formen und Verfahren

Dominik Zink
Du-Erzählungen in Herkunfts-Texten der Gegenwartsliteratur
  Anke Stellings *Schäfchen im Trockenen*, Fatma Aydemirs *Dschinns* und Kim de l'Horizons *Blutbuch* —— 19

Reto Rössler
Lücke und ‚Knacks' – oder: die Mittelklasse in kleinen Formen
  Zu autosoziobiographischen Variationen und pluralisierter Herkunft in Daniela Dröschers *Zeige deine Klasse* und Anna Mayrs *Geld spielt keine Rolle* —— 51

Lena Wetenkamp
Herkunft adressieren: Postmemory und epistolare Verfahren in der Gegenwartsliteratur —— 75

Paul Gruber
„Selbstbewusstsein gegen Fremdbestimmung" – Zum Verhältnis von Erinnerung, Identität und Dialogizität in Saša Stanišićs *Herkunft* —— 91

Franziska Bergmann
Suleikas Herkunft und migrantische Positionen im ‚Dazwischen'
  Raoul Schrotts Auseinandersetzung mit Goethes *West-östlichem Divan* in *A New Divan* —— 111

Iulia-Karin Patrut
Armut und soziale Herkunft bei Herta Müller – *Mein Vaterland war ein Apfelkern* (2014) —— 125

Teil II: Erzählte Herkünfte in interkulturellen und intersektionalen Dimensionen

Nadjib Sadikou
Herkunft und Klasse am Beispiel von Abbas Khiders Romanen *Der falsche Inder* **und** *Der Erinnerungsfälscher* —— 147

Nikola Keller
„um Freyheit und Vaterland betrogen" vs. „topsklave, super angebot" – Herkunft erzählen in der Abolitionsdramatik des achtzehnten und des einundzwanzigsten Jahrhunderts —— 161

Hannah Speicher
Sozialer Aufstieg, finanzieller Abstieg? Karrierewege, Motivationen und Bewältigungsstrategien von „Aufsteiger:innen" in den freien darstellenden Künsten —— 195

Matthias Bauer
Herkunft und Stigma-Management
  Überlegungen zu einem biographischen Handicap und seiner narrativen Auflösung —— 211

Teil III: Poetiken und Figurationen erzählter Herkünfte

Eva Blome
Klassen, Liebe – Herkunft und romantische Paarbeziehung im soziologischen Gegenwartsroman —— 243

Dariya Manova
Heimkehr, Fremdkehr und Heimsuchung in Deniz Ohdes *Streulicht* **und Fatma Aydemirs** *Dschinns* —— 263

Paul Krauße
Biographische Brüche und narrative Kontinuitäten – Strukturmerkmale des Herkunfterzählens am Beispiel von Kim de l'Horizons *Blutbuch* —— 281

Juliane Ostermoor
„Stolperstein meines Erzählens": Sprichwörtliche Redewendungen als leibliche Herkunftserfahrung bei Daniela Dröscher —— 301

Daniela Henke
Das postmigrantische Wissen
    Der literarische Identitätsdiskurs im postmigrantischen Coming-of-Age-Roman am Beispiel von *Die Sommer* von Ronya Othmann —— 331

Autor:innenverzeichnis —— 349

Personenregister —— 351

Dominik Zink und Reto Rössler
Herkünfte erzählen

Einleitung

Am 15. Juli 2024, nur wenige Tage nach dem ersten auf Donald Trump verübten Attentat, ernannte ebendieser James David („J. D.") Vance zu seinem *running mate* für den Wahlkampf um die U. S.-Präsidentschaft 2024. Dass Vance im Falle der Wiederwahl Trumps zum Vizepräsidenten der USA aufsteigen würde,[1] kann angesichts der Radikalität seiner Positionen, die jene Trumps im Vorfeld der Nominierung noch zu übertreffen suchten, nur bedenklich stimmen. Aus literaturwissenschaftlicher Sicht erweist sich der Fall des Klassenaufsteigers, literarischen Autors und inzwischen Berufspolitikers Vance indes aus mehreren Gründen als bemerkenswert: Internationale Bekanntheit hatte Vance 2016 mit seinem autosoziobiographischen Buch *Hillbilly Elegy. A Memoir of a Family and Culture in Crisis* (dt.: *Hillbilly-Elegie. Die Geschichte meiner Familie und eine Gesellschaft in der Krise*) erlangt, das 2020 von Netflix verfilmt wurde und so ironischerweise dasjenige unter den vielen rezent veröffentlichen Werken über soziale Herkunft wurde, das weltweit das größte Publikum erreicht hat. Hierin beschreibt Vance seine Kindheit in einer Kleinstadt im *rust belt* der USA, die jahrelange Heroinsucht seiner Mutter (der Vater hatte die Familien kurz nach seiner Geburt verlassen), das Aufwachsen bei den Großeltern unter prekären Bedingungen sowie seinen hart erkämpften Bildungs- und Klassenaufstieg, der ihn über den Militärdienst, sehr gute schulische Leistungen und mehrere Begabtenstipendien zum erfolgreichen Abschluss als – *nomen est omen* – *Juris Doctor* (J. D.) an der renommierten *Yale Law School* führte. Als Autosoziobiographie lesbar wird *Hillbilly Elegy* dadurch, dass ihr Autor darin nicht nur als Aufsteiger-, sondern gleichermaßen als Vermittler-Figur auftritt. Aus der Retrospektive geschrieben, richtet sich Vance' Geschichte und Aufarbeitung seiner Herkunft weniger an das eigene Herkunftsmilieu als an die bürgerlich-konservative amerikanische Leser:innenschaft der Mittelschicht, wobei der Text auch in links-liberalen Organen wie der *New York Times* positiv besprochen wurde (vgl. Senior 2016). Es ging Vance darum, diesem Publikum die prekäre Lebensrealität der weißen amerikanischen Arbeiterklasse, die Welt der ‚hillbillys', näherzubringen, um deren Stimmen Trump 2016 größtenteils erfolg-

---

[1] Dieser Text ist vor den Präsidentschaftswahlen am 5. November 2024 fertiggestellt worden.

reich geworben hatte und die ein entscheidender Faktor waren, der seine Präsidentschaft überhaupt erst möglich gemacht hatte.[2]

Der Fall Vance ist aber auch und vor allem deshalb bemerkenswert, weil sich an ihm der Übergang vom literarischen Narrativ zur politischen Verwirklichung beobachten lässt. Nicht nur vollzieht sich Vance' politischer Aufstieg zum designierten *vice president* durch literarisches Schreiben über Fragen sozialer Herkunft und Ungleichheit – und belegt damit die gesellschaftspolitische Relevanz und Aktualität autosoziobiographischer Schreibweisen. Offenkundig wird durch den Fall Vance zugleich, dass mit der Wahl der Autosoziobiographie nicht automatisch auch ein emanzipatorisches bzw. transformatorisches Begehren einhergeht, sondern sie für Politiker:innen im konservativen, rechtspopulistischen oder gar rechtsextremen Spektrum gleichermaßen attraktiv zu sein scheint. Dieser Befund verdient wiederum eine differenzierte Betrachtung, da im Fall von *Hillbilly Elegy* Werk und Autor im Diskurs (zunächst) gegen Trump positioniert waren. So finden sich in Vance' Text nicht nur mehrere gegen die *Make America Great Again* (MAGA)-Republicans gerichtete Volten – darunter die Verurteilung der rassistischen Verschwörungstheorie, Barack Obama wäre „a foreign alien actively trying to destroy our country" (Vance 2016, 192) – auch in seinem politischen Auftritt positionierte sich Vance in den ersten Jahren noch offensiv gegen Trump. Dennoch war er es, der nach seiner Nominierung als *running mate* die trumpistische rhetorische Praxis der Inklusion und Exklusion mit seiner Herkunftserzählung verknüpfte.[3] Es mag daher überraschen, dass Vance selbst das Verhältnis zwischen seinem Buch von 2016 und seiner aktuellen Rolle an der Seite Trumps keineswegs als Bruch oder Gesinnungswechsel, sondern vielmehr als kontinuierliche Entwicklung, sowohl seiner Persönlichkeit als auch seiner politischen Überzeugungen deutet.

Die um Herkünfte (im Plural) kreisenden Primärtexte, die im vorliegenden Band behandelt werden, könnten dahingehend in ihrer Anlage kaum gegensätzlicher ausfallen: zum einen, da sie biographische Brüche, Erfahrungen der Fremdheit, Vulnerabilität und Nicht-Zugehörigkeit in intersektionalen Dimensionen ausloten, zum anderen, da die (poetischen) Formen ihrer Darstellung über ebendiese Diskontinuitätserfahrungen sowie Diskriminierungsweisen wiederum hinausweisen. Während es Vance darum geht, Eindeutigkeit zu erzeugen, geht es den Primärtexten dieses Bandes darum, vermeintlich Eindeutiges aufzubrechen.

---

[2] Bei der U.S.-Wahl 2016 hatten bis auf Illinois alle Staaten des *rust belt* ihre Wählleute für Donald Trump entsendet, während sie 2008 noch geschlossen für Obama gestimmt hatten.
[3] „Ich komme aus einer kleinen Stadt, in der die Menschen ihre Meinung gesagt, mit den Händen geschafft und Gott, ihre Familie, ihre Gemeinde und ihr Land mit ganzem Herzen geliebt haben." (Hautkapp 2024)

1 Herkünfte. Verflechtung von Interkulturalität und Intersektionalität

Indem die soziologisch getönte Reflexion des eigenen Bildungs- und Klassenaufstiegs in Vance' Autosoziobiographie in ein sowohl durch kulturelle Festschreibungen als auch durch regressive Tendenzen geprägtes Gesellschaftsmodell überführt wird, zeigt sich in *Hillbilly Elegy*, was Carlos Spoerhase treffend als die ‚dunkle Seite' autosoziobiographischen Schreibens bezeichnet hat (vgl. Spoerhase 2024). Der erfolgreiche Klassenwechsler erklärt sich hierin selbst zur ‚Ausnahme', wodurch die eigene Leistung, dem Herkunftsmilieu der gesellschaftlich ‚Abgehängten' entgegen allen Widerständen und aller Wahrscheinlichkeit entkommen zu sein, umso größer erscheint. Anstatt jedoch selbst an der sozialen Transformation im Sinne eines Durchlässigwerdens sozialer Schichten mitzuwirken, verortet Vance das grundlegende Problem der Armut nicht auf einer gesellschaftlichen, sondern auf einer persönlich-charakterlichen Ebene: Die Abzweigung, die *Hillbilly Elegy* nimmt, ist dabei noch keineswegs die Flucht ins Ressentiment, wie sie die jüngsten Statements des Trump-Loyalen prägen. Allerdings wird die Krise, von der im Untertitel die Rede ist, nicht als eine der Gesellschaft, sondern als eine der Kultur verstanden (*A Memoir of a Family and Culture in Crisis*), deren kleinste soziale Einheit die Familie und deren persönlicher Nukleus der eigene Charakter ist. Mit *Culture* ist dabei nicht, wie die deutsche Übersetzung missverständlich nahelegt, die Gesellschaft als Gesamtheit der vermittelnden politischen, wirtschaftlichen und sozialen Institutionen gemeint, sondern *Culture* als spezifische Eigenheit einer Gemeinschaft. Sie stellt hier ein Set internalisierter gemeinsamer Verhaltens- und Sichtweisen dar, welche letztlich die Charaktereigenschaften der Mitglieder der jeweiligen Kultur determinieren. Bereits in der Einleitung seines Buchs gibt Vance dazu ein eindrückliches Beispiel seines heteronormativen wie kulturessentialistischen Gesellschaftsblicks: Er erzählt von einem jungen Mann „with every reason to work – a wife-to-be to support and a baby on the way – carelessly tossing aside a good job with excellent health insurance" und erklärt dieses Verhalten mit der kulturellen Einstellung dieses Mannes (Vance 2016, 7). Es gehe ihm, führt er weiter aus, nicht um „macroeconomic trends and policy" (Vance 2016, 7), sondern um „a *culture* that increasingly encourages social decay instead of counteracting it" (Vance 2016, 7, unsere Hervorhebung, D. Z. und R. R.). Eine *Culture*, die „young men immune to hard work" (Vance 2016, 7) mache, sei damit ein Problem der Einstellung und keines auf gesamtgesellschaftlicher Ebene. Aus dieser Logik heraus erscheint Vance' sozialer Aufstieg auch nicht als ‚glückliche Ausnahme' (im Gegensatz zu den Autosoziobiographien Christian Barons oder Didier Eribons); vielmehr wird der erfolgreiche Klassenwechsel mit der Außergewöhnlichkeit des Charakters einzelner Figuren in Verbindung gebracht: vorderhand mit jenem der Großmutter, unter der Hand mit Vance' eigenem.

Der kontrastive Blick auf die dunkle Variante autosoziobiographischen Schreibens verdeutlicht so die konzeptuelle Nähe, aber auch und mehr noch die Differenz zu den literarischen Herkunftserzählungen, für die sich dieser Band interessiert. Auch dem Konzept ‚Herkunft' sind über die Frage „Woher kommst Du?" zunächst stark normativ-festschreibende Züge inhärent. Sie impliziert die Fragen: „Wer bist Du?", „Wo liegen Deine Ursprünge und Wurzeln?", „Wie kann ich Dich in Kategorien einsortieren und Deine Identität ‚dingfest' machen?"

Gegen diese festschreibenden Tendenzen von ‚Herkunft' hat Saša Stanišić 2019 mit *Herkunft* jedoch einen Text vorgelegt, der sich einerseits als autosoziobiographische Reflexion lesen lässt, andererseits aber auch jeglichen Formen der äußeren Festlegung auf eine Identität oder Rolle, wie der des ‚Flüchtlings', mit den Mitteln der Poesie und literarischen Fiktion entgegentritt. In seiner ästhetischen und narrativen Eigenlogik konterkariert *Herkunft* so den Singular seines Titels: Indem der Roman die sich erst aus der Rückschau zum geraden Lebenslauf fügenden Ereignisse als kontingente Verzweigungen von Ab-, Irr- und Seitenwegen kenntlich macht oder in der Kulturtechnik des Sich-Erinnerns neben dem Faktischen auch die Rolle des Erfindens sowie die Bedeutung von Wunsch und utopischer Hoffnung akzentuiert, erzählt er Herkunft jederzeit in pluralisierter wie pluralisierender Weise: als Nebeneinander von möglichen und unmöglichen sowie faktualen und fiktionalen Herkünften.

Seit seinem Erscheinen vor nunmehr fünf Jahren hat *Herkunft* viel Resonanz erfahren, ist zu Recht vielfach ausgezeichnet worden und hat wesentlich dazu beigetragen, dass in der neueren deutschsprachigen Gegenwartsliteratur wieder ein starker Akzent auf einer gesellschaftskritischen Beobachtungsleistung von Literatur liegt, die zugleich die Möglichkeit von poetischer Veränderbarkeit sowie das Ausloten von Utopien und Möglichkeitsräumen für sich beansprucht. Im Gegensatz zu Vance' Text, der bereits in seiner gesellschaftlichen Problembeschreibung zu schematischer Vereindeutigung, Simplifizierung und Essentialisierung tendiert, ist bei Stanišić weder die Frage noch die Antwort klar. Dadurch wird allerdings erst eine literarisch-ästhetische Auseinandersetzung mit dem Phänomen gefordert, die erlaubt, Herkunft als Konzept nuanciert zu befragen und zu pluralisieren.

Eine jüngere Generation von Schriftsteller:innen, neben Saša Stanišić auch Deniz Ohde, Daniela Dröscher, Hengameh Yaghoobifarah, Fatma Aydemir, Christian Baron, Marlen Hobrack, Olga Grjasnowa, Mithu Sanyal, Kim de l'Horizon, Sharon Dodua Otoo, Martin Kordić, Sasha Marianna Salzmann, Max Czollek, Enrico Ippolito, Olivia Wenzel, Necati Öziri, Fatima Daas, Ronya Othmann und andere (alle zwischen Mitte der 1970er und Anfang der 1990er Jahre geboren) schreibt seit einigen Jahren im Zeichen pluralisierter Herkunft bzw. Herkünfte und rückt dazu Protagonist:innen ins Zentrum der (meist in Prosa gehaltenen) Handlung, die von Migrationserfahrungen und Mehrfach-Diskriminierung, von der Prekarität ihrer Bildungsaufstiege, aber auch von hoher sozialer wie kultureller Mobilität erzählen. Als Klassenaufsteiger:innen, als ehemals geflüchtete Personen oder aus dem Doppelblick postmigrantischer Erfahrung heraus reflektieren sie Kategorien identitärer Normierung und Diskriminierung, allen voran die Triangulation von *race*, *gender* und *class*, aber auch nationale, familiäre, subkulturelle und religiöse Zugehörigkeit hinsichtlich ihrer Exklusionspotenziale, erzählen von damit einhergehenden Formen körperlicher, psychischer sowie struktureller Gewalt und versuchen gerade aufgrund der erfahrenen Verletzungen zugrundeliegende machtasymmetrische Binarismen zugleich darzustellen und aufzubrechen bzw. poetisch zu unterlaufen.

Wie sich an vielen gegenwartsliterarischen Beispielen zu Herkunft und Herkünften zeigen lässt, bleiben die literarischen Texte dabei selten auf nur eine einzelne Diskriminierungsform beschränkt, sondern bringen vielmehr deren Verschränkung und wechselseitige Verstärkung zur Darstellung. So verknüpft Christian Barons *Ein Mann seiner Klasse* (2020), indem er vom Aufwachsen in Armut, der Alkoholsucht und Gewalttätigkeit seines Vaters sowie seinem Bildungsaufstieg erzählt, gleichermaßen die Themen Klassismus und prekäre Männlichkeit und führt beide – der Titel seines Romans lässt dies bereits anklingen – in ihren familiären Gewaltauswirkungen sowie den Formen der Scham narrativ eng. Ganz ähnlich verhält es sich für die autofiktionalen Prosatexte Daniela Dröschers (*Zeige deine Klasse* [2018]; *Lügen über meine Mutter* [2022]), in denen am Beispiel ihrer ‚Mittelschichtsfamilie' klassenbildende Normalisierungsprozesse in ihren geschlechtsspezifischen und migrationsbedingten Diskriminierungsweisen erzählt werden.

‚Erzählten Herkünften' ist damit ein gleichsam ‚natürliches', weil medienspezifisches Verflechtungspotenzial eigen, das sie in einen produktiven Dialog zur sozialwissenschaftlichen Intersektionalitätsforschung treten lässt. Ihr entscheidender Vorzug als literarische Zeugnisse ist es, dass sie in ihrer Displayfunktion Überlappungen verschiedener Gewalt- und Diskriminierungsformen vor Augen stellen, deren Wechselwirkung von sozialwissenschaftlicher Seite begrifflich und modellhaft teils erst noch zu eruieren ist. Nimmt man das spezifisch Literarische in den Blick, wird deutlich, worin sich der eingangs angesprochene Text von Vance und beispielsweise Barons *Ein Mann seiner Klasse* unterscheiden, obwohl sie sich thematisch durchaus ähneln. Bereits auf Ebene der Verknüpfung von *histoire* und *discours* und damit an dem Punkt, an dem „die Beziehung von (erzählter) Identität und (erzählerischer) Perspektive gestaltet ist" (Blome et al. 2022, 11), geht es Vance um Eindeutigkeit, die letztlich nur eine konservativ-libertäre Lesart zulässt, während Baron versucht, verschiedene Aspekte darzustellen, ohne eine einzige Deutung oder Lösung zu insinuieren. Vance installiert einen Erzähler-Autor, der alle erzählten Ereignisse *ex post* einordnet, ohne sich selbst größere Zweifel einzuräumen. Ein Autor, der sich über die Authentifizierungsstrategien der Autobiographie (bzw. des *memoir*) die Autorität eines allwissenden Autors zuspricht. Baron hingegen zeigt die Verknüpfung von erzählter Identität und erzählerischer Perspektive als eine andauernde Anstrengung, die zwar auch erfolgreich um Erkenntnis ringt, aber letztlich nicht stabilisiert werden kann. Dies wird auf der formalen Ebene der Verknüpfung von *histoire* und *discours* dadurch deutlich, dass Berichte über den Rechercheprozess in die Geschichten in einer Weise eingeflochten sind, die den Lesefluss teils massiv stören. So lässt der Text den unentwirrbaren Zusammenhang zwischen erzählendem Subjekt und erzähltem Objekt erfahrbar werden, der eben auch deswegen unentwirrbar ist, weil die Pluralität von Herkünften, Einflüssen und Bezugnahmen die Kohärenz einer vereindeutigenden Darstellung bedroht.

Zu Einzelaspekten, die den diskursiven wie narrativen Komplex pluralisierender Herkunftserzählungen ausmachen, sind in kurzer Zeit bereits eine beachtliche Anzahl an Untersuchungen erschienen. Dies gilt insbesondere für die Gattung Autosoziobiographie (vgl. Jacquet 2018; Spoerhase 2018; Blome 2020) und Klassenbildungsprozesse in der Literatur (vgl. Stahl et al. 2020; Blome et al. 2022); für Beispiele postkolonialer deutschsprachiger Gegenwartsliteratur (vgl. Göttsche 2013; Beck 2017) sowie für den *postmigrant turn* (vgl. Schmidt und Thiemann 2022; Cramer et al. 2023; Twellmann und Neumann 2023).

Das Thema Intersektionalität rückt dagegen gerade erst in den Fokus literaturwissenschaftlicher Studien der Germanistik (vgl. Klein und Schnicke 2014; Abrego et al. 2023; Beckmann et al. 2024). Eine Untersuchung gegenwartsliterarischer Herkunftserzählungen, die für Formen von Mehrfachdiskriminierung sensibel ist und ihnen Narrative durchlässiger Grenzen, gesellschaftlicher Vielfalt und pluraler Lebensentwürfe entgegenstellt, fehlt dagegen bislang noch.

2 ‚Herkünfte erzählen' – zwischen Vulnerabilität und (poetischer) Resilienz

Hinsichtlich des literarischen Doppelblicks, Formen der Mehrfachdiskriminierung zum einen aus- und darzustellen und zum anderen poetisch über sie hinaus zu weisen, ergeben sich indes Anschlüsse an die aktuelle literaturwissenschaftliche Interkulturalitätsforschung (vgl. Patrut und Uerlings 2013). Eine wesentliche Erkenntnis, die die inzwischen stark ausdifferenzierten Methoden und Zugänge in diesem Feld verbindet, ist die gemeinsame Überzeugung, dass interkulturelle Literatur, wenn sie Beispiele ausbleibender und/oder scheiternder interkultureller Transfers über Prozesse der Inklusion und Exklusion einerseits zeigt, sie andererseits über die Formen der poetischen Inszenierung und Darstellung immer auch die Frage nach gelingender Interkulturalität aufwirft, sei sie auch utopischer Natur, weil in der Gegenwart der erzählten Welt (noch) nicht realisierbar (vgl. Zink 2017; Heimböckel und Patrut 2021; Patrut et al. 2022; Rössler und Zink 2024). Als Beispiele derartiger poetischer Techniken und Verfahren interkulturellen Schreibens haben sich etwa Polyperspektivität, Vielstimmigkeit, Ironie sowie literarische ‚Ähnlichkeit' herausgestellt (vgl. Bhatti und Kimmich 2015; Rössler und Patrut 2019; Zink et al. 2024).

Analysiert man mit dieser Art des Doppeltblickes ‚erzählte Herkünfte' zeigen sich gleichwohl wiederum neue oder poetologisch zumindest anders gelagerte Formen, Figurationen und Verfahren. Für eine Reihe von Texten fällt zunächst auf, dass die literarische Infragestellung normierender Herkunft und deren poetische Pluralisierung mit literarischen Formbildungsverfahren einhergeht. Dies gilt etwa für die Rolle von Du-Erzählungen im autosoziobiographischen Roman, das Spiel mit und die Montage von ‚kleinen Formen' im autosoziobiographischen Romanessay, die Rolle von Brief und Briefschreiben in postmemorialer Herkunftsliteratur, die besondere Form der Meta-Autosoziobiographie sowie die intertextuelle Variation und (postmigrantische) Umschrift klassischer interkultureller Lyrik. In der ersten von insgesamt drei Sektionen des vorliegenden Bandes wenden sich diesem Schwerpunkt die Beiträge von Dominik Zink, Reto Rössler, Lena Wetenkamp, Paul Gruber und Franziska Bergmann zu.

Sektion 1: Erzählte Herkünfte und ihre literarischen Formen und Verfahren

Im ersten Beitrag zu dieser Sektion untersucht *Dominik Zink* ausgehend von der Feststellung, dass Herkunftstexte überdurchschnittlich häufig als Du-Erzählungen gestaltet sind, Anke Stellings *Schäfchen im Trockenen* (2018), Fatma Aydemirs *Dschinns* (2022) sowie Kim de l'Horizons *Blutbuch* (2022). In allen drei Texten ist die Du-Form ein Versuch, als unerzählbar markierte Herkünfte zur Sprache zu bringen. Während bei Stelling die Protagonistin Resi durch die Adressierung ihrer Tochter auf das Recht und die Notwendigkeit einer Darstellung der Konsequenzen ihrer sozialen Herkunft beharrt, obwohl sie anerkennt, dass sie ihre Situation nicht widerspruchsfrei erklären kann, handelt es sich bei den anderen beiden

Texten um *erzähllogische* Paradoxa, die die Du-Form fordern. In Aydemirs Roman erzählt ein Dschinn zwei sterbenden Figuren deren eigene Herkunfts-Geschichte. Dieser Dschinn wird als unentscheidbar homo- und/oder heterodiegetische Instanz entworfen und symbolisiert so die unauflösbare Spannung des doppelten Begehrens nach einer auktorialen Deutungshoheit einerseits sowie nach einem zuhörenden, innerdiegetischen Du andererseits. Kim de l'Horizon hingegen verwendet die Du-Form um Auktorialität als Form patriarchal-heldischen Erzählens gänzlich aus dem Text zu verbannen. Diesem am Vatermord orientierten Erzählen, das gewaltsam Deutungsmacht beansprucht, setzt de l'Horizon einen Erzählmodus der Natalität entgegen, der das Du – die Großmutter – versucht, erzählend zu gebären und so zu seinem Recht kommen zu lassen. Die Du-Form ist der Versuch, ein Erzählen von Herkünften zu finden, das nicht auf ein ‚Festschreiben' aus wäre, sondern das sich als ‚permanent fluide Verhältnisbestimmung' entwirft.

Reto Rössler untersucht Daniela Dröschers *Zeige deine Klasse. Die Geschichte meiner sozialen Herkunft* (2018) und Anna Mayrs *Geld spielt keine Rolle* (2023) unter formpoetologischen Gesichtspunkten. Beiden Texten ist gemein, dass sie innerhalb der ‚kleinen Form' des literarischen Essays auf eine Reihe von poetischen Miniaturen zurückgreifen, um Herkünfte aus sowie Ankünfte in der (autosoziobiographisch bislang unterrepräsentierten) Mittelklasse zu erzählen. In der Tradition der Denkbilder Benjamins und Kracauers zur Erkundung und Darstellung bürgerlicher Milieus respektive der aufkommenden Angestelltenkultur nutzt Dröscher die Kleinstformen einmontierter Steckbriefe, kurzer Dialogsequenzen und Listen, um sogenannte ‚Normallebensverhältnisse' innerhalb der Mittelklasse auf teils offene, teils verborgene Marginalisierungen sowie Formen der (Mehrfach-)Exklusion hin zu befragen. In beiden Essays stellen Verfahren der Verkleinerung, Konkretisierung und Verdichtung, Verwundungen und Brüche als ‚Knacks'-Erfahrungen (Roger Willemsen) des individuellen Lebenslaufs und Klassenwechsels einerseits aus. Andererseits tragen Formen des ironisch-subversiven Erzählens zur Pluralisierung und Hybridisierung von ‚Herkunft' bei, was sich bei Anna Mayr insbesondere im Schwanken der Autorerzählerin zwischen gefühlter Nicht-Zugehörigkeit zum Ankunftsmilieu, neuem Konsumbegehren und Konsumverweigerung – dargestellt in einzelnen Fallgeschichten – zeigt.

Einer weiteren kleinen Form im Kontext von Herkunft spürt *Lena Wetenkamp* in ihrem Beitrag nach und untersucht dazu die Rolle von Briefen und brieflichem Schreiben in fünf Romanen des gegenwartsliterarischen Genres ‚Postmemory'. Ausgehend von Marianne Hirschs Postmemory-Begriff als Verhältnisbestimmung der Nachfolgegeneration zu den individuellen oder kollektiven Traumata der Vorgängergeneration zeigt Wetenkamp für Monika Marons *Pawels Briefe* (1999,) Lena Goreliks *Lieber Mischa* (2011), Olga Grjasnowas *Der Russe ist einer, der Birken liebt* (2012) sowie für Mirna Funks *Winternähe* (2015) und Maya Lasker-Wallfischs *Briefe nach Breslau* (2020), dass die rekonstruktive Aufarbeitung der eigenen Familiengeschichte und die Bezugnahme auf transgenerationale Traumaerfahrungen durchgehend über epistolare Verfahren literarisch dargestellt werden. Ihre kontrastive Lektüre ergibt überdies, dass das Medium Brief nicht nur zur Rekonstruktion, sondern auch zur Adressierung der Vergangenheit dient. So etwa im Falle der Romane Funks und Lasker-Wallfischs, in denen die Figuren selbst als Briefeschreiberinnen an die Vorfahren hervortreten.

Mit dem 2019 erschienenen und im gleichen Jahr mit dem Deutschen Buchpreis ausgezeichneten Roman *Herkunft* hat Saša Stanišić jenen literarischen Text geschrieben, der autobiographisches Erzählen, Erfahrungen der Interkulturalität, der Mehrfachdiskriminierung sowie des Bildungs- und Klassenaufstiegs in Kontexten von Krieg, Flucht, Migration, Ankunft und Leben in Deutschland zur integralen Form und Darstellung gebracht hat. In seinem Beitrag interpretiert *Paul Gruber* den Roman zum einen als Form der Meta-Autobiographie, in der Stanišić autobiographische Schreibweisen aufruft und zugleich bricht, zum anderen als ein literarisches Schreiben, das zwischen Fremdbestimmung und Selbstbewusstsein oszilliert. Indem Stanišić die Rolle von Zufällen ins Zentrum seines Erzählens von Herkunft rücke, verweise sein Roman auf das Fiktive von Biographien wie auch auf das utopische Moment von Gesellschaft und Geschichte: die Möglichkeit, dass alles auch ganz anders sein könnte.

Neben der Prosa-Collage spielen Herkunftsfragen auch in der Gegenwartslyrik eine Rolle. Dies führt *Franziska Bergmann* am Beispiel von Raoul Schrotts lyrischem Beitrag in der anlässlich des 200. Jubiläums von Goethes *West-östlichem Divan* (1819) herausgegebenen Publikation *A New Divan* aus dem Jahr 2019 vor. Während Schrotts Gedicht *Suleika spricht* formästhetisch eng auf Goethes Gedichtsammlung sowie die Dichtung des persischen Dichters Hafis (dessen Werk wiederum als Inspiration und Vorlage diente) bezogen ist, handelt es sich thematisch sowohl um eine Reaktualisierung als auch um eine kritische Umschrift. Entgegen der gängigen Lesart, wonach der *West-östliche Divan* die Möglichkeit gelingender interkultureller Transfers ins Werk setze, ist die postmigrantische Perspektive der Deutsch-Iranerin Suleika vielmehr durch Gefühle eines kulturellen ‚Dazwischen' geprägt, die sie sich weder der iranischen noch der deutschen Kultur zugehörig fühlen lassen.

In einer zweiten Sektion versammelt der Band Beiträge, die ihren Fokus besonders auf interkulturelle sowie intersektionale Dimensionen erzählter Herkünfte richten. Iulia-Karin Patrut, Nadjib Sadikou, Nikola Keller, Hannah Speicher und Matthias Bauer untersuchen hierin, wie sich Erfahrungen von Armut, Flucht, Kinderarbeit, familiärer Gewalt, Staatenlosigkeit, prekäre Arbeitsbedingungen (insbesondere von Künstler:innen), Sexismus und Rassismus in pluralisierten Herkunftserzählungen verflechten und in ihren Gewaltauswirkungen wechselseitig verstärken.

Sektion 2: Erzählte Herkünfte in interkulturellen und intersektionalen Dimensionen

Dass sich Poetiken der Interkulturalität mit intersektionalen Perspektiven im Narrativ der Herkunft gegenwartsliterarisch verflechten, zeigt im ersten Beitrag der Sektion *Iulia-Karin Patrut* am Beispiel des Oeuvres der Literaturnobelpreisträgerin Herta Müller. Für ihren Interviewband *Mein Vaterland war ein Apfelkern* (2014) sowie den autobiographisch gefärbten Collageband *Im Heimweh ist ein blauer Saal* (2019) arbeitet sie dazu in Bezug auf Armut, Kinderarbeit, beruflicher Diskriminierung, Lagererfahrung der Eltern, urbaner Diktaturerfahrung, Systemwechsel und Migration systematisch heraus, wie Formen der Mehrfachdiskriminierung Müllers literarische Darstellung ihrer Herkunft durchziehen und wie diese auf allzu glättende Vorstellungen von Klassenaufstiegen und gelingenden interkulturellen Transfers durchschlagen. Solchen wirkt insbesondere die Form der Collage entgegen, insofern die Intersektion und Transgenerationalität von Gewalterfahrung und Diskriminierung (teils ironisch-humoristisch) sichtbar macht, poetisch verdichtet und sprachspielerische Anschlusskommunikationen evoziert.

Daran schließt thematisch ein Beitrag zum Verhältnis von Herkunft und Klasse in zwei Romanen von Abbas Khider an. Als politisch Verfolgter war Khider im Jahr 2000 aus dem Irak nach Deutschland geflohen. Hier schloss er das Abitur ab, studierte in Potsdam und München Literatur und Philosophie und hat seit 2008 sechs Romane in deutscher Sprache veröffentlicht. In seiner Re-Lektüre des Romandebüts *Der falsche Inder* (2008) sowie des zuletzt erschienenen Romans *Der Erinnerungsfälscher* (2019) hebt *Nadjib Sadikou* hervor, dass diese in ihrer autobiographischen Prägung die eigene Flucht- und Migrationsgeschichte als intersektionale Form von Mehrfachdiskriminierung reflektieren. Zugleich erweisen sich beide Romane als anschlussfähig an dekonstruktive Ansätze in Interkulturalitätsforschung und Postcolonial Studies (u. a. Edward Said, Stuart Hall, Anil Bhatti), indem sie essentialistische Vorstellungen des Subjekts zu hybridisieren und zu pluralisieren suchen.

Nikola Keller betrachtet in ihrem Beitrag Herkunftserzählungen von Versklavten-Figuren diachron, indem sie Abolitionsdramen des 18. Jahrhunderts mit dem Stück *sklaven leben* (2020) von Konstantin Küsper vergleicht. Versklavte auf die Bühne zu bringen und sie als sprechende Subjekte zum Ankläger des ihnen widerfahrenen Unrechts zu machen, darf als Novum des 18. Jahrhunderts gelten. Gerade die Herkunftserzählung erweist sich dabei als Möglichkeit, den Status als (Rechts-)Subjekte einzufordern, umfasst diese doch zumeist nicht nur die Gefangennahme, die Deportation und das Leben in der Sklaverei, sondern auch ein Leben in Freiheit vor diesen Ereignissen. Die ästhetisch-dramatische Erzählung von der Herkunft ist demnach so gestaltet, dass ihr die politische Forderung nach Abschaffung der Sklaverei unmittelbar evident scheint. Keller stellt Küspers Stück, das sehr deutlich zeigt, dass Sklaverei erstens nach wie vor existiert und zweitens die westliche Konsum-Normalität von ihr abhängt, zu Recht in die Tradition der Abolitionsdramen der Aufklärung. Hier wie dort zielen die dramatischen Mittel letztlich darauf, dem Publikum die Versklavten als ‚Ähnliche' zu präsentieren.

Einen Exkurs in die gegenwärtige Theaterpraxis unternimmt der Band mit dem Beitrag von *Hannah Speicher*. Wie ihre empirisch-sozialwissenschaftliche Studie eindrücklich belegt, spielt die soziale Herkunft eine entscheidende Rolle für Karrierewege und Aufstiegsmöglichkeiten von Schauspieler:innen in den freien darstellenden Künsten in Deutschland. Während sich die finanzielle Lage und vor allem die soziale Absicherung freier darstellender Künstler:innen im Allgemeinen als prekär herausstellt, differenziert Speicher aus dem Material ihrer Interviews für den Umgang mit beruflicher Prekarisierung insgesamt drei unterschiedliche ‚Typen' heraus: den ‚sorgenfreien Typus', der durch in der Regel geerbtes Vermögen und Besitz materiell abgesichert ist; den ‚sorglosen Typus', der an Armut gewöhnt ist und diese als Integral seiner Künstler:innenidentität begreift; und schließlich den ‚besorgten Typus', der unter der Prekarisierung leidet, zudem häufig(er) Formen der (Mehrfach-)Diskriminierung ausgesetzt ist, was bei diesem Typus schließlich nicht selten zum Abbruch der Theaterkarriere führt.

Als ein gemeinsames narratives Merkmal von Herkunftserzählungen macht *Matthias Bauer* die individuelle und literarische Verarbeitung von Stigmatisierung(en) aus. In seinem Beitrag illustriert er zunächst am Beispiel von *Meier Helmbrecht* (1250/1280), *Parzival* (1200–1220) sowie Grimmelshausens *Simplicissimus* (1668), dass Fragen der Herkunft, durch persönliche Verletzung geprägte soziale Aufstiege und (gebrochene) Identitätskonstruktionen bzw. -zuschreibungen bereits dem Roman der Vormoderne eingeschrieben sind. Im Rückgriff auf den amerikanischen Soziologen Erving Goffman arbeitet er sodann als Merkmal gegenwärtiger Herkunftsromane deren elaborierte Formen des ‚Stigma-Managements' heraus, die er wiederum an zwei Roman-Beispielen, Daniela Dröschers *Lügen über meine Mutter* (2022) und Marlen Hobracks *Schrödingers Grrrl* (2023) poetologisch ausdifferenziert. Im Hinblick auf Schreibweisen der Maskerade etwa zeigen sich hier trotz aller Unterschiede wiederum auch überraschende Parallelen zum vormodernen Romantypus des Pikaro bzw. der Pikara.

Eine dritte Sektion des Bandes bilden schließlich Poetiken und Figurationen ‚erzählter Herkünfte'. Im Unterschied zur ersten, Formbildungsprozessen gewidmeten Sektion liegt der Schwerpunkt hier stärker auf singulären Inszenierungsweisen, mittels derer das Erzählen von Herkunft pluralisiert wird. Entlang von Poetiken und Figurationen der Paarbeziehung, Heimkehrer:innenfiguren, Techniken der Erzeugung von biographischen und narrativer Dis-/Kontinuität, der ‚Sprache des Leibes' sowie der narrativen Konstruktion eines ‚postmigrantischen Wissens' eruieren dies die Beiträge von Eva Blome, Dariya Manova, Paul Krauße, Juliane Ostermoor und Daniela Henke.

Sektion 3: Poetiken und Figurationen erzählter Herkünfte

Nach dem Verhältnis von romantischer Liebe und sozialer Herkunft fragen die Romane, die *Eva Blome* in ihrem Beitrag untersucht: Thomas Melles *3.000 Euro* (2014), Rafael Chirbes' *Paris-Austerlitz* (2016) sowie Natasha Browns *Assembly* (2021). In allen drei Texten werden Liebesverhältnis mit zwei Partner:innen durchgespielt, die aus ökonomisch und sozial verschiedenen Klassen stammen. Blome bestimmt diesen Fokus auf die der Gattung Roman so eng verbundene Thematik der romantischen Liebe als einen wesentlichen Unterschied zwischen dem neuen soziologischen Roman und dem Genre der Autobiographie. Sie fragt, inwiefern die literarische Verklammerung von Liebesthematik und sozialer Ungleichheit das doppelte Potential von Reproduktion und Hoffnung auf Infragestellung bestehender Ordnungsmodelle von Klasse, Geschlecht und Begehren nicht nur zu bedienen, sondern auch zu problematisieren vermag. In allen drei Romanen erweist sich die von der Tradition aufgerufene, alle Grenzen transzendierende Kraft der romantischen Liebe als eine lediglich vermeintliche. Blome zeigt, dass die Texte die (scheiternde) Paarbeziehung vielmehr als ein Vergrößerungsglas verwenden, das sie auf die Persistenz-Mechanismen sozialer Ungleichheit ausrichten.

Autosoziobiographien und Herkunftserzählungen inszenieren den vollzogenen Klassenwechsel nicht selten über das Motiv der Rück- bzw. Heimkehr. Der räumlichen Distanz der Rückkehrer:innen-Figuren korrespondiert so beispielsweise auch in Didier Eribons *Retour à Reims* eine zeitliche, die als subjektive Erinnerung ausgewiesene Erzählelemente mit theoretischen und soziologischen Reflexionselementen verknüpft. *Dariya Manova* zeigt in ihrem Beitrag indes auf, dass dieses prototypische Erzählschema der Autosoziobiographie gerade im Rückgriff auf Szenarien der Heimkehr gebrochen und die lineare Aufstiegsgeschichte unterlaufen wird. In Deniz Ohdes *Streulicht* (2020) analysiert sie die Heimkehr mit Ilja Trojanow als ‚Fremdkehr', in der sich die Ich-Erzählerin ihrer prekären Zugehörigkeit ‚zwischen den Klassen' des Herkunfts- und Ankunftsmilieus sowie der damit verbundenen Mehrfachdiskriminierung bewusst wird. In Fatma Aydemirs vielstimmigen Roman *Dschinns* (2022) bilden die Türkei und Istanbul aus postmigrantischer Perspektive der inzwischen seit mehreren Generationen in Deutschland lebenden Figuren dagegen einen Ort der Imagination, in dem sich die Sehnsucht nach der ‚Heimat' mit Gefühlen der Heimsuchung überlagert.

Paul Krauße stellt die Frage nach dem Verhältnis von Kontinuität und Bruch in Herkunftserzählungen. Er geht dabei von Paul Ricoeurs Theorie der narrativen Identität aus, deren Zweck Ricoeur als die Wiedereinbettung der personalen Identität zum Erzählzeitpunkt in die individuell-biografische sowie die kollektive Vergangenheit (im Kontext von Familien-, Landes- und Klassengeschichte) bestimmt. Figuren, die agieren, um biographische Brüche in eine Selbsterzählung zu integrieren, lassen sich als Foucault'sche Genealog:innen ihrer Selbst beschreiben, was bedeutet, dass sie ihr Gewordensein in den Dienste der Transformation stellen. Krauße zeigt an Kim de l'Horizons *Blutbuch*, dass in dieser genealogischen Arbeit am narrativen Selbst vor allem der Körper als Ort der geschichtlichen Prägung und Subjektivierung befragt wird. Wird die Metapher des Fluiden verwendet, um die Ungreifbarkeit der eigenen Identität als Kontinuum darzustellen, so ist die des Webens hingegen diejenige, die die Seite der Kohärenz des erschriebenen bzw. des schreibenden Selbst zum Ausdruck bringt. Krauße spricht daher von einem textilen Körper.

Auch *Juliane Ostermoor* stellt den Körper in ihrem Beitrag in den Fokus. Sie interpretiert die sprichwörtlichen Redewendungen in Daniela Dröschers *Lügen über meine Mutter* als Darstellungen leiblicher Herkunftserfahrungen. Fungieren diese Phraseologismen in der Alltagswelt als Marker verschiedener Kontexte, so übernehmen sie durch ihre ästhetische Verwendung in Dröschers Texten als Zitate einerseits die Funktion, eine strukturelle Unübersetzbarkeit zwischen den Klassen-Kontexten zu markieren, indem sie der Erzählerin als Sprache der Mutter, als Versatzstücke der Muttersprache erscheinen, die nicht mehr die Sprache ist, in der sie schreibt. Andererseits stellt Dröscher – so Ostermoor – die irreduzibel leibliche Dimension dieser Sprache heraus, die aufs Engste mit dem Körper der Mutter, aber auch einem körperlich-intuitiven Verständnisses des Kindes verknüpft ist. So muss der Einsatz der Redewendungen als ein literarisches Verfahren der Verfremdung und gleichzeitig der Aneignung verstanden werden.

Danila Henkes Beitrag beschließt den Band mit einer Untersuchung von Ronja Othmanns Roman *Die Sommer* (2020), den Henke als postmigrantischen Coming-of-Age-Roman begreift. Das ‚Postmigrantische' fasst sie dabei terminologisch als eine Art von Wissen, das aus einer spezifischen interkulturellen Erfahrung erwächst, sowie als ein literarisches Phänomen, durch das sich diese Form des Wissens artikulieren lässt. Othmanns Roman analysiert Henke hinsichtlich eines darin formulierten postmigrantischen Wissens über das Verhältnis von kollektiver und personaler Identität, um die Frage nach der spezifischen Formation postmigrantischer Identität zu stellen. Die Protagonistin Leyla, die mit einem êzidisch-kurdischen Vater und einer deutschen Mutter in Deutschland aufwächst, bezieht sich auf die kulturellen Kontexte ihrer beiden Eltern, um ihre Herkünfte zu erzählen und sich als junge Frau zu entwerfen. Ihr mangelt es allerdings an einer Matrix, um diese Kontexte in eine Ordnung oder ein Verhältnis zueinander setzen zu können. Durch die an Paul Celan angelehnte Formulierung, dass in der Fuge der Tod sitze, argumentiert der Text für ein Konzept von postmigrantischer Identität, das nicht von Hybridität geprägt ist, sondern von Simultaneität und Inkommensurabilität der verschiedenen Herkünfte. Zweitens macht der intertextuelle Verweis auf Celan jedoch auch deutlich, dass es bei der Frage nach Identität(en) nicht allein und nicht primär um Selbsterkundung geht, sondern immer auch um Fremdzuschreibungen, die ein genozidales Potential haben können, wie es der 74. Fermān, der Völkermord an den Jesiden durch den sogenannten Islamischen Staat gezeigt hat.

Dem Anliegen ‚erzählter Herkünfte' gegen binäres Denken und robuste Demarkationen anzuschreiben gemäß, ist die Einordnung der Beiträge in jeweils eine Sektion keineswegs als trennscharf zu verstehen. Zwischen allen drei Sektionen ergeben sich jeweils vielfältige thematische Überschneidungen. Aller Ordnungskontingenz zum Trotz erschien uns dennoch die Gliederung des Bandes einerseits aus Gründen der thematischen Schwerpunktsetzung der Beiträge und zum erleichterten Einstieg für Leser:innen, andererseits im Hinblick auf stärkere Profilierung der Potenziale und ästhetischen Eigenheiten ‚erzählter Herkünfte' als sinnvoll.

Das Gros der Beiträge dieses Bandes geht auf die Tagung *Herkünfte erzählen* zurück, die im Dezember 2022 an der Albert-Ludwigs-Universität Freiburg in Kooperation mit dem Literaturhaus Freiburg und der Georg Brandes-Gesellschaft für Literaturvermittlung und Kulturtransfer e. V. stattgefunden hat (siehe Schwarzinger 2023). Für die Unterstützung bei der Tagungsorganisation sowie beim Lektorieren und Formatieren der Beiträge in diesem Band möchten wir Eeva Aichner, Viktoria Lieser und Leo Boquoi ganz herzlich danken. Ferner danken wir dem De Gruyter Verlag für die Aufnahme in die Reihe *Gegenwartsliteratur. Autoren und Debatten* sowie für die sehr gute Projektbetreuung, namentlich Marcus Böhm und Stella Diedrich.

Anlass der Tagung war es, Forschende aus verschiedenen literaturwissenschaftlichen Arbeitsfeldern, darunter der Interkulturellen und Postkolonialen Germanistik, den Gender Studies, der Literatur- und Arbeitssoziologie sowie der (noch jungen) Autosoziobiographieforschung über das gegenwärtige literarische Erzählungen von Herkünften in einen Dialog zu setzen. Das Ergebnis dieses ersten Austauschs bildet der vorliegende Band ab. Gleichwohl hat sich gezeigt, dass es sich hierbei bestenfalls um den ‚Aufschlag' zur literaturwissenschaftlichen Beschäftigung mit einem aktuellen Themenkomplex der Gegenwartsliteratur handelt, nicht etwa um dessen abschließende Betrachtung. Die literarischen Neuerscheinungen hierzu seither belegen dies eindrücklich. Das Gespräch hierüber fortzusetzen, erschiene uns daher als ebenso wünschens- wie lohnenswert.

Flensburg und Freiburg im November 2024
Die Herausgeber

Literaturverzeichnis

Abrego, Verónica, Ina Henke, Magdalena Kißling, Christina Lammer und Maria-Theresia Leuker-Pelties (Hg). *Intersektionalität und erzählte Welten. Literaturwissenschaftliche und literaturdidaktische Perspektiven.* Darmstadt: wbg Academia, 2023.

Beck, Laura. *„Niemand Hier Kann Eine Stimme Haben". Postkoloniale Perspektiven auf Mündlichkeit und Schriftlichkeit in der Deutschsprachigen Gegenwartsliteratur.* Bielefeld: Aisthesis Verlag, 2017.

Beckmann, Anna, Kalina Kupczyńska, Marie Schröer und Veronique Sina (Hg.). *Comics und Intersektionalität.* Berlin, Boston: De Gruyter, 2024.

Bhatti, Anil und Kimmich Dorothee (Hg.). *Ähnlichkeit. Ein kulturtheoretisches Paradigma.* Konstanz: Konstanz University Press 2015.

Blome, Eva, Philipp Lammers und Sarah Seidel. „Zur Poetik der Autosoziobiografie. Eine Einführung". *Autosoziobiographie. Poetik und Politik.* Hg. Dies. Berlin, Heidelberg: Springer, 2022. 1–16.

Blome, Eva. „Rückkehr zur Herkunft. Autosoziobiografien erzählen von der Klassengesellschaft". *Deutsche Vierteljahrsschrift für Literaturwissenschaft und Geistesgeschichte* 94.4 (2020): 541–571.

Cramer, Rahel, Jara Schmidt und Jule Thiemann. *Postmigrant Turn. Postmigration als kulturwissenschaftliche Analysekategorie.* Berlin: Neofelis, 2023.

Göttsche, Dirk. *Remembering Africa. The Rediscovery of Colonialism in Contemporary German Literature.* Rochester/NY: Camden House 2013.

Hautkapp, Dirk. „J. D. Vance gibt den Arbeiterhelden – und wird dann emotional." Frankfurter Rundschau vom 18. Juli 2024. https://www.morgenpost.de/politik/article406823306/antrittsrede-von-jd-vance-ein-arbeiterheld-an-trumps-seite.html (14. August 2024)

Heimböckel, Dieter und Iulia-Karin Patrut. „Poetiken der Interkulturalität." *Zeitschrift für interkulturelle Germanistik* 12.1 (2021): 9–22.

Jaquet, Chantal. *Zwischen den Klassen. Über die Nicht-Reproduktion sozialer Macht.* Übers. v. Horst Brühmann. Göttingen, Konstanz: Konstanz University Press, 2018.

Klein. Christian und Falko Schnicke (Hg.). *Intersektionalität und Narratologie. Methoden – Konzepte – Analysen.* Trier: Wissenschaftlicher Verlag, 2014.

Patrut, Iulia-Karin und Herbert Uerlings (Hg.). *Inklusion/Exklusion und Kultur. Theoretische Perspektiven und Fallstudien von der Antike bis zur Gegenwart.* Köln, Weimar, Wien: Böhlau, 2013.

Patrut, Iulia-Karin, Reto Rössler und Gesine Lenore Schiewer. *Für ein Europa der Übergänge. Interkulturalität und Mehrsprachigkeit in europäischen Kontexten.* Bielefeld: Transcript, 2022.

Patrut, Iulia-Karin und Reto Rössler (Hg.). *Ähnlichkeit um 1800. Konturen eines literatur- und kulturtheoretischen Paradigmas am Beginn der Moderne.* Bielefeld: Aisthesis 2019.

Rössler, Reto und Dominik Zink. „Über kulturelle und poetische Alterität. Aktualität und Reaktualisierung zweier Grundbegriffe interkultureller Poetiken (am Beispiel von *Eure Heimat ist unser Albtraum*)". *Ästhetik des Anderen. Minoritäre Perspektiven in Literatur, Theater und (neuen) Medien.* Hg. Amelie Bendheim und Jennifer Pavlik. Bielefeld: Transcript, 2024, 37–60.

Schmidt, Jara und Jule Thiemann (Hg.). *Reclaim! Postmigrantische und widerständige Praxen der Aneignung.* Berlin: Noefilis, 2022.

Schwarzinger, Anna. „Herkünfte erzählen. Darstellungsverfahren und Verflechtungsästhetiken von Interkulturalität und Intersektionalität in deutschsprachiger Gegenwartsliteratur (Workshop an der Albert- Ludwigs-Universität Freiburg, in Kooperation mit dem Literaturhaus Freiburg, 2. und 3. Dezember 2022)". *Zeitschrift für interkulturelle Germanistik* 14.1 (2023): 191–198.

Senior, Jennifer. „Review: In ‚Hillbilly Elegy', a Tough Love Analysis of the Poor Who Back Trump ". *The New York Times*, 10. August 2016. https://www.nytimes.com/2016/08/11/books/review-in-hillbilly-elegy-a-compassionate-analysis-of-the-poor-who-love-trump.html (30. September 2024).

Spoerhase, Carlos. „Nachwort". Chantal Jaquet. *Zwischen den Klassen. Über die Nicht-Reproduktion sozialer Macht.* Übers. v. Horst Brühmann. Konstanz: Konstanz University Press, 2018. 231–252.

Spoerhase, Carlos. „Trumps Vize J. D. Vance. Der eingebildete Außenseiter". *Süddeutsche Zeitung* vom 16. Juli 2024. https://www.sueddeutsche.de/kultur/trump-vance-vize-bestseller-republikaner-lux.7UHNU7tr47eKmtoPk8jD6M (14. August 2024).

Stahl, Enno et al. (Hg.). *Literatur in der neuen Klassengesellschaft.* Paderborn: Brill/Wilhelm Fink, 2020.

Twellmann, Markus und Michael Neumann. „Einleitung. Postmigrantische Perspektiven in der Peripherie". *Internationales Archiv für Sozialgeschichte der Deutschen Literatur* 48.2 (2023): 379–397.

Vance, J. D. *Hillbilly Elegy. A Memoir of a Family and Culture in Crisis.* London: William Collins, 2016.

Wagmeister, Elizabeth. „Jennifer Aniston criticizes JD Vance for ‚childless cat ladies' remarks". *CNNonline* vom 25. Juli 2024. https://edition.cnn.com/2024/07/25/entertainment/jennifer-aniston-jd-vance/index.html (14. August 2024).

Zink, Dominik. *Interkulturelles Gedächtnis. Ost-westliche Transfers in der interkulturellen Literatur des 21. Jahrhunderts.* Würzburg: Königshausen & Neumann, 2017.

Zink, Dominik, Matthias Bauer und Nadjib Sadikou (Hg.). *Lektüren der Ähnlichkeit um 1900. Modi der Sinnerzeugung in der Klassischen Moderne.* Bielefeld: Aisthesis 2024.

Teil I: **Erzählte Herkünfte und ihre literarischen Formen und Verfahren**

Dominik Zink
Du-Erzählungen in Herkunfts-Texten der Gegenwartsliteratur

Anke Stellings *Schäfchen im Trockenen*, Fatma Aydemirs *Dschinns* und Kim de l'Horizons *Blutbuch*

Die Du-Erzählung ist eine narrative Form, die entgegen der Erzählung in der ersten und dritten Person vergleichsweise wenig Aufmerksamkeit erfährt. Sicherlich ist sie weit weniger konventionalisiert, keinesfalls aber kann man von einem rein hypothetischen Gedankenexperiment von Narratolog:innen sprechen. Allerdings ist diese Form für die Narratologie tatsächlich besonders interessant, ermöglicht sie es doch, eine Reihe von Gewissheiten zu hinterfragen, die ihre Grundkategorien betreffen. Solche wären z. B. ‚histoire' und ‚discourse', ‚Erzähler:in', ‚Protagonist:in', ‚Person' oder ‚Adressat:in', wie z. B. Monika Fludernik mehrfach bemerkt hat (vgl. 1993; 1996; 2013). Somit erlauben Du-Erzählungen einen reflexiven Blick auf das Erzählen insgesamt, einen kritischen Blick auf ‚Randzonen' des Erzählens sowie auf blinde Flecken der gängigen Erzähltheorien. Sie ermöglichen, gewisse Funktionen des Erzählens sowie deren Grenzen bewusst zu machen. Texte, die sich für das intrikate und oft prekäre Verhältnis von ‚Herkünften' und Erzählen interessieren und dieses Verhältnis mithilfe der Du-Form zu hinterfragen versuchen, stehen im Fokus dieses Beitrags.

Konnte man für das erste Jahrzehnt des 21. Jahrhunderts noch behaupten, es gäbe eine „überschaubare Anzahl" (Zemanek 2011, 235) von deutschsprachigen Du-Erzählungen, wie Evi Zemanek das tat, so kann mittlerweile in mindestens einem Bereich eine auffällige Häufung festgestellt werden.[1] Diese betrifft Texte, die sich mit Herkünften auseinandersetzen. Es gibt Beispiele, die eine relativ strikt durchgehaltene Du-Perspektive verwenden wie z. B. Anke Stellings Roman *Schäfchen im Trockenen* (2019), in dem die Erzählerin Resi ihre Tochter Bea anspricht, oder Dilek Güngörs *Vater und ich* (2021), wo eine Tochter die Rede durchgehend an den Vater richtet. Andere Texte arbeiten an exponierten Stellen mit Du-Erzählungen, sodass suggeriert wird, der Text sei als ganzer an das angesprochene Du gerichtet, auch wenn die Anrede formal nicht durchgehalten wird: In Necati Öziris *Vatermal* (2023) erzählt ein sterbendes Ich dem abwesenden Vater die Geschichte der Familie. Obwohl der Text suggeriert, dass die Diegese von derselben

---

[1] Für die englischsprachige Literatur hingegen konnte Fludernik bereits Mitte der 1990er von einer „now fairly widespread occurrence" (1996, 222) sprechen.

∂ Open Access. © 2025 Dominik Zink, publiziert von De Gruyter. Dieses Werk ist lizenziert unter der Creative Commons Namensnennung 4.0 International Lizenz.
https://doi.org/10.1515/9783111249476-002

Sohn-Instanz erzählt ist, wechselt die Form dennoch häufig in die dritte oder die klassische erste Person, die den Bezug auf einen Adressaten in den Hintergrund stellt. Dasselbe lässt sich auch in Édouard Louis' *Anleitung ein anderer zu werden* (2022) beobachten. Und auch Kim de l'Horizons *Blutbuch* kann so gelesen werden. Wie sich unten in der Analyse dieses Romans zeigen wird, lässt der Text die Du-Form letztlich jedoch als eine künstlich inszenierte erkennen.

Dass Du-Passagen sich mit anderen Formen abwechseln, ist nicht nur bei diesen Texten der Fall, sondern kann als typisch für den Einsatz der Du-Form gelten (vgl. Fludernik 1996, 236–244). So verwenden einige Texte die Du-Perspektive eher als eine Form neben anderen, sodass das Ich, das das Du anspricht, nicht die Diegese organisiert, sondern – wie gedeutet werden könnte – die auktoriale Erzählinstanz diesem Ich das Wort erteilt. Ein unten ausführlich analysiertes Beispiel wäre Fatma Aydemirs *Dschinns* (2022), in dem das erste und letzte Kapitel von einem Dschinn erzählt wird, der eine sterbende Figur adressiert, zu nennen wäre hier etwa auch Saša Stanišić' *Vor dem Fest* (2014) ebenso wie *Herkunft* (2019) oder einige Erzählungen aus *Möchte die Witwe angesprochen werden, platziert sie auf dem Grab die Gießkanne mit dem Ausguss nach vorne* (2024). Des Weiteren kann Anne Raabes Roman *Die Möglichkeit von Glück* (2023) angeführt werden. Hier insinuiert der Text, dass durch die narratologische Struktur eine Dissoziation der Erzählerin dargestellt wird. Bei Olivia Wenzels *1000 Serpentinen Angst* (2020) muss sicherlich diskutiert werden, in welche Kategorie von Du-Erzählung der Text zu sortieren wäre, da er mehrere Lesarten anbietet. In einigen Romanen kann davon gesprochen werden, dass Du-Erzählungen zwar zunächst auf rein intradiegetischer Ebene als Anrede an Figuren angelegt sind, dann aber die Ebenen der Diegese nachhaltig verwirren, wie in Sharon Dodua Otoos *Adas Raum* (2021), wenn Gott oder ein übernatürliches Erzählwesen erzählte Figuren ansprechen; oder wie in Mithu Sanyals *Identitti* (2020), wenn die Protagonistin Nivedita ihr Leben von einer imaginierten Göttin erklärt bekommt, die aus der Phantasie in die Realität der Erzählung tritt.

Neben den genannten Beispielen aus fiktionalen Texten finden sich Du-Erzählungen auch in narrativen Passagen in Sachbüchern, die sich mit dem Thema ‚Herkunft' auseinandersetzen wie z. B. in Alice Hasters' *Was weisse Menschen nicht über Rassismus hören wollen aber wissen sollten* (2019), wenn Hasters das Wort an ihren fiktiven Partner richtet, um ihm zu erzählen, es sei in gewissen Situationen leichter, wenn er auch *person of color* sein würde, da sie dann des Aufwands enthoben wäre, sich zu erklären und ggf. Solidarität einzufordern (vgl. 2019, 162).

Diese kurze und kursorische Übersicht – die keinen Anspruch auf Vollständigkeit erhebt – soll illustrieren, dass die Du-Form in ganz unterschiedlichen Herkunfts-Texten ganz unterschiedlich eingesetzt wird. Das Ziel dieses Artikels ist es, einen ersten und vorläufigen Blick auf die Du-Form in Herkunftserzählungen zu werfen. Folgende These soll dabei für untersuchten Texte belegt werden:

Du-Erzählungen stellen eine Auseinandersetzung auf formaler Ebene dar, mit gewissen Unsagbarkeiten umzugehen. Sie weisen dadurch auf spezifische Schwierigkeiten und Besonderheiten des Sprechens über die Herkünfte des Subjekts der Aussage hin, die mit dem Objekt der Aussage zusammenhängen. Oder anders gesagt: Die Spannung zwischen konstitutiver-determinierender Funktion der ‚Herkunft' und emanzipativ-produktiver Funktion des Sprechens über ‚Herkunft' entsteht aufgrund einer unentwirrbaren und oft mehr oder minder abgelehnten Teil-Identität des Subjekts des Aussagens mit dem Objekt der Aussage. Das Subjekt, das über seine Herkünfte spricht, ist gleichzeitig als Produkt dieser Herkünfte Objekt dessen, worüber es spricht – bleibt es aber genau aufgrund dieses Sprechens nicht, sondern wird zu etwas anderem. Die These lautet, dass die Texte dieser identitätslogischen Paradoxie mit der Du-Form begegnen.

Die drei näher untersuchten Texte sind ausgewählt worden, weil sie sich mit einem je unterschiedlichen Schwerpunkt mit Herkunft auseinandersetzen. Dem offenen Konzept von *Herkünften* des Bandes entsprechend stehen die Kategorien der Intersektionalitätstheorie *race, class, gender* im Zentrum. Die Texte versuchen allerdings gerade über formale Innovationen, einen Umgang mit dem Unbehagen am Ungenügen dieser Kategorien auszudrücken. Sie greifen mitunter trotz dieses Ungenügens auf soziologische Kategorien und Theorien zurück, wie es für die Autosoziobiographie als typisch herausgestellt wurde (vgl. Blome et al. 2022, 3).

Die drei Texte, die im Folgenden untersucht werden sollen – Anke Stellings *Schäfchen im Trockenen*, Fatma Aydemirs *Dschinns* und Kim de l'Horizons *Blutbuch* – weisen einerseits Merkmale der Autosoziobiographie auf, da in allen drei Werken die Kategorie der Klasse in ihrer sozialen Ordnungsfunktion auf gesellschaftlicher, familiärer und persönlicher Ebene beschrieben wird und da in allen drei Texten der mehr oder weniger scheiternde Versuch des Klassenwechsels Thema ist. Andererseits tritt der Fokus auf Klasse weniger ausschließlich zutage wie in den ‚klassischen' Autosoziobiographien von Annie Ernaux, Didier Eribon, Édouard Louis oder im deutschsprachigen Diskurs von Christian Baron oder Daniela Dröscher. Da es bei Aydemir aber auch zu kurz greifen würde, zu sagen, es ginge schlicht um intersektionale Interferenzen von *race* und *class*, bzw. bei de l'Horizon um Interferenzen von *gender* und *class* und da auch die Probleme, die sich in Stellings Roman hinsichtlich der Klasse stellen, ganz andere sind als in den französischen Texten, ist die Rede von Herkunfts-Texten akkurater als es die von Autosoziobiographien sein würde. Nicht zuletzt erscheint dies auch deswegen sinnvoll, weil die Untersuchung so der Gefahr entgeht, die Funktionen, die die Du-Form übernimmt, von vornherein auf die Klassenproblematik einzuschränken. Freilich sollen damit Termini wie ‚Herkunftserzählung' nicht als Konkurrenzbegriffe zum Begriff der Autosoziobiographie vorgeschlagen werden. Sie stehen schon deswegen nicht in Konkurrenz zueinander, weil sie gar nicht auf derselben Ebene zu verorten wären. Vielmehr müsste man, wollte man eine Verhältnisbestimmung angeben, ‚Herkunftserzählungen' als Hyperonym zur Autosoziobiographie fassen, womit diese ein Spezialfall von Herkunftsliteratur wäre.

1 Du-Erzählungen

Neben der simplen Tatsache, dass die Du-Erzählform im Vergleich sehr häufig in zeitgenössischen Texten verwendet wird, die sich mit Herkünften auseinandersetzten, ist eine bestimmte von Fludernik herausgestellte Eigenschaft in Bezug auf die Herkunfts-Thematik besonders interessant. Sie argumentiert, dass die „*discours* versus *histoire* distinction of Genettean and Todorovian origins" (Fludernik 1993, 220) auf eine gewisse naturalisierte Erzählkonstruktion angewiesen ist, die sich verlässt „on the core experience of a narrator addressing an audience and telling a story, her own or somebody else's" (Fludernik 1993, 221). Die Du-Erzählung subvertiert diese Vorstellung von der natürlichen Erzählsituation. Es gibt zwar einige Spezialfälle natürlicher Du-Erzählungen, in denen ein Du z. B. eine Amnesie erlitten hat oder in denen ein Du beschworen werden soll, indem es an frühere Handlungen erinnert und so an seinen Charakter appelliert wird. Zumeist ist es jedoch reichlich seltsam, dass jemandem eine Geschichte erzählt wird, in welcher er selbst als Figur auftritt. Eine Funktion, die Du-Erzählungen daher übernehmen und die gerade in solchen Naturalisierungen wie dem letzten Beispiel deutlich werden, sieht Fludernik darin, dass durch die Erzählung der Fokus weg von der Geschichte selbst hin zu der Beziehung, die das Du mit der/dem Erzähler:in hat, verlagert wird:

> Such naturalizations already surreptitiously undermine the story/discourse dichotomy because they consist in a reevaluation of the story as, not the prior discourse function of the narrative, but as a subsidiary aid for the narrator/narratee level which comes to absorb all narrative interest. (1993, 221)

Dieser Umstand ist wiederum besonders interessant für Herkunfts-Texte, wenn man in Betracht zieht, was Blome, Seidel und Lammers bereits für das emergente Genre der Autosoziobiographie herausgestellt haben:

> Autosoziobiographien auf ihre Schwellenphänomene und hybriden Strukturelemente hin zu befragen, und zwar sowohl auf der Ebene der *histoire* als auch auf der Ebene des *discours*, erscheint [...] besonders vielversprechend. Das Verhältnis von Poesie, Poetik und Politik des

rezenten Genres wird nämlich immer auch durch die jeweils spezifische Form gestiftet, in der die Beziehung von (erzählter) Identität und (erzählerischer) Perspektive gestaltet ist. (2022, 11)

Ausgehend von der oben gegebenen Verhältnisbestimmung von Herkunfts-Texten und Autosoziobiographie soll die von Blome, Lammers und Seidel vertretene These über das „Verhältnis von Poesie, Poetik und Politik" auf Herkunftserzählungen im Allgemeinen erweitert werden. Die Du-Erzählung soll dabei als eine ‚spezifische Form' identifiziert werden, „in der die Beziehung von (erzählter) Identität und (erzählerischer) Perspektive gestaltet ist". Wobei hierdurch nicht nur ein Beitrag zur Herkunftsnarrationen oder zur Autosoziobiographie geleistet werden, sondern dieses Ergebnis auch an die Narratologie zurückgespielt werden kann. Vera und Ansgar Nünning (2014) haben in ihrem Beitrag zum Sammelband von Falko Schnicke und Christian Klein, der *Intersektionalität und Narratologie* gewidmet ist, bereits in Aussicht gestellt, dass ein Schulterschluss von narratologischer Methode und intersektionalem Erkenntnisinteresse – für beide Forschungsfelder – eine Reihe von anschlussfähigen Einsichten in Aussicht stellt. Literarische Darstellungen von Intersektionalität seien wie die Autosoziobiographie als ein Teilbereich der Herkunftsliteratur verstanden. Von den fünf bei Nünning und Nünning genannten möglichen Vorteilen – „Operationalisierung, Kontextualisierung, Historisierung, Sinnorientierung und Funktionspotential" (Nünning und Nünning 2014, 58) – sind es vor allem die vierte und fünfte Dimension, die hier eine Rolle spielen. Die Analyse wird zeigen, dass die Du-Form in Herkunftstexten eine bewusste ‚Semantisierung' der Erzählform ist, die eine Reihe von (außerliterarischen) Funktionen übernehmen kann. Denn die Du-Erzählung verwirrt nicht nur die diegetischen Ebenen, sondern, indem sie das tut, nimmt sie auch in spezifischer Weise Bezug auf die soziale Situiertheit von Autor:in, Text und Leser:in.

Alle drei näher zu analysierenden Texte sind zwar Du-Erzählungen, weil jeweils eine Figur der Diegese als Adressat, als Du, angesprochen wird. Bei diesen Dus handelt es sich aber nur in einem der Texte (bei Aydemirs *Dschinns*) um Protagonist:innen. Deswegen sollte jedoch nicht der voreilige Schluss gezogen werden, dass es sich bei den anderen Texten eher um ‚unproblematische' Ich-Erzählungen und demnach eigentlich nicht um Du-Erzählungen handele. Es wird sich vielmehr zeigen, dass gerade durch die Du-Form eine ästhetisch uneindeutige und daher interessante Situation erzeugt wird, die interpretationsbedürftig ist. Diese Mischformen zwischen Ich- und Du-Erzählungen sind, wie oben schon bemerkt, der Normalfall. Fludernik hat einen terminologischen Vorschlag gemacht, der es ermöglicht, diese Mischformen aufgrund ihrer vorausgesetzten Kommunikationssituation zwischen Ich und Du zu ordnen: „I will [...] introduce the concepts of the *homo-* and *heterocommunicative*, which specify an existential link (or no such link) between the communicative level and the story level of the fiction." (1993, 224) Diese Unterscheidung ist für die hier vorliegende Untersuchung von entschiedenem Nutzen. Denn sie erlaubt es, den eben geäußerten Einwand zu entkräften. Homokommunikative Erzählungen können Ich-, Wir- oder Du-Erzählungen sein. Was sie gemeinsam haben, ist die Existenz eines sprechenden Ichs und eines angesprochenen Dus auf derselben diegetischen Ebene. Dies ist beim Stelling der Fall, woraus eine gewisse Lizenz zum paradoxen Sprechen abgeleitet wird. Bei den anderen beiden Romanen ist die Fludernik'sche Unterscheidung zwischen Hetero- und Homokommunikation gerade der Punkt, der verunklart wird. Bei Aydemir kann dadurch eine Erzählinstanz auftreten, die weder hetero- noch homodiegetisch ist. Bei Kim de l'Horizon findet ein Queering dieser Unterscheidung als Versuch radikalfeministischen Erzählens statt.

2 Anke Stelling: Das Begehren der Eindeutigkeit

Anke Stellings Roman *Schäfchen im Trockenen* (2019[2]) ist als ein Rede-Akt der Erzählerinnenfigur Resi an ihre Tochter Bea gestaltet. Resi ist Anfang 40, Schriftstellerin, vierfache Mutter und lebt in Berlin. Bea ist ihre älteste Tochter und befindet sich im jungen Teenageralter. Resi ist Teil eines Freundeskreises, der im Kern seit der Schule besteht und sich um diejenigen erweitert hat, die als Partner:innen später dazugestoßen sind. Resi und ihr Mann Sven, der ebenfalls Künstler ist, sind die einzigen aus diesem Freundeskreis, die nicht über ein überdurchschnittliches Einkommen verfügen und/oder aus einer vermögenden Familie stammen. Hat dieser Unterschied in den Jahren des Studiums und auch noch in der Zeit danach zumindest in Resis Wahrnehmung keine allzu entscheidende Rolle gespielt, drängt er sich spätestens auf, seitdem die Clique ein gemeinsames Bauprojekt – die sogenannte „K 23" (S, 12) – plant; noch mehr, seit es umgesetzt ist. Obwohl Resi ein Privatdarlehen von einem der Freunde angeboten bekommen hat und so die Möglichkeit gehabt hätte, sich zu beteiligen, lehnt sie ab. Sie kann mit ihrer Familie in der Altbauwohnung von Frank und Vera unterkommen, die zusammen in die K 23 ziehen und ihren alten und günstigen Mietvertrag an Resi weitergeben. Als diese von einem Magazin gebeten wird, eine Reportage über Gentrifizierung[3] in Berlin am Beispiel eben solcher Bauprojekte zu verfassen, schreibt sie

> zwei Seiten darüber, wie es sich anfühlt, als drittletzte im Bezirk *nicht* [Hervorhebung i. O.] Teil einer Baugruppe zu sein, wie es ist, in einem Haus zu wohnen, das keinen Projektnamen

---

2 Im Folgenden wird aus dieser Quelle unter der Sigle ‚S' zitiert.
3 Michael Segner liest den Roman als Beitrag zum Gentrifizierungsdiskurs (vgl. 2021).

trägt, wie ich weiterhin auf Spielplätzen hocke statt im Gemeinschaftsgarten und neidisch bin auf Fahrstuhl, Fliesenauswahl und Projektion auf ein Projekt. (S, 89)

Resis Artikel ist als Text nicht in den Roman eingefügt, man erfährt aber, dass die Freund:innen sich von ihrer Darstellung verraten fühlen. Der Ton und die Art der Kritik des Artikels sind durchaus zu erahnen, da der Romantext in großen Teilen aus Zusammenfassungen und Erläuterungen besteht, die Resi ihrer Tochter Bea – dem angesprochenen Du – gibt. Resis Darstellung ist wenig schmeichelhaft. Die Freund:innen wirken nicht nur ungewollt spießig, kleinlich und sich ihrer ökonomischen Privilegien nicht bewusst, sondern Resi stellt sie auch so dar, dass sie durch ausgewählte Gesten der Freigiebigkeit dem eben geschilderten Eindruck unbeholfen entgegenwirken wollen. Der Text allerdings präsentiert Resi auch als unzuverlässige Erzählerin, da auch sie selbst eitel und verletzt wirkt. Dies wiederum hat zur Folge, dass unentschieden bleibt, inwiefern Resis Einschätzung der Situation akkurat ist.[4]

Der Freundeskreis bestraft Resi nun für den Artikel, indem Frank ihr den Mietvertrag für ihre Wohnung kündigt. Für Resi und ihre Familie entsteht dadurch ein existenzielles Problem. Sie können sich im Kiez keine Wohnung leisten. Sowohl das soziale Umfeld von Resi und Sven als auch die Schulen und Freundeskreise der Kinder wären bei einem Umzug nicht mehr erreichbar. Der Roman und damit Resis Rede in der Du-Form beginnt an dem Tag, an dem sie die Nachricht von der Kündigung erhält. Es vergehen einige Wochen, in denen sie Bea nichts von der Kündigung sagt. Dies ist der Zeitraum, in dem Resi den Textes für Resi anfertigt. Wenn im Präsens erzählt wird, wird auf diesen im Laufe des Romans ablaufenden Zeitraum Bezug genommen. Der Text folgt so einer Mischung aus epistolarer Logik und Tagebuch.[5] Ausgehend von dieser Zeitebene baut Resi Analepsen ein, die die Geschichte des Bauprojekts des Freundeskreises im Studium oder Kindheitserinnerungen von Resi erzählen. So erfährt der/die Leser:in von den relevanten Vorgeschichten. Bea weiß von vielen Begebenheiten selbstverständlich schon. Für sie hat die Erzählung daher weniger den Charakter einer Mitteilung, sondern eher den einer Einordnung und Bewertung. Damit gilt, was Fludernik als typisch herausgestellt hat: Nicht das Erzählen der *histoire* ist primäre Funktion des *discourse*. Vielmehr rückt die Beziehung von Erzählerinnen-Ich und angesprochenem Du in den Fokus. Dieses Vorhaben – die Einordnung der Ge-

---

[4] Ob die Erzählerinnen-Stimme tatsächlich ironisch gebrochen und als unzuverlässige zu lesen sei, ist in der Forschung allerdings umstritten. Moritz Baßler z. B. sieht in der Stimme der Erzählerin eine reine Wiedergabe der Meinung von Stelling und führt als Beleg Interviews der Autorin an, die dies zumindest nahelegen (vgl. 2022, 209–217).
[5] Zu epistolaren Formen in Herkunftserzählungen vgl. Lena Wetenkamps Beitrag in diesem Band.

schehnisse in Hinblick auf die Beziehung zwischen Resi und Bea – gelingt Resi jedoch nicht, was sie von Anfang an reflektiert. Der Roman beginnt mit folgender Passage:

> Hör zu, Bea, was das Wichtigste ist und das Schlimmste, am schwierigsten zu verstehen und, wenn du's trotzdem irgendwie schaffst, zugleich das Wertvollste: dass es keine Eindeutigkeit gibt. Das muss ich hier, ganz zu Anfang, schon mal loswerden – weil ich es immer wieder vergesse. Und vermutlich vergesse ich es deshalb, weil meine Sehnsucht nach Eindeutigkeit so groß ist und die Einsicht, dass es keine gibt, mich so schmerzt. Aber gleichzeitig ist sie auch tröstlich.
> Wie kann etwas, das weh tut, mich trösten? Da hast du's schon. Genau so was meine ich. (S, 5)

Auf mehreren Ebenen konstruiert der Text hier logische Unmöglichkeiten. Zunächst behauptet Resi, es gebe keine Eindeutigkeit und stellt die Folgen, die daraus ihrer Meinung nach erwüchsen als einigermaßen paradox, mindestens jedoch widersprüchlich oder ambivalent dar: Das Schlimmste, das Wichtigste, am schwersten zu verstehen, das Wertvollste, schmerzhaft und tröstlich; all das soll die Tatsache sein, dass es keine Eindeutigkeit gebe, bzw. die Einsicht darin, dass das so sei. Da der Text schon so offensiv auf Paradoxa hinweist, scheint er es darauf anzulegen, dass man die Aussage selbst – nicht bloß ihre Konsequenzen – auch als ein solches Paradoxon entziffert. Denn der Satz „dass es keine Eindeutigkeit gibt", ist selbstverständlich selbst paradox in dem Sinne, dass er nicht wahrheitsfähig ist. Denn er nimmt die in ihm geleugnete Eigenschaft für sich selbst in Anspruch, da es ja *eindeutig* so sein soll, dass es keine Eindeutigkeit gibt. Oder anders gesagt: Wenn es nicht eindeutig so ist, dass es keine Eindeutigkeit gibt, dann kann es eben Eindeutigkeit geben und die Aussage, es gebe keine Eindeutigkeit, wäre genau dann falsch, wenn sie wahr wäre.

Allerdings scheint es schwer zu glauben, dass der Text die formallogischen Unentscheidbarkeiten produziert, damit diese in mathematischer Strenge nachbuchstabiert werden. Vielmehr scheint es sinnvoll, diesen Romananfang als eine verdichtete Zusammenfassung des Sprechaktes der Mutter an die Tochter zu interpretieren, in dem es allerdings von ganz entscheidender Bedeutung ist, dass die Mutter um eine Darstellung und eine Bewertung der Situation ringt, die sie selbst nicht zu geben vermag. Sie möchte ihrer Tochter erklären, wie es dazu kommt, dass die Familie ausziehen muss. Bezüglich *dieser* Erklärung scheint es wirklich keine Eindeutigkeit zu geben. Sie wird in der Folge die konkreten Schritte, die zur Kündigung geführt haben, referieren. Sie wird zunächst ausholen, um die persönlichen Beziehungen darzustellen, und dann, um die gesellschaftlichen Rahmenbedingungen zu erläutern.

Resi kommt bei ihren Erklärungen immer wieder auf das Verhältnis zu sprechen, das zwischen der Möglichkeit, sich frei zu entscheiden, und der je eigenen gesellschaftlichen Position besteht. Sie verwendet hierfür die Wendung „Weiß man doch" (S, 7), mit der Vertreter:innen der bürgerlichen Klasse beschreiben, was zu tun sei, um dieser Klasse anzugehören. Resi stellt dieser Aussage den Kinderreim „Selber schuld, Katapult" (S, 36) entgegen, um das *weiß-man-doch* als eine libertäre Logik zu enttarnen, die den Platz in der Gesellschaft einer Person allein auf ihre eigenen Entscheidungen, die angeblich immer auch hätten anders getroffen werden können, attribuiert. Diese Logik wird durch den Kinderreim nicht nur als kindisch, sondern vor allem auch als aggressiv ignorant von Resi bewertet: „‚Selber schuld, Katapult', sagen die Kinder. Das singen sie im Chor in der Kindertagesstätte, wenn eins abgeholt wird. ‚Abgeholt, selber schuld, Katapult!' – Denn das abgeholte Kind ist dann raus." (S, 36) Wie im Kinderreim eine offensichtliche Fremdbestimmung als ‚eigene Schuld' bestimmt wird, so tun das auch die Privilegierten, um den Unterschied an Privilegien zu rechtfertigen. Resi – und der Text – scheinen nahelegen zu wollen, dass die gesellschaftliche Position die Sicht auf gesellschaftliche Unterschiede präfiguriert, wenn nicht sogar determiniert. Er ist denn auch in dieser Hinsicht konsequent, dass Resi sich selbst misstraut: Sie kann für sich keine ‚Wahrheit' im außergesellschaftlichen Sinn anerkennen, weil sie ja gerade behauptet, dass es diese nicht gebe.

Dieser Standpunkt führt jedoch auch wieder in eine paradoxe Sackgasse: Denn wenn es wahr ist, dass es keine außergesellschaftliche Wahrheit gibt, sondern alle Wahrheiten von der Position in der Gesellschaft bestimmt sind, dann ist die auf Resis Position formulierte Wahrheit (dass es keine außergesellschaftliche Wahrheit gibt) eben auch nicht überindividuell wahr. Tatsächlich formuliert Resi an anderer Stelle genau diese radikale Unsicherheit. Sie reflektiert darauf, wie sie mit dem Angebot für ein Privatdarlehen, um sich am Bauprojekt zu beteiligen, umgehen hätte sollen.

> Wenn ich einen Funken Klassenbewusstsein besessen hätte, damals, [...] hätte ich lachen können bei seinem Angebot und sagen: „Vergiss es. Ich mach dir nicht den Clown. Ich erleichtere dir nicht dein Gewissen und dich nicht um dein Geld, dafür musst du dir wen anderes suchen, Digger." [...] Es ist zum Heulen, Bea. Denn genau jetzt wird mir klar, dass ich noch viel tiefer im Morast stecke als geahnt. Wenn ich Klassenbewusstsein gehabt hätte – und zwar nicht nur einen Funken und den damit verbundenen Stolz auf Abgrenzung und kurzfristigen Punktgewinn, sondern ein echtes, tiefgreifendes Bewusstsein dafür, wie die Welt funktioniert und auf welcher Position ich mich in ihr befinde –, dann hätte ich Ingmars Angebot natürlich angenommen. Hätte ihn eiskalt um sein Geld erleichtert und ihm ohne mit der Wimper zu zucken den Clown gemacht. Was interessiert mich, wozu ich ihm diene? Er dient mir, ich besitze die Deutungshoheit! Und eine Eigentumswohnung im Innenstadtbezirk, aus der mich so schnell keiner wieder rauskriegt, egal, ob es ihm noch Spaß macht,

sich mit mir zu schmücken, oder er die Lust verloren hat oder sich inzwischen sogar vor mir fürchtet. (S, 75–76)

Resi bricht dann die Überlegung ab: „Was ich dir hier erzähle, ist einen Scheißdreck wert, mein Kind. Deutungshoheit, dass ich nicht lache" (S, 76).

Die im Romananfang bereits angelegte paradoxe Uneindeutigkeit wird wie hier exemplarisch gezeigt und an verschiedenen Stellen entfaltet. Es scheint für die angemessene Gesamtdeutung des Romans entscheidend, ob es sich bei diesen Paradoxien um vom Text inszenierte Herausforderungen für das Verständnis handelt, die als solche interpretiert werden müssen, oder ob es sich, wie Moritz Baßler nahelegt, um einen „Rant" (2022, 213) handelt, den „Stelling [...] vollkommen ernst" (2022, 213) meint. Baßler bringt tatsächlich einige nicht von der Hand zu weisende Belege, die zeigen, dass Stelling nicht unbedingt bemüht ist, deutlich zu machen, dass eine große Distanz zwischen ihr und ihrer Erzählerin besteht.[6] Ob man diese außerliterarischen Anhaltspunkte ernst nimmt oder sie als Ironie-Signale des Textes versteht, soll hier nicht entschieden werden. Vielmehr soll sich zeigen, dass es sich in beiden Fällen um ein Sprechen handelt, das geschieht trotz der – in beiden Fällen – anerkannten Unmöglichkeit zur Sprache zu bringen, was gesagt werden soll.[7]

Denn die Konzession zu sprechen erhält Resi – oder erteilt sich Resi – durch die Figuren-Konstellation, als die sich die Du-Erzählung realisiert. Es ist die Evokation der Mutter-Tochter-Beziehung mit allen kulturellen Konnotationen, die klar macht, dass es Resi in ihrem Versuch zu sprechen um Aufrichtigkeit geht. Diese Aufrichtigkeit wiederum ermöglicht dem Text auf inhaltlicher Ebene eine paradoxe Rede, ohne dass diese gleich als ‚Blödsinn' abgetan werden müsse. Im Übrigen ist auch Baßlers Verriss nur möglich, weil er nicht im Geringsten an Resis Aufrichtigkeit zweifelt. Ganz im Gegenteil, er beurteilt Resis Aufrichtigkeit als die von Stelling. Dass diese Aufrichtigkeit nicht bezweifelt wird, liegt daran, dass der Text eine Mutter präsentiert, die nach bestem Wissen und Gewissen, mit aller Anstrengung ihrer Tochter Einblick in die Verstrickungen und Wirrungen zu geben versucht, ohne in Aussicht zu stellen, dass die Rede ‚aufgehen wird'. So gestaltet der Text eine ‚unmögliche' Form, über Klasse zu sprechen: Man kann ihn deswegen konsequent nennen, weil er eine Figur entwirft, die über Klasse zu sprechen ver-

---

[6] Eine adäquate Kritik an der bürgerlich klassistischen Ideologie der Gentrifizierung durch Baugruppen sieht hingegen z. B. Hanna Henryson (2023). Diese Interpretation sieht wie Baßler eine weitgehende Übereinstimmung von Autorin und Protagonistin, bewertet dies aber positiv.

[7] Dass die Unmöglichkeit zu sprechen auch als eine Unmöglichkeit, den Formen des Literaturbetriebs zu entsprechen, begriffen werden kann, zeigen Liza Mattutat und Judith Niehaus, die die Fragmentiertheit des Romans als eine Darstellung der Bedingungen interpretieren, unter denen Literatur produziert wird und gleichzeitig Care-Arbeit geleistet werden soll (vgl. 2023, 78).

sucht, ohne über die angemessenen soziologischen Termini und Theorien zu verfügen, man kann ihn auch naiv und unterkomplex nennen, wenn man Resi mit Stelling identifiziert. Denn dann muss man, wie Baßler es tut, Stelling vorwerfen, sie habe einen Text über Klasse geschrieben, ohne über das nötige Handwerkszeug zu verfügen. Beides wäre, wie gesagt, in der Form nur möglich als Du-Erzählung.

3 Fatma Aydemir: Das Begehren nach Verständnis der Autorität

Bei Fatma Aydemirs *Dschinns* (2022[8]) handelt es sich von den drei hier besprochenen Romanen einerseits um die ‚klassischste' Du-Erzählung, andererseits um die, die am wenigsten konsequent durchgehalten wird. Klassisch ist sie, weil das Du tatsächlich der Protagonist bzw. die Protagonistin des jeweiligen Textteiles ist. Inkonsequent kann die Erzählung genannt werden, weil lediglich das erste und letzte Kapitel als Du-Erzählung ausgearbeitet sind. Der Roman ist eine panoramatische Darstellung einer kurdisch-türkisch-deutschen Familie. Nicht unüblich für den Familienroman widmet sich jedes Kapitel einem Familienmitglied. In allen außer den Du-Kapiteln wird in der dritten Person durch eine:n personale:n Erzähler:in erzählt. In den Kapiteln, die den Eltern Hüseyin und Emine gewidmet sind, erzählt eine noch näher zu beschreibende Erzählinstanz, die diese Eltern mit ‚Du' adressiert, ohne dass diese dies zu bemerken scheinen. Die von Aydemir konstruierte Erzählinstanz ist sicherlich von den drei hier besprochenen die am schwersten zu greifende. Letztlich ist nicht einmal wirklich klar, ob sie intra- oder extradiegetisch genannt werden sollte. Auch darauf wird später noch zurückzukommen sein. Der Roman beginnt wie folgt:

> HÜSEYIN ... WEISST DU, wer du bist, Hüseyin, wenn du die glänzenden Konturen deines Gesichts im Glas der Balkontür erkennst? Wenn du die Tür öffnest, auf den Balkon trittst und dir warme Luft übers Gesicht streicht und die untergehende Sonne zwischen den Dächern der Wohnblocks von Zeytinburnu leuchtet wie eine gigantische Apfelsine? Du reibst dir die Augen. Vielleicht, denkst du, vielleicht war jede Hürde und jeder Zwiespalt in diesem Leben nur dazu da, um irgendwann hier oben zu stehen und zu wissen: Ich habe mir das verdient. Mit dem Schweiß meiner Stirn. (D, 9)

Hüseyin, der den Großteil seines Lebens als Arbeitsmigrant in Deutschland verbracht hat, hat vor kurzem in Istanbul einen Alterswohnsitz gekauft, auf dessen

---

[8] Im Folgenden wird aus dieser Quelle unter der Sigle ‚D' zitiert.

Balkon er gerade tritt. Es wird zeitdeckend erzählt, die Erzählstimme schildert Hüseyins Gedanken. Der dominante Eindruck scheint zunächst der einer Du-Erzählung als Form des *reflector-modes* zu sein: Eine Darstellung der Gedanken eines Ichs im Selbstgespräch (vgl. Fludernik 1996, 226). Allerdings streut auch der erste Satz bereits leichte Zweifel daran, dass der Wissenshorizont der Erzählinstanz und der des angesprochenen Dus derselbe sind, denn allein die Frage, die ein Ich an ein Du stellt, impliziert zwei in ihren epistemischen Horizonten unterschiedene Figuren auf zwei verschiedenen Standpunkten.

Am Ende des Kapitels, als Hüseyin einen Herzinfarkt erleidet, wird der Eindruck des *reflector modes* zunächst weiter gesteigert, bis dann in einem doppelten Überraschungseffekt der bis dahin als Protagonist dargestellte Hüseyin im ersten Kapitel bereits stirbt und sich die Erzählinstanz als intradiegetisch zu erkennen gibt:

> Hüseyin, du weißt, das hält nur einen Moment, dass er weg ist, du weißt, er wird zurückkommen, jetzt gleich, der Schmerz wird zurückkommen, du kannst nicht sagen, woher du dieses Wissen hast, woher du das so genau weißt, aber der nächste Krampf wird sicher kommen und er wird ungeheuer stark sein, er wird dich weit wegtragen von hier, du weißt das, also nutzt du die klaffende Leere in deinem Brustkorb, nutzt die letzte Kraft, die du in dir finden kannst, um deine Lippen zu bewegen, die fahle, panische Halime [eine Nachbarin, D. Z.] sieht dich fragend an, nähert dann ihr Ohr deinem Mund, um besser verstehen zu können, was du zu sagen hast, du murmelst es, ein Wort, und Halime fragt „Wie bitte? Wie bitte?", doch du kannst nicht mehr, du siehst einen Schatten auf die Wand fallen und du spürst kalte Schweißperlen in deinem Nacken, aber du musst dich nicht fürchten, Hüseyin, dieser Schatten, das bin nur ich. Ich verspreche dir, ich werde hierbleiben, in diesem Haus, in deiner Wohnung, und ich werde über deine Familie wachen, wenn sie hier eintrifft, ich gebe dir mein Wort, Hüseyin, ich verspreche es dir, für dich aber ist es nun Zeit zu gehen, daran kann nicht einmal ich etwas ändern. (D, 20)

Hat die Erzählinstanz zunächst den Eindruck erzeugt, sie sei extradiegetisch, so behauptet sie nun, sie sei in der erzählten Situation anwesend. Man müsste in Fluderniks Terminologie, blickt man nur auf diese Passage, von einer homokommunikativen Situation sprechen, denn sowohl das Ich als auch das Du existieren in derselben diegetischen Ebene. Der Terminus scheint jedoch nicht ganz zu passen; und das nicht nur, weil eigentlich keine Kommunikation stattfindet. Denn die erste Funktion, die eine der Du-Erzählung angemessene Terminologie übernehmen muss, ist laut Fludernik, zu gewährleisten, dass folgende Unterscheidung klar und deutlich gezogen werden kann: „teller/reflector mode has to be carefully distinguished." (1993, 224) Diese beiden Modi aber wirft der Text zusammen. Denn der ursprüngliche Eindruck des *reflector-modes* wird durch die Selbstverortung des erzählenden Ich als innerdiegetisch verunmöglicht. Durch diese Verunmöglichung einer Rezeption als reflector-Modus drängt sich die Frage nach der Adressierung auf, denn die „address function" ist es, die „definitely indicates the dominance of the teller mode" (Fludernik 1993, 224) oder andersherum ausgedrückt: Weil es sich nicht um eine reine Reflexion handelt, stellt sich die Frage, an wen diese Rede gerichtet ist. Hüseyin jedenfalls scheint nicht der Adressierte zu sein. Es ist zwar vorstellbar – und vom Text in gewisser Weise auch nahegelegt – dass er in der Nahtod-Erfahrung einen Schatten an der Wand sieht, dennoch scheint er die Worte, die zuvor gesagt werden, nicht zu vernehmen. Gerade weil am Ende des Kapitels dann aber noch einmal verunklart wird, ob Hüseyin nicht vielleicht doch die letzten Sätze ‚hört' oder irgendwie wahrnimmt – „ich werde über deine Familie wachen [...], ich gebe dir mein Wort, Hüseyin, ich verspreche es dir" (D, 20) – drängt sich die Frage der Adressierung umso mehr auf. Vergleicht man die potentielle Wirkung und Funktion, die ein personaler Erzähler in der dritten Person oder auch ein Ich-Erzähler Hüseyin haben würden, der dasselbe Geschehen darstellt, wird klar, dass die Vermitteltheit der Rede – dass *jemandem* etwas erzählt wird – sicherlich nicht so aufdringlich in den Vordergrund rücken könnte. Gerade dass der, auf den sich das Du grammatisch bezieht, nicht derjenige ist, dem dieses Geschehen dargestellt wird, lässt die Frage aufdringlich werden: Wer ist es denn? Für wen wird erzählt?

Es ist lange Zeit nicht klar, wie diese Frage zu beantworten sein könnte. Es folgen zunächst die Kapitel, in denen die vier Kinder der Familie Ümit, Sevda, Peri und Hakan als Protagonist:innen auftreten. Diese Kapitel werden alle in der dritten Person von einer personalen Erzählinstanz erzählt. Erst als im letzten Kapitel erneut eine Du-Erzählung konstruiert wird, erscheint eine Deutungsmöglichkeit Konturen zu gewinnen, die im Folgenden skizziert werden soll.

Diesmal ist Emine, die Mutter, die Du-Figur. Da es sich um das letzte Kapitel handelt, erscheint die Du-Form nun vor dem Hintergrund der im Roman entfalteten Themen. Eines, das immer wieder ins Zentrum rückt und das im letzten Kapitel noch einmal verhandelt wird, ist der Zusammenhang von gegenseitiger Verletzung und gegenseitigem Nicht-Verstehen bzw. Nicht-Verständlich-Machen-Können der verschiedenen Familienmitglieder. Dabei sind nicht simple Missverständnisse das zentrale Problem, sondern eher der gegenseitige Versuch, die Handlungen des je anderen zu deuten. Jedes Familienmitglied fertigt die eigene Deutung der Familie an. Es ist nicht einfach deswegen unmöglich, die Deutungen zu harmonisieren, weil man sich über *facta bruta* nicht einigen könnte, sondern weil die Funktion der Deutung darin liegt, sich eine Deutungsmacht *über den andern* anzueignen. Vor allem konfligieren die Deutungen der Eltern mit denen der Kinder. So kann z. B. Sevda, die älteste Tochter, die Deutungen der Mutter nicht annehmen, weil gerade im Absprechen der Legitimität der mütterlichen Deutung der Quell ihrer eigenen Autonomie liegt. Als Emine Sevda im letzten Kapitel darüber aufklärt, dass sie ihr gegenüber nicht liebevoll hat sein können, weil ihr zuvor ein Kind weggenommen worden ist und sie deswegen traumatisiert gewesen sei, entgegnet Sevda:

> „Ich will nur, dass du aufhörst, dich selbst zu belügen und das arme Opfer zu spielen. Glaubst du wirklich, alles wäre anders gewesen?"
> Du hebst die Hände in die Luft. „Wenn *o* [türkisches, nicht geschlechtlich markiertes Personalpronomen, D. Z.; Hervorhebung i. O.] bei uns geblieben wäre? Und ob ich das glaube!"
> „Anne [türk. für *Mama*, D. Z.], was würdest du machen, wenn Ümit [der jüngste Sohn, D. Z.] morgen käme und sagen würde: *Ich bin ein Mädchen, Anne* [Hervorhebung i. O.]." Sevda neigt ihren Kopf zur Seite. Sie schaut dich an, als würde sie dir eine Frage stellen, deren Antwort sie schon kennt.
> „Tövbe Sevda, was redest du da für Zeug?", rufst du entsetzt.
> „Das ist mein Ernst, Anne. Sag es mir. Was würdest du machen, wenn er plötzlich Kleider tragen würde?" (D, 352)

Das Kind, das Emine o nennt, musste sie an reiche Verwandte geben, die selbst keine Kinder bekommen konnten. Als sich das Kind Jahre später als Trans-Mann outet, verstößt die Familie es jedoch. Für Emine gewinnt ihr eigener Schmerz dadurch die Dimension unendlicher Sinnlosigkeit. Sie hat ihr Kind an Menschen geben müssen, die es letztlich gar nicht wollten. Sevdas Fragen zielen nun aber auf die hypothetische Reaktion Emines, die diese auf die Transition von o gezeigt hätte, hätte sie o nicht weggeben müssen. Die Erzählinstanz, die als intern fokalisierende hier Gedanken lesen kann, teilt mit, dass Sevdas Vermutung nicht jeder Grundlage entbehrt: „Ümit würde das nie tun', sagst du und wischst verärgert mit der Hand durch die Luft, aber da spürst du etwas in deinem Nacken. Es ist wie ein kleines Zwicken. Eine blasse Erinnerung. Der Nagellack an Ümits Fingern, Ferayes mahnende Worte, sich besser um den Jungen zu kümmern." (D, 352) Es wird deutlich, dass weder Emine Sevda Recht geben, noch das Sevda den Schmerz Emines anerkennen kann.

Diese Situation ist paradigmatisch für die Kommunikation in der Familie, die deswegen letztlich zu einer unmöglichen wird. Jeder und jede begehrt die Anerkennung der eigenen Deutung. Da aber für jeden und jede die Ablehnung der Deutungshoheit der je anderen Personen zur Voraussetzung der eigenen Selbstständigkeit ist, kann sich dieses Begehren nie erfüllen.

Hier tritt – so die These dieses Artikels – die Erzählinstanz, die die Du-Erzählungen anfertigt, in all ihrer narratologischen Uneindeutigkeit als imaginäre Erfüllung dieses Begehrens auf – als Dschinn.[9] Dies bedarf einer Erklärung, wozu zunächst drei Fragen beantwortet werden müssen: Handelt es sich überhaupt um eine einzige Erzählinstanz? Warum sollte diese ein Dschinn sein? Kann die Erzäh-

---

[9] Auch Dariya Manova interpretiert in ihrem Beitrag in diesem Band die Erzählinstanz als Dschinn.

lung als eine Erfüllung des Begehrens nach Anerkennung und Deutungshoheit interpretiert werden und wenn ja wie?

Zur ersten Frage: Der Text legt nahe, dass die Erzählinstanz, die die Du-Erzählung von Emine erzählt, dieselbe ist, die auch die Erzählung von Hüseyin angefertigt hat. Neben der Parallele, dass auch Emine am Ende ihres Kapitels sterben wird, ist es vor allem die oben bereits zitierte Ankündigung des erzählenden Wesens, es „werde hierbleiben, in diesem Haus, in deiner Wohnung, und [...] über deine Familie wachen, wenn sie hier eintrifft" (D, 20). Der Eindruck, dass die Erzählinstanz so etwas wie ein Todesengel sein könnte, der im Augenblick des Sterbens erscheint, erhärtet sich als auch Emine im ihr gewidmeten Kapitel stirbt. Denn als Emine klar wird, „dass es zu spät ist" (D, 365), tritt wie vorher bei Hüseyin ein Wesen in Emines Wahrnehmung: „Doch da ist noch etwas, Emine. Du fragst dich, wer ich bin?" (D, 365) Das Wesen antwortet auf seine Frage selbst – und wieder muss bezweifelt werden, ob Emine im vollen Sinne des Wortes Adressatin der Rede ist:

> Du fragst dich, wer ich bin? Das ist nicht wichtig, Emine. Die eigentliche Frage ist, wer du bist. Denn ich bin nur ein Teil von dir, Emine. Ich bin die Kluft zwischen deinem Glauben und deinem Handeln. Ich bin der Widerspruch zwischen dem Bild, das du von dir selbst hast, und dem Gesicht, das du den anderen zeigst. Ich bin die Lücke zwischen dem, was du für richtig hältst und für falsch, der feine Riss in deiner Moral, der Zwiespalt zwischen deinem Sein und deinem Sollen. Ich bin einfach nur die Stimme in deinem Kopf, Emine. Ich bin nichts ohne dich. Also sag mir, wer bist du? (D, 365)

Dafür, dass Emine im eigentlichen Sinne nicht adressiert wird, spricht auch, dass sie nicht auf diese Selbstoffenbarung des Wesens antwortet oder überhaupt reagiert. Die Erzählinstanz fährt nahtlos in ihrer Rede fort. Es folgt eine kurze Beschreibung der auditiven Eindrücke Emines, die wohl ihre letzten als Lebende sind. Danach wechselt die Erzählung in eine traumartige Sequenz, die als paradiesische Jenseits- oder Nahtoderfahrung markiert ist: Emine ist umringt von ihren glücklichen Enkeln und Kindern. Das Wesen sichert Emine Vergebung zu, dann öffnet sie die Tür und begrüßt auch noch ihr erstes, als Baby weggegebenes Kind und nennt es bei dem nach der Transition gewählten Namen: „Du öffnest die Tür. Dein Herz geht auf. Du sagst: *Ciwan*." (D, 367, Hervorhebung i. O.) Damit endend der Roman. Die Frage nach der Einheit der Erzählinstanz muss also zunächst offenbleiben, obwohl der Text einige Fährten legt, die vermuten lassen, dass dem so sein könnte. Die Frage wird weiter unten noch einmal aufgenommen.

Nun zur Frage, warum man von einem Dschinn (oder mehreren Dschinns) sprechen könnte. Zunächst liegt es nicht fern, in diesem Buch aufgrund seines Titels nach Dschinns Ausschau zu halten.[10] Es ist genau an einer Stelle im Text explizit von Dschinns die Rede. Der jüngste Sohn der Familie Ümit, der sich im frühen Teenageralter befindet, fragt seine Schwester Peri, die bereits erwachsen ist: „Was ist ein Dschinn?" (D, 184) Sie sind zur Beerdigung des Vaters nach Istanbul gereist und befinden sich in der Wohnung, in der der Vater verstorben ist. Peri ist sich nicht sicher, warum Ümit fragt, sie spürt aber unmittelbar „wie ihr Kälte unter die Haut schießt. Wie jedem Menschen, der in einem muslimischen Haushalt aufgewachsen ist und dieses Wort hört. In einem Totenhaus. Bei Nacht." (D, 184) Peri kann sich nicht recht entscheiden, ob sie Dschinns als Geister, als mythische Figuren oder als Geisteskrankheiten klassifizieren soll. Das Gespräch zwischen Peri und Ümit ebbt ab, weil letzterer seine Frage bereits im Halbschlaf gestellt hat. Peri allerdings hängt ihr weiter nach. Weil sie über die Funktion mythischer Erklärungen nachdenkt, landet sie bei Nietzsche und dessen Diktum, Gott sei tot, das sie als Formel für eine existenzielle Angst beschreibt, die jeder kennt, „der mal versehentlich zu viel LSD geschmissen hat und starr vor Panik auf dem PVC-Boden der eigenen Wohnung herumlag". (D, 188) Peri zieht den Schluss, dass „[i]m Grunde [...] auch er [Nietzsche] einen Dschinn gehabt [habe], und der Dschinn [...] am Ende Besitz von ihm ergriffen [habe]. Der Typ wurde von seinen eigenen Ideen aufgefressen". (D, 189) Bezeichnenderweise folgert sie dies aus einer Stelle aus der *Fröhlichen Wissenschaft*, in der Nietzsche einen Dämon sprechen lässt, der – in der Form der Du-Erzählung! – den Leser adressiert. (D, 188) Peri vermutet weiter, dass „wahrscheinlich [...] alle ihre Dschinns" (D, 189) haben. Es sind Personifikationen der Dinge, die man sich „mit seinem Fleiß vom Hals zu halten versucht" (D, 189). Diese Charakterisierung passt wiederum hervorragend zur Auskunft, die das Erzähl-Wesen Emine im Augenblick ihres Todes gibt. „Ich bin nichts ohne dich" (D, 365), lediglich der „Zwiespalt zwischen deinem Sein und deinem Sollen" (D, 365). Geht man von dieser philosophischen Grund-Dichotomie aus, die den Bereich des Faktischen von dem des Ethischen unterscheidet, dann kann man folgern, dass das Erzählwesen als dasjenige Element zu fassen wäre, das die Nicht-Identität einer Person mit sich selbst ausmacht. Denn das Sollen (der Bereich des moralischen oder ethischen Anspruchs an das Individuum) gehört zwar zur Identität des Individuums, ist aber auch der Grund, warum es sich nicht mit seinem Sein, also mit dem je aktuellen So-Sein, zufriedengeben kann. Dies kann darin resultieren, dass die Person dem Sollen gemäß zu handeln oder sich zu ändern versucht, es kann aber auch in eine Dissonanz führen, die es versucht auszuhalten und an der es in extremen Fällen zugrunde gehen kann. Abschließen erwägt Peri, die Dschinns wie folgt zu begreifen: „Vielleicht sind das die Dschinns,

---

10 Eine kurze Reflexion auf den Titel findet sich auch bei Myriam Geiser (vgl. 2023, 658–659), die vor allem auf die im interkulturellen Kontext evozierten exotistischen Erwartungen fokussiert.

die Wahrheiten, die immer da sind, die immer im Raum stehen, ob man will oder nicht, aber die man nicht ausspricht, in der Hoffnung, dass sie einen dann in Ruhe lassen, dass sie im Verborgenen bleiben für immer." (D, 193) Auch dies passt zu den Reden der beiden Du-Erzähler, weswegen die Folgerung durchaus berechtigt scheint, die oder den Du-Erzähler:in als einen Dschinn oder mehrere Dschinns zu fassen.

Nun zur dritten Frage: Inwiefern sind die Erzählungen der Dschinns (oder des Dschinns) die imaginäre Erfüllung eines gewissen Begehrens? Die Antwort auf diese Frage wird klar, wenn man sich die Implikationen von Peris Schlussfolgerung vor Augen führt, sie seien die Wahrheiten, von denen man hoffe, sie blieben für immer im Verborgenen. Wenn diese Wahrheiten tatsächlich auch als Abstand zwischen Sein und Sollen beschrieben werden können, dann darf gefolgert werden, dass der Standpunkt der Dschinns derjenige ist, von dem aus einsehbar wird, warum das Sein dem Sollen nicht entspricht. Die Erzählung, die Emine und Hüseyin zugesprochen wird, wird vom Standpunkt aus formuliert, von dem sie sich wünschen, ihre Familienmitglieder könnten ihn einnehmen, der aber *de facto* weder von diesen noch von ihnen selbst eingenommen werden kann. Es ist – systemtheoretisch gesprochen – die Einheit der Unterscheidung der Form Sein/Sollen, der blinde Fleck. Es ist dieser Standpunkt von dem aus die Frage nach der Identität eigentlich erst gestellt werden kann, wenn damit sowohl das Sosein einer Person als auch die Sollens-Ansprüche an sie gemeint sind. Denn der Dschinn fragt sowohl Emine „Also sag mir, wer bist du?" (D, 365), als auch Hüseyin im ersten Satz des Romans: „HÜSEYIN ... WEISST DU, wer du bist, Hüseyin, [...]?" (D, 9) Antworten kann jedoch weder sie noch er. Die Antwort ist die Erzählung des Dschinns selbst. Die Antwort auf die Frage nach der personalen Identität kann also in gewisser Weise nur gegeben werden, wenn die Nicht-Identität der Figuren mit sich selbst zum Stillstand gebracht würde. Möglich wäre das nur von einem imaginären Punkt aus, der der Ursache der Dynamik dieser Nicht-Identität, dem Unterschied von Sein und Sollen, Herr wird. Dabei ist sowohl entscheidend, dass es sich um eine Du-Erzählung handelt und der Text verunklart, ob homo- oder heterokommunikativ erzählt wird, als auch dass unklar bleibt, ob es sich um einen Dschinn oder mehrere handelt.

Einerseits kann die Erzählung in der Du-Form den Trost andeuten, den sie spenden könnte, wäre sie doch formulierbar, denn die Dschinns sprechen liebevoll, verständnisvoll und entlastend zu Hüseyin und Emine. Andererseits erzeugt die Du-Form auch bittere Ironie, ähnlich derjenigen, die prototypisch Kafkas Protagonist aus *Vor dem Gesetz* erfährt. Denn die Rede ist je nur für diesen Menschen formuliert. Er aber kann sie nicht vernehmen. Dies hängt mit der Uneindeutigkeit hinsichtlich der Frage zusammen, ob hier eine homo- und heterokommunikative Erzählsituation vorliegt. Denn die heterokommunikative Situation würde die Erzählinstanz außerhalb der Diegese verorten, eine homokommunikative innerhalb der Diegese. Das Begehren, das hier gestillt werden soll, begehrt *beide Positionen auf einmal*. Extradiegetisch muss die Erzählposition sein, weil dort allein die Autorität in Anspruch genommen werden kann, ‚die Wahrheit' zu sagen. Positionen innerhalb der Diegese sind immer perspektivisch gebunden, allein die auktoriale Position, die alles sieht und weiß, könnte den Anspruch erheben, zu sagen, wie etwas *in Wahrheit* ist. Aber das Begehren begehrt auch, dass diese Wahrheit *gesagt* wird. Dies wiederum setzt voraus, dass das Erzähler-Ich und das Du, dem erzählt wird, auf ein und derselben diegetischen Ebene existieren. Die oben festgestellte Verwirrung, die hinsichtlich Fluderniks Kategorien der homo- bzw. heterokommunikativen Erzählsituation in Bezug auf den Text bemerkt wurde, ist also keineswegs eine terminologische Schwäche des Fludernik'schen Vorschlags. Vielmehr ist es so, dass es sich hier um eine kalkulierte Uneindeutigkeit hinsichtlich der diegetischen Ebenen handelt, die durch ihre Terminologie erst beschreibbar wird.

Und auch die bis jetzt noch offene Frage nach der Identität der Dschinns ist bedeutend für die imaginäre Erfüllung des eigentlich unerfüllbaren Begehrens: Denn die Erfüllung des Begehrens hieße nicht nur, dass eine auktoriale, heterodiegetische Autorität innerhalb der Diegese in Anspruch genommen werden könnte, sondern auch dass im perspektivisch nicht gebundenen Wissen alle figürlichen Perspektiven konvergieren müssten. Das heißt, eine gemeinsame Perspektive, die auch noch dazu wahr wäre, würde bedeuten, dass Hüseyins Dschinn auch der Emines sein muss. Man könnte mit Adorno sagen, hier wird eingedenk ihrer Unmöglichkeit „die Verwirklichung des Allgemeinen in der Versöhnung der Differenzen" (1997, 116) dargestellt: In einer sowohl hetero- als auch homokommunikativen Erzählsituation wird der je eigene Dschinn zu dem des/der Anderen.

Nun kann auch noch einmal zur anfänglich gestellten Frage zurückgekehrt werden: Für wen spricht der Dschinn (die Erzählinstanz) eigentlich, wo doch Hüseyin und Emine ihn nicht wahrnehmen können. Diese Frage stellt sich nun als so zentral wie unbeantwortbar heraus. Man kann nach dem oben Erarbeiteten sagen: Die Machart des Textes, seine erzählerischen Strategien, drängen diese Frage auf, aber nur um sie unbeantwortet stehen zu lassen.[11] Das Ich findet kein Du, das zuhören könnte,[12] obwohl es erzählt, was sich die Dus, Hüseyin und Emine, zu hö-

---

[11] Anders und als positiven Gegenentwurf zu etablierten ‚progressiven' Lösungsstrategien interkultureller und transgenerationaler Problemlagen interpretiert Kristin Dickinson (2023) den Roman und vor allem dessen Ende.

[12] Auch Maria Roca Lizarazu (2024) stellt die Du-Form in den Mittelpunkt ihrer Analyse. Sie vergleicht den Text mit Dilek Güngörs *Vater und Ich* sowie Deniz Utlus *Die Ungehaltenen*. Lizarazu untersucht die Texte hinsichtlich einer Erweiterung und Multidirektionalisierung von kollektiver Erinnerung (im Sinne Michael Rothbergs) und kommt zu folgendem Schluss: „The three novels

ren wünschen. In dieser Konstellation liegt die Tragik dieses Textes, der den Lesenden erlaubt, einen unmöglichen Sprechakt zu belauschen, auf den sich alles Begehren richtet, das notwendig unerfüllt bleiben muss.

4 Das Du als einzige Gewissheit in der Sprache – Kim de l'Horizons *Blutbuch*

Kim de l'Horizons *Blutbuch* (2022[13]) ist ein Roman, der von allen drei analysierten Texten die meisten Merkmale einer Autosoziobiographie aufweist: Der/die Protagonist:in ist eine Figur namens Kim, bei der Parallelen zur Biographie von de l'Horizon offensichtlich sind, es geht unter anderem um den Klassenwechsel dieser Figur und die sich daraus entspinnenden intergenerationellen Konflikte, es wird explizit auf soziologische Theorien sowie auf Eribon und Ernaux verwiesen und Schreibanlass ist die letztlich tödliche Krankheit (Demenz) eines Familienmitglieds – hier der Großmutter. Allerdings ist der Text formal sehr viel experimenteller gestaltet als klassische Autosoziobiographien wie z. B. die von Baron, Dröscher, Eribon, Louis oder Ernaux. Zudem weist er sich paratextuell eindeutig als Roman aus. Der Text gliedert sich in fünf Teile, denen ein Prolog vorangestellt ist. Jeder dieser Teile entwickelt eine eigene Stimme, sodass nicht von einem einzigen, den Roman beherrschenden Stil gesprochen werden kann. Vielmehr können dominante Elemente und Verfahren für jeweilige Teile ausgemacht werden, wobei die Selbstbefragung, die Erforschung der eigenen ‚Herkünfte' thematisch immer zentral bleibt. So spricht das erzählende Ich auch von „meine[n] Ichs" (B, 147). Dennoch wird die personale *Identität* als Fluchtpunkt der Bemühungen, als Punkt, auf den sich das Possessivpronomen (*meine*, nicht *unsere* Ichs) bezieht, nicht aufgegeben. Vielmehr besteht die Aufgabe darin, die Heterogenität in einem Selbstbild zu vereinen.[14]

So besteht der erste Teil „Die Suche nach Schwemmgut" aus kurzen narrativen Fragmenten, die in einem losen thematischen Zusammenhang stehen, indem sie sich mit der (meistens, aber nicht ausschließlich) kindlichen Wahrnehmung

---

formulate artistic claims to inclusion in the national narrative, while also attempting to creaticly tansform the narrative as such, supporting the advent of more inclusive modes of belonging and subjectivity." (2024, 267) Ihr geht es folglich nicht so sehr um die Unsagbarkeit als solche, sondern darum, dass das Unsagbare durch den Text formuliert wird. Was innerhalb der Familie nicht ausgesprochen werden kann, wird so in den Diskurs des kollektiven Gedächtnisses eingespeist.
13 Im Folgenden wird aus dieser Quelle unter der Sigle ‚B' zitiert.
14 Dies sieht auch Paul Krauße in seinem Beitrag in diesem Band als die zentrale Herausforderung des Romans.

der Großmutter beschäftigen. Der zweite Teil „Die Suche nach der Kindheit" behält die fragmentarische Einteilung bei, nimmt die kindliche Perspektive aber in gewisser Weise sehr viel konsequenter ein als der erste Teil. Dies geschieht, indem sich der Text nicht nur einer märchenhaften Metaphorik, sondern auch einer Logik des Wunderbaren auf der Ebene der Diegese bedient. Dazu gehört die anthropomorphe Wahrnehmung des Kindes sowie sein magisches Denken, das wiederum in einer Logik der Ähnlichkeit durch lyrische Verfahren zum Ausdruck kommt. Der dritte Teil „Die Suche nach der Mutterblutbuche" arbeitet dann mit der journalistisch-akademischen Recherche und ihrer Darstellung, die allerdings neben einer von Drogen und Psychopharmaka bestimmten Wahrnehmung der Gegenwart des/der erwachsenen Kim steht, in der es um sexuelle Grenzerfahrungen geht. Im vierten Abschnitt „Auf der Such nach Rosmarie" steht auch der Modus der Recherche im Vordergrund, diesmal allerdings hinsichtlich der eigenen Familiengeschichte. Ein vorgeblich von der Mutter des Ichs zusammengetragener Stammbaum der Frauen der mütterlichen Linie der Familie wird in Ausschnitten referiert und bildet den inhaltlichen Fokus des Kapitels. Zusätzlich erzählt das Ich aus seiner Gegenwart von seinen Besuchen bei der Großmutter, die – mittlerweile im letzten Stadium der Demenz – in einem Heim lebt. Dies allerdings stellt sich später als fingierte Tatsache heraus. Der letzte Teil „Coming full spiral" setzt sich formal am deutlichsten ab, da er auf Englisch verfasst ist. Wie bereits andere literarische Verfahren zuvor hat die Wahl der Fremdsprache unter anderem den Zweck, die Ansprache an das Du so zu gestalten, *„that you don't really understand"* (B, 267, Hervorhebung i. O.).

Dieses Du ist die Großmutter des Ichs, die mit dem Schweizerdeutschen Ausdruck *Grossmeer* bezeichnet wird. Der Text beginnt wie folgt:

> Beispielsweise habe ich „es" dir nie offiziell gesagt. Ich kam einfach mal geschminkt zum Kaffee, mit einer Schachtel Lindt & Sprüngli (der mittelgrossen, nicht der kleinen wie üblich), oder dann später in einem Rock zum Weihnachtsessen. Ich wusste, oder nahm an, dass Mutter es dir gesagt hatte. „Es". Sie hatte „es" dir sagen müssen, weil ich „es" dir nicht sagen konnte. Das gehörte zu den Dingen, die mensch sich nicht sagen konnte. Ich hatte „es" Vater gesagt, Vater hatte „es" Mutter gesagt, Mutter muss „es" dir gesagt haben. (B, 9)

Hier ist noch nicht ersichtlich, dass es die Großmutter des Ichs ist, die angesprochen wird. Das Ich klärt dies erst einige Sätze später auf: „Wir sprachen nie darüber, dass du einen Bart gekriegt hast, als du mit Mutter schwanger warst" (B, 10).

Schon in diesen ersten Sätzen werden einige zentrale Themen des Romans gesetzt: die Familie, die personale Identität, die geschlechtliche Identität; und nicht zuletzt durch die Schweizer Schreibweise „ss" satt „ß" auch die Schweiz. Die mit „es" bezeichnete geschlechtliche Nicht-Binarität der Erzählerfigur rückt in diesen ersten Sätzen am deutlichsten in den Vordergrund. Dies „gehört" allerdings tatsächlich bloß zu den Dingen, „die mensch sich nicht sagen konnte" (B, 9). Diese Dinge insgesamt, bzw. die Unsagbarkeit als solche, ist das zentrale Thema des Romans.

Von den vielen Fäden, die der Text formal wie auch inhaltlich zieht, kann hier allein dieses Hauptthema betrachtet werden. Versteht man die Du-Erzählung als einen Versuch, immer eingedenk des notwendigen Scheiterns das eigene Unvermögen zu sprechen beredt zu machen – wie das auch für die ersten beiden Texte vorgeschlagen wurde – dann ist de l'Horizonts Text sicherlich derjenige der drei Texte, der formal am experimentellsten und thematisch am ausschließlichsten um diese Unmöglichkeit kreist. Bei Stelling könnte eine *naturalization* der Erzählsituation noch so gedacht werden, dass Resi ein Manuskript für Bea erstellt, dass sie ihr gibt, bei Aydemir könnte man annehmen, es handle sich um einen wunderbaren Text im Sinne Tzvetan Todorovs und es spräche tatsächlich ein Dschinn einen Sterbenden an. Im Roman von de l'Horizon muss aber im Ganzen betrachtet bezweifelt werden, ob überhaupt eine Naturalisierung der Erzählsituation gedacht werden kann.

Die Unmöglichkeit zu sprechen bezieht sich dem Gegenstand nach – wie oben schon angedeutet – auf die personale Identität des Ichs. Der Text selbst ist demnach ein Versuch der Darstellung der personalen Identität der Erzähler:innen-Figur. Die Form, mit der diesem Problem begegnet wird, ist die Du-Form, wobei sie sicherlich vielmehr als eine Möglichkeit gesehen werden muss, das Problem überhaupt zur Sprache zu bringen, als es zu lösen.

Das Problem der personalen Identität der Figur Kim kann als ein Problem einer doppelten Abgrenzung genauer spezifiziert werden. Einmal zwischen Natur und Sinn (man könnte auch sagen: Bios und Logos, Sema und Soma oder Körper und Geist); sodann zwischen dem Ich und den Anderen (Ego und Alter). Neben der Tatsache, dass jede der beiden Unterscheidungen selbst instabil ist, verwirren sie einander zusätzlich, da sie für einander gegenseitig vorausgesetzt werden. So wäre die Frage nach Ego und Alter leichter zu beantworten, wenn klar wäre, dass es sich lediglich um eine auf der Ebene des Sinnes, des Logos handelte. Da aber die Unterscheidung von Bios und Logos selbst problematisch ist, ist schon unklar, in welcher Kategorie die Frage nach der Abgrenzung des eigenen Selbst gegen die Anderen zu stellen ist. Andersherum wäre die Frage nach der Unterscheidung bzw. nach dem Zusammenhang von Körper und Geist leichter zu erforschen, wenn die Grenze zwischen dem eigenen Selbst und den Anderen verortet werden könnte, weil andernfalls eben weder klar ist, ob die Grenze zwischen Körper und Geist im Ego noch ob sie im Alter verläuft.

Diese doppelte Verwirrung wird an unzähligen Punkten im Text vorgeführt.[15] So wird die Depression der Mutter, die während der depressiven Phase vom Kind als „Eishexe" (B, 78) wahrgenommen wird, von Kind-Kim als eine Erstarrung der Welt in Eis erlebt, die auch den eigenen Körper bedroht. Die erwachsene Figur Kim erinnert sich daran, dass sie als Kind das Gefühl hatte, ihr Körper gehöre eigentlich nicht ihr (B, 19) und vermutet darin den Grund dafür, nur dann ein körperliches Selbstgefühl erleben zu können, wenn sie anal penetriert wird (B, 50).

In der *histoire* machen familiäre Traumata Kernelemente aus, die transgenerational weitergegeben werden. Auf der Ebene der Großmutter ist es ein Missbrauch: Der Urgroßvater hat die jüngste Schwester der Großmutter geschwängert, woraufhin diese wegen der nicht-ehelichen Schwangerschaft in einer „Weiberarbeitsanstalt" (B, 289) inhaftiert wurde. Ein weiteres traumatisches Element ist die tote Schwester der Großmutter, die wie diese ‚Rosmarie' hieß. Auf der Ebene der Eltern sind es die unterdrückte Homosexualität der Mutter sowie der Tod zweier Jugendfreunde des Vaters. Obwohl die Familie der Mutter sehr viel mehr Raum einnimmt und für die zentralen Fragen des Romans wichtiger ist, wird an der Geschichte des Vaters die Rolle von Erzählungen für die Bildung der personalen Identität expliziert. Es wird gesagt, dass nur eine Variation im Erzählen einer Geschichte diese zur eigenen im emphatischen Sinne mache und dass es letztlich diese eigenen Geschichten sind, die die eigene Identität ausmachen. Die Erzählerfigur hat den Eindruck, dass

> die zentralen Stellen [einer Geschichte, D. Z.] einen haben, dass mensch ihnen ausgeliefert ist. Dass sie dich erzählen und nicht du sie. Dass mensch aber an den Rändern seiner Geschichte noch sehr viel machen kann. Dass mensch sich an den Rändern seiner Geschichte gegen die Geschichte wehren kann. (B, 62)

Im Aneignen der Geschichten besteht allerdings nicht nur die vermeintliche Lösung des Problems der personalen Identität. Die Aneignung stiftet überhaupt erst das Problem der Abgrenzungsschwierigkeiten von Körper und Geist, bzw. Ego und Alter:

> Was ich sagen möchte, Grossmeer: Da ist eine Leere, und ich weiss nicht, ob es die meine ist. Vielleicht ist diese Leere ein Erbstück, vielleicht ist es eine leere Stelle, die weitergereicht wird, in die jede wieder ihr eignes hinein verliert. Ein Loch, an dem jede Generation ihre eigenen Fäden ins Leere webt. Ich meine das nicht feinstofflich-psychologisch, sondern ganz

---

15 Die Ausgangssituation der doppelt problematischen Abgrenzung ist Ausgangspunkt der Analyse von Achit Sathi (2024). In diesem sehr empfehlenswerten Artikel findet sich eine Vielzahl von weiteren Beispielen. Sathi argumentiert dafür, den Text als „Contribution to queer narratology" (2024, 13) zu verstehen. Er geht zwar nicht auf die Du-Form ein, seine Thesen sind aber sehr gut mit den hier vorgeschlagenen parallelisierbar.

konkret. Mich gibt es auch nur, weil die erste Rosmarie gestorben ist. Und wie viel Fehlen gibt es von noch früher. Und vielleicht ist dieser ganze Text, diese ganze Schreibbewegung ein Platzhalter, das Erschaffen eines Ortes, an dem diese Leere endlich einen Raum bekommt. Kein Text, sondern ein Platz, auf dem steht: „Hier ist etwas, das sich nicht sagen lässt." Was nicht dasselbe ist wie schweigen. Wir brauchen Sätze, um von unseren Traumata *nicht sprechen* [Hervorhebung i. O.] zu können. Ich habe mein Leben lang gemeint, ich müsse unsere Leeren auffüllen, tragen, ertragen, weitertragen. Die Aufgabe meiner Familie, unserer ganzen Kultur, unsere ganze Kultur. Ich dachte, ich sei ein Ersatzkörper, in dem sich die fehlenden, die zu früh gestorbenen, die geopferten Leben ausleben können. Es war stets ein Verrat, daran zu denken, diese Aufgabe aufzugeben. Es war sowieso immer alles ein Verrat, ein Verrat an dir, an euch Meeren, unserem Sein. Schon „Johannisbeere" zu sagen statt „Meertrübeli" ist ein Verrat. Zu schreiben ist ein Verrat, über euch zu schreiben ein doppelter, auf Hochdeutsch zu schreiben ein bodenloser. (B, 246–247)

Es folgt eine Reflexion auf die Nicht-Arretierbarkeit von Sinn anhand eines Verweises auf Jacques Derrida: „Das Wort ‚Buche' bedeutet nur Buche, weil andere Bedeutungen abwesend sind, weil es nicht Birke, nicht Buch, nicht Bauch, nicht Blut, nicht nichts und nicht alles bedeutet. Schreiben bedeutet demgemäss, das Fehlende neu zu arrangieren." (B, 247) Gleich wird jedoch wieder durch diese Nicht-Arretierbarkeit von Sinn auch die Grenze zwischen Sinn und Physis selbst fraglich gemacht:

Aber auch diese Derrida'sche Gewissheit löst sich auf im Tosen der Sprachmeer, im Gewitter der Zungen, denn das schweizerdeutsche Wort Buch bedeutet „Bauch", aber auch „Buche", wie die „Buch am Irchel". Im Bauch der Sprache wird alles verdaut, und mensch muss, wenn mensch Füsse benutzen will, Hände haben, die nicht Ich heissen. (B, 247)

Entscheidend ist, dass sowohl die Krankheit als auch die Kur als Weitergabe von Geschichten konkretisiert werden, die in der je eigenen Generation geändert werden. Sich die Vergangenheit anzueignen, ist also nicht der Königsweg zum eigenen Selbst, auf dem man die Macht des transgenerationellen Traumas brechen könnte.[16] Es besteht immer die Gefahr, dass man das Trauma einfach zum eigenen macht. Kim wünscht sich einen „Heilzauber", um genau dieser Gefahr zu entgehen und mit seinem Schreiben „den wundlosen Schmerzen eine Wunde zu geben" (B, 247). Er:sie sucht eine Sprache, um das Leid als Leerstelle beredt zu machen.

Wenn man in Anschluss an Derrida vom unendlichen Verweisungscharakter der Zeichen ausgeht, müsste zuallererst eine Sprache gefunden werden, die dem Rechnung trägt. Man müsste sich vom Phantasma verabschieden, Bedeutung *festschreiben* zu können. Es zu sagen, wie es ist, müsste als Unmöglichkeit anerkannt

---

[16] Dass „in *Blutbuch* die transgenerationalen Traumata" tatsächlich im vollen Sinne des Wortes „verarbeitet werden" behauptet dagegen Melanie Thümler (2023, 90). Dies Interpretation scheint allerdings gerade zu glätten, was der Text bemüht ist als Problem zu entwerfen.

werden. Der Text weist in einer poetologischen Passage im letzten – englischsprachigen – Teil, der in Briefen an die Großmutter von einer Schreibklausur im Tessin berichtet, darauf hin, wie ein angemessenes Schreiben gedacht werden könnte.

Er zitiert die Autorin Ursula K. Le Guin und referiert, dass sie die Hypothese aufgestellt habe, dass die ersten Objekte der menschlichen Frühgeschichte nicht – wie weithin angenommen – Waffen oder Schlagwerkzeuge gewesen seien, sondern Gefäße zum Transport und zur Aufbewahrung von Dingen, wahrscheinlich von Beeren, Wurzeln oder anderer Nahrung (vgl. B, 286). Ausgehend von dieser alternativen anthropologischen These entwickelt Le Guin eine poetologische, die der Text referiert: „,A novel is a medicine bundle', Le Guin says, ,holding things in a particular, powerful relation to one another and to us.'" (B, 287)

Die Erzähl-Figur stellt dieser „carrier bag theory" (B, 286) den Hydro-Feminismus von Astrida Neimanis an die Seite, der aus posthumanistischer Perspektive von einem Menschenbild ausgeht, für das zentral ist, dass Organismen, um an Land leben zu können, das Meer mit sich bringen mussten: „We became evolutionary carrier bags of water. And the carrier bag way of narrating, I would say, is to put static things into flowing relations, in no specific hierarchy." (B, 287)

Der Text scheint hier eine widersprüchliche Poetologie der Gattung Roman zu entwerfen. Denn er schließt, dass die Beziehungen (relations) in Fluss geraten, wo doch bei Le Guin die Funktion des Romans als Pharmakon dadurch gegeben war, dass er Elemente in einer *bestimmten*, „powerful relation to one another and to us" (B, 287) darzustellen vermag. Einmal wird von einer „particular" und das andere Mal von einer „flowing" Beziehung gesprochen. Der Text löst diesen vermeintlichen Widerspruch allerdings auf – indem er ihn stehen lässt.

Er versucht ein Erzählen zu entwerfen und zu gestalten, das, wie oben gezeigt wurde, eine Wunde schlägt – obwohl es gleichzeitig als Heilzauber beschrieben wird. Er versucht, ein Erzählen zu entwerfen, das sich nicht zu einem Ganzen schließen lässt.[17] Dieses als feministisch apostrophierte Erzählen setzt er einem männlichen Erzählen entgegen, das die Heldengeschichte als Prototypus entworfen hat (B, 286–287). Dieses wäre ein Erzählen, in dem der Held eine Aufgabe hat, die er löst und mit deren Lösung eine Ordnung (wieder-)hergestellt wird. Dass es *recht* und *richtig* ist, diese Ordnung herzustellen, wird nicht zuletzt vom auktorialen Erzähler (in seiner unmarkierten Männlichkeit) sanktioniert. Dieses – vom Text abgelehnte Erzählen – wäre eines, in dem die Herstellung der Ordnung der Erzählung mit der Ordnung des Erzählens kongruent ist.

---

[17] Überzeugend führt daher Nora Weinelt (2023) den Text als ein Beispiel einer von ihr beschriebenen queer-feministischen Ästhetik des kalkulierten Scheiterns an.

Die Erzählfigur in *Blutbuch* erschreibt sich dagegen einen „room of my own", den er:sie in einem Nachsatz sofort als „room of our own" (B, 268) bezeichnet. Neben der Variation dieser grundlegenden feministischen Feststellung von Virginia Woolf, die Voraussetzungen einer jeder persönlichen Freiheit seien materielle, schlägt der Text hier auch eine poetologische Verbindung zum titelgebenden Motiv des Romans: Denn das Raum-Einnehmen ist auch das, was das Ich an der Blutbuche im Garten seiner Familie faszinierend findet. Dem Stammbaum, den die Großmutter „Linie deines Blutes" (B, 172) nennt – der Blutbuche – wird ein Blutbuch als ‚room' entgegengesetzt, von dem die Lesenden aus der oben zitierten Reflexion auf Derrida wissen, dass dies auch ein Blutbauch sein kann. Der starren Ordnung des Baumes wird eine Agglomeration fragmentarischer Elemente in einem fluiden Raum entgegengestellt. Das bedeutet in letzter Konsequenz, dass der Frage nach der *personalen* Identität mit dem Aufbrechen der Idee einer personalen *Identität* überhaupt begegnet wird.

Denn die personale Identität, die aus einem Stammbaum hervorgeht, ist Produkt einer monodirektionalen Bewegung, in der der Vatermord – oder zumindest die Entthronung des Vaters – als Lösung eines Identitätskonflikts immer nur anbietet, selbst Patriarch im patriarchalen System zu werden. Dieser heldischen Form der Selbstsetzung wird das Modell der Grossmeer als Hyper-Sea – der als Blutbuch geschriebene Blutbauch – entgegengesetzt: Der patriarchal-mörderischen Aneignung von Deutungshoheit wird das „giving birth to my mothers" (B, 280) entgegengesetzt. Ein Erzählen, das sich diesen Zweck setzt, ist nicht monodirektional und mordend, sondern auf spezifische Weise reflexiv und an der Idee der Natalität orientiert.

Im letzten Kapitel – während des Aufenthalts im Tessin – gräbt Kim sich zusammen mit dem Freund Mo einen Pool in einem Bergfluss. Sie tun dies mit ihren „bare hands" (B, 282), die Kim sich dabei verletzt: eine *handfeste* Form der Poiesis, die einen *room of our own* erschafft. In diesem Pool, der vom kalten Wasser des Bergbachs gespeist wird und den Kim „cold pot" (B, 282) nennt, kann man sich allerdings nur extrem kurze Zeit aufhalten. So wie die drei Freund:innen ihre Rollen, die sie im Alltag einnehmen, für kurze Zeit ablegen können, wenn sie im Tessin sind, so ist die Möglichkeit des Aufenthaltes im selbstgegrabenen Carrier-Bag aus Grossmeer-Hyper-Sea eine Möglichkeit, ein Selbst sein zu können.[18]

---

18 Eine interessante Lektüre bietet Theresa Sambruno Spannhoff (2024) an, indem sie sowohl die Reflexionen auf Fluidität als auch die hier nicht fokussierten Metaphern der Häute miteinander in Verbindung setzt. Sie folgert, dass der Text so eine posthumanistische Form der Erinnerung konzipiert. Es wäre zu überlegen, inwiefern diese Form des Erinnerns eine nicht auf personale Identität zielende Form der Historisierung in Analogie zu der hier vorgeschlagenen nicht arretierbaren Identität des je akuten Selbst sein könnte.

Die Kürze des möglichen Aufenthalts zeigt jedoch, dass die hier vorgeschlagene Antwort auf die Frage nach dem eigenen Selbst eigentlich keine Antwort ist, sondern eine Dekonstruktion der Frage selbst. Es geht nicht darum, einfach ein eigenes Selbst zu werden, sondern das Selbst-Sein selber eigen, anders und neu zu denken. Nicht ein auf Dauer gestelltes Selbst, ein Held der seinen Platz in der Welt erkämpft, wird als Prototypus vorgestellt, sondern ein Selbst, das entsteht, indem es aufhört, auf die Unterscheidung Ego und Alter zu bestehen. Explizit taucht immer wieder Odysseus auf, der eben nicht das Meer in sich aufnimmt, sondern gegen Poseidon kämpft, um nach Hause zu kommen.[19] Seine Geschichte, so Kim, sei „the story of a hero, but the story of someone who survived the war of men, the Iliad, but being so traumatized, that the way home wasn't possible" (B, 297). Denn obwohl er in Ithaka ankommt, bedeutet das nur „dorthin zurückzukehren, wo er nicht mehr zu Hause sein wird." (B, 63) Nicht Odysseus allein ist allerdings Beispiel (scheiternden) männlich heldischen Erzählens. Der Text spannt eine Linie von Homer bis David Foster Wallace, den er in einer ironischen Fußnote in dieselbe Tradition stellt (B, 153–154). An ihm macht er die vatermordende Logik explizit, die lediglich die Patriarchen auswechseln kann und so bloß einer Kritik fähig ist, die das Patriachat selbst nur umso alternativloser erscheinen lässt. Ein auktorialer Herrscher kann immer nur seinen Vorgänger vom Thron stoßen, eine Kritik an Auktorialität als illegitime Herrschaft (oder als illegitimes Erzählverfahren) ist damit ausgeschlossen.

Ein Selbst, das dieser Logik entgehen will, muss sich demnach auch anders erschreiben. Es setzt sich nicht selbst, indem es eine auktoriale Autorität in Anspruch nimmt und es wird auch nicht von einer solchen erschaffen und legitimiert. Ein solches Selbst kommt ins Sein, indem es sich dem Du zuspricht, von dem es herkommt. Herkunft wird so – quasi reziprok – pluralisiert. Denn das Du kommt als an- und ausgesprochenes ebenso vom Ich her, wie dieses von seinen Müttern. Allerdings wäre auch diese Charakterisierung noch zu sehr an einem starren, festen, eindeutigen – wirklich seienden – personalen Selbst orientiert, denn das Du wird angesprochen in einem Sprechakt, den es nicht verstehen kann. Das Ich kommt also nicht wirklich ins Sein, es scheitert im Versuch zu werden. Es spricht ein Ich, das keines ist, weil es keine Sprache hat, in der es real sein kann:

---

19 Dass das von Kim de l'Horizon entworfene poetologische Programm, das als *Écritures fluides* bezeichnet wird, nicht nur in Auseinandersetzung mit avantgardistischen feministischen Theorien, sondern auch mit dem klassischen Kanon erarbeitet worden ist, hat bereits Shana Fehr (2022) gezeigt, die auf Ovids *Metamorphosen* als Intertext aufmerksam macht. Zum Begriff der *Écritures fluides* siehe l'Horizon (2022).

> Maybe this is, what is inherently queer about autofiction: to start writing from a reality that repeats the fiction that we don't exist. To start writing from a reality that isn't real to us, that puts us in the realm of fiction. To produce ourselves through writing, to invent literary spaces that are other, hyperreal, utterly needed realities. Maybe this is, why so many of us write "autofiction": because we are still stories, because we aren't real bodies yet. And that's why still, after four parts of this text, it wasn't enough for me. There were still things I could not say in German. (B, 270)

Hier wird noch einmal sehr deutlich, dass das Schreiben in der Du-Form nicht die ‚Lösung' des Problems der personalen Identität darstellt, sondern den Eintritt in eine mögliche Dekonstruktion der Problemstellung selbst. Es geht im weitesten Sinne natürlich darum, sich in ein Sein zu schreiben. Aber diese Aufgabe wäre schon grundlegend falsch verstanden, wenn man sie paraphrasierte als Aufgabe, ‚die richtigen Worte zu finden'. Vielmehr handelt es sich darum, zu zeigen, dass es diese (noch) nicht gibt. Im Gegenteil ist es die Sprache – die gültigen Konzepte – die die queere ‚Identität' aus der Realität aussperren.

Ein Du zu adressieren, das diesen Sprechakt niemals verstehen kann, ein Du, das man als Hyper-Sea-Grossmeer in sich aufnehmen will, ohne es zu vereinnahmen, von dem man aber weiß, dass man es in den eigenen Dienst stellt (vgl. B, 283); ein Du anzusprechen, das man gebären will, weil man von ihm herkommt, ist eine Form des Sprechens, die nicht sagen kann, *wie es ist*, sondern lediglich etwas anzeigt, in dem es im ständigen Verfehlen um eine Leerstelle kreist. Und selbst darin kommt es nicht zu sich selbst, denn es vollendet keinen Kreis, sondern alles was möglich scheint, ist eine „full spiral" – wie es im Titel des letzten Kapitels heißt.[20]

---

[20] Skepsis an der Unverständlichkeit von *Blutbuch* meldet Christine Magerski (2023) in ihrer sehr lesenswerten Interpretation des Romans an. Ohne ein abschließendes Verdikt zu fällen, merkt sie unter Verwendung des Avantgarde-Begriffs von Peter Bürger einerseits und dem von Niklas Luhmann andererseits an, dass sowohl die Autor:innen-Person Kim de l'Horizon als auch der Roman selbst im Literaturbetrieb eigentlich nirgends provoziert haben. Die „,standing ovations' angesichts der Prämierung des *Blutbuch* wären nicht mehr als eine betriebsförmig verlaufende, auf eine Spätkultur hinweisende Farce [...]" (Magerski 2023, 34), die nicht zuletzt so interpretiert werden könnte, dass der „Avantgardismus als eine längst zugestandene, zum gesamtgesellschaftlichen Programm gerierte Bewegungsfreiheit" (Magerski 2023, 34) gehöre.

5 Fazit: Die Du-Form als Möglichkeit, vom Unsagbaren zu erzählen

In allen drei Texten hat sich die Du-Form als Möglichkeit gezeigt, eine Erzählung über Unsagbares anzufertigen. Eine Gemeinsamkeit dabei ist sicher eine Ablehnung der Inanspruchnahme auktorialer Autorität. Bei Stelling konnte gezeigt werden, dass der Text ein Unbehagen oder Leiden besprechen will, das er nicht auf den Begriff bringen kann. Die Du-Form bietet die Möglichkeit, offensichtliche Paradoxa als solche darzustellen; und zwar so, dass sie als ein aufrichtiges Ringen um eine adäquate Repräsentation erscheinen, nicht als blanker Unsinn. Bei Aydemir wurde gezeigt, dass die Du-Form eine Möglichkeit ist, gleichzeitig das Begehren nach auktorialer Autorität der Figuren sowie die Unmöglichkeit, diese für sich zu beanspruchen, darzustellen. Die radikalste Ablehnung des Auktorialen zeigt sich in Kim de l'Horizons Text, der die Du-Form als eine radikalfeministische Erzählhaltung entwirft, die Fluidität statt Eindeutigkeit, Natalität statt Vatermord und letztlich vor allem eine Dekonstruktion dessen, was gemeinhin unter personaler Identität verstanden wird, ermöglicht.

Unter Zuhilfenahme der von Fludernik vorgeschlagenen Unterscheidung von hetero- und homokommunikativen Erzählungen konnte gezeigt werden, wie genau die Du-Form sich gegen den Anspruch des Auktorialen in Stellung bringt. Handelt es sich bei Stelling um eine eindeutig homokommunikative Situation, in der ein auktorialer Standpunkt überhaupt nicht als möglicher für die Erzählerin erscheint, so wurde für *Dschinns* gezeigt, dass die spezifische Aussage, die der Text zum Auktorialen, das begehrt wird und gleichzeitig unerreichbar ist, macht, durch die Uneindeutigkeit möglich wird, die der Text bewusst hinsichtlich der Frage inszeniert, ob er ein homo- oder heterokommunikativer sei. Zuletzt zeigt sich, dass, „what is inherently queer about autofiction" (B, 270) bei Kim de l'Horizon, ein *queering* der Unterscheidung von Homo- und Heterokommunikativität ist.[21] Zeigen die ersten beiden Texte, dass die Unterscheidung zwischen Homo-

---

21 Auch Alexandra Lüthi (2022) attestiert dem Roman eine queere Poetik. Als einen möglichen Beitrag – im Sinne eines Gegenstandes – zu einer queeren Narratologie untersucht ihn Anchit Sathi (2024). Lüthi bezieht sich auf die Le Guin-Zitate aus dem Text, rückt allerdings in ihrer Interpretation die Demenz der Großmutter als strukturelles Vorbild der Erinnerung in den Vordergrund und spricht daher auch von einer „Poetik der Demenz" (2022, 70). Die dort gegebene Analyse widerspricht der hier vorgeschlagenen nicht notwendigerweise, dennoch wird der Vorteil deutlich, der sich aus der Konzentration auf die Kommunikationssituation ergibt, wie Fluderniks Terminologie es erlaubt. Lüthi spricht lediglich von einer „homodiegetischen Erzählfigur" (2022, 50) und erwähnt weder den Fakt, dass es sich um eine Du-Erzählung handelt, noch dass die Großmutter allein als eine imaginierte Figur angesprochen wird. So gerät die hier als Spezifikum herausgestellte Ablehnung erzählerischer Autorität, die sich im ver-*queeren* narratologi-

und Heterokommunikativität die Möglichkeit von auktorialer Autorität erst erzeugen, so ist es nur folgerichtig, die sie erzeugende Unterscheidung zu unterlaufen, wenn es darum geht, diese Autorität aus dem Text zu verbannen.

Abschließend sei noch die gesellschaftlich-politische Thematik angesprochen, die die Du-Form besitzt: So wie das Du die Aufmerksamkeit auf die Unterscheidung von homo- und heterokommunikativ lenkt, also darauf, dass ein:e Erzähler:in nicht nur etwas, sondern auch *jemandem* erzählt, kann analog davon gesprochen werden, dass sie:er die Aufmerksamkeit darauf lenkt, dass ein Text ein Sprechakt in einer gesellschaftlichen Situation ist. In der Einleitung wurde in Aussicht gestellt, an folgende These von Blome, Lammers und Seidel anzuschließen: „Das Verhältnis von Poesie, Poetik und Politik des rezenten Genres [der Autosoziobiographie, D. Z.] wird nämlich immer auch durch die jeweils spezifische Form gestiftet, in der die Beziehung von (erzählter) Identität und (erzählerischer) Perspektive gestaltet ist." (2022, 11) Nicht allein auf die Autosoziobiographie bezogen, sondern auf Herkunftstexte im Allgemeinen wurde gesagt, dass die Du-Form eine ist, die dieses Verhältnis stiftet. Dass die Du-Form eine spezifische Perspektive bietet, in der die erzählte personale Identität überhaupt erst verständlich wird, ist hinreichend dargelegt worden. Dies hat *per se* eine politische Dimension, da neu perspektiviert wird, was ‚personale Identität' für die jeweiligen Protagonist:innen ist: Es ist mehr als Klasse bei Stelling, mehr als die (post-)migrantische Erfahrung bei Aydemir und auch mehr als die geschlechtliche Identität bei de l'Horizon. Die Du-Form ist nicht zuletzt auch Ausdruck der Insuffizienz dieser Kategorien.

Die Du-Form evoziert jedoch auch noch eine politische Dimension, die sich nicht auf innertextliche Elemente, sondern auf die gesellschaftliche Position des Textes selbst bezieht: Es wäre zwar schlicht falsch zu sagen, dass die Rezipierenden sich selbst mit dem Du angesprochen fühlen könnten. So simpel funktionieren die Texte nicht. Aber ein Du als (wenn auch nie erreichbaren) integralen Zielpunkt eines Sprechakts anzuvisieren, in dem dieser Sprechakt sich *idealiter* erfüllt (als Verstehen, Irritation, Erzeugung von Emotionen oder was auch immer), hat doch eine bestimmte Auffassung von Literatur zur Möglichkeitsbedingung. Auch Literatur hätte in einer solchen Sprachauffassung eine irreduzible gesellschaftliche Dimension, auf die die Texte durch ihre Form hinweisen. Sie sind auch in dieser Hinsicht irreduzibel politisch. Es geht darum, *jemanden* etwas klar zu machen oder auch darum, vermeintliche Klarheiten zu dekonstruieren.

---

scher Ebenen realisiert, bei Lüthi nicht in den Blick. Sathis Analyse hingegen steht der hier gegebenen Interpretation deutlich näher. Er folgert, dass „the author might be said to subvert narrative form to political ends" (Sathi 2024, 16), indem sie/er körperliche Narrative so montiert, dass das Erzählen in seiner irreduziblen Körperlichkeit und gleichzeitig als queere Körperlichkeit ausschließend erscheint. Allerdings geht auch Sathi nicht auf die Du-Erzählform als solche ein.

Literaturverzeichnis

Adorno, Theodor W. *Minima Moralia. Reflexionen aus dem beschädigten Leben*. Frankfurt a. M.: Suhrkamp, 1997.

Aydemir, Fatma. *Dschinns*. München: Hanser, 2022.

Baßler, Moritz. *Populärer Realismus. Vom International Style gegenwärtigen Erzählens*. München: C. H. Beck, 2022.

Blome, Eva, Philipp Lammers und Sarah Seidel. „Zur Poetik und Politik der Autosoziobiographie. Eine Einführung". *Autosoziobiographie. Poetik und Politik*. Hg. dies. Heidelberg, Berlin: Springer/J. B. Metzler, 2022. 1–14.

Dickinson, Kristin. „Queer Spectrality and the Hope of Heterolingual". *New German Critique* 50.3 (2023): 25–35.

Fehr, Shana. „De fagu sanguinea mutata: die Metamorphosen Ovids in Kim de l'Horizons. Blutbuch". *Germanistik in der Schweiz* 19 (2022): 72–94.

Fludernik, Monika. *Erzähltheorie. Eine Einführung*. 4., erneut durchges. Aufl. Darmstadt: WBG, 2013.

Fludernik, Monika. *Towards a ,Natural' Narratology*. London: Routledge, 1996.

Fludernik, Monika. „Second Person Fiction: Narrative You as Addressee and/or Protagonist". *AAA – Arbeiten aus Anglistik und Amerikanistik* 18.2 (1993): 217–247.

Geiser, Myriam. „Transkulturelles Schreiben im Kontext von (Post-)Migration. Aktuelle Entwicklungen und Tendenzen in Deutschland und Frankreich". *Zeitschrift für Germanistik* 33.3 (2023): 642–661.

Hasters, Alice. *Was weisse Menschen nicht über Rassismus hören wollen aber wissen sollten*. München: Hanserblau, 2019.

Henryson, Hanna. „Community is the one true capital. Ideologies of urban self-build groups in Anke Stelling's Berlin novels". *Forum for Modern Language Studies* 59.1 (2023): 39–55.

l'Horizon, Kim de. *Blutbuch*. Köln: DuMont, 2022.

l'Horizon, Kim de. „Ecritures fluides". *Fabrikzeitung* (02. 2022). https://www.fabrikzeitung.ch/ecritures-fluides/# (1. August 2024).

Lizarazu, Maria Roca. „Literary Archives and Alternative Futures. Memories of Labor Migration in Contemporary Turkish German Fiction". *The Palgrave Handbook of European Migration in Literature and Culture*. Hg. Corina Stan und Charlotte Sussman. Cham: Palgrave Macmillan, 2024. 255–270.

Lüthi, Alexandra. „,Ich baue mir meine Träume auf rund um dich und male sie scharlachrot an'. Poetik der Demenz in Kim de l'Horizons Blutbuch". *Germanistik in der Schweiz* 19 (2022): 49–71.

Magerski, Christine. „Zu den Möglichkeiten literaturwissenschaftlicher Theoretisierung der Avantgarde". *Zagreber germanistische Beiträge* 32.1 (2023): 19–36.

Mattutat Liza und Judith Niehaus. „Kinder, Küche, Krise der Reproduktion. Ein Mailwechsel über Konstellationen von Sorge-, Lohn- und Schreibarbeit in Romanen von Caroline Muhr bis Anke Stelling". *Literatur und Care*. Hg. undercurrents. Berlin: Verbrecher Verlag, 2023. 61–80.

Nünning, Vera und Ansgar Nünning. „,Gender'-orientierte Erzähltextanalyse als Modell für die Schnittstelle von Narratologie und intersektioneller Forschung? Wissenschaftsgeschichtliche Entwicklung, Schlüsselkonzepte und Anwendungsperspektiven". *Intersektionalität und Narratologie. Methoden – Konzepte – Analysen*. Hg. Christian Klein und Falko Schnicke. Trier: Wissenschaftlicher Verlag Trier, 2014. 33–60.

Sathi, Achit. „Writing (with) the body: the case of Kim de l'Horizon's Blutbuch". *Textual Practice* 38.1 (2024): 1–21.

Segner, Michael. „Vertrieben aus dem Kiez-Paradies? Neue deutsche Gentrifizierungsromane". *Grenzerfahrungen und Globalisierung im Wandel der Zeit*. Hg. Ewa Wojno-Owczarska und Monika Wolting. Göttingen: V&R unipress, 2021. 93–112.

Spannhoff, Sambruno. „Skin Sediments. Narrating Memory in Kim de l'Horizon's Blutbuch (2022)". *The German Quarterly* 97.2 (2024): 150–168.

Stelling, Anke. *Schäfchen im Trockenen*. Berlin: Verbrecher Verlag, 2019.

Thümler, Melanie. „Die literarische Verarbeitung transgenerationaler Traumata in Kim de l'Horizons Blutbuch". *Revista Contingentia* 11.1 (2023): 70–91.

Weinelt, Nora. „Scheitern als Chance, Glitch als Widerstand. Formen der Nichterfüllung in der zeitgenössischen Queer Theory". *Bildbruch* 5 (2023): 150–165.

Zemanek, Evi. „Das suggestive Du. Ambivalente Apostrophen und empathisches Erzählen in der neuesten Prosa". *(Be-)Richten und Erzählen*. Hg. Moritz Baßler und Cesare Giacobazzi. Paderborn: Wilhelm Fink, 2011. 231–252.

Reto Rössler
Lücke und ‚Knacks' – oder: Die Mittelklasse in kleinen Formen

Zu autosoziobiographischen Variationen und pluralisierter Herkunft in Daniela Dröschers *Zeige deine Klasse* und Anna Mayrs *Geld spielt keine Rolle*

1 Einleitung, Blickwendung

„Das weiße Huhn wird immer dieses Huhn bleiben, aber der Tod meines Vaters wäre ein anderer gewesen, hätte ich nicht an jenem Tag das warme Lebewesen zwischen meinen Händen gefühlt, hätte ich nicht diese Seele heimgetragen", schreibt Roger Willemsen im ersten Kapitel seines autobiographisch gefärbten Essays *Der Knacks*, in dem er nach den Möglichkeiten eines *anderen* autobiographischen Schreibens fragt (Willemsen 2011, 12). Wie lässt sich die Form des Lebens, zu dessen Aufschreibebedingung das Gelingen selbst gehört, als unentschiedenes, unfertiges, im Zögern oder Bruch werdendes beschreiben? Wie wäre sie nicht als ‚Lauf' (*curriculum vitae*) und lineare Entwicklung, sondern als aus Latenzen hervorgehende Kontur zu denken, und wie könnte sie sich, statt von Erfolg und Aufstieg, von Szenen der Kapitulation und Niederlage herschreiben? Den ‚Knacks' beschreibt Willemsen als figurative Minimalform autobiographischen Schreibens, in dem sich die Ereignishaftigkeit individueller Lebenserfahrung in ihrer Heterogenität und Unverfügbarkeit aus einer Perspektive ‚von unten' heraus darstellen lässt. Im Knacks überlagern sich Vulnerabilität und Resilienz, als „Craquelé" prägt er das Selbstbild, ohne dabei wie der Riss oder Bruch manifest an die Oberfläche zu treten (vgl. Willemsen 2011, 21–22.). Indirekt ins Bewusstsein tritt der Knacks allenfalls nachträglich. In der Rückschau und Erinnerung, in Bildern wie dem des weißen Huhns, das Willemsen als Fünfzehnjährigem, am Tag als sein Vater an Krebs verstirbt, vom benachbarten Bauernhof zufällig in die Arme läuft und das sich in der Ambivalenz des Knacks, die den Schmerz im doppelten Sinne ‚aufhebt', seinem Lebenslauf einschreibt.

In einem – gattungsgeschichtlich wie gattungspoetologisch – doppelten Sinne bewegt sich Willemsens Versuch über den Knacks *vor* der Gattung der Autosoziobiographie (vgl. Blome 2020; Blome et al. 2022). 2008 in Erstauflage erschienen, liegt der Essay der mit Didier Eribons *Retour à Reims* und dessen deutscher Übersetzung (*Rückkehr nach Reims*) im Jahr 2016 einsetzenden Konjunktur autosoziobiographischer Romane und Essays zum einen zeitlich voraus, zum anderen zielt Willemsens poetologischer Versuch über die Autobiographie gerade auf das Ausloten des Individuellen in seiner Fragilität, auf die „nackte Biographie" (Willemsen 2011, 129), die den Rückgriff auf soziologische Kategorien betont vermeidet.[1] Am genau entgegengesetzten Pol des Spektrums autobiographischer Subgenres ist zuletzt die Autosoziographie verortet worden. So nimmt sich das ausführliche Nachwort von Carlos Spoerhase zu Chantal Jaquets *Les transclasses ou la non reproduction* (2014; dt.: *Zwischen den Klassen. Über die Nicht-Reproduktion sozialer Macht*, 2018) etwa als kritische Würdigung zur Aktualität autosoziobiographischer Schreibformen in den Gattungen Essay und Roman aus, in dessen Rahmen Spoerhase mehrere Einwände gegen die Autosoziobiographie ins Feld führt: Einen Grund für die gegenwärtige Konjunktur der Autosoziobiographie sieht er dabei zunächst in deren adressat:innenspezifischer Ausrichtung. Klassenübergänger:innen fungierten in einer durch gesellschaftliche Schichtung gegeneinander abgeschlossenen Gesellschaft als eine Art „Übersetzer des Sozialen", indem sie auf die eigene Vergangenheit und Herkunft vom Standpunkt des Ankunftsmilieu aus als Fremde zurückblickten und den vollzogenen Klassenübergang in eine anspruchsvolle Theoriesprache zu überführen verstünden (Spoerhase 2018, 246). Als mindestens fragwürdig an einer literarischen Form, die den (eigenen) Erfolg sozialer Beweglichkeit ins Zentrum auto(sozio)biographischen Erzählens rückt und ihn zugleich als Ausgangspunkt des Formverfahrens heranzieht, erscheinen ihm davon ausgehend drei Aspekte: (1) *das Telos des Aufstiegs*, (2) *die Differenz von singulärer narratio und soziologischer Theoriebildung* und (3) *die Identitätsimagination des Angekommenseins*. Autosoziobiographien sind demnach erstens Aufstiegsgeschichten, die sich als Bildungsgeschichten generieren und als solche immer „Ex-Post-Rationalisierungen implizieren" (Spoerhase 2018, 251), dergestalt, dass der

---

[1] Einer ähnlichen (vor)auto(sozio)biographischen Figuration, jener der ‚Lücke', bedient sich im dritten Teil seiner bislang in sechs Bänden erschienenen Autofiktion *Alle Toten fliegen hoch* (2011–2024) auch der Schauspieler, Regisseur und Schriftsteller Joachim Meyerhoff. Das titelgebende, Goethes *Werther* entlehnte Zitat *Ach, diese Lücke, diese entsetzliche Lücke* macht sich der Autorerzähler hierin in zweifacher Hinsicht zu eigen: Wie in Willemsens Essay vollzieht auch Meyerhoff, der ebenfalls in jungem Alter seinen Vater und seinen drei Jahre älteren Bruder verloren hat, die perspektivische Inversion, die Trauer, den Verlust sowie das eigene Scheitern zu seinem persönlichen „Wesenskern" zu erklären und zum Ausgangspunkt seines Erzählens zu machen (Meyerhoff 2019, 289). Theatergeschichtlich (und metapoetologisch) konturiert wird die ‚Lücke' im Roman zudem dadurch, dass der Autorerzähler sie sich als junger Eleve der Otto Falckenberg-Schauspielschule in München Ende der 1980er Jahre (zwischenzeitlich) zum „darstellerischen Zuhause" erwählt, um so der Illusionstreue der traditionellen Rollenarbeit der Schauspielausbildung, die er damals als „Terror" empfindet, zu entfliehen und aus der Performanz seiner vermeintlich unzulänglichen Darbietung und Improvisation kreative, darstellerische Freiheit zu gewinnen (Meyerhoff 2019, 322).

Aufstieg rückblickend als eine zwar widerständige, jedoch letztlich geradlinige Entwicklungsbewegung gedacht und ihr Erfolg innerhalb von Bildungsinstitutionen – meist hart erkämpft durch *scholarships* – dargestellt wird.² *Zweitens* perspektiviert die Autosoziobiographie über ihren erzählerischen Blickwinkel vorwiegend individuelle Aufstiege, womit sie als literarisch gefällige ‚exception to the rule' (und im Unterschied zur meist ungleich abstrakteren soziologischen Theoriebildung) den Blick auf „kollektive Problemlagen" geradezu verstelle (Spoerhase 2018, 249).³ *Drittens* schließlich frönten die Klassenübergänger:innen einer letztlich „haltlose[n] Identitätsimagination", wenn sie bei den Individuen innerhalb der sozialen Zielgruppe eine „harmonische Identität" und ein endgültiges „Angekommensein" vermuten (Spoerhase 2018, 252).

Auf die autosoziobiographischen und literarischen Essays, die den Gegenstand der nachfolgenden Analyse bilden, scheinen die genannten Einwände auf den ersten Blick allesamt zuzutreffen, jedoch nur dann, wenn man sie von ihrer Beschreibungsebene des erfolgten und erfolgreichen Klassenwechsels, kurz: ‚von oben', her liest. An der Genre-Schnittstelle von essayistischem Schreiben und Romanprosa erzählen Daniela Dröscher in *Zeige deine Klasse* (2018) und Anna Mayr in *Geld spielt keine Rolle* (2023) beide die Geschichte ihres erfolgreichen sozialen Aufstiegs, erstere – mit Andreas Reckwitz gesprochen – den von der ‚alten', konservativ-ländlich geprägten Mitteklasse zur ‚neuen' urban-subkulturellen Mittelklasse der Hauptstadt (vgl. Reckwitz 2019, 86–87), letztere den noch weiteren Sprung aus sozioökonomisch prekären Verhältnissen hin zur gefeierten *Zeit*-Journalistin und Buchautorin. Beide Autorinnen greifen in ihren Texten auf soziologische Fachbegriffe wie ‚Klassenwechsel' oder die ‚Habitus'-Theorie Pierre Bourdieus zurück und beide schreiben sie – dies bezeugen intertextuelle Referenzen u. a. auf Didier Eribon und Annie Ernaux – auf dem genrekonventionellen Boden der Autosoziobiographie. Nicht zuletzt handelt Anna Mayrs Essay primär von der Erfahrung des Ankommens bzw. Angekommenseins im neuen ‚Zielmilieu'. Gleichzeitig variieren und innovieren beide Romanessays die Formkonventionen autosoziobiographischen Schreibens auf der Darstellungsebene. Auffällig an der Kleinform literarischer Essays, derer sich Dröscher und Mayr bedienen, ist, dass sie in beiden Fällen, sei es als Reduktion, Selektion oder Verdichtung, auch mit Techni-

---

2 An anderer Stelle (in einem Beitrag in Blome et al. 2022) identifiziert Spoerhase – im Rekurs auf Richard Hoggarts *The Uses of Literacy* – die Protagonist:innen von Autosoziobiographien mit der Sozialfigur des „scholarship boy", der, akademisch erfolgreich, aufgrund des ihm (meist) verwehrten Zugangs zu einer gehobenen sozialen Existenz eine innerlich zerrissene Figur bleibe (vgl. Spoerhase 2022, 69–72).
3 „Das individuelle Schicksal darf nicht schon deshalb, weil es sich am besten erzählen läßt, zur maßgeblichen Leitgröße des politischen Denkens werden." (Spoerhase 2018, 249)

ken der ‚Verkleinerung' arbeiten.[4] Beide fokussieren auf die literarisch bislang noch wenig beachtete sogenannte ‚Mittelklasse'[5] und nutzen, so scheint es, die serialisierbare Miniatur kleiner Formen dazu, das Konzept ‚Herkunft' und das Narrativ des Klassenaufstiegs zu *pluralisieren*. Berücksichtigt werden dabei Habitusspaltungen, intersektionale Konstellationen, verborgene Machtasymmetrien, sowie – adressat:innengerichtet – Ideologeme der ‚neuen' *middle class*.

Mit Willemsens autobiographischer Poetik wiederum teilen beide Essays den gemeinsamen Grundzug, das lineare Entwicklungs- und Aufstiegsschema poetologisch zu unterlaufen und dem selbstreflexiven Blick ‚von oben' eine autosoziobiographische Perspektive ‚von unten' entgegenzusetzen. Dass sowohl *Zeige deine Klasse* als auch *Geld spielt keine Rolle* überdies, wenn auch mit unterschiedlichen literarischen Verfahren, auf die Beobachtung und Beschreibung latenter Prägungen sowie auf Formen poetischer Subversion und Resilienz abheben, lässt es lohnenswert erscheinen, die vermeintlich *prä*-autosoziobiographische Kategorie des ‚Knacks' zu deren Relektüre und genauerer Analyse hier anzulegen.

2 Zwischen Privileg und Scham. Polyperspektivität, Ambiguität und Resilienz der ‚kleinen Form' (Daniela Dröscher)

In der Theorie und literarischen Erkundung von Klassen und Klassenbildung gilt die Mittelschicht nach wie vor als Unbekannte. Bereits 1930 überschrieb Siegfried Kracauer das Vorwort zu seinem Versuch, die Kultur und den Alltag der sich in den ersten Jahrzehnten des 20. Jahrhunderts neu herausbildenden Schicht der Angestellten essayistisch darzustellen, als Expedition in „[u]nbekanntes Gebiet" (Kracauer 1971, 10). In Abgrenzung zur zeitgenössischen Mode des Reportagestils beschreibt Kracauer seine Schreibweise als „Mosaik", das die Komplexität sozialer Wirklichkeit nicht lediglich „additiv" zu beschreiben, sondern zu „konstruieren", das heißt als exemplarisch einzufangen suche (Kracauer 1971, 15–16). In zwölf szenischen Miniaturen begibt er sich dazu in die Arbeits- und Freizeitinstitutionen der neuen Angestelltenkultur, deren Normsystem und Selbstentwurf er dabei auf seine ideologischen blinden Flecke hin dekonstruktiv ausleuchtet. In den auf Bestenauslese zielenden Stellengesuchen, der kühlen Architektur von Großraumbüros sowie den Tanzpalästen, die er auf den ersten Blick als Etablissements schnell-

---

[4] Zur Verkleinerung als epistemischem Verfahren der Literatur vgl. Jäger et al. 2021.
[5] Zu literarischen Darstellungen prekärer Mittelschichtsexistenzen in den Romanen Anke Stellings siehe Böttcher 2021; Rössler 2024 sowie Zink 2024 (in diesem Band).

lebigen Konsums, auf den zweiten als „Asyl[e] für Obdachlose" entlarvt (Kracauer 1971, 91), zeigt sich Kracauer zufolge nicht nur das Fehlen jeglicher Solidarität mit der Arbeiter:innenklasse, sondern auch die Selbsttäuschung darüber, ihr gegenüber gesellschaftlich höher gestellt, vor allem aber materiell besser abgesichert zu sein.

Sowohl mit Blick auf den fokussierten Gesellschaftsausschnitt als auch sein zugrundeliegendes Darstellungsverfahren steht Daniela Dröschers *Zeige deine Klasse* (2018) in der Kracauer'schen Tradition der Milieubeschreibung bzw. -narration *en miniature*. Zugleich ist ihr Essay – darauf deuten der Untertitel *Die Geschichte meiner sozialen Herkunft* und zahlreiche intertextuelle Verweise u. a. auf Didier Eribons *Retour à Reims* und die Prosa Annie Ernaux' hin – formal an das Genre der Autosoziobiographie angelehnt (vgl. Schaub 2020, 64). Indes spürt *Zeige deine Klasse* weniger selbst erfahrener sozialer Scham nach, der Dröscher, wie sie im Prolog schreibt, als privilegierte Mittelklasse-Tochter im kleinen Eifeldorf Kirn der 1980er und frühen 1990er Jahre kaum ausgesetzt war. Den narrativen Fokus des Essays bilden vielmehr habituelle Widersprüche, Verwerfungen und (verborgene) Risse, soziale Knacks-Erfahrungen, die ihren eigenen Identitätsentwurf sowie den ihrer Eltern und Großeltern prägen.

Als Genrehybrid zwischen expositorischem, essayistischem und romanhaftem Schreiben verbindet *Zeige deine Klasse* eine autobiographische Erzählung mit soziologischer Betrachtung und Reflexion. Beobachtungen aus dem Alltag ihrer Familienmitglieder in Kontexten von Sprache, Selbst- und Fremdwahrnehmung, Kleidung und Freizeitgestaltung liest die Erzählerin etwa auf dem soziologischen Hintergrund der Studien Bourdieus und Eribons. Dabei verortet sie das Aufstiegsbegehren der Eltern wie auch ihre eigene „Bildungsbeflissenheit" als Teil des von Bourdieu beschriebenen Mentalitätswandels, der sich im Übergang vom Kleinbürgertum zur Mittelschicht vollzogen hat (vgl. Dröscher 2023, 192). Zugleich hat die Soziologie, wie Dröscher in ihrem Artikel *Das revolutionäre Potenzial der Mittelklasse* (2023) schreibt, das Feld der Mittelklasse zwar grob abgesteckt, dessen ‚unbekanntes Gebiet' – mit Kracauer gesprochen – jedoch noch nicht erkundet. Galt für Karl Marx die Mittelschicht, da sie kein eigenes Klassenbewusstsein habe, als unbedeutendes Übergangsphänomen, werde sie demgegenüber mit Helmut Schelskys (bereits in den 1950er Jahren formulierten) These der „nivellierenden Mittelstandsgesellschaft" zur vermittelnden Schicht, gleichwohl mit der starken Tendenz zur Affirmation und Verschleierung bestehender sozialer und ökonomischer Ungleichheit (vgl. Dröscher 2023, 190). Auch die neuerliche Binnendifferenzierung zwischen ‚alter' und ‚neuer' Mittelklasse des Berliner Soziologen Andreas Reckwitz greift Dröscher in ihrem Essay auf, begreift sie jedoch zugleich als ein lediglich grobes theoretisches Raster, in dessen Leerräume ihre eigene literarisch-essayistische ‚Milieu-Erkundung' vorstößt. Die soziologische Unterscheidung zwischen neuer Mittelklasse als Zielmilieu der Erzählerin und der alten Mittelklasse als ihrem Herkunftsmilieu, erweist sich in Dröschers Essay hinsichtlich milieuübergreifender sozialer Dynamiken und habitueller Spaltungen vielmehr als unzureichend. Den Mittelklassenhabitus der Eltern der Erzählerin kennzeichnet etwa die allenfalls vage Vorstellung, „NORMAL viel Geld zu haben" (Dröscher 2018, 16).

Die vermeintliche Homogenität der Mittelklasse ihrer sozialen Herkunft erscheint Dröscher in der Rückschau als „buntscheckige[r] Haufen" (Dröscher 2018, 20), dessen habituelle Heterogenität, Überlappungen und Spaltungen sie im Rückgriff auf eine sowohl hybride als auch pluralisierende Darstellungs- und Erzählweise ausdifferenziert. Wie der Montage-Roman der klassischen Moderne gestaltet sich auch Dröschers autosoziobiographischer Text als hybrider Romanessay (vgl. Kiesel 2004, 320), in dessen autobiographische Grobstruktur zum einen Theorie-Fragmente expositorischer Provenienz einmontiert werden und dessen lineare Handlung zum anderen auch narrativ durch eine Fülle an Digressionen, subjektiven Erinnerungen sowie Reflexionen der Erzählerin unterbrochen wird. Die Form des Essays ist in seinen expositorischen wie erzählerischen Parts geprägt von lose eingefügten kleinen Formen, die die klare Trennung zwischen literarischer und außerliterarischer Zuordenbarkeit ebenfalls unterlaufen: darunter Dialoge, Steckbriefe, Telefonprotokolle, Listen, typographisch abgesetzte Reflexionspassagen sowie das *Abécédaire* „Alphabet der Scham" im Epilog. Das Verfahren der narrativen Serialisierung und Montage bricht mit der Homogenität der Darstellung und des Erzählaktes auch die Linearität des erinnerten Lebenslaufs und Klassenaufstiegs auf und gibt stattdessen einer horizontalen Perspektivierung des Herkunftsmilieus der Erzählerin breit(er)en Raum.

Dem Eindruck einer lediglich additiven Reihung der Einzelformen begegnet Dröscher gleichzeitig durch verflechtende Schreibweisen. Während die gewählte Epilog-Form unschwer als Reverenz an Gilles Deleuze' rhizomatisches Denken und Schreiben zu erkennen ist, sind die formalen Bezugnahmen auf die organische Poetik der Frühromantik erst auf den zweiten Blick zu erkennen.[6] So findet sich in *Zeige deine Klasse* etwa die visuelle Darstellung einer *figura serpentinata* einmontiert (vgl. Dröscher 2018, 59), die in romantischen Romanen und Kunstmärchen wie etwa E. T. A. Hoffmanns *Der goldne Topf* als ‚Arabeske' die verflochtene Selbstreferenz von Ganzem und Teilen sowie die Grundidee der Transzendentalpoesie, des Zusammenfalls von Dargestellten und Darstellung, figuriert (vgl. Oes-

---

6 Sowohl mit Poststrukturalismus und Dekonstruktion als auch der Literatur der Romantik kam Dröscher, wie sie im vierten Kapitel *Bericht von einer Akademie* erzählt, während ihres Germanistikstudiums in Trier in Berührung und reflektiert beide Zugänge rückblickend als Befreiung für ihr (damaliges wissenschaftliches) und literarisches Schreiben (vgl. Dröscher 2018, 204 u. 209).

terle 1991; Uerlings 2000, 28). In frühromantischen Romanpoetiken, darunter Friedrich Schlegels Überlegungen zu einer progressiven Universalpoesie ist es die Poesie, die „getrennte Gattungen, Poesie und Prosa bald vereinigen, bald mischen, bald verschmelzen soll", wobei sie selbst formal unbestimmt bleibt, durch „keine Theorie erschöpft werden kann" (Schlegel 1967, 182), und die – wie es an anderer Stelle bei Novalis heißt – Extreme qua „produktive[r] Imaginationskraft" in „Schwebe" hält (Novalis 1960–2006., Bd. 2, 266). In einer Fußnote greift Dröscher Novalis' Begriff des Schwebenden explizit auf und reklamiert ihn für ihr eigenes Schreiben.[7] Autosoziobiographisch anverwandelt fokussieren die kleinen Einzelformen in *Zeige deine Klasse* auf je einen spezifischen Ausschnitt des Herkunftsmilieus und enthalten mit Blick auf die machtasymmetrischen Verhältnisse innerhalb der Familie und des Dorfkontexts sowie die erinnernd reflektierten habituellen Spaltungen doch jederzeit das ‚Ganze' in sich.

Über die vernetzende Pluralität kleiner Formen lässt der Essay das Herkunftsmilieu der Erzählerin damit sowohl in seiner horizontalen Breite (exemplarisch) hervortreten als auch (hinsichtlich der Rekonstruktion subkutaner Machtsymmetrien) in seiner vertikalen Tiefendimension hervortreten. Kontextuell ist die *figura serpentinata* im Essay nicht zufällig in ein Kapitel eingebettet, in dem Dröscher die „Dialektik der Scham" rekonstruiert (Dröscher 2018, 24), die sich in ihrer Familie generationenübergreifend mit dem Lesen verbindet. Der Großvater väterlicherseits, der noch Bauer war, liest in jeder freien Minute auf der „Schääßlong" literarische Klassiker, was ihm von seiner Frau als Faulheit und vom Sohn als „Verweigerung von sozialem Aufstieg" ausgelegt wird (Dröscher 2018, 57). Beides in der Rückschau reflektierend, erscheint der Erzählerin ihre eigene Passion für das Lesen insofern als „ein Drittes", das zwischen „Scham" (ob der Ressentiments von Vater und Großmutter gegenüber dem Lesen) und „Stolz" (ob der bäuerlichen Wurzeln der Bücherliebe) oszilliert (Dröscher 2018, 59).

2.1 Skizzierte Habitus-Spaltungen in Steckbriefen, Dialogen und Listen

Dröschers soziographisches Schreiben spielt durchgehend mit der Spannung zwischen Oberfläche und Tiefe. Oberflächlich entspricht der familiäre Habitus *in puncto* Aussehen, Verhalten, Sprache, Konsum und Freizeit deren imaginierter „Mittelklassen-Normalität" und ist insbesondere im Fall des Vaters auf ein Maxi-

---

7 „Leichtigkeit gilt seit der Frühromantik und ihrer Poetologie des Schwebenden als genuines Merkmal von Kunst – ich musste das erst als legitime Qualität für mich entdecken." (Dröscher 2018, 209)

mum an Angepasstheit ausgerichtet (Dröscher 2018, 30). Für Daniela und ihre Schwester geht dies vor allem mit den ihnen gewährten Privilegien einher: „[Wir] hatten das berühmte ALLES. Vom Klavierunterricht bis zur Markenkleidung, den Sprachferien, Ski-Urlauben, dem eigenem Auto, einem vollfinanzierten Studium und so fort" (Dröscher 2018, 17). Erst unterhalb der antrainierten Oberfläche der Anpassung treten die ‚feinen Unterschiede' des Habitus zwischen Eltern und Tochter hervor: „Es ist ein leises Drama, das ich erzähle – eines, das so viele meiner Generation erzählen könnten, ein Drama über die Fiktion der Mittelklassen-Normalität meiner Familie. Ein Drama der KLEINSTEN SOZIALEN EINHEIT." (Dröscher 2018, 27) Diese Dramatik kleiner und kleinster Risse und Spaltungen, die sich in die soziale Biographie einschreiben, bringt *Zeige deine Klasse* skizzenartig in den kleinen Formen des Steckbriefs, des Dialogs und der Liste zur Darstellung.

Die ‚kleine Form' des Steckbriefs wird auf den ersten Seiten des Essays durch Einrückungen im Layout eingeführt. Der Genrekonvention entsprechend, beschränkt sich die textuelle Deskription nur auf ein Minimum an stichwortartig dargebotener Information. Im Fall der äußerlichen, mit „Foto" überschriebenen Beschreibung der Eltern tritt der Steckbrieftext dabei in Opposition zum Bild, wobei er hinter dem dokumentarischen Charakter des Fotos bewusst zurückbleibt (vgl. Dröscher 2018 41). Den Steckbriefen von Danielas Familie fällt hier nicht die Rolle zu, die Wirklichkeit reportagehaft abzubilden, sondern sie im Sinne Kracauers ‚exemplarisch' darzustellen, d. h. über die ausschnitthafte (Re-)Konstruktion deren interne Widersprüche freizulegen. Die daran anschließende stichwortartige Gegenüberstellung von Vorlieben und Abneigungen beider Elternteile dient so zum einen dazu, sie beide als Repräsentant:innen der Mittelschicht auszuweisen; zum anderen lässt das Fehlen gemeinsamer Interessen und Eigenschaften die relative Verschiedenheit ihrer Lebensentwürfe deutlich hervortreten. Erst die nachfolgend einmontierten Steckbriefe der Großelterngeneration, der schlesischen Großeltern Klara und Alois Biela mütterlicherseits und der deutschen Großeltern Willi und Berta väterlicherseits, verdeutlichen sodann wiederum das Gemeinsame in der Differenz: Belastet den Familienfrieden der schwelende Konflikt zwischen den Großelternparteien, so teilen beide Elternteile die Sozialisationserfahrung, sich aufgrund ihrer Herkunft fremd zu fühlen: „Sie, diese normalen deutschen Mittelklasse-Menschen fremdelten in vielerlei Hinsicht mit ihrer Position in der kapitalistischen Konsumgesellschaft." (Dröscher 2018, 17) Die Fremdheit der Mutter hängt mit ihrer migrationsbedingten Herkunft und der ihr von der Dorfgemeinschaft zugeschriebenen Rolle als ‚Zugereiste' zusammen, jene des Vaters mit seiner bäuerlichen Herkunft und seinem unerfüllten Aufstiegsbegehren. Zwar hat er es, aus ärmlichen Verhältnissen stammend, bis zum Maschinentechniker gebracht, ist beruflich erfolgreich und bezieht ein überdurchschittliches Gehalt, jedoch leidet er unter dem Wissen, dass er es herkunftsbedingt niemals selbst in eine leitende Führungsposition schaffen wird. Eng verkoppelt ist diese minoritäre Selbstwahrnehmung mit der fehlenden Anerkennung durch seine Schwiegereltern. Sowohl Klara und Alois als auch seine Eltern sind überzeugt, das eigene Kind habe „unter dem Stand geheiratet" (vgl. Dröscher 2018, 45). Insbesondere die deutschen Großeltern sind es jedoch, die ihre Ablehnung aus Sozialneid ob des wirtschaftlichen Erfolgs der ‚Schlesier' mit fremdenfeindlichen Ressentiments überlagern. Aus dieser Habitus-Spaltung resultieren für Danielas Mutter und den Vater gegenläufige Anpassungsstrategien, die in *Zeige deine Klasse* durch die Dialogszene als zweite ‚kleine Form' eingeführt werden. Im Gespräch über die Bedeutung von Schulnoten erhält die sechsjährige Daniela von beiden Elternteilen etwa einander widerstreitende Aussagen:

> *Mutter: Noten sollen zeigen, wie gut du etwas verstanden hast. Es ist nicht wichtig, ob du eine Eins oder eine Zwei hast. – Ich: Und eine Drei? Was ist mit einer Drei? – Mutter: Eine Drei heißt ‚befriedigend'. Das ist auch eine gute Note. – Vater: Unsinn. Eine Eins ist besser als eine Zwei. Und eine Drei ist nicht so gut wie eine Zwei. Sonst hieße sie ja Zwei. – Ich: Also... was jetzt? – Vater: Mach einfach...* (Dröscher 2018, 73)

Ähnliches ergibt sich für das Leistungsprinzip im Sport, wobei sich bei identischem Aussagehalt („Lauf so schnell wie Du kannst") der Bedeutungsunterschied erst über die (sprachpragmatische) Differenz von subjektiver und objektiver Leistungsgrenze einstellt (vgl. Dröscher 2018, 81). In beiden Dialogen zeigt sich damit ein Leistungsdenken des Vaters, in dem sich auf den ersten Blick dessen Aufstiegsbegehren Bahn bricht, hinter dem sich auf den zweiten Blick jedoch ein starkes Bedürfnis nach Sicherheit und Orientierung verbirgt. Dem Vater bietet die Zensur der sportlichen Leistung die Aussicht auf jenes (hierarchiebildende) Orientierungsraster, das er als Klassenaufsteiger in sozialen Kontexten sonst so häufig vermisst. Demgegenüber ist die Einstellung der Mutter gegenüber Erfolg und Leistung eher darauf ausgerichtet, dem festen Normengefüge der Gesellschaft zu entkommen und hierarchiebedingte Machtasymmetrien aufzubrechen.

An späteren Stellen indizieren die Dialogszenen, wie habituelle Differenzerfahrungen entweder durch konzeptuelle Vagheit (hier: die Aussicht auf persönliches Glück) überspielt oder aber als unüberbrückbar reflektiert und als Knacks-Erfahrung(en) den Entwurf sozialer Identität und Herkunft prägen. Im Gespräch der Eltern über den geplanten Hausbau begnügt sich die Mutter beispielsweise mit der vagen Aussicht auf ein selbstverwirklichtes „*Leben*" in den eigenen vier Wänden (Dröscher 2018, 112; meine Hervorhebung, R. R.). Sie verlagert die Ziele ihres Lebensplans hier spontan ins Innere des Eigenheims, um die Individualität und Freiheit nun in häuslicher Privatheit auszuleben – womit der Vater seine konformistischen Interessen (nichts Anderes liegt seiner Ineinssetzung von Hausbau und ‚Leben' zugrunde) in paternalistischer Weise durchsetzt. In einer weiteren Dialogszene besuchen die Erzählerin und ihre Freundin, auf Geheiß des jungen Dorfpastors, das gleichaltrige Mädchen Anja zu Hause, das aufgrund einer geistigen Beeinträchtigung zur Sonderschule geht. Da Anjas Mutter zudem wenig Geld verdient, gilt sie im Dorf als „asi" (Dröscher 2018, 123). Der Versuch der beiden Freundinnen, die bestehenden sozialen Grenzen mittels Sprache und Dialog abzubauen, scheitert hier jedoch unmittelbar und schlägt gar ins Gegenteil um. Bereits den Vorschlag der Vierzehnjährigen, Anja mit ins Schwimmbad zu nehmen, wiegelt die Mutter rasch ab, worauf das Gespräch ins Stocken gerät, und die Freundinnen, da sie darauf nicht adäquat zu reagieren wissen, sich daraufhin verabschieden: „Wir waren eingefallen in ihr Reich, hatten uns auf Geheiß eines anderen in ihre vier Wände gedrängt," so reflektiert die Erzählerin die Szene rückblickend (Dröscher 2018, 124). In einem Telefongespräch zwischen Daniela und ihrer Mutter, springt die Handlung wiederum in die Gegenwart der Niederschrift des Essays. Anlass des Telefongesprächs bildet die Frage der Tochter an ihre Mutter, warum sie die jahrelangen abfälligen Bemerkungen (insbesondere ihres Mannes) über ihren ‚zu dicken' Körper so lange klaglos erduldet habe. Die Begründung der Mutter (es sei ihr „zu blöd" gewesen und sie habe sich nicht auf dieselbe Stufe stellen wollen) versteht die Erzählerin aus ihrer gegenwärtigen Perspektive als dialektisches Verhältnis von Stolz und Scham, das sie als genealogische Habitus-Übertragung auch in ihrem eigenen sozialen Handeln wiedererkennt. Aus dieser Dialektik heraus neigen sie beide dazu, Erfahrungen von Diskriminierung und/oder Deprivilegierung mit einfachem Übergehen oder Bemäntelung zu begegnen, wenn sie „ein Unrecht schweigend zu ignorieren oder gar wegzulächeln, zu erdulden, zu ertragen" (Dröscher 2018, 116) wissen.

Neben Steckbrief und Dialog bilden Aufzählungen und mal lose, mal systematisch gefügte Listen schließlich die dritte und häufigste ‚kleine Form' in *Zeige deine Klasse*: „Eine wichtige Gefährtin meines Schreibens ist die Liste. Sie kann zwischen Ordnung und Unordnung vermitteln und zeigt die Unendlichkeit und Erweiterbarkeit meiner subjektiven Sicht durch die Lesenden." (Dröscher 2018, 29) In höchster begrifflicher, materialer und epistemischer Verdichtung lassen Taxonomien, Klassifikationen und Listen die Logiken eigener sowie kulturell fremder Wissensordnungen auf einen Blick hervortreten. Dröscher greift an dieser Stelle des Essays auf Michel Foucaults Beispiel der chinesischen Enzyklopädie (seinerseits ein Borges-Zitat) im Vorwort von *Die Ordnung der Dinge* zurück (vgl. Foucault 1974, 17). Mit ihrer analogen Klassifikation der Kirner Dorftiere markiert die Erzählerin, wenn auch in ironischer Brechung, ihren Klassenwechsel, indem sie den Ort ihrer Herkunft als heterotopisch ausweist, der anderen Logiken und Gesetzmäßigkeiten als in ihrem jetzigen Milieu (und dem angenommenen ihrer Leser:innen) unterliegt. Vom lärmenden Esel im Nachbarsgarten, dem bissigen Hund des Bürgermeisters bis zum ausgestopften Hirsch in der Dorfschänke und

Wetterhahn auf dem Kirchturm sind es die Tiere, die im als ‚vorzivilisatorisch' ausgewiesenen Kirn über Tagesrhythmen, Norm- und Normverletzung, Lohn und Strafe bestimmen. Die Traditionen humaner Geselligkeit, die innerhalb dieser Ordnung beharrlich gepflegt werden, können, wie die der Tierliste gegenübergestellte Ordnung zeigt, nichts anderes, als immer nur ihr eigenes (dörfliches) Klischee ausfüllen. Zur aufgelisteten Choreographie der Familienfeier zählt ebenso die obligatorische Tafel der „Buttercremetorten", „Obstböden", „Nussecken", ihnen zur Seite stehen kannenweise Filterkaffee und Zuckerdosen. Der diskursive Bogen jedes Zeremoniells spannt sich dabei von Gesprächen über „Kuchenrezepte", „Erziehungsfragen", „Krankheiten", „was was kostet", „wer wohin reist" bis zu „wer gestorben ist" und „wer bald sterben wird." (Dröscher 2018, 132)

In der kleinen literarischen Form des Essays nutzt *Zeige deine Klasse* somit die Montage kleiner expositorischer Formen, um die soziale Mittelklasse-Herkunft der Erzählerin zu pluralisieren, zugleich aber auch zu ironisieren und zu verfremden. Während sich an den (generationenübergreifenden) Steckbriefen und Listen die Tendenz zur flächigen Milieubeschreibung erkennen lässt, heben die Dialogszenen und gegenübergestellten Listen vor allem darauf ab, die Ordnung selbst samt ihren Exklusionspotenzialen sowie ihren internen Widersprüchen auszustellen. Letzteres unterstreichen auch die leitmotivisch wiederholten, mit dem Adverb „verwirrend" eingeleiteten Passagen der Erzählerin: *Verwirrend* erscheint ihr etwa das „pädagogische Manifest" der Mutter (Dröscher 2018, 66), deren zehn Gebote die Erzählerin über mehrere Essaykapitel hinweg auf ihre Inkonsistenzen und performativen Widersprüche hin reflektiert. Sie erkennt dabei, dass Regeln wie „Vertrete deine eigene Meinung" nur in engen sozialen Grenzen gelten und durch andere, etwa „Spiel nicht den Schiedsrichter", konterkariert werden (vgl. Dröscher 2018, 66 u. 75), und dass das mütterliche Credo der Gleichheit („Prahl nicht mit deinen Sachen" [Dröscher 2018, 66]) den weniger moralischen, denn pragmatischen Überlegungen folgt, sich sozial angepasst zu zeigen und nicht (zu sehr) aufzufallen.

Neben der Vermessung der sozialen Spielregeln ihres Herkunftsmilieus, die die Erzählerin als Kind und Jugendliche meist als Ge- bzw. Verbote erfährt, nutzt Dröscher die Form der Liste jedoch auch, um deren Kehrseite, die sich ihr eröffnenden Spielräume in Gestalt von Privilegien scharf zu stellen. Die Liste kombiniert heterogene, für die Erzählerin als Kind und Jugendliche selbstverständliche Gegebenheiten, wie „keinerlei Pflichten im Haushalt" zu haben (Dröscher 2018, 97), niemanden um ein eigenes Zimmer beneiden zu müssen oder Schulsachen ersetzt zu bekommen, wenn sie verlorengehen, und macht so durch die Verdichtung zahlreicher unscheinbarer Einzelprivilegien die Latenz der Privilegiertheit ihrer Mittelschichtsherkunft erst sichtbar. Die Reflexion und Darstellung von Privilegien der *middle class* bestimmt Dröscher im Prolog ihres Romanessays als

Komplement zu Poetiken, die Erfahrungen eigener sozialer Scham ins Zentrum rücken. Erst über die Lektüre von Eribons autosoziobiographischen Texten sei ihr bewusst geworden, dass sie selbst in ihrem Herkunftsmilieu eine „Scham zweiter Ordnung" gelebt habe (Dröscher 2018, 23). Das Bewusstsein, zumindest in einem gewissen Rahmen privilegiert zu sein, habe demnach lange verhindert, die Gemachtheit der Scham, die ihre Eltern direkt betroffen hat bzw. betrifft wie auch ihr latentes generationenübergreifendes Nachwirken zu reflektieren und darzustellen.

Für Dröschers autosoziobiographisches Schreiben ist Scham ein soziales Phänomen, das sich literarisch in zwei Richtungen ausloten lässt. Während sich in Formen des ‚Sich-nach-oben-Schämens' zeigen lasse, wie soziale Macht im Verborgenen („Versteck") wirke, dabei die von ihr Betroffenen jedoch „lähm[e] und Stillstand erzeug[e]", stehe ihr eine Scham nach unten gegenüber: Indem ich „mich in denjenigen spiegele, die deutlich weniger Privilegien besitzen, kann ich mir meiner blinden Flecke und ungenützten Handlungsmöglichkeiten bewusst werden." (Dröscher 2018, 25). Die „dialektische" Reflexion der Scham („die Scham ist schon eine Revolution" [Dröscher 2018, 25]) mündet in Dröschers Essay in eine Poetik, die einerseits verborgene (Mehrfach-)Diskriminierungen offenlegt und andererseits Formen der „Resilienz" aufsucht (vgl. Dröscher 2018, 125), in denen Marginalisierung und Verletzung in Widerstandskraft und ein Gefühl von Selbstwirksamkeit sowie Handlungsfähigkeit umschlägt.

2.2 Latenz und Resilienz

Unterhalb der Kompositionsebene der ‚kleinen Formen' Steckbrief, Dialog und Liste setzt sich *Zeige deine Klasse* aus einer Vielzahl einzelner Erinnerungsbilder zusammen, denen ähnlich wie den Erinnerungsminiaturen in Walter Benjamins *Berliner Kindheit um 1900* ebenfalls ein figurativer Charakter zugeschrieben werden kann. Während bei Benjamin (Denk-)Bilder wie der erinnerte Nähkasten der Mutter die visuelle Vergegenwärtigung der „Unwiederbringlichkeit des Vergangenen" und Präformation „geschichtliche[r] Erfahrung" in sich begreifen (Benjamin 2010, 9), präfigurieren sie bei Dröscher das Umschlagen von sozialer Schamerfahrung in ästhetische und poetische Resilienz (zum Resilienzbegriff der Literatur vgl. Patrut 2019; Speicher 2021). Programmatisch hierfür steht zu Beginn ihres Essays eine Kindheitserinnerung, in der die Erzählerin bei einer Singspielaufführung in ihrem Heimatdorf die Rolle der Clownin übernimmt, dabei einen lustigen Monolog hält, Possen reißt und absichtlich schief singt. Während sie mit ihrer Darbietung die Lacher im Publikum auf ihrer Seite hat, bemerkt sie, dass ihr Vater, sonst ein „humorvoller Mensch" (Dröscher 2018, 13), stumm und regungslos dasitzt. In der Erinnerung schämte die kindliche Erzählerin sich damals dafür, dass der Vater sich in diesem Moment für sie schämte, was sie rückblickend als Ausdruck seiner Habitus-Spaltung deutet: „Er konnte nicht einschätzen, ob die Leute *mit mir* oder ob sie *über mich* lachten." (Dröscher 2018, 13) Gleichzeitig erscheint der Erzählerin die Wahl ihrer Rolle rückblickend jedoch keineswegs als zufällig. Sie selbst deutet die Figur des Clowns als eine sowohl literarische Figur als auch poetische Figuration mit subversivem wie vernetzendem Potenzial. In der literaturgeschichtlichen Tradition des Narren stehend, transzendieren Clown:innen die Kategorien des intersektionalen ‚Herrschaftsknotens' von *Race, Gender* und *Class*. Sie sind Jedermann-Figuren, die, gerade weil sie im Spiel alle Identitäten annehmen können, in der höfischen Gesellschaft Narrenfreiheit genießen, aus der heraus sie die Vertreter:innen der sonst getrennten Stände wiederum zueinander in Beziehung zu setzen vermögen. Nicht der Scham-Eindruck selbst, sondern das Resilienz-Potenzial des Närrischen, sich dieser Scham entziehen und selbst transformierend auf die Gesellschaft einwirken zu können, lassen so das affektive Pendel des Erinnerungseindrucks zugunsten der Kunst ausschlagen, das sich als solches ihrem Lebenslauf (und Selbstentwurf als Schriftstellerin) eingeschrieben hat: „Statt Clown bin ich Autorin geworden, was sich, je nach Tagesform, Jahreszeit und Kontostand nicht unähnlich anfühlt." (Dröscher 2018, 15)

Ein ähnlich ambivalenter Kippbildcharakter wie der Figuration des Clowns kommt an späterer Stelle des Romanessays auch dem leitmotivisch verwendeten „Küchenfenster, aus dem man blickt", zu. Fungiert das Fenster, durch das der Vater und die Mutter sehnsuchtsvoll wie die am Fenster stehenden Rückenfiguren in den Gemälden Caspar David Friedrichs als Schwelle einer verheißungsvollen, doch räumlich immer fernbleibenden Gegenwart, erscheint der Erzählerin ihr eigener frühkindlicher Küchenfensterblick als utopischer Erfahrungsboden, als „Urbild (Goethe)" und als ‚messianischer' Resonanzraum des Wirklichen. Im Mosaik des „buntscheckige[n] Boden[s] meiner Kindheit" findet sie die Heterogenität ihrer kindlichen Wahrnehmungs- und Erinnerungseindrücke eingespeichert, allen voran die Erinnerung daran, wie sie ihr Vater als Vierjährige im Adria-Urlaub vor dem Ertrinken rettete, indem er sie an der Ferse aus dem Meer zog (vgl. Dröscher 2018, 38–40). In all seiner durch nachträgliche Erzählung kontaminierten Unschärfe präfiguriert das (figurativ gleichfalls an Benjamin angelehnte) Erinnerungsbild der „Rettung" durch das An-der-Ferse-Ziehen sowohl den Prozess der Erinnerungsarbeit als auch ihr Selbstverständnis als über soziale Herkunft und Klassenverhältnisse schreibende Autorin, das sie als „Versuch, die Ferse zurückzugewinnen" bildlich fasst (Dröscher 2018, 39).

In Dröschers autosoziobiographischem Schreiben ist es vor allem aber die poetische Funktion des ‚Doppeltblickens', die die Erfahrungs- und Beschreibungsebene sozialer Scham transzendiert und in diesem Zuge sowohl andere Sichtweisen auf gesellschaftliche Wirklichkeit(en) als auch ästhetische Resilienz ermöglicht. Als eine Gegensphäre zu den Orten und Institutionen ihrer Herkunft, dem Elternhaus, dem Kirner Dorfmilieu und ihrer schulischen Sozialisation, besetzt die Erzählerin schließlich die Welt der Literatur. Als solche wird sie der Elfjährigen, wenn sie sich auf dem Krankenbett in Christine Nöstlingers *Der Denker greift ein* vertieft, zum „Schlüsselloch, durch das man entschlüpft" und zugleich zum Initial, selbst „eingreifen [zu] können" (Dröscher 2018, 121). Mit fortschreitender Leserinnensozialisation lernt sie am Beispiel des alten Briest und dessen wiederkehrender Formel ‚das ist ein (zu) weites Feld', in der sie die lediglich elaboriertere Version der paternalistischen Wendungen ihres Vaters wiedererkennt, zwischen emanzipatorischer und reaktionärer Rede, vor allem aber zwischen der Oberflächenflächenstruktur und der Eigenlogik literarischer Texte zu unterscheiden (vgl. Dröscher 2018, 159). Als studentische Leserin für die ‚Schwebezustände' der Kunst sensibilisiert, entdeckt sie schließlich im eigenen Schreiben eine Quelle der Resilienz, in der konkreten literarischen Paradoxie „Denkfiguren der Freiheit und des Experiments" (vgl. Dröscher, 83), die hinreichen, bestehende Machtasymmetrien und soziale Gewalt auszuloten und im gleichen Zuge mittels poetischer Techniken der Ähnlichkeitsrelation oder „Doppelbelichtung" zu transzendieren (Dröscher 2018, 122).

Wenn Dröscher ihrem Romanessay am Ende ein „Alphabet der Scham" epilogisch nachstellt (vgl. Dröscher 2018, 215–234), so konterkariert dies weder die resiliente Schreibweise ihres Essays noch die Poetik des Doppelblickens, die hierin zum Tragen kommt, sondern richtet sich in erster Linie gegen das dem autobiographischen Genre inhärente Fortschrittsnarrativ. Wie zuvor im Hauptteil stellt Dröscher in diesem Epilog erinnerte Momente sozialer Scham, nun aus den Jahren ihres jungen Erwachsenseins bis zur Niederschrift des Buchs (2000–2018) in kurzen Einzelskizzen dar. Deren alphabetische Reihung bricht in der poststrukturalistischen Tradition von Gilles Deleuzes *Abécédaire* die Strukturen räumlicher und zeitlicher Zuordenbarkeit auf. Als *mise en abyme*, als abschließend rahmende und gerahmte Reihung der essayistischen Miniatur destruiert das *Abécédaire* auf sprachspielerische Weise die Vorstellung, der sozialen Scham durch Aufstieg und Klassenwechsel entfliehen zu können und unterstreicht stattdessen deren ubiquitären Einflusshorizont. Entsprechend erzählen die einzelnen Einträge von Situationen des (gefühlten wie erlebten) Scheiterns, in denen Formen der Resilienz gerade ausgeblieben sind und die sich der Erzählerin deshalb als *soziale* Knacks-Erfahrung eingeprägt haben. Der epilogischen Liste kommt somit die Funktion zu, das Gefühl des „Mangel[s]", den eigenen sowie fremden Ansprüchen nicht zu genügen, abschließend als konstitutiv für den Milieuwechsel von der alten zur neuen Mittelklasse zu reflektieren (Dröscher 2018, 239).

Die Scham erscheint in *Zeige deine Klasse* damit als ein soziales Gefühl, das bleibt. Dies gilt auch und gerade für ihre latente zeitlich erst verzögert bewusst gemachte Form im vermeintlich behüteten Milieukontext der Mittelklasse. In der ausbleibenden Auflösung und Elevation ist die Perspektive, die Dröschers autosoziobiographischem Schreiben trotz aller (reflektierten) Privilegien und des dargestellten erfolgreichen Klassenaufstiegs zugrunde liegt, letztlich eine Perspektive ‚von unten'. Auch als Geschichte einer Mittelklassen-Herkunft schreibt sie sich von der Vielheit ihrer Knacks-Erfahrungen her.

3 Ankommen in Serie, oder: Der Klassenaufstieg als Regression (Anna Mayr)

Ein zweites gegenwartsliterarisches Fallbeispiel, in dem das narrative Schema autosoziobiographischen Schreibens nicht weniger kunstvoll variiert wird, stellt der 2023 erschienene und als Fortsetzung ihres Debüts *Die Elenden* (2020) konzipierte Essay *Geld spielt keine Rolle* von Anna Mayr dar. 1993 in Gelsenkirchen geboren und aufgewachsen in einem Viertel, das als ‚Problemviertel' gilt, teilt Mayr mit Autor:innen wie Eribon, Ernaux, Baron oder Dröscher die Erfahrung des erfolgreichen Klassenaufstiegs. Ihr Elternhaus beschreibt die Autorin als fürsorglich und liebevoll, gleichwohl die ökonomischen Verhältnisse der Familie prekär sind. Durch die Förderung einzelner Lehrer:innen an ihrer Schule sowie Stipendien schafft sie es zunächst an die Universität, anschließend an die Deutsche Journalistenschule, wurde seitdem mehrfach für renommierte Reporterpreise nominiert und arbeitet aktuell als (festangestellte) Redakteurin im Politik-Ressort der Wochenzeitung *Die Zeit*.

In ihrem ersten, 2020 erschienenen Essay *Die Elenden. Warum unsere Gesellschaft Arbeitslose verachtet und sie dennoch braucht* handelt es sich ähnlich wie bei Dröschers *Zeige deine Klasse* um ein Genre-Hybrid, das sozialpolitische Analyse und autobiographisches Schreiben kombiniert. Mayr zeichnet hierin nach, wie Prekarität und Armut von den Anfängen des Industriekapitalismus im 19. Jahrhundert bis zur Hartz 4-Gesetzgebung 2005 nicht nur in Kauf genommen, sondern zur Aufrechterhaltung der bestehenden ökonomischen und gesellschaftlichen Ordnung von deren Träger:innen ‚produziert' worden sind. Die Verachtung der Unterschicht stelle demnach kein überkommenes Relikt ständischer Ordnungen des vorbürgerlichen Zeitalters dar, sondern präge vielmehr den Selbstentwurf moderner westlicher Gesellschaften von den kapitalistischen Anfängen im ausgehenden 18. bis ins 21. Jahrhundert.

Trotz der erzählerisch ausgreifenden autobiographischen Passagen, die sich durch Kursivschrift abgesetzt in die sozialhistorische Analyse einfügen und so den für die autosoziobiographische Form charakteristischen Schwelleneffekt zwischen literarischem und expositorischem Schreiben erzeugen, geht Mayr in *Die Elenden* noch auf Distanz zu den Hauptvertreter:innen bzw. -werken des Genres, namentlich Annie Ernaux' *La place* und *Une femme*, Didier Eribons *Retour à Reims* und Christian Barons *Ein Mann seiner Klasse*. Im Versuch, einem gebildeten Bürgertum die Wahrnehmung der sogenannten ‚Unterschicht' näherzubringen, handle es sich um „Milieubetrachtungsbücher" (Mayr 2020, 21), denen letztlich eine Perspektive ‚von oben' zugrunde liege. Indem die Lektüren Eribons und Barons zudem bemüht würden, um die Entstehung des weltweiten, vor allem aber europäischen Rechtsrucks zu verstehen, werde suggeriert, dass „Nationalismus und Rassismus vor allem aus diesen Milieus" kämen (Mayr 2020, 23). Für die autosoziobiographische Darstellung ihrer Herkunft sucht Mayr daher nach einer Form, die das „zootierige" Ausstellen der eigenen Familie und ihres Milieus umgeht und Klassenverhältnisse bzw. -wechsel stattdessen von einer anderen Warte ‚von unten' her ausleuchtet (Mayr 2020, 23).

Vor dem Hintergrund einer dezidierten Kritik an bisherigen literarischen Autosoziobiographien in *Die Elenden* mutet der Folgeessay *Geld spielt keine Rolle* umso bemerkenswerter an, und zwar in mehrfacher Hinsicht. Hatte Mayr die literarische Narration ihrer Herkunft im ersten Essay zugunsten der theoretisch-historiographischen Passagen noch klein gehalten, handelt es sich bei *Geld spielt keine Rolle* um eine literarische Autosoziobiographie im engeren Sinne, die dem Erzählen breiteren Raum lässt. Sowohl thematisch als auch formal ergibt sich dabei eine Parallele zu Dröschers *Zeige deine Klasse*. Nach dem Fokus auf ihr Herkunftsmilieu in ihrem ersten Buch wendet sich Mayr nun ebenfalls der (neuen) Mittelklasse als ihrem vermeintlichen Ankunftsmilieu zu, dessen klassenideologische Fallstricke sie in der ‚kleinen Form' von 16 Fallgeschichten ihrer aktuellen Konsumentscheidungen literarisch auslotet.

Die Literarizität des Textes und das ihm zugrunde liegende kunstvolle Spiel mit der Inszenierung literarischer Autor:innenschaft lässt zunächst bereits dessen Titel erkennen: Als feststehende Redewendung verstanden und untermalt durch das Buchcover, auf dem wie in den Grimm'schen Märchen *Sterntaler* und *Frau Holle* goldene Taler herabregnen, liest dieser sich wie ein ideologischer *backlash* zur gesellschaftskritisch enthüllenden Verve des essayistischen Erstlings. Als Goldmarie und Pechmarie zugleich inszeniert sich Mayr im Vorwort, indem sie ihren Klassenaufstieg einerseits mit ihrem – subjektiv empfundenen – wundersamen ‚Reichtum' in Verbindung bringt, der andererseits jedoch, wie sie ausführt, ihrer charakterlichen Disposition („ich mag den Menschen, zu dem ich mit Geld geworden bin, nicht besonders") wie auch ihrem kritischen Blick für die ‚feinen Unterschiede' abträglich gewesen sei:

> Mein erstes Buch war eine Anklage. Ich stand vor der Gesellschaft, vor meinem Publikum und zeigte auf all die Dinge, die ich erlebt und recherchiert hatte. [...] Ich wollte zeigen, dass die Gesellschaft Armut und Arbeitslosigkeit braucht, um zu funktionieren, und wie sehr ich darunter gelitten habe. (Mayr 2023, 8)

Am Beginn des zweiten Buchs präsentiert sich die Erzählerin dagegen vor dem Trüffelregal eines italienischen Feinkostladens. Einen Moment lang zeigt sie sich ihren Leser:innen noch mit sich ringend – kauft dann aber das Trüffelgläschen zu 50 Gramm für 16,85 Euro. Der Moment des Zögerns steht *pars pro toto* für die Schwellensituation des Klassenübertritts. Das damit einhergehende schrittweise Schwinden des Blicks für klassenbedingte Machtasymmetrien und die sich schleichend einstellende habituelle Überzeugung, dass Geld letztlich ‚keine Rolle spiele' und Leistung sich vielleicht eben doch lohne, bilden so den Gegenstand des Essays, den Mayr, das Aufstiegsnarrativ invertierend, nachfolgend als Regressionsgeschichte erzählt:

> Viele Dinge, die ich mache, sind Quatsch. Noch merke ich das. Noch habe ich ein Gefühl von Fremdheit, wenn ich ein Sofa für 2.000 Euro kaufe oder eine Mango für 3,49 Euro. Aber es kann gut sein, dass das bald nicht mehr so sein wird. Deshalb will ich es konservieren, in diesem Buch. (Mayr 2023, 7)

Wird der soziale Aufstieg in den Autosoziobiographien Eribons und Barons aus der Rückschau erzählt und reflektiert, so inszeniert Mayr ihre regressive Entwicklung als gegenwärtige Momentaufnahme, die sich kapitelweise als Folge ihrer fehlgeleiteten Konsumentscheidungen verfolgen lässt. Kapitel wie *200 Euro für Falafel* handeln, indem sie Szenen eines verschwenderischen Umgangs mit Geld (hier: die überteuerte Bestellung einer Vorspeisenplatte für eine home-dinner-Party mit Freunden) zeigen, weniger von ‚sozialer' als vielmehr von dem, was man ‚ideologische Scham' nennen könnte: Denn die Waren und Wunschobjekte, auf die das Glücksversprechen der Erzählerin sich richtet, erscheinen ihr im Nachhinein als fehlgeleitet und die Probleme, die sie vermeintlich zu lösen vermögen, stellen sich durchweg als leere Illusionen heraus. Besonders deutlich und auf humorvoll-ironische Weise zeigt sich dies im Kapitel *225 Euro für eine Katzentherapeutin*. Hierin beschreibt die Erzählerin, wie sie das „Problem" des an ihr nagelneues Designersofa urinierenden Katers zu lösen versuchte, indem sie „Geld darauf warf" (Mayr 2023, 47): Nach dem Kauf diverser Welpentrainingsunterlagen und Katzenurinreinigern, Besuchen beim Tierarzt (der keine organische Ursache feststellen kann), engagiert sie eine Katzentherapeutin, deren zweistündige Beratung (für die sie anschließend 225 Euro in Rechnung stellt) im Wesentlichen aus Kauftipps besteht. Das Geld setzt hier Ereignisketten in Gang, lässt Menschen zu Akteuren werden und „macht den Dingen Beine" (Vogl/Kluge 2020, 81); gleichwohl stellen sich die Lösungen, die es schafft, näher besehen, als Lösungen für Probleme heraus, die sich ohne das Vorhandensein von Geld so nicht gestellt hätten. Was wäre gewesen, fragt die Erzählerin resümierend, wenn sie und ihr Freund die alles in allem 600–700 Euro für ihr ‚Katerproblem' nicht hätten ausgeben können? „Vielleicht hätten wir das einzig Sinnvolle getan, für uns und die Katzen gleichermaßen, und sie auf einen Bauernhof gebracht." (Mayr 2023, 54)

Dass nicht nur das Problemlösungs-, sondern auch das Absicherungspotenzial des Geldes letztlich doch enge Grenzen hat, erhellt das Schlusskapitel, das die kurzzeitige Erwägung der Erzählerin und ihres Partners schildert, eine Wohnung in Berlin Pankow zu kaufen, bevor beide den Plan nach ersten Wohnungsbesichtigungen und Bankterminen aus Kostengründen (590.000 Euro werden für eine einfache Dreizimmerwohnung aufgerufen) wieder aufgeben. Wie vormals im Herkunftsmilieu der Erzählerin spielt Geld für den Erwerb von Eigentum – dem einzigen ihrer Konsumwünsche, der ihren ökonomischen Status potenziell absichern könnte – als limitierender Faktor plötzlich doch wieder eine Rolle. Den Mangel an notwendigem Eigenkapital reflektiert die Erzählerin so (vermutlich zutreffend) als jene finale Schwelle, die sie selbst als beruflich erfolgreiche Besserverdienerin durch Erwerbsarbeit allein absehbar nicht wird überschreiten können.

Es gehört zur ironischen Doppelbödigkeit des Essays, dass die Momente ideologischer Scham der Erzählerin angesichts ihrer zunehmend unkritischen Übernahme des neuen Klassenhabitus meist nur von sehr kurzer Dauer sind. Jene kurzen Passagen der Desillusionierung unterbrechen dabei die einzelnen Episoden, bevor der illusionsbildende Schleier sich erneut senkt, sie neuen Glücksversprechungen erliegt und sie sich abermals in weiteren Konsumentscheidungen verliert.

Mit Dröschers *Zeige deine Klasse* teilt *Geld spielt keine Rolle* formästhetisch die Tendenz zur materiellen sowie die zur pluralen bzw. pluralisierenden Schreibweise. Herkunft, soziale Identität und Klassenwechsel werden in beiden Fällen nicht durch singuläre Formen, Schemata der Entwicklung oder des Bruchs, sondern durch ein Geflecht heterogener menschlicher sowie gegenständlicher Beziehungen narrativiert. Während erinnerte Objekte wie das Küchenfenster oder der Boden als Teil der Einrichtung des Elternhauses bei Dröscher jedoch als Wahrnehmungsdispositive fungieren, die zusammen mit dem dichten Netz an poetischen Figurationen die transformatorisch-resiliente Poetik des Essays begründen, läuft die Erzählstrategie bei Mayr demgegenüber auf die Desillusionierung der illusionsbildenden Kraft des Geldes und der Waren hinaus. Im Unterschied zum Debüt *Die Elenden*, das im letzten Kapitel noch mit konkreten „Forderungen" *Wie man es besser machen könnte* endet (vgl. Mayr 2020, 169–199), stellt die Erzählerin ihre aufstiegsbedingte Regression im Folgeessay umso deutlicher aus: Aller kritischen Distanz zum Ankunftsmilieu enthoben, gibt es für sie, im Achtsitzersofa in einer Villa auf einer griechischen Insel liegend, „keinen rationalen Grund [mehr], hoffnungsvoll zu sein", und sie vermag keine utopischen Ausblicke im Möglichkeitssinn mehr zu geben:

> Und deshalb will dieses Buch nichts. Ich will Sie zurücklassen ohne Ausweg, mit allen Gefühlen, die ich in Ihnen ausgelöst haben mag. Missgunst oder Entnervtheit. Skepsis oder Empörung. Vielleicht Mitgefühl oder Verbundenheit. Von mir aus Hass. Im besten Fall Wut. Im schlimmsten Fall Langeweile. Machen Sie das Beste draus. Ich will jetzt zum Strand. (Mayr 2023, 166)

Die Antizipation des Spektrums möglicher Leser:innenreaktionen lässt eine Form der Erzählerin erkennen, die auf Polarisierung und Provokation setzt und so die Reflexion und Kritik über Klassenbildung und sozioökonomische Ungleichheit auf die Rezeptionsebene verlagert. Indem Mayr das narrative Schema autosoziobiographischen Schreibens als Aufstiegs- und Entwicklungsgeschichte invertiert, kündigt sie den ‚auto(sozio)biographischen Pakt mit den Leser:innen' im Sinne eines auf Leser:innenidentifikation zielenden Ich-Entwurfs bewusst auf (vgl. Lejeune 1994). Nicht poetische Figurationen wie bei Dröscher, sondern die Anti-Heldin des Romanessays selbst ist es, die hier zur Reflexionsfigur von Klassenideologie und Paradoxien des Klassenwechsels bzw. -aufstiegs avanciert.

4 Herkünfte pluralisiert und ‚von unten' erzählt. Fazit

Entgegen der Vorstellung eines homogenen autosoziobiographischen Erzählschemas hat die vergleichende Analyse der beiden Romanessays *Zeige deine Klasse* von Daniela Dröscher und *Geld spielt keine Rolle* von Anna Mayr einen innovativen Umgang mit der literaturgeschichtlich neuen Gattung der Autosoziobiographie erkennen lassen. Dieser Umgang zielt auf thematische, formästhetische und erzählerische Innovation, insbesondere durch Techniken der narrativen Verkleinerung und Pluralisierung, und lässt sich (mindestens) in den folgenden fünf Punkten resümieren.

1. *Fokusverschiebung auf die (neue) Mittelschicht*: Beide Essays richten ihren Fokus von der Darstellung prekärer Herkunft in sozial benachteiligten Milieus auf die sogenannte ‚Mittelklasse' und beleuchten diese als innerhalb des autosoziobiographischen Genres bisher unterrepräsentierte soziale Schicht. Im in-

tertextuellen Bezug auf Kracauer und Benjamin wirbt *Zeige deine Klasse* noch erkennbar für die Legitimität des Gegenstands, indem er auf die dialektische Verschränkung von Scham und Privilegien, auf verborgene Machtasymmetrien unterhalb der Fassade vermeintlicher Mittelschichtsidyllen sowie die Auslotung poetischer Resilienzformen abhebt. Komplementär zu Dröschers Narration der Herkunft aus der ‚alten Mittelschicht' im Heimatdorf der Eifel erzählt Mayrs Romanessay von der Ankunft in der ‚neuen', urban geprägten Mittelschicht Berlins.

2. *Genrehybridität und Pluralisierung von Herkunft (und Ankunft) in kleinen Formen*: Eine zweite Gemeinsamkeit beider Essays ist, dass sie sich formästhetisch auf der Schwelle zwischen essayistischem Schreiben und autosoziobiographischer Prosa bewegen. Beide brechen die Einheit und Geschlossenheit der Großform (im Falle der Prosa: jene des Romans) auf und nutzen die Polyperspektivität kleiner Formen, um mittels Montage (bei Dröscher) oder serieller Reihung (bei Mayr) soziale Herkunft und Ankunft in der Ambivalenz, Widersprüchlichkeit und Gebrochenheit der ihr zugrundeliegenden Identitätskonstruktion zu inszenieren. Dröscher nutzt hierfür die einmontierten expositorischen Kleinformen Steckbrief, Liste und Dialog(sequenz), Mayr die der Fallgeschichte ihrer (fehlgeleiteten) Konsumentscheidungen.

3. *‚Knacks' und autobiographisches Schreiben ‚von unten'*: Auf unterschiedliche Weisen unterlaufen beide Romanessays das gegen die Autosoziobiographie kritisch eingewendete lineare Entwicklungsschema. Sowohl *Zeige deine Klasse* als auch *Geld spielt keine Rolle* zielen darauf, der Vielheit latenter (und erst in der Reflexion bzw. Erinnerung manifest werdender) Brüche, die sich als ‚Knacks'-Erfahrungen im Sinne Roger Willemsens in den Lebenslauf einschreiben, nachzuspüren. In keiner der erinnerten und/oder dargestellten Situationen erzählen die Erzählerin aus einer souveränen Blickrichtung auf den eigenen Lebenslauf ‚von oben' und in keinem ihrer Romanessays fungieren sie dabei als bloße Mittlerinnen zwischen den Milieus – im Gegenteil. Während bei Dröscher die Erzählerin hinter das dichte Netz poetischer Figurationen zurücktritt, invertiert Mayr das narrative Aufstiegsschema und zeigt die Erzählerin in regressiver Entwicklung. In der Durchkreuzung von Linearität und Entwicklung wahren beide Erzählungen des Aufstiegs innerhalb der (Dröscher) und in die Mittelklasse (Mayr) auf diese Weise die Perspektive eines autosoziobiographischen Schreibens ‚von unten'.

4. *Intersektionale Anschlüsse*: In der formalen Offenheit, losen Fügung und multiperspektivischen Anlage, die in Dröschers Essay sicherlich stärker ausgeprägt ist als in Mayrs, finden sich in beiden Fällen überdies Passagen, die die ausgestellte Vulnerabilität (Dröscher) bzw. den (scheiternden) Versuch, sich gegen sie monetär zu immunisieren (Mayr), in Richtung intersektionaler

Mehrfachdiskriminierung ausloten. In *Zeige deine Klasse* zeigt sich dies am deutlichsten in der Überblendung von herkunfts-, migrations- und klassenbedingter Scham mit der Scham für den übergewichtigen weiblichen Körper (der Mutter). Auch in *Geld spielt keine Rolle* deutet sich diese Blickrichtung an mehreren Stellen an, so etwa im Kapitel *266 Euro für einen Ehevertragsentwurf*, in dem die Erzählerin reflektiert, dass auch ihre erreichte materielle Sicherheit sie nicht vor *mansplaining* und sexistischer Diskriminierung (hier: durch den sie beratenden Fachanwalt) zu schützen vermag (vgl. Mayr 2023, 84–86).

5. *Poetische und rezeptive Resilienz*: Schließlich bleiben die Romanessays Dröschers und Mayrs nicht darauf reduziert, das autosoziobiographische Schema lediglich zu variieren, sondern es zugleich zu innovieren. *Zeige deine Klasse* und *Geld spielt keine Rolle* arbeiten beide mit narrativen Verfahren des Doppeltblickens, mit denen sie klassenbedingte Machtasymmetrien aufzeigen und zugleich (ästhetische) Resilienz erzeugen. Dröschers poetische ‚Doppelbelichtung' ist dabei auf figurativer Ebene angesiedelt, mehrfachcodierte Erinnerungen wie die Kinderrolle der Clownin bezeugen dabei gleichermaßen soziale Vulnerabilität wie auch die transformatorischen Potenziale der Kunst, gegen diese anzuschreiben. Im intertextuellen Rückbezug auf *Die Elenden* und durch das Spiel mit literarischer Autorinnenschaft verlagert Mayr hingegen die Potenziale ästhetischer Resilienzbildung von der Text- auf die Rezipient:innenebene. Indem die Erzählerin aus der ihr zugedachten Rolle als Identifikationsfigur der Klassenaufsteigerin heraustritt und sich selbst zum Fall klassenbedingter Regression macht, rückt mit ihr auch die angenommene Leser:innenschaft (der ‚neuen Mittelklasse') in die Situation, neben dem Hinterfragen eigener Privilegien auch den klassenübergreifenden Weitblick neu zu justieren und – entgegen der resignativen Schlussgeste der Erzählerin – weiter nach utopischen Potenzialen und resilienten Schreibweisen der Kunst zu fragen.

Die literarischen Essays Daniela Dröschers und Anna Mayrs verschränken die thematische Fokussierung und Zuspitzung auf Mittelklasseaufstiege mit formpoetischen Variationen der Gattung Autosoziobiographie – und wahren dabei dennoch die literarische Perspektive eines ‚Schreibens von unten': Dass das weiße Huhn in seinen Händen, als der Vater starb, immer dieses weiße Huhn bleiben wird, diese Vulnerabilitäts-Erfahrung, die Willemsen an den Beginn seines meta-autobiographischen Essays über den ‚Knacks' stellt, bildet demnach eine poetologische Minimaleinheit, die den autosoziobiographischen Romanessays von Dröscher und Mayr gleichermaßen zugrunde liegt. So verstanden, setzt autosoziobiographisches Erzählen jenseits der Dichotomien von Diesseits und Jenseits, Früher und Später,

Herkunft und Ankunft an, geht nicht vom Riss aus, der das Leben in zwei Hälften teilt, sondern vom *Knacks*, der es prägt – und als solcher Resonanzen erzeugt.

Literaturverzeichnis

Benjamin, Walter. *Berliner Kindheit um 1900*. Mit einem Nachwort von Theodor W. Adorno. Frankfurt a. M.: Suhrkamp, 2010.

Blome, Eva, Philipp Lammers und Sarah Seidel (Hg.). *Autosoziobiographie: Poetik und Politik*. Berlin, Heidelberg: Springer/J. B. Metzler, 2022.

Blome, Eva. „Rückkehr zur Herkunft. Autosoziobiografien erzählen von der Klassengesellschaft." *Deutsche Vierteljahrsschrift für Literaturwissenschaft und Geistesgeschichte* 94.4 (2020). 541–571.

Böttcher, Philipp. „Der Mythos von der ‚nivellierten Mittelstandsgesellschaft' und die Soziologie der Gegenwartsliteratur. Erinnerungen an die alte Bundesrepublik in Anke Stellings *Schäfchen im Trockenen*." *Jahrbuch der deutschen Schillergesellschaft* 65 (2021). 271–307.

Dröscher, Daniela. *Zeige deine Klasse. Die Geschichte meiner sozialen Herkunft*. Hamburg: Hoffmann und Campe, 2018.

Dröscher, Daniela. „Das revolutionäre Potenzial der Mittelklasse". *Brecht und Klasse und Traum*. Hg. Falk Strehlow. Berlin: Verbrecher Verlag, 2023. 189–198.

Foucault, Michel. *Die Ordnung der Dinge. Eine Archäologie der Humanwissenschaften*. Übers. v. Ulrich Köppen. Frankfurt a. M.: Suhrkamp, 1974.

Jäger, Maren, Ethel Matala de Mazza und Joseph Vogl. „Einleitung". *Epistemologie und Literaturgeschichte kleiner Formen*. Berlin, Boston: De Gruyter, 2021. 1–15.

Kiesel, Helmuth. *Geschichte der literarischen Moderne. Sprache, Ästhetik, Dichtung im zwanzigsten Jahrhundert*. München: C. H. Beck, 2004.

Kracauer, Siegfried. *Die Angestellten. Aus dem neuesten Deutschland. Mit einer Rezension von Walter Benjamin*. Frankfurt a. M.: Suhrkamp, 1971.

Lejeune, Philippe. *Der autobiographische Pakt*. Übers. v. Wolfram Bayer und Dieter Hornig. Frankfurt a. M.: Suhrkamp, 1994.

Mayr, Anna. *Die Elenden. Warum unsere Gesellschaft Arbeitslose verachtet und sie dennoch braucht*. Berlin: Hanser Berlin, 2020.

Mayr, Anna. *Geld spielt keine Rolle*. Berlin: Hanser Berlin, 2023.

Meyerhoff, Joachim. *Ach diese Lücke, diese entsetzliche Lücke*. Roman. Köln: Kiepenheuer & Witsch 2019.

Novalis. *Schriften. Die Werke Friedrichs von Hardenberg*. Hg. Paul Kluckhohn und Richard Samuel. 5 Bde. Stuttgart: Kohlhammer, 1960–2006.

Oesterle, Günter. „Arabeske, Schrift und Poesie in E. T. A. Hoffmanns Kunstmärchen *Der goldne Topf*". *Athenäum. Jahrbuch für Romantik* 1 (1991). 69–107.

Patrut, Iulia-Karin. „Die totalitäre Gewalt und die Resilienz der Literatur. Geschichte und Subjekt bei Herta Müller". *Literaturgeschichte und Interkulturalität. Festschrift für Maria Sass*. Hg. Doris Sava und Stefan Sienerth. Berlin, Bern et al.: Peter Lang, 2019. 207–231.

Reckwitz, Andreas. „Von der nivellierten Mittelstandsgesellschaft zur Drei-Klassen-Gesellschaft. Neue Mittelklasse, alte Mittelklasse, prekäre Klasse". *Das Ende der Illusionen. Politik, Ökonomie und Kultur in der Spätmoderne*. Frankfurt a. M.: Suhrkamp, 2019. 63–135.

Rössler, Reto. „Ein Zimmer für sich allein. Intersektionalität und Interieur in Anke Stellings Roman *Schäfchen im Trockenen*". *Zeitschrift für Literaturwissenschaft und Linguistik* 1. (2026).

Schaub, Christoph. „Autosoziobiografisches und autofiktionales Schreiben über Klasse in Didier Eribons *Retour à Reims*, Daniela Dröschers *Zeige deine Klasse* und Karin Strucks *Klassenliebe*". *lendemains* 45 (2020): 64–77.

Schlegel, Friedrich. „Athenäums-Fragment Nr. 116". Ders. *Kritische Ausgabe*. Bd. 2.Hg. Ernst Behler et al. Paderborn: Schöningh. 1967. 182–183.

Speicher, Hannah. *Das Deutsche Theater nach 1989. Eine Theatergeschichte zwischen Resilienz und Vulnerabilität*. Bielefeld: Transcript, 2021.

Spoerhase, Carlos. „Akademische Aufsteiger. *Scholarship boys* als literarische Sozialfiguren der Autosoziobiographie (Politik der Form II)". *Autosoziobiographie: Poetik und Politik*. Hg. Eva Blome, Philipp Lammers und Sarah Seidel. Berlin: Springer/J. B. Metzler, 2022. 67–88.

Spoerhase, Carlos. „Nachwort". Chantal Jaquet. *Zwischen den Klassen. Über die Nicht-Reproduktion sozialer Macht*. Übers. v. Horst Brühmann. Konstanz: Konstanz University Press, 2018. 231–252.

Uerlings, Herbert. „Einleitung". Ders. *Theorie der Romantik*. Stuttgart: Reclam, 2000. 9–42.

Vogl, Joseph und Alexander Kluge. „Geld macht den Dingen Beine". Dies.: *Senkblei der Geschichten*. Berlin, Zürich: Diaphanes, 2020. 81–84.

Willemsen, Roger. *Der Knacks*. 4 Aufl. Frankfurt a. M.: Fischer, 2011 [2008].

Lena Wetenkamp
Herkunft adressieren: Postmemory und epistolare Verfahren in der Gegenwartsliteratur

Herkunftsfragen sind in der Gegenwartsliteratur virulent. Dies bestätigt international betrachtet der große Erfolg von Annie Ernaux, Didier Eribon sowie Édouard Louis und im deutschsprachigen Raum beispielsweise Texte von Saša Stanišić, Deniz Ohde, aber auch die Familienerzählungen von Monika Helfer. Innerhalb der Gegenwartsliteratur prägen Herkunftsfragen zudem ein ganzes Genre, das sich als Postmemory-Literatur bezeichnen lässt. Ausgangspunkt für die Eingrenzung dieser Literatur bietet Marianne Hirschs Definition des Begriffs Postmemory:

> 'Postmemory' describes the relationship that the 'generation after' bears to the personal, collective, and cultural trauma of those who came before – to experiences they 'remember' only by means of the stories, images, and behaviors among which they grew up. (Hirsch 2012, 5)

Das Konzept der Postmemory steht damit in der Nähe des Phänomens der transgenerationalen Traumatisierung, das in den letzten Jahren verstärkt erforscht wurde.[1] Beide Ansätze sind jedoch nicht deckungsgleich, da sich – nach Hirsch – Postmemory nicht auf das Erlebnis bezieht, einer traumatischen Vergangenheit passiv ausgesetzt zu sein, sondern vielmehr das Bedürfnis bezeichnet, sich die Vergangenheit aktiv anzueignen. Der Wunsch danach, Einzelheiten der traumatischen Vergangenheit der Eltern oder Großeltern zu erfahren, führt in der zweiten und dritten Generation zu einer selbstreflexiven Aneignung und Bewahrung vergangener Ereignisse, beispielsweise in Form von literarischen Texten. Postmemory stellt sich damit als Mischung aus Ererbtem und Recherchiertem dar. Mit dem Begriff „Postmemorial work" (Hirsch 2012, 33) betont Hirsch das Prozesshafte dieses Vorgangs. Die Suche nach Antworten auf bisher nicht gestellte Fragen über die Vergangenheit setzt dabei zumeist erst nach dem Tod der Erlebnisgeneration ein, die Frage nach dem Wahrheitsgehalt postmemorialer Artefakte kann und muss damit nicht abschließend beantwortet werden (vgl. Eichenberg 2009, 25). Die Forschung zur Postmemory-Literatur hat in den letzten Jahren exponentiell

---

[1] Der Deutsche Bundestag hat 2016 ein Sachstand-Papier zum Thema transgenerationale Traumatisierung herausgegeben, das unter folgendem Link zu finden ist: https://www.bundestag.de/resource/blob/501186/5cab3d455ea7c85a1dfbd7ce458d499a/wd-1-040-16-pdf-data.pdf (1. Juli 2024)

∂ Open Access. © 2025 Lena Wetenkamp, publiziert von De Gruyter. [CC BY] Dieses Werk ist lizenziert unter der Creative Commons Namensnennung 4.0 International Lizenz.
https://doi.org/10.1515/9783111249476-004

zugenommen. Wesentliche Charakteristika, Themen und Motive wurden in der germanistischen Forschung anhand von Texten wie Katja Petrowskajas *Vielleicht Esther* (2014), Ulrike Draesners *Sieben Sprünge vom Rand der Welt* (2014) oder Sabrina Janeschs *Katzenberge* (2010) herausgearbeitet (vgl. Egger 2014, Wetenkamp 2020, 2022). Die Frage nach der Spezifik der literarischen Verfahren postmemorialer Texte stand dabei jedoch bisher weniger im Fokus. Dieser Frage soll in diesem Beitrag nachgegangen und sie soll exemplarisch an der Verwendung epistolarer Verfahren zur Adressierung der Vergangenheit verhandelt werden. Die Verknüpfung von Herkunftsthematik und der Briefform wird anhand der folgenden Texte analysiert: Monika Maron *Pawels Briefe*, Lena Gorelik *Lieber Mischa...*, Mirna Funk *Winternähe*, Olga Grjasnowa *Der Russe ist einer der Birken liebt* sowie Maya Lasker-Wallfisch *Briefe nach Breslau*. Den ausgewählten Texten sind Herkunftsfragen auf verschiedenen Ebenen inhärent. Sie sind oftmals autobiografisch oder autofiktional erzählt und stellen demnach Protagonist:innen ins Zentrum der Handlungen, die sich mit verschiedenen selbst erlebten oder geerbten Traumata auseinandersetzen müssen. Die Zuordnung zur Postmemory-Literatur erfüllen jedoch im engeren Sinne – das heißt, dass es sich bei den Texten um die rekonstruktive Aufarbeitung der eignen Familiengeschichte handelt – nur die Texte von Maron und Lasker-Wallfisch.

Marons Roman *Pawels Briefe* (1999) rekapituliert auf autofiktionale Weise die Familiengeschichte der Autorin über drei Generationen. Ihr Großvater Pawel wurde als konvertierter Jude 1939 gemeinsam mit seiner Frau Josefa aus Berlin vertrieben und 1942 ins Ghetto Belchatow gesperrt. Die von dort verschickten Briefe, die er vor der mutmaßlichen Verlegung in das Vernichtungslager Kulmhof und den Tod durch Vergasung an seine Kinder schrieb, bilden die Grundlage der Auseinandersetzung Marons mit der Familiengeschichte.

Für Lasker-Wallfischs autobiografischen Text *Briefe nach Breslau* (2020), der nur als aus dem Englischen übersetzte deutsche Version bei Suhrkamp erschienen ist – ein englisches Original scheint nie gedruckt worden zu sein – ist das Phänomen der transgenerationalen Traumatisierung zentral. Lasker-Wallfisch arbeitet als psychoanalytische Psychotherapeutin mit einem Schwerpunkt auf der Behandlung von transgenerationalen Traumata in London und begibt sich mit dem Buch auf die Spuren der eigenen Herkunft. Die aus Breslau stammende Mutter der Erzählerin, Anita Lasker-Wallfisch, überlebte den Holocaust als Cellistin im Mädchenorchester von Auschwitz.

Die Texte von Grjasnowa und Funk stellen keine direkte Aufarbeitung der eigenen Familiengeschichte dar, sondern sind stärker fiktionalisiert. Sie gelten damit also nicht als Postmemory-Texte im engeren Sinne.

Im Zentrum der Handlung von Grjasnowas Roman *Der Russe ist einer, der Birken liebt* (2012), steht Maria – Mascha – Kogan, die in Frankfurt am Main lebt und

Arabistik und Dolmetscherwissenschaften studiert. Sie ist in Baku/Aserbaidschan geboren und im Zuge der Auseinandersetzungen zwischen Armenien und Aserbaidschan um Bergkarabach in den 1980er/1990er Jahren mit ihrer Familie nach Deutschland umgesiedelt. Vor der Trauer über den Tod ihres Freundes Elias flieht sie nach Israel, wo Begegnungen mit Fremden und Angehörigen ihrer Familie sie zur Auseinandersetzung mit der eigenen Vergangenheit und Identität veranlassen.

Lola, die Protagonistin von Funks Roman *Winternähe* (2015), ist in Ost-Berlin geboren und wurde von ihrem Vater verlassen, der sich in den australischen Dschungel abgesetzt hat. Sie wächst bei ihren jüdischen Großeltern auf, die den Holocaust überlebt haben. Eine Reise nach Tel Aviv bringt sie der Familiengeschichte näher.

Goreliks Text *Lieber Mischa* (2011), der den langen Untertitel *... der Du fast Schlomo Adolf Grinblum geheißen hättest, es tut mit so leid, dass ich Dir das nicht ersparen konnte: Du bist ein Jude...* trägt, ist Ausdruck einer komplexen Deutsch-Russisch-Sowjetisch-Jüdischen Identität, als Postmemory-Text kann auch er jedoch nicht im engeren Sinne gelten. Wie der Titel schon nahelegt, handelt es sich um eine Reihe von (fiktiven) Briefen, die eine Mutter an ihren Sohn richtet. Dabei spielen Aspekte der Familiengeschichte eine Rolle, jedoch handelt es sich eher um Handlungsempfehlungen für die Zukunft und nicht um die rekonstruktive Aufarbeitung der Vergangenheit. Dennoch verknüpft die Verwendung epistolarer Schreibweisen und die Auseinandersetzung mit dem Judentum ihn eng mit den anderen Texten des Korpus.

1 Postmemoriale Gegenwartsliteratur

Texte der Postmemory-Literatur füllen oftmals eine von ihren Protagonist:innen empfundene Lücke, einen nicht erfüllten Wunsch über Kenntnis der Familiengeschichte. Das Schweigen innerhalb der Familien als Ausgangspunkt für das Bedürfnis nach einer Aneignung der Familiengeschichte wird dabei in vielen literarischen Texten thematisiert, so u. a. in Lasker-Wallfischs Text, wo es über die Erlebnisse der Mutter heißt: „*Meine Mutter und Renate wollten direkt nach dem Kriegsende wahnsinnig gerne über das sprechen, was ihnen widerfahren war, aber niemand fragte sie danach.*" (Lasker-Wallfisch 2020, 159; Hervorhebung i. O.) Auch Marons *Pawels Briefe* hebt die fehlende Kommunikation über die Vergangenheit innerhalb der Familie hervor: „Es stimmt, daß Pawel mit dem Vergessen angefangen hat. Er hat seinen Kindern nichts erzählen wollen über die orthodoxe Welt, die er verlassen und die ihn totgesagt hatte." (Maron 1999, 109) Bei der Auseinandersetzung mit der Familiengeschichte steht nicht das Aufdecken einer objektiven Wahrheit im Vordergrund, sondern zumeist stellen die Texte ihr rekonstruktives Verfahren, das Lücken im Familiengedächtnis mit fiktionalen Anreicherungen füllt, offen heraus. Dazu gehört u. a. die auffällige Verwendung von Briefformen, die eine Verknüpfung der hier im Fokus stehenden Texte bildet. Briefe und Tagebücher gerieten in den letzten Jahren in ihrer Funktion als „*Selbstzeugnisse, Egodokumente* oder *Life Writing* einen privilegierten Zugang zu den Selbstvergewisserungsprozessen von Individuen und Gruppen im historischen Prozess" (Depkat und Pyta 2021, 7, Hervorhebung i. O.) zu bieten, verstärkt in den Fokus der Forschung. Eine Minimaldefinition der Gattung Brief verweist auf die Schriftlichkeit und Adressierung an einen abwesenden Empfänger (vgl. Golz 1997, 251). Briefe sind zudem mit dem Anspruch einer gewissen Authentizität belegt. Das Merkmal postmemorialer Texte dagegen ist ein rekonstruktiver Zugang zur familiären Vergangenheit. Die zeitliche Nachgeordnetheit der Aufarbeitung verwehrt eine direkte Kommunikation mit den Zeitzeugen, postmemoriale Literatur ist auf vermittelte Kommunikation angewiesen. Diese zunächst konträre Anlage von Briefform und postmemorialer Literatur erweist sich jedoch als sehr produktiv, dienen Briefe und andere schriftliche Dokumente doch als Zugang zur Familiengeschichte und können diese verifizieren. Briefen ist eine „hartnäckige Materialität" (Baasner 2008, 53) eigen, sie überleben oftmals ihre Verfasser:innen. Als transgenerationales Medium sind sie für die Integration in Postmemory-Texte prädestiniert. Briefe können die Leerstellen füllen, bieten aber auch – vor allem wenn sie (wie im Beispiel von Lasker-Wallfisch) in der Gegenwart verfasst und an die Vergangenheit und die Großeltern adressiert sind – die Möglichkeit, die bestehende Unsicherheit über die Faktenlage explizit herauszustellen und das rekonstruktive und imaginative persönliche Vorgehen zu legitimieren. Epistolares Schreiben weist damit eine große Genrevarianz auf (vgl. Rojekt 2021, 103). Dies trifft auch auf die Art und Weise zu, wie Briefe in postmemoriale Erzähltexte integriert werden. Sie können – wie bei Lasker-Wallfisch – die Narration unterbrechen, bzw. als deutlich gekennzeichneter Wechsel der Erzählebene fungieren. Sie können jedoch auch – wie etwa bei Maron – nur in Auszügen wiedergegeben werden und damit eine Personalisierungs- und Beglaubigungsfunktion übernehmen, indem sie durch einen kurzzeitigen Wechsel der Erzählinstanz die Verstorbenen zu Wort kommen lassen. Dies birgt jedoch die Gefahr der Aneignung einer bestimmten Sprecher:innenposition. Das Briefen inhärente Moment der Adressierung potenziert sich beim epistolaren Schreiben in Erzähltexten zu einer Mehrfachadressierung, die sowohl die (fiktionalen) Empfänger:innen als auch die Rezipierenden des Texten einbezieht.

2 Jüdisches Erbe

Die Herkunftsfragen, die in den ausgewählten Texten verhandelt werden, beziehen die Auseinandersetzung mit dem jüdischen Erbe, das einen neuralgischen Punkt der Texte bildet, mit ein. Dies kann Ausgangspunkt sein für die Etablierung neuer identitätsstiftender Momente in der Gegenwart, aber auch Anlass traumatischer Erinnerungen an den Holocaust, die sich im Sinne der Postmemory auf die nachfolgenden Generationen auswirken. Funks Protagonistin Lola unterläuft etablierte, binär gedachte und identitätsstiftende Zuschreibungen, da sie sich durch ihre familiäre Herkunft „als eine Mischung aus KZ-Häftling und KZ-Aufseher" versteht. „Sie war Simons Tochter und auch Petras. Sie war Täter und Opfer in einem" (Funk 2015, 313). Diese Nachkommenschaft bedingt eine besondere Bewusstseinslage: „Es war ihr unmöglich, nicht an den Schmerz aller Juden zu denken und gleichzeitig die sadistische Macht eines KZ-Aufsehers zu spüren." (Funk 2015, 313) Vergangener Schmerz und Gefühle sehr unterschiedlicher Provenienz bestimmen die gegenwärtige Verfassung der Protagonistin. Auch Gorelik verweist auf die schwierige Verortung, die sich aus ihrer geografischen und religiösen Herkunft ergibt:

> Jüdisch sein in Deutschland schien erst einmal schwierig, weil es exotisch ist. Exotisch zu sein kann anstrengend sein. Jüdisch und russisch gleichzeitig zu sein – das Opfer aus dem Zweiten und der Feind aus dem Kalten Krieg in einem – ist, wie doppelt bestraft zu sein. (Oder doppelt gesegnet.) (Gorelik 2011, 19)

Grjasnowas Protagonistin muss früh erleben, dass sichtbare Zeichen der Religionszugehörigkeit nicht immer erwünscht waren, wie eine Szene verdeutlicht, in der ihre Mutter zu Beginn der gewaltsamen Auseinandersetzungen zwischen Armenien und Aserbaidschan um Bergkarabach ihr „den Davidstern, den ich seit meinem dritten Lebensjahr trug, von meinem Hals [nahm]." (Grjasnowa 2012, 281) Auch wenn die Familie zu den jüdischen Kontingentflüchtlingen gehörte, die in den 1990er Jahren das aktive jüdische Leben in Deutschland wiederbeleben sollten, nimmt die jüdische Tradition und Praxis innerhalb der Familie keinen großen Raum ein. Erst angesichts eines tiefen Einschnitts in ihr Leben, dem Krankenhausaufenthalt ihres Freundes Elias, der nach einem Sportunfall Komplikationen erleidet und schließlich stirbt, versucht Mascha, Halt in ihrer Religiosität zu finden, muss aber feststellen: „Ich kannte nur zwei Gebete: das *Vaterunser* und *Höre Israel*. Das *Vaterunser* war nutzlos und *Schma Yisrael* allein würde nicht ausreichen." (Grjasnowa 2012, 23) Diese Erkenntnis wird als Verlustgefühl beschrieben. Auch bei Funks Protagonistin Lola bietet die Religion Anlass zur Verunsicherung, sie will sich offiziell zum Judentum bekennen, da sie nach der Halacha als „Vaterjüdin" nicht als Jüdin anerkannt und nicht von einem Rabbiner verheiratet werden kann (Funk 2015, 59). Für Lola stellt diese Fixierung der Religion auf die matrilineare Vererbung eine Einschränkung dar, sie sieht ihre Beziehung zum Judentum durch andere Parameter gegeben: „Ich bin bei einer jüdischen Familie groß geworden, ich habe ihr Leid erfahren, ihr Trauma aufgenommen." (Funk 2015, 259) Das Bewusstsein über die Vergangenheit ist für sie überall gegenwärtig: „Jedes Mal, wenn ich die Luft in Berlin oder in München oder in Hamburg einatme, weiß ich, dass ich die Asche der toten Juden einatme." (Funk 2015, 312) Eine ähnliche Schilderung findet sich in *Der Russe ist einer, der Birken liebt*: „Noch 1994 sagte meine Mutter, sie würde niemals dieses Land betreten, dort sei die Asche noch warm. Meine Großmutter war eine Überlebende." (Grjasnowa 2012, 51)

In Marons Text wird das jüdische Erbe als belastendes Gepäck ausgewiesen, welches der Großvater seinen Nachfahren nicht aufbürden wollte und deswegen kaum thematisierte: „Wir wissen nicht, warum Pawel [...] nicht bleiben wollte, als was er geboren war: Jude. Er hat die Erinnerung an seine Herkunft seinen Kindern nicht hinterlassen wollen." (Maron 1999, 110) Als Beleg dienen Zitate aus einem der im Ghetto Belchatow verfassten Briefe, in denen Pawel an seine Kinder schrieb: „‚Es muß doch ein zu ungeheuerliches Verbrechen sein, Jüdischer Abstammung zu sein, aber glaubt es mir, liebe Kinder, ich habe es nicht verschuldet.'" Basierend auf diesen Worten, die im Text mit Anführungszeichen als Aussage Pawels gekennzeichnet sind, attestiert die Erzählerin ihm das Gefühl einer „unfreiwillige[n] Herkunft, die ungewollten Eltern" (Maron 1999, 98).

In Goreliks Text wird die Bezugnahme auf den Holocaust als unausweichlicher Teil einer zeitgenössischen jüdischen Identität ausgewiesen: „Wie ein Besessener wirst Du alles lesen, was mit einem Geschichtsabschnitt zu tun hat, den andere zu meiden suchen: dem Holocaust oder der Schoah" (Gorelik 2011, 15). Hier wird ein bestimmtes Verhalten, eine Obsession mit der Vergangenheit, bereits auf die Nachfahren projiziert. Die Annahme des jüdischen Erbes scheint unausweichlich.

3 Transgenerationales Trauma

Wie bereits das Zitat aus Funks Text, dass Lola die Traumata der Familie aufgenommen habe, belegt, spielt das Nachleben des Holocausts in den nachfolgenden Generationen in den Texten eine Rolle. Grjasnowas Protagonistin Mascha führt u. a. bestimmte Verhaltensweisen ihrer Großmutter auf die vergangene Leid- und Mangelerfahrung zurück: „Ich fragte mich, ob dieser Drang, die nachfolgenden Generationen im Essen zu ersticken, mehr mit der kaukasischen Mentalität oder dem Holocaust-Erbe meiner Großmutter zu tun hatte." (Grjasnowa 2012, 174) Der Holocaust kann damit als zentraler Erinnerungstopos gelesen werden, der an manchen Stellen explizit – beispielsweise über die Schilderung des Besuchs der Gedenkstätte in Yad Vashem bei Grjasnowa (2012, 192) – auf der Textebene aufgerufen wird, aber auch als eine Art Subtext präsent ist, wie Jonathan Skolnik (2018, 135) festhält: „Grjasnowa's text reveals how the Holocaust remains central, especially where it isn't explicit." Zudem wird er auf multidirektionale Weise mit anderen Traumata verknüpft. Grjasnowas Protagonistin ist als mehrfach traumatisierte Person zu lesen, der Suizidgedanken nicht fremd sind (vgl. Grjasnowa 2012, 51). Die Traumatisierungen können dabei auf zwei Ereignisse in ihrem Leben zurückgeführt werden. Zum einen auf ein Erlebnis im Kontext des Bergkarabach-Konflikts, wo sie als kleines Kind den Tod einer Frau mit ansehen musste und zum anderen auf den Tod von Elias. Beide Male zeigt sie Reaktionen, die einer posttraumatischen Belastungsstörung gleichen, wie in den Worten der Mutter zum Ausdruck kommt: „Du hast kein Wort gesagt, hast mich nicht mal angeschaut. Du hast dich auch nicht berühren lassen, ein bisschen wie jetzt. Du warst wie eine Fremde, hattest keine Wärme mehr in dir." (Grjasnowa 2012, 121) Dass diese persönlichen Traumata aber noch mit einem geerbten Trauma verknüpft sind, deutet die folgende Aussage der Protagonistin an: „Eigentlich hielt ich nichts von vertrauten Orten – der Begriff Heimat implizierte für mich stets den Pogrom." (Grjasnowa 2012, 203) Ob damit die Gewalthandlungen in Baku, oder die familiär vererbten Traumata des Holocaust gemeint sind, lässt der Text offen. Wie diese Beispiele zeigen, können Erinnerungen an traumatische Ereignisse oder Episoden kommunikativ – oder besser gesagt: vor allem durch fehlende Kommunikation – an nachfolgende Generationen transmittiert werden und sich bei den Nachkommen in Form von Albträumen, Ängsten, Gefühlsdefiziten und anderen seelischen Störungen äußern. Ursache für diese transgenerationale Traumatisierung ist zumeist eine unbewusste Identifizierung der Kinder mit den Leiden ihrer Eltern oder Großeltern.

Lasker-Wallfisch thematisiert das Phänomen transgenerationaler Traumatisierung dezidiert und lässt die aktuelle Forschungslage in den Text einfließen. So heißt es an einer Stelle:

> Auf den Gebieten der Neurowissenschaften und der Epigenetik werden riesige Fortschritte gemacht; die unbestreitbaren Ergebnisse evidenzbasierter Forschung unterstützt die These, dass es so etwas wie transgenerationale Traumata tatsächlich gibt. (Lasker-Wallfisch 2020, 67)

Der Text enthält konkrete Beschreibungen des Phänomens (vgl. Lasker-Wallfisch 2020, 234) und auch der damit zusammenhängenden epigenetischen Veränderungen (vgl. Lasker-Wallfisch 2020, 237). Sie sieht das eigene Kindheits-Ich von dieser Problematik beeinflusst und entdeckt nach und nach, dass das eigene „Innenleben von allem, was meine Mutter erlebt hatte, geprägt war." (Lasker-Wallfisch 2020, 192) Zentrales Gefühl der Kindheit und Jugend stellt eine wahrgenommene Andersheit dar, die erst im Nachhinein als Auswirkung der Familiengeschichte erkannt wird: „Ich bin sicher, dass mein Gefühl des Verlassenseins ein Echo des Traumas war, das sie [gemeint ist die Mutter, L. W.] zwanzig Jahre zuvor erlitten hatte." (Lasker-Wallfisch 2020, 191) Diese Einsicht ermöglicht es ihr, den fremden Gefühlen nicht mehr machtlos gegenüberzustehen, sondern sich aus der „Opferrolle zu befreien." (Lasker-Wallfisch 2020, 220) Diese Übernahme des Opferbegriffs für die nachfolgenden Generationen wird im Zusammenhang mit Postmemory jedoch kritisiert, so hält Brumlik (2015) fest:

> Beim Problem der ‚transgenerationalen Weitergabe' von Traumata stellt sich dann die Frage, ob tatsächlich sinnvoll – so wie das die ‚Postmemory Theorie' unausgesprochen tut – von ‚Traumata' gesprochen werden kann. [...] Und ist eine persönliche Identität als Kind oder Enkel von Opfern der Shoah, also eine Identität nicht von ‚Victims', sondern von ‚Survivors' notwendig Ausdruck eines seelischen Leidens?

Die für diesen Aufsatz gemeinsam fokussierten Texte zeigen, dass auch die Literatur auf diese Fragen keine abschließenden Antworten findet. Lasker-Wallfisch setzt den Begriff des Traumas zentral und sieht auch die Nachfahren von Holocaust-Überlebenden oder -Opfern derart stark beeinflusst, dass der Opferbegriff angesetzt werden kann. Grjasnowas Protagonistin dagegen wehrt sich gegen die Zuschreibungen eines Traumas, sie hatte zwar „ein Buch gelesen, in dem es um Menschen mit traumatischen Störungen ging, [...] hätte [...] [sich jedoch] selber niemals [so] bezeichnet." (Grjasnowa 2012, 150) Die Texte ringen also mit der von Brumlik aufgeworfenen Frage, inwiefern auch in Bezug auf die Nachkommen von „Victims" und „Survivors" von einer Opferrolle gesprochen werden kann. Ästhetische Aushandlung erfährt diese Frage vor allem in schriftlicher Kommunikation.

4 Briefe in postmemorialen Texten

Postmemoriale Texte der deutschsprachigen Gegenwartsliteratur stützen sich oftmals auf Familiendokumente wie Tagebücher oder Briefe. Der überraschende Fund von Dokumenten auf dem Dachboden, im Keller oder in lange nicht geöffneten Schubladen ist meist der Ausgangspunkt für die Auseinandersetzung mit der verschwiegenen Familiengeschichte.

Lasker-Wallfisch greift das Motiv des Fundes auf, der im Fall der dreizehnjährigen Ich-Erzählerin jedoch unbegreiflich bleibt:

> Mir war klar, dass es sich um etwas Persönliches von meiner Mutter handelte, aber ich schlug sie [gemeint ist eine Mappe, L. W.] trotzdem auf. Ich fand Fotos von aufgetürmten Leichen. Von Bulldozern, die sie in eine riesige Grube schoben. Unzählige, meist nackte Körper vor Holzbaracken. Ich hatte keine Ahnung, was das war, worum es da ging. (Lasker-Wallfisch 2020, 15)

Das jugendliche Ich hatte von dem Lager Bergen-Belsen noch nie etwas gehört, geschweige denn die Gräueltaten der NS-Zeit mit der eigenen Familiengeschichte in Verbindung gebracht. Die sich aufdrängenden Fragen nach der Herkunft der Fotos traut sie sich jedoch nicht der Mutter zu stellen, es ergibt sich kein Kommunikationsanlass: „Das Schweigen hielt an." (Lasker-Wallfisch 2020, 15) Erst in den 1980er Jahren beginnt die Mutter ihre Geschichte aufzuschreiben und sie ihren Kindern zu Weihnachten zu schenken. „Ich habe so viel aufgeschrieben, wie ich konnte, damit ihr das alles ‚erben' könnt, sozusagen, und die Erinnerung an jene schreckliche Zeit am Leben erhaltet." (Lasker-Wallfisch 2020, 161) Die Lektüre erweist sich als Herausforderung und kann von der Ich-Erzählerin nicht in einem Zug bewältigt werden, jedoch hinterlassen insbesondere die in das Buch der Mutter integrierten Briefe aus dem Familienumfeld einen tiefen Eindruck (vgl. Lasker-Wallfisch 2020, 165).

Der Fund alter Familiendokumente wird gleich zweimal im Text aufgegriffen, denn eine als „Familienarchivarin" (Lasker-Wallfisch 2020, 26) betitelte Tante bewahrte in einer Kiste wichtige Dokumente, die durch ihren Mann an Lasker-Wallfischs Mutter übergeben wurden:

> Fünfunddreißig Jahre lang blieb sie ungeöffnet. Meine Mutter wollte nicht hineinsehen, wollte altes Leid ruhen lassen, doch schließlich gab sie nach und fand darin ein mit Bindfaden zusammengehaltenes Bündel alter Briefe. Uns machte diese Entdeckung staunen, und die Briefe erwiesen sich fortan als großes Geschenk für mehrere Generationen. (Lasker-Wallfisch 2020, 26)

Aus diesen Zeugnissen wird zum Teil innerhalb der Briefe an die Großeltern direkt zitiert (vgl. Lasker-Wallfisch 2020, 60). Es ergibt sich damit eine komplexe Verschachtelung von faktualen Briefen und den eher als fiktional zu bezeichnenden Briefen der Autorin, die diese als narrative Form wählt. Diese Verschachtelung wirft Fragen nach der Authentizität und dem Funktionspotenzial von Briefen auf: Ist ein aufgefundener Brief aus vergangenen Zeiten authentischer als ein in der Gegenwart geschriebener, der Teil eines literarischen Textes ist? Diese Frage wird auf Textebene nicht beantwortet, sondern der Reflexion der Leser:innen überlassen.

Das Kästchen- oder Schubladen-Motiv findet sich auch bei Maron, als die Mutter sich auf eine Interview-Anfrage vorbereiten will:

> Bei der Suche nach alten Fotos, um die das Fernsehteam gebeten hatte, stieß meine Mutter auf einen Karton mit Briefen, den sie elf Jahre zuvor aus dem Nachlaß ihrer Schwester geborgen und ungesichtet verwahrt hatte. Es waren Briefe meines Großvaters aus dem Ghetto und Briefe seiner Kinder an ihn, die in meiner Mutter nicht nur die vergrabene Trauer weckten, sondern sie auch in eine anhaltende Verwirrung stürzten. Diese Briefe waren ihr unbekannt. Sie konnte sich nicht erinnern, sie je gelesen oder gar selbst geschrieben zu haben. (Maron 1999, 10)

Auch hier wird die fehlende Erinnerung der Mutter an die Briefe des Großvaters thematisiert: „Ich war sechsundfünfzig Jahre alt, als ich Pawels Briefe endlich las. Seit wann hatten Hella und Marta vergessen, daß es sie gibt? Seit vierzig Jahren schon?" (Maron 1999, 112) Dabei enthalten Pawels Briefe Passagen, die einen Auftrag der Archivierung und damit Weitergabe der Familiengeschichte enthalten. So heißt es in einem Brief:

> Mein lieber Paul, ich schicke dir hier [...] den letzten Brief von Mama an mich mit folgender Bitte: fahrt mal an einem Sonntag alle raus zu Lades und laßt euch den Brief wortgetreu übersetzen und Hella soll denselben mit der Maschine abschreiben und Original und Abschrift gut aufbewahren. Schließt ihn irgend in ein Fach ein, daß er nicht verloren geht, und wenn Monika groß ist zeigt ihr den Brief und erzählt ihr, wie tief unglücklich ihre Großeltern gerade in den alten Tagen geworden sind, vielleicht weint sie dann auch eine Träne. (Maron 1999, 112–113)

Die Bitte um Aufbewahrung und Übermittlung an die Enkeltochter zeigt das Bewusstsein um die Bedeutung der Briefe für die Tradierung der Familiengeschichte.

Briefe sind „auf der Grenze zwischen privater und öffentlicher Kommunikation angesiedelt" (Depkat und Pyta 2021, 10) und adressieren wie in diesem Beispiel oftmals mehr als einen Empfangenden. Auch wenn Pawel die Briefe nur für eine Zirkulation innerhalb der Familie vorsieht, deutet die transgenerationale Mehrfachadressierung doch die Möglichkeit einer späteren Veröffentlichung oder anderweitigen Nutzung als historische Quelle an. Ein Brief kann „[...] Bestandteil eines zeitübergreifenden Dialogs zwischen Autor und Leser [sein], sein Zweck ist also nicht nur Information, sondern Gedächtnisbildung." (Schöttker 2008, 7)

Aus den Briefen Pawels wird zum Teil direkt zitiert, jedoch werden sie nicht in Gänze wiedergegeben. Die Auswahl und Kombination der Zitate nimmt die autofiktionale Erzählerin vor. So finden sich zusammenfassende Bemerkungen über den Inhalt der Briefe, wie die folgende: „In den Briefen beschwor Pawel die Wirklichkeit seines Lebens, die nur in der Erinnerung seiner Kinder erhalten bleiben konnte." (Maron 1999, 138) Mutter und Tochter kommen dabei zu unterschiedlichen Einschätzungen der Briefe, was sich u. a. an der verwendeten Sprache zeigt: „[...] Hella sagt, die Sprache der Briefe sei nicht Pawels alltägliche Sprache gewesen, was ich kaum glauben kann, denn sie spricht so aus seinem Innern, daß es seine einzige und wirklich Sprache gewesen sein muß." (Maron 1999, 181) Die Erkenntnis, dass die Sprechinstanz in Briefen nicht mit der historischen Person der Verfasser:in übereinstimmen muss, „sondern dass sie sich als Brief- und Tagebuchschreiber entwerfen und als solche gewisse kommunikative Rollen im Hinblick auf das von ihnen selbst imaginierte Publikum spielen" (Depkat und Pyta 2021, 10) kann, wird hier noch durch die nachträgliche Bewertung der Nachgeborenen verstärkt, die ihre eigenen Vorstellungen auf ihre Vorfahren projizieren. Dieses für Postmemory typische Verfahren der Rekombination und Rekreation überantwortet die Interpretationshoheit der Vergangenheit an die Autorin. Dies ist in der Forschung auch als eines der Probleme postmemorialer Texte hervorgehoben worden (vgl. Reidy 2012, 511). Der kreative Prozess der Postmemory, die Unsicherheit über den tatsächlichen Hergang der Ereignisse, wird dabei von Maron deutlich herausgestellt: „Wenn ich Hellas Briefe an ihre Eltern in Polen lese, muß ich ihrer Erinnerung trauen. [...] Nachträglich schaffe ich mir nun die Bilder, an die ich mich, wären meine Großeltern nicht ums Leben gekommen, erinnern könnte, statt sie zu erfinden." (Maron 1999, 51) Da die eigenen Erinnerungen fehlen, werden neue erschaffen, denen der Status eines Als-ob inhärent ist.

Funks Text dagegen ist deutlich als fiktionaler Text gekennzeichnet und demnach nicht mit der Frage nach dem Status von Erinnerungen konfrontiert. Auf der Handlungsebene kommt hier einem Brief jedoch die Funktion zu, ein Familiengeheimnis zu enthüllen. Nach der Beerdigung ihres Großvaters findet Lola eine Schatulle mit einem Brief ihrer schon zuvor gestorbenen Großmutter. Diese schrieb angesichts einer fortschreitenden Krebserkrankung die wichtigsten Stationen für ihre Enkelin auf „Du weißt auch, daß ich mit meinen Eltern und meinem älteren Bruder 1941 deportiert wurde, und Du weißt, daß ich die einzige bin, die überlebt hat." (Funk 2015, 226–227) Was die Enkelin bis zu diesem Zeitpunkt aber nicht wusste, ist, dass ihre Großmutter nach der Befreiung des Lagers nur durch den amerikanischen Soldaten Joshua Simon Katz überleben konnte, der sie unter einem Berg Leichen fand und in ein Krankenhaus brachte. Später zeugt sie – obwohl sie bereits mit ihrem Mann zusammen war – mit Katz ein Kind. Lolas Vater Simon ist also Kind eines amerikanischen Soldaten und nicht eines Juden (vgl. Funk 2015, 228–229). Diese Offenbarung eines nicht kommunizierten Familiengeheimnisses nach dem Tod der Erlebnisgeneration durch einen Brief stellt Funks Text in die Tradition vieler Postmemory-Texte.

Bei Grjasnowa zeigt sich das Schubladen- oder Kästchen-Motiv in einer aktualisierten Form: Es gibt auch in diesem Text ein Entdeckungsmoment nach dem

Tod einer Person. Nachdem Elias gestorben ist, findet Mascha beim Sortieren seiner Sachen „eine große Kiste, die ich noch nie gesehen hatte. Zugeklebt und von einer feinen Staubschicht überzogen. Ich wusste nicht, ob ich das Recht hatte, sie zu öffnen." (Grjasnowa 2012, 149) Als sie ihre Scheu überwindet und die Kiste öffnet, offenbart der Inhalt folgendes:

> Alles in allem eine eindrucksvolle ungeordnete Materialsammlung über den Kaukasus, die Notizblöcke waren voll mit Namen, Daten, Zahlen, und in manchen standen sogar Koordinaten. An den Rändern waren kleine Zeichnungen, und ab und zu tauchte mein Name mit einem Fragezeichen auf. (Grjasnowa 2012, 150)

Hier sind es also nicht die Aufzeichnungen der Eltern- oder Großelterngeneration, die den Nachfolgegenerationen eine nicht bekannte Wahrheit oder Geschichte enthüllen, die zu Lebzeiten aus dem Familiengedächtnis ausgeklammert wurde; vielmehr muss die Protagonistin feststellen, dass ihr Freund Material über sie zusammengetragen hat, in einem hilflosen Versuch, ihrem Trauma näher zu kommen. Mascha sieht darin allerdings eine Festschreibung ihrer Person auf das Trauma: „Ich wollte nicht, dass ein Genozid nötig ist, um mich zu verstehen." (Grjasnowa 2012, 150) Postmemoriale Plot-Konstruktionen erfahren in diesen Texten demnach eine Aktualisierung.

Goreliks Text ist als Briefroman angelegt, bzw. eigentlich als eine Briefsammlung, da nur die Stimme der Mutter auf Textebene präsent ist, die eine Reihe von Briefen an ihren Sohn adressiert. Lydia Heiss (2021, 205) führt zwei Gründe für Goreliks Wahl der Briefform an: „Lena Gorelik uses the autobiographical aspect of autofiction not only to position herself and to find her own ‚truth' about her identity but also to make use of readers' fascination with ‚authentic' portrayals of minority identities." Goreliks Briefe dienen dabei nicht nur der Dokumentation einer vergangenen Zeit, sondern nehmen vielfach eine Adressierung der Vergangenheit und Zukunft vor. So heißt es gleich zu Beginn: „Lieber Mischa ... es tut mir so leid, dass ich Dir das nicht ersparen konnte: Du bist ein Jude." (Gorelik 2011, 13) Die autofiktionalen Briefe, die verschiedene Aspekte der jüdischen Kultur, aber auch Stereotype und Herausforderungen thematisieren, lassen sich demnach als persönliche, familiäre Positionsbestimmung lesen, gleichzeitig bieten sie aber auch allgemeinere Auskunft über eine deutsch-jüdische Identität (vgl. Heiss 2021, 216). Die Adressierung rückt in diesem Text also auf zweifache Weise in den Blick: Einmal textimmanent als Adressierung der Nachkommen, aber auch in Bezug auf die Frage der impliziten Leser:innenschaft.

5 Briefe an die Vergangenheit

In Funks *Winternähe* sind Briefe das zentrale Element der Auseinandersetzung mit der eigenen Geschichte. Die Protagonistin Lola adressiert insgesamt drei Briefe an ihren Vater Simon, in denen sie – auch wenn sie diese nicht abschicken wird – ihn nach den Gründen für seinen Weggang nach Australien und den Abbruch der Beziehungen befragt. Dabei spielt die Adressierung wiederum eine große Rolle: „Lieber Simon, immer wenn ich ‚lieber Simon' schreibe, schießen mir die Tränen in die Augen. Ist das nicht lächerlich? [...] Du hast keinerlei Bedeutung für mich, solange ich nicht ‚lieber Simon' denke." (Funk 2015, 171)

Nach der prototypischen Inszenierung von Briefen in Generationen- und Postmemory-Romanen, die den Nachfahren die Ereignisse der Vergangenheit übermittelten, werden in den Texten des Korpus nun auch Briefe an die Vorfahren adressiert und damit das kreative Potential der Postmemory noch einmal herausgestellt. In einem zukunftsgerichteten Verfahren dienen die Briefe dem Erschreiben der eigenen Geschichte. Die Eigenschaft brieflicher Kommunikation, sich das adressierte Gegenüber nur zu imaginieren, es als *„bloß vorgestellte* und nicht in ‚halluzinogener Präsenztäuschung'" (Vellusig 2021, 175, Hervorhebung i. O.) zu erleben, wird bei Briefen an die Vergangenheit virulent, da eine tatsächliche Begegnung nicht mehr möglich ist. Dies zeigt sich bei Lasker-Wallfisch bereits nach dem Tod ihres Vaters, als ein Brief als Grabbeigabe fungiert: „Ich wollte auch einen Brief an meinen Vater auf den Sarg legen. Es hatte etwas Sinnbildhaftes, dass ich erst nach dem Tod meines Vaters in der Lage war, meinen Wunsch nach einer Verbindung zu ihm [...] irgendwie zum Ausdruck zu bringen." (Lasker-Wallfisch 2020, 141)

Im Nachwort schreibt Lasker-Wallfisch, dass sie zwischen ihrem 59. und 60. Geburtstag den Wunsch nach Aufschreiben ihrer Familiengeschichte verspürt und die Idee entsteht „weitere Briefe für das Lasker'sche Familienarchiv zu schreiben und auf diese Weise mit ganz wunderbaren Menschen in Kontakt zu treten, die nicht mehr existierten." (Lasker-Wallfisch 2020, 251) Der Entschluss, sich mit eigenen, an die Großeltern adressierten Briefen mit der Familiengeschichte auseinanderzusetzen und diese fortzusetzen, entspringt darüber hinaus einem therapeutischen Wunsch: „[...] um aus der ewigen Opferrolle herauszukommen, musste ich eine Brücke schlagen zwischen meinem Ich und der Vergangenheit, aus der ich hervorgegangen war." (Lasker-Wallfisch 2020, 21–22) Sie betrachtet sich als „Hüterin eines Vermächtnisses" (Lasker-Wallfisch 2020, 246), das Schreiben bekommt emanzipatorischen Charakter. Die Briefe, in denen sie den 1942 verstorbenen Großeltern vom Fortgang der Familiengeschichte nach deren Tod erzählen möchte, dienen hier der Überbrückung eines zeitlichen Abstandes, aber auch der Verknüpfung mit einer entfremdeten Familie. Der erste Brief beginnt dann auch mit einer für die epistolarische Form ungewöhnlichen Vorstellung der Schreiberin und der Nennung des Todes der Adressat:innen: *„Liebe Großeltern, ich bin eure Enkelin Marianne (Maya), die Tochter eurer jüngsten Tochter Anita Lasker. Ich wurde 1958 geboren, sechzehn Jahre nachdem ihr beide in Nazi-Deutschland ermordet wurdet."* (Lasker-Wallfisch 2020, 23; Hervorhebung i. O.)

Vielen Ereignissen der Familiengeschichte hat die Ich-Erzählerin nicht persönlich beigewohnt, da sie ihrer Geburt vorausgingen. Der Inhalt der Briefe umfasst somit vor allem Schilderungen der Mutter. Auch hier ist – ähnlich wie bei Maron – der kreative Aspekt der postmemorialen Erzählsituation festzustellen. Anders als bei Maron wird dieser Aspekt allerdings auf der Textebene nicht eigens betont, indem beispielsweise inquit-Formeln oder direkte Rede der Mutter integriert sind. Vielmehr beziehen sich die Aussagen sowohl auf die Mutter als auch auf die Großeltern, wie das folgende Beispiel verdeutlicht: *„Meiner Mutter war ihr Jüdischsein kaum bewusst. Ihr wart eine assimilierte Familie, die sich wenig um jüdische Traditionen und Feste kümmerten."* (Lasker-Wallfisch 2020, 28; Hervorhebung i. O.) Die Integration von Aussagen über die Adressat:innen, die diesen ja bekannt sein sollten, stellt eine ungewohnte Form der Briefkommunikation dar und verdeutlicht, dass es hier nicht um einen tatsächlichen Kommunikationsanlass geht, sondern um eine Selbsterkundung, die Briefe also vor allem an die schreibende Instanz selbst gerichtet sind, „der intimen Selbstvergewisserung dienen" (Depkat und Pyta 2021, 11) und damit eine Nähe zu Tagebuchformen aufweisen.[2] Das Verfassen der Briefe bedingt den Versuch der Einfühlung in die Lebensrealität der Verstorbenen: *„Ich kann mir gut vorstellen, dass du [gemeint ist der Großvater, L.W] als Rechtsanwalt die Dinge aus einer juristischen Perspektive sahst und einfach nicht glauben konntest, dass die Gesetze eines Staates mit einer solchen Macht gegen die Juden ausgerichtet werden könnten."* (Lasker-Wallfisch 2020, 55; Hervorhebung i. O.) In diesem einfühlenden Denken zeigt sich die Möglichkeit postmemorialen Erzählens, durch Imaginationen das Fehlen von Fakten auszugleichen. Bei Lasker-Wallfisch werden die von ihr verfassten Briefe als Ganzes in den Text integriert und durch Kursivschrift deutlich hervorgehoben. Sie sind zentraler Schreibanlass und damit als Kern des Textes zu begreifen. Dennoch stellen sie den kleineren Textanteil dar. Größeren Umfang nimmt die Schilderung der eigenen Lebensgeschichte der autofiktionalen Erzählerin ein, die recte gesetzt ist. Hier finden sich Beschreibungen eines schwierigen Identitätsfindungsprozesses, von Drogensucht und gesellschaftlichem Abstieg, Entzug und nachgelagerter beruflicher Orientierung.

---

[2] Diese Form der Darstellung weist eine Nähe zu Du-Erzählungen auf. Siehe zu dieser Form den Artikel von Dominik Zink in diesem Band.

Die Integration von Briefen an die Vorfahren, wie sie die Texte von Funk und Lasker-Wallfisch vornehmen, stellt eine weitere Aktualisierung eines bekannten Postmemory-Motivs dar. Indem nicht nur mit dem vorhandenen Material, mit überlieferten Dokumenten und Quellen gearbeitet wird, sondern die Vergangenheit in eigenen Briefen adressiert wird, potenziert sich das kreative Potenzial der Postmemory noch einmal.

Literaturverzeichnis

Baasner, Rainer. „Stimme oder Schrift? Materialität und Medialität des Briefs." *Adressat: Nachwelt. Briefkultur und Ruhmbildung*. Hg. Detlev Schöttker. München: Wilhelm Fink, 2008. 53–69.

Brumlik, Micha. „Postmemory." *Von Generation zu Generation: Die Shoah aus der Sicht der dritten Generation. E-Newsletter Yad Vashem*. Juni 2015. https://www.yadvashem.org/de/education/newsletter/18/post-memory.html (1. Juli 2024).

Depkat, Volker und Wolfram Pyta. „Briefe und Tagebücher zwischen Literatur- und Geschichtswissenschaft." *Briefe und Tagebücher zwischen Text und Quelle. Geschichts- und Literaturwissenschaft im Gespräch II*. Hg. Dies. Berlin: Dunker und Humblot, 2021. 7–30.

Egger, Sabine. „Magical Realism and Polish-German Postmemory: Reimagining Flight and Expulsion in Sabrina Janesch's Katzenberge (2010)." *Interférences littéraires / Literaire interferenties* 14 (2014): 65–78.

Eichenberg, Ariane. *Familie – Ich – Nation. Narrative Analysen zeitgenössischer Generationenromane*. Göttingen: V&R, 2009.

Funk, Mirna. *Winternähe*. Frankfurt a. M.: Fischer, 2015.

Golz, Jochen. „Art. ‚Brief'." *Reallexikon der deutschen Literaturwissenschaft*. Bd. 1. Hg. Georg Braungart, Harald Fricke, Klaus Grubmüller, Jan-Dirk Müller, Friedrich Vollhardt und Klaus Weimar. Bern und New York: De Gruyter, 1997. 251–255.

Gorelik, Lena. *Lieber Mischa... der Du fast Schlomo Adolf Grinblum geheißen hättest, es tut mir so leid, dass ich Dir das nicht ersparen konnte: Du bist ein Jude...* München: Graf Verlag, 2011.

Grjasnowa, Olga. *Der Russe ist einer, der Birken liebt*. München: dtv, 2012.

Heiss, Lydia: „Lena Gorelik's autofictional letter ‚Lieber Mischa'. A guide to being Jewish in contemporary Germany." *Contested Selves: Life Writing and German Culture*. Hg. Katja Herges und Elisabeth Krimme. Rochester/NY: Boydell & Brewer, 2021. 205–228.

Hirsch, Marianne. *The Generation of Postmemory. Writing and Visual Culture After the Holocaust*. New York: Columbia University Press, 2012.

Lasker-Wallfisch, Maya und Taylor Downing. *Briefe nach Breslau. Meine Geschichte über drei Generationen*. Übers. v. Marieke Heimburger. Berlin: Insel, 2020.

Maron, Monika. *Pawels Briefe. Eine Familiengeschichte*. Frankfurt a. M.: Fischer, 1999.

Reidy, Julian. „‚(More) Problems with Postmemory': Pervertierte Erinnerungen in Monika Marons *Pawels Briefe* (1999)." *German Life and Letters* 65/4 (2012): 504–517.

Schöttker, Detlev. Vorwort. *Adressat: Nachwelt. Briefkultur und Ruhmbildung*. Hg. Ders. München: Wilhelm Fink, 2008. 7–8.

Skolnik, Jonathan. „Memory without borders? Migrant identity and the legacy of the Holocaust in Olga Grjasnowa's ‚Der Russe ist einer, der Birken liebt'". *German Jewish Literature After 1990*. Hg. Katja Garloff und Agnes Mueller. Rochester/NY: Boydell & Brewer, 2018, 123–145.

Vellusig, Robert. „Imagination und Inszenierung. Symbolische Distanzregulation in der Briefkultur des 18. Jahrhunderts." *Briefe und Tagebücher zwischen Text und Quelle. Geschichts- und Literaturwissenschaft im Gespräch II*. Hg. Volker Depkat und Wolfram Pyta. Berlin: Duncker & Humblot, 2021. 145–182.

Wetenkamp, Lena. „,Who do these victims belong to?' Co-memoration in Katja Petrowskaja's ‚Maybe Esther (Vielleicht Esther)'". *Literatur und Erinnerung – Transphilologische Analysen / Literature and Memory – Transphilological Readings*. Hg. Uralina Milevski, Tom Vanassche und Lena Wetenkamp. Beiheft von *PhiN. Philologie im Netz 29* (2022): 27–38.

Wetenkamp, Lena. „,Politik in Texten meint vor allem Wahrnehmen statt Meinen.' Postmemory und Engagement in Ulrike Draesners *Sieben Sprünge vom Rand der Welt*." *#Engagement. Literarische Potentiale nach den Wenden*. Bd. 2. Hg. Gudrun Heidemann, Joanna Jabłkowska und Elżbieta Tomasi-Kapral. Berlin: Peter Lang, 2020. 67–88.

Paul Gruber

„Selbstbewusstsein gegen Fremdbestimmung" – Zum Verhältnis von Erinnerung, Identität und Dialogizität in Saša Stanišićs *Herkunft*

Wie lässt sich das eigene Leben erzählen, wenn es von Brüchen und ungewollten Migrationsbewegungen geprägt ist, die einen immer wieder dazu zwingen, neu anzufangen? Wie lässt sich von Herkunft erzählen, ohne in die Falle zu tappen, diese auf die Zugehörigkeit zu ethnischen oder nationalen Kollektiven zu reduzieren? Wie lässt sich, zuletzt, autobiographisch schreiben, wenn Erinnerungen lückenhaft und trügerisch sind und immer auch mithilfe der Fantasie vervollständigt werden (müssen)? So oder so ähnlich zu formulierende Fragen stehen im Zentrum von Saša Stanišićs autofiktionalem Text *Herkunft* und der Autor-Erzähler verhandelt sie, so die zentrale These dieses Artikels, entlang jenes Gegensatzpaares, das im poetologischen Kapitel „Es ist, als hörtest du über dir einen frischen Flügelschlag" (2019[1], 228) benannt wird: „Selbstbewusstsein gegen Fremdbestimmung (auch in der Sprache)." (H, 234)

Das Selbstbewusstsein ist hier im doppelten Sinn der Fremdbestimmung gegenübergestellt, reflektiert einerseits die Notwendigkeit, sich jene Vorstellungen und Grundannahmen, die an Begriffe wie ‚Selbst', ‚Ich' und ‚Identität' geknüpft sind, sowie die Prozesse und Dynamiken der Identitätskonstitution ins Bewusstsein zu rufen, um Momente der Fremdbestimmung zu erkennen. Andererseits betont die Gegenüberstellung die Möglichkeit, sich ebendiesen selbstbewusst entgegenzustellen. Zudem verweist das Zitat auf die entscheidende Rolle, die der Sprache für die Konstitution von Identität zukommt, und zwar nicht als scheinbar natürlicher Identitätsmarker, sondern vielmehr als Medium, durch das Identität konstruiert und verhandelt wird. Entsprechend thematisiert und problematisiert der Text fortwährend die Bedingungen autobiographischen Schreibens, um sich in einem zweiten Schritt über deren Konventionen hinwegzusetzen und neue Möglichkeiten zu erkunden, das eigene Leben zu erzählen. Dieses hohe Maß an Reflexivität erlaubt es, den Text innerhalb des autofiktionalen Genres der Metaautobiographie zu verorten, in deren Zentrum, wie Ansgar Nünning schreibt, „die selbstreflexive, kritische Auseinandersetzung mit grundlegenden Fragestellungen (auto)biographischer Sinnstiftung und den Konventionen von Biographie und Au-

---

[1] Im Folgenden wird aus dieser Quelle unter der Sigle ‚H' zitiert.

tobiographie [steht.]" (2007, 271) Metaisierungsstrategien werden dabei auf spezifische Weise genutzt, um „die Konventionen, die Bauformen und Rezeptionserwartungen […] der Autobiographie […] zu ihrem Thema [zu] erheben und somit ein Bewusstsein [zu] schaffen für schematisierte Darstellungsverfahren autobiographischen Schreibens." (Nünning 2007, 273)

1 Die Geburtsszene 1 – Bewusstmachung der epistemologischen Grundannahmen autobiographischen Schreibens

Gerade auch über intertextuelle und intermediale Bezugnahmen werden diese Gattungskonventionen und die ihnen zugrundeliegenden epistemologischen Annahmen aufgerufen und problematisiert (vgl. Nünning 2013, 30–31). Entsprechend verwundert es nicht, dass der Autor-Erzähler in *Herkunft* mit ebendieser Absicht bei der Schilderung seiner Geburt auf den Anfang von Goethes *Dichtung und Wahrheit* verweist, jener Autobiographie also, die in der Forschung lange Zeit als Prototyp der literarischen Autobiographie galt. Die Anfänge der beiden Texte seien hier zunächst angeführt. Fett gedruckt sind die Gemeinsamkeiten der beiden Textauszüge, während die Unterschiede kursiv gesetzt sind. So heißt es bei Goethe:

> **Am 28. August 1749,** mittags mit dem Glockenschlage zwölf, **kam ich in Frankfurt am Main auf die Welt.** *Die Konstellation war glücklich*; die Sonne stand im Zeichen der Jungfrau, und kulminierte für den Tag; Jupiter und Venus blickten sie freundlich an, Merkur nicht widerwärtig; Saturn und Mars verhielten sich gleichgültig: nur der Mond, der soeben voll ward, übte die Kraft seines Gegenscheins um so mehr, als zugleich seine Planetenstunde eingetreten war. Er widersetzte sich daher meiner Geburt, die nicht eher erfolgen konnte, als bis diese Stunde vorübergegangen.
> *Diese guten Aspekten, welche mir die Astrologen in der Folgezeit sehr hoch anzurechnen wußten*, mögen wohl Ursache an meiner Erhaltung gewesen sein: denn durch **Ungeschicklichkeit der Hebamme** kam ich für tot auf die Welt, und nur durch vielfache Bemühungen brachte man es dahin, daß ich das Licht erblickte. (1956, 13)

Bei Stanišić heißt es:

> **Am 7. März 1978 wurde ich in Višegrad an der Drina geboren.** In den Tagen vor meiner Geburt hatte es *ununterbrochen geregnet*. Der März in Višegrad ist der verhassteste Monat, *weinerlich und gefährlich*. Im Gebirge schmilzt der Schnee, die Flüsse wachsen den Ufern über den Kopf. Auch meine Drina ist nervös. Die halbe Stadt steht unter Wasser.

> Im März 1978 war es nicht anders. Als bei Mutter die Wehen anfingen, brüllte ein heftiger Sturm über der Stadt. Der Wind bog die Fenster vom Kreißsaal und brachte Gefühle durcheinander, und mitten in einer Wehe *schlug auch noch der Blitz ein*, dass alle dachten, aha, soso, jetzt also kommt der *Teufel* in die Welt. So unrecht war mir das nicht, ist doch ganz gut, wenn Leute ein bisschen Angst haben vor dir, bevor es überhaupt losgeht.
> Nur gab all das meiner Mutter nicht unbedingt ein positives Gefühl [...] und da die **Hebamme** mit der gegenwärtigen Situation ebenfalls nicht zufrieden sein konnte, Stichwort **Komplikationen**, schickte sie nach der diensthabenden Ärztin. (H, 6)

Die beinahe identische Konstruktion des ersten Satzes und insbesondere die für die bosnische Stadt Višegrad ungewöhnliche Beifügung „an der Drina", die aber auf das Toponym ‚Frankfurt am Main' rekurriert, sowie die Thematisierung von Komplikationen und die jeweils überforderte Hebamme rufen Goethes Autobiographie auf, in entscheidenden Punkten grenzt sich Stanišićs Text aber entschieden davon ab. So legt der Verweis auf den tagelangen Regen, den Sturm und schließlich das Einschlagen des Blitzes nahe, dass ein Blick in die Sterne, der bei Goethe eine zwar nicht widerspruchsfreie, aber letztlich doch vielversprechende Sternenkonstellation freigibt, gerade nicht möglich ist. Der mit diesem Blick in die Sterne verbundenen Vorstellung eines Schicksals, das den Lebensweg vorzeichnet und das aus den Sternen ablesbar wäre, wird so bereits zu Beginn des Textes eine Absage erteilt. An seine Stelle tritt der im gesamten Text immer wieder betonte Zufall, hier verkörpert durch den Blitz, der sich durch seine Unvorhersehbarkeit auszeichnet und den Himmel und etwaige Konstellationen darauf bekanntlich teilt bzw. fragmentiert.

Die an das Einschlagen des Blitzes anknüpfende Erwähnung des Teufels wiederum lässt sich mit Goethes Konzeption des Dämonischen in Verbindung bringen. Dieses figuriert bei Goethe als das ursprünglich Individuelle eines Menschen, als, wie Theo Buck es bezeichnet, „Lebensgesetzlichkeit[, die] nichts Geringerem als der entelechischen Vervollkommnung des Subjekts" (1998, 180) diene. Die damit angesprochene Vorstellung einer stetigen und folgerichtigen Identitätsentwicklung, an deren Ende eine fertige, in sich kohärente, stabile und widerspruchsfreie Persönlichkeit steht, liegt auch Goethes autobiographischem Schreibprojekt zugrunde: Wie Michaela Holdenried feststellt, „hatte Goethe [tatsächlich] vor, das Werden eines Individuums nach dem Modell organologischen Wachstums zu bilden, nach dem entelechetischen [sic!] Modell der Pflanzenmetamorphose." (2000, 165) Bei Stanišić ist das charakteristische Wesen, will heißen Dämonische, des Autor-Erzählers nun aber gerade nichts dem Subjekt Immanentes, „bevor es überhaupt losgeht" (H, 6), vielmehr handelt es sich um eine Fremdzuschreibung der der Geburt beiwohnenden Personen, also um etwas von außen an das Subjekt Herangetragenes, das aber zugleich den Anspruch erhebt, die Identität des mit der Zuschreibung Belegten eindeutig zu bestimmen. Die Übergriffigkeit eines solchen

Aktes ironisiert der Autor-Erzähler, indem er den Säugling die Zuschreibung bewusst annehmen und ihr scherzhaft positive Seiten abgewinnen lässt, ihm im Bereich der Literatur also Handlungsmöglichkeiten eröffnet, die im realen Leben unmöglich wären. Wird Literatur so zu einem Ort des Widerstands, verweist diese Eingangsszene zugleich darauf, dass das ‚Ich' keine absolute Autorität bezüglich der eigenen Lebensgeschichte für sich beanspruchen kann, schließlich erzählt es hier von Ereignissen, denen es eben nicht als wissensfähiges Subjekt beigewohnt hat. Wie Judith Butler betont, ist autobiographisches Erzählen „gewiss auch unter diesen Umständen möglich; jedoch [...] nur als fabelhafte[s]." (2016, 361–362)

So wird gleich zu Beginn des Textes das für Autobiographien charakteristische „Grenzgängertum" (Wagner-Egelhaaf 2005, 1) zwischen „historische[m] Zeugnis und [...] literarische[m] Kunstwerk" (Wagner-Egelhaaf 2005, 1) betont und die Fiktionalisierung als zentraler Bestandteil des vorliegenden Textes markiert. Fiktionalisierungen dienen hier jedoch nicht dazu, Brüche und Widersprüche des Lebens zugunsten einer kontinuierlichen Identitätsentwicklung zu harmonisieren, wie das etwa noch bei Goethe der Fall ist, sondern vielmehr dazu, die Voraussetzung eines solchen Zugangs ins Bewusstsein zu heben, nämlich, dass Identität im Akt des Erzählens erst gestiftet wird. Das wird in der Folge besonders deutlich, wenn der Autor-Erzähler von seinen Problemen beim Verfassen eines Lebenslaufs „zum Erlangen der deutschen Staatsbürgerschaft" (H, 6) berichtet.

Auch hier reibt sich der Autor-Erzähler zunächst an Überlegungen Goethes zum Wahrheitsgehalt von Fakten, wenn er schreibt:

> Ich legte eine Tabelle an. Trug auch ein paar Daten und Infos ein – *Besuch der Grundschule in Višegrad, Studium der Slavistik in Heidelberg* –, es kam mir jedoch vor, als hätte das nichts mit mir zu tun. Ich wusste, die Angaben waren korrekt, konnte sie aber unmöglich stehen lassen. Ich vertraute so einem Leben nicht. (H, 7)

Das Misstrauen des Autor-Erzählers gegenüber der tabellarischen Wiedergabe reiner, für sich stehender Fakten,[2] erinnert zunächst an Goethes Diktum vom 30. März 1831, wonach „[e]in Faktum unsers Lebens [nicht] gilt [...] insofern es wahr ist, sondern insofern es etwas zu bedeuten hatte." (Eckermann 1997, 462) Zielt Goethes Äußerung aber auf die Vermittlung des ‚Wahrhaftigen' ab, auf das das Faktum symbolisch verweist, verlagert Stanišićs Text den Fokus vom Symbolischen auf den Erzählakt selbst, der eine sinnstiftende Verbindung zwischen ein-

---

[2] Anzumerken ist, dass dieses Misstrauen gegenüber der Reduktion des Lebens auf reine Fakten auch eine ethisch-politische Dimension hat: So betont Omri Boehm in seinem Essay *Radikaler Universalismus* (2023, 77), dass gerade die Fetischisierung von Tatsachen dazu diene, ethische Aussagen zu entwerten. Stanišićs Text stellt dagegen die Beziehung zwischen Literatur und Ethik wiederholt in den Vordergrund.

zelnen Fakten herstellt und so eine biographische Kontinuität konstruiert, die, wie Birgit Neumann betont, grundlegend für die Ausbildung von Identität ist (vgl. 2005, 155).
So heißt es weiter:

> Ich setzte neu an. Schrieb wieder das Datum meiner Geburt und schilderte den Regen und dass mir Großmutter Kristina meinen Namen gegeben hat, die Mutter meines Vaters. Sie kümmerte sich in den ersten Jahren meines Lebens viel um mich, da meine Eltern studiert haben (Mutter) beziehungsweise berufstätig waren (Vater). Sie war bei der Mafia, schrieb ich der Ausländerbehörde, und bei der Mafia hat man viel Zeit für Kinder. (H, 7)

Die Betonung der sinn- und identitätsstiftenden Funktion des Erzählens macht nun aber, wie der Ausschnitt nahelegt, die Frage nach dem Wahrheitsgehalt autobiographischen Erzählens nur noch virulenter, driftet die Erzählung doch unweigerlich ins Fiktionale ab. Verstärkt wird dieser Eindruck noch durch das Übermaß an narrativer Sinnstiftung, das sich aus den beiden Erzählinstanzen auf extra- und intradiegetischer Ebene ergibt und das es unmöglich macht zu entscheiden, ob es sich bei der Aussage ‚Sie war bei der Mafia' um eine glatte Lüge oder doch um eine authentische bzw. wahrheitsgetreue Erzählung der Wahrnehmung des metadiegetischen erlebenden Ichs handelt. Die Verdoppelung der Erzählinstanz und die damit einhergehende Inszenierung der Erinnerung eines Erinnerungsaktes machen so beobachtbar, was Harald Welzer auf die Formel „Erinnerungen sind Ereignisse plus die Erinnerung an ihre Erinnerung" (2016, 349) gebracht und Higgins als „Saying-is-Believing"-Effekt (1992, zit. nach Neumann 2005, 157) bezeichnet hat: Erinnert wird nicht länger nur das Ereignis selbst, sondern auch die Art und Weise, wie dieses Ereignis in einer konkreten sozialen Situation kommuniziert wurde; anders gesagt, der Kontext der Vermittlung wird zu einem Bestandteil der Erinnerung.

Verweist der Abschnitt so auf die fiktionalen Anteile, die jeder narrativen Identitätskonstruktion notwendigerweise innewohnen, und damit darauf, dass Fiktion und Wahrheit innerhalb der Gattung der Autobiographie nicht automatisch in Opposition zueinanderstehen, legt er in der Folge nahe, dass nicht allein die Frage nach dem Wahrheitsgehalt autobiographischer Erzählungen über das Was und das Wie des Erzählaktes bestimmt. So gibt sich der Autor-Erzähler als aktiv deutende, den Lebenslauf immer wieder umschreibende Instanz zu erkennen, wobei sich etwaige Streichungen und Umformulierungen nicht allein daran orientieren, ob damit vergangene Ereignisse sprachlich adäquat repräsentiert werden, sondern ganz zentral auch am Gegenüber, an das sich die Erzählung richtet:

> Ich schrieb der Ausländerbehörde: Das Krankenhaus, in dem ich geboren wurde, gibt es nicht mehr. Gott, wie viel Penicillin ich dort in den Arsch gepumpt bekommen habe, schrieb ich, ließ es aber nicht stehen. Man will ja eine womöglich etepetete Sachbearbeiterin mit solchem Vokabular nicht verstören. Ich änderte also *Arsch* zu *Gesäß*. Das kam mir aber falsch vor, und ich entfernte die ganze Info. (H, 8)

Erzählt wird hier von einer Situation, in der der Autor-Erzähler gezwungen war, „Rechenschaft von sich selbst" (Butler 2016, 355) abzulegen, um durch die eigene Lebensgeschichte die Erlangung der deutschen Staatsbürgerschaft zu legitimieren. Die an diesen Legitimationsakt herangetragene Erwartung ist, dass ein ‚Ich' das eigene Leben unbeeinflusst erzählt. Gerade diese Erwartung wird durch die Offenlegung des Schreib- und Umschreibprozesses als unerfüllbare Illusion entlarvt, da sie nur als kontextloser Monolog denk- und realisierbar wäre. Der Umstand, dass man immer jemandem, im konkreten Fall der Ausländerbehörde, Rechenschaft ablegt, stellt dem erzählenden Ich aber einen (realen oder imaginären) Adressaten gegenüber, macht die Erzählsituation zu einer dialogischen, insofern der reale oder vorgestellte Adressat unweigerlich an der Konstruktion der eigenen Lebensgeschichte beteiligt ist, er „gleichfalls den Sinn dafür unterbricht, dass diese Rechenschaft ausschließlich meine eigene ist." (Butler 2016, 360)

2 Die Geburtsszene 2 – Grenzüberwindungen

Autobiographisches Erinnern und Erzählen erfolgt, so legt es der Text auch an zahlreichen anderen Stellen nahe, immer in konkreten Kontexten, in denen mit der autobiographischen Erzählung ein bestimmtes Ziel verfolgt wird, das die Perspektive auf das Erinnerte und die Art und Weise, wie Ereignisse erzählt werden, beeinflusst. Daher drängt sich die Frage auf, ob sich ein solcher Kontext auch für den gesamten Text bestimmen lässt und welches Ziel innerhalb desselben der Text verfolgt. Neben dem privaten Kontext der Demenzerkrankung der Großmutter, die das Sichern von Erinnerungen überhaupt erst motiviert, macht sie doch deutlich, dass das mit der Erkrankung einhergehende Schwinden von Erinnerungen zu Identitätsverlust führt, gibt es, so eine weitere These dieses Artikels, auch einen gesellschaftlichen Kontext, der die besondere Gestaltung der autobiographischen Erzählung motiviert. Die Rede ist vom Erstarken nationalistischer Identitätserzählungen in ganz Europa, die Identität auf nationale Zugehörigkeit reduzieren und als ‚natürlich' setzen, Grenzen zwischen Menschen aufziehen und so letztlich über diese fremdbestimmen. Dem versucht der Text, wie im Weiteren zu zeigen ist, eine alternative, im doppelten Sinne selbstbewusste, dialogische Form der Identitätserzählung entgegenzusetzen, die Identität als nicht-substantielles, komplexes, vielschichtiges, dynamisches, unabschließbares Projekt, vielleicht sogar Spiel erfahrbar macht, das letztlich auch die Konstitution von Gemeinschaften jenseits nationaler Grenzziehungen ermöglicht.

Dieser Impuls der Grenzüberwindung wird zu Beginn des Textes durch einen weiteren intertextuellen Verweis aufgerufen. Mit dem strömenden Frühlingsregen in Višegrad und dem daraus folgenden, durchaus metaphorisch zu verstehenden Übers-Ufer-Treten der beiden Stadtflüsse Drina und Rzav wird auch auf die Višegrader Chronik *Die Brücke über die Drina* (1945) des jugoslawischen Literaturnobelpreisträgers Ivo Andrić verwiesen. Darin stellen die durch den Regen verursachten katastrophalen Überschwemmungen einen jener seltenen Momente dar, in denen die Bewohner der multikulturellen Stadt die durch die ethnische Zugehörigkeit gezogenen Grenzen missachten und buchstäblich zusammenrücken. Dieses Ereignis wird, wie im Roman betont wird, zum zentralen Lebensereignis derer, die es über- bzw. miterlebt haben, von diesen wieder und wieder gemeinsam erinnert und erzählt, und so zu einem ständig präsent gehaltenen Teil ihrer Lebensgeschichte und damit auch ihrer Identität. Durch diesen wiederholten gemeinsamen Erinnerungsakt wird über die individuelle Identität hinaus auch eine ethnische Grenzen überwindende Kollektividentität gestiftet, die zu diesem Zeitpunkt allerdings noch nicht von Dauer ist (vgl. Andrić 2017, 369–370). Bildet die mit der Gründung des ersten Jugoslawiens erstmals in den Bereich des Möglichen gerückte Durchsetzung einer über-ethnischen jugoslawischen Identität den Fluchtpunkt von Andrićs Roman, erzählt Stanišić vom Zerfall dieses, etwas ketzerisch mit Handke zu charakterisierenden ‚Neunten Landes'[3], dieser Wirklichkeit gewordenen Utopie, entlang ethnischer Grenzziehungen.

---

3 Bei allen Differenzen in Bezug auf den Zerfall Jugoslawiens scheint bei beiden Autoren ein in obiger Formulierung mitschwingendes jugonostalgisches Moment Antrieb für die literarische Beschäftigung mit Jugoslawien zu sein, wobei eine zentrale Gemeinsamkeit darin besteht, dass nicht politische Akteure, sondern das multikulturelle Zusammenleben innerhalb Jugoslawiens entscheidend für die positive Bewertung des zweiten Jugoslawiens ist. Interessant ist, wie diesbezüglich in Stanišićs *Herkunft* eine klare Abgrenzung zur ‚Titostalgie' erfolgt. Damit ist die heute in verschiedenen Teilen des ehemaligen Jugoslawiens in der Alltagskultur, aber auch in den Medien und im öffentlichen Leben anzutreffende nostalgische Bezugnahme auf den jugoslawischen ‚Präsidenten auf Lebenszeit', Josip Broz Tito, benannt (vgl. Velikonja 2010, 7–14). In *Herkunft* wird noch vor der expliziten Thematisierung des Zerfalls Jugoslawiens im Rahmen der „Urszenerie" (H, 50) am Grab in Oskoruša die Geschichte von Miroslav Stanišić erzählt: Dieser habe angesichts seines bevorstehenden Todes seinen Schafen mit Erfolg beigebracht, ohne ihn zurechtzukommen (vgl. H, 58–60). Wird mit dieser Geschichte einerseits auf ein weiteres biblisches Motiv (Joh 10, 1–42) in diesem, wie Dominik Zink (2021, 178–179) überzeugend herausgearbeitet hat, an biblischen Bezügen reichen Erzählabschnitt Bezug genommen, lässt sie sich andererseits auch als kritische Abgrenzung von einer nostalgischen Verehrung Titos lesen. Schließlich ruft die Geschichte bei mit den postjugoslawischen Verhältnissen vertrauten Leser:innen unweigerlich Assoziationen

3 Monologisches vs. dialogisches Sprechen – Dem ‚Anderen' auf Augenhöhe begegnen

Über die Geburtsszene tritt die Stimme des Autor-Erzählers somit in einen Dialog mit Andrić und Goethe, den Aushängeschildern ihrer jeweiligen Nationalliteratur, in dem einerseits Grundannahmen traditionellen autobiographischen Schreibens problematisiert und andererseits durch diese Grundannahme gezogene Grenzen bewusst überschritten werden. Das Zusammentreffen verschiedener Weltansichten und daran geknüpfter Vorstellungen von ‚Identität' in der Stimme des Autor-Erzählers legt zuletzt die Verbindung mit dem russischen Literaturtheoretiker Michail Bachtin und dessen Konzept der ‚Dialogizität' nahe.[4] Dieser unterscheidet zwischen monologischem und dialogischem Sprechen. Ersteres kann dabei mit ideologischem Sprechen identifiziert werden: Es behauptet eine bestimmte Wahrheit und verneint alle anderen möglichen Weltanschauungen (vgl. Bachtin 1985, 88–89). Dialogizität kennzeichnet sich dagegen durch das Spannungsverhältnis zwischen verschiedenen, in einer Äußerung oder einem Text gleichzeitig präsenten, vollwertigen Weltanschauungen, die nicht abschließend bewertet, d. h. innerhalb eines übergeordneten Autorenbewusstseins objektiviert werden (vgl. Bachtin 1985, 10–11). Genauso entwickelt auch die Geburtsszene eine innere Dialogizität über verschiedene Vorstellungen von Identität, wobei der Fluchtpunkt des Textes gerade nicht darin besteht, ein abgeschlossenes, ‚fertiges' Bild der eigenen Person zu geben, sondern vielmehr in der Betonung der Unabschließbarkeit jeglicher Identitätssuche und der verschiedenen möglichen Perspektiven auf Identität liegt.[5]

Problematisiert werden im Text hingegen durchwegs Formen monologischen Sprechens, was zunächst anhand monologisch gestalteter nationalistischer Identi-

---

zu dem titonostalgische Tendenzen ironisierenden Lied *Čobane, vrati se* (Schafhirte, komm zurück) des montenegrinischen Spaßrockers Rambo Amadeus auf, dessen Refrain wie folgt lautet: „Čobane, vrati se, ovce tvoje ne mogu bez tebe" [Schafhirte, komm zurück, deine Schafe schaffen es nicht ohne dich]. Der intermediale Bezug erlaubt die Geschichte von Miroslav Stanišić als Kritik an der Person Tito zu lesen, hatte doch letzterer seinen Schafen gerade nicht gezeigt, „wie es [ohne ihn] läuft" (H, 59) – mit verheerenden Folgen.

[4] Die folgenden Ausführungen orientieren sich insbesondere an Bachtins Überlegungen zur Dialogizität in seinem Hauptwerk *Probleme der Poetik Dostoevskijs* (1985).

[5] Insofern stellt der bevorstehende und im letzten Teil des Textes auch tatsächlich eintretende Tod der Großmutter Kristina auch ein das Schreibprojekt des Autors bedrohendes Skandalon dar. Schließlich scheint mit dem Abschluss des Lebens auch die abgeschlossene Darstellung einer Person in den Bereich des Möglichen zu rücken. Das wiederholt betonte Bestreben, die Großmutter im Text am Leben zu erhalten (vgl. H, 327; 355), scheint so als Versuch, sich der Abschließbarkeit einer Person im Bereich der Literatur zu widersetzen.

tätserzählungen,⁶ die auch als Autobiographie eines nationalen Kollektivs gesehen werden können, spezifiziert werden soll: Im Kapitel ‚Tod dem Faschismus, Freiheit dem Volke', das sich mit der Zersetzung der jugoslawischen Gesellschaft durch erstarkende nationalistische Identitätserzählungen beschäftigt, wird zunächst eine Charakteristik dieser Narrative gegeben. Der Umstand, dass die verschiedenen Nationalismen in dieser Darstellung auf ein gemeinsames Schema zurückgeführt werden, verweist dabei auf eine Grundproblematik dieser Erzählungen, dass ihnen nämlich formal wie inhaltlich genau das fehlt, was sie in einem fort behaupten: nationale Besonderheit oder anders ausgedrückt Individualität. Ihre Wirkung entfalten sie dabei auf die für Diskurse des kulturellen Gedächtnisses typische Weise, indem sie Erinnerungen mythologisieren, sie als vom Wandel der Zeit unberührte, unumstößliche Wahrheiten präsentieren, die dem jeweiligen Kollektiv Aufschluss über seine als substantiell imaginierte Identität versprechen (vgl. Neumann 2005, 161–162). Die schematische Darstellung hebt in erster Linie jene formalen wie inhaltlichen Merkmale dieser Erzählungen ins Bewusstsein, mit deren Hilfe eine Erinnerung mythologisiert wird und normative Kraft entwickelt.

So bürgt die allwissende Erzählperspektive vermeintlich dafür, dass in der Erzählung die eine und einzige Wahrheit über das eigene Volk ausgesprochen wird,⁷ das überdies als homogen und in seinem Wesen unveränderlich imaginiert wird, wie sowohl die Identifizierung der „vor Jahrhunderten gefallene[n] Krieger" (H, 99) und der „Wenigverdiener und Arbeitslose[n] von heute" (H, 99) als Hauptfiguren nahelegt wie auch der Verweis auf den aus erlittenen Ungerechtigkeiten entstandenen Opferstatus des eigenen Volkes, von dem letztlich eine „wahlweise rassische, religiöse oder moralische Überlegenheit" (H, 99) abgeleitet wird. Die erzählte Zeit von „etwa achthundert Jahre[n]" (H, 99) und die Botschaft, wonach „[d]ie Geschichte [...] korrigiert werden [kann]" (H, 99), schaffen darüber hinaus

---

6 Auf den monologischen Charakter nationalistischer Identitätserzählungen weist auch Bachtin (1985, 91) explizit hin: „Jedes ideologische Werk wird gedacht und aufgefaßt als möglicher Ausdruck eines Bewußtseins, eines Geistes. Sogar dort, wo es sich um ein Kollektiv, um eine Vielfalt schaffender Kräfte handelt, wird die Einheit trotzdem durch das Bild des einen Bewußtseins, den Geist der Nation, den Geist des Volkes, den Geist der Geschichte u. ä. illustriert."

7 Bereits in der „Urszenerie" markiert der Autor-Erzähler über die Bezugnahme auf die Legende des Heiligen Georg die Beanspruchung der einen richtigen Weltanschauung für sich selbst als schreckliche Gewalttat: Symbolisiert in der Heiligenlegende die Tötung des Drachens den Sieg des wahren Glaubens (vgl. Lauer 2021, 116), erscheint dem Autor-Erzähler die Ikone des Heiligen Georg gerade nicht als positive Lichtgestalt: „Er [= der Heilige Georg] ist die Bestie, dachte ich, er." (H, 50) Drachen aus unterschiedlichsten Kulturen üben dagegen von klein auf eine Faszination auf den Autor-Erzähler aus (vgl. H, 8), entsprechend verweist auch der Titel des Schlussteils des Textes („Der Drachenhort") symbolisch auf die den Text bestimmende positive Bewertung von Vielfalt.

einen entwicklungsgeschichtlichen Zusammenhang zwischen den Hauptfiguren, der sich einem triadischen Geschichtsmodell zuordnen lässt: So unterstellt der Verweis auf die ‚erlittenen Ungerechtigkeiten' einen ursprünglich idealen Zustand, der durch das feindliche Wirken der ‚Anderen' zerstört worden sei, weshalb die Gegenwart leidvoll und bedrohlich erscheint. Aus seiner misslichen Lage befreien könne sich das eigene Volk wiederum nur durch „Heldentaten" (H, 99), die die Geschichte korrigieren, also der Wiederherstellung des in die Zukunft projizierten, vermeintlich verlorenen Idealzustandes zuarbeiten.

Wie in dem Schema mehrfach betont wird, schaffen nationalistische Identitätserzählungen neben der Imagination eines gemeinsamen Ursprungs und Schicksals der Mitglieder der Nation vor allem über die bewusste Abgrenzung zum durchweg negativ markierten ‚Anderen' ein kollektives Identitätsgefühl, das den Einzelnen letztlich fremdbestimmt. Nicht nur ist er in die passive Rolle des Rezipienten gedrängt, dem die „neuen Erzähler" (H, 98) diese Geschichte wieder und wieder erzählen und aus ihrer Machtposition als Erzähler heraus zwingen, ihre Vergangenheitsdeutung zu teilen, will er nicht zum ‚Anderen' werden, sondern er muss auch die eigenen Interessen dem ‚nationalen Interesse' der Rückgewinnung vermeintlicher Größe unterordnen. Damit wird er in seinen Handlungsoptionen so massiv eingeschränkt, dass ihm letztlich nur der Aufbruch „zu neuen Heldentaten" (H, 99) bleibt.

Wie der Autor-Erzähler betont, wurden diese Erzählungen „von Intellektuellen unterstützt, medial verbreitet und so oft wiederholt, bis man ihnen, Mitte der Achtziger, nirgends mehr entkam." (H, 98) Dieses Schema wurde demnach selbst zu etwas scheinbar ‚Natürlichem', zur einzig denkbaren Möglichkeit, Identität zu erzählen. Diese Vorstellung dekonstruiert der Autor-Erzähler durch den Verweis auf den Rahmen, in dem diese Erzählungen wirkmächtig wurden: Die „erratische Politik der Achtziger, [die] Wirtschaftskrise und Inflation" (H, 99). Denn indem er den Erzählakt kontextualisiert, gibt er ihm eine Geschichte, entledigt ihn seiner vermeintlichen ‚Natürlichkeit' und wehrt sich so gegen das verbreitete Erklärmuster für die postjugoslawischen Kriege, wonach diese das Resultat eines wiedererstarkenden, mehr schlecht als recht unterdrückten, in Wahrheit aber das vermeintliche Wesen der ‚Balkanvölker' bestimmenden Nationalismus seien. Stattdessen verweist er auf die auch in der Nationalismusforschung (bspw. Hroch 2005, 202 oder Bieber 2005, 29–30) immer wieder betonte, zentrale Bedeutung von Krisen für die über nationalistische Identitätserzählungen etablierte emotionale Bindung an die Nation.

Nach einem, die von den Nationalismen propagierten Reinheitsvorstellungen konterkarierenden Abschnitt über den Balkan als Raum der interkulturellen Begegnung und Vermischung, kontextualisiert der Autor-Erzähler schließlich seine Erinnerung an die verhängnisvollen gesellschaftlichen Dynamiken im Jugoslawien der 1980er Jahre in der Schreibgegenwart: „Heute ist der 29. August 2018. In den letzten Tagen haben tausende in Chemnitz gegen die offene Gesellschaft in Deutschland demonstriert. Migranten wurden angefeindet, der Hitler-Gruß hing über der Gegenwart." (H, 100) Das balkanistische Stereotyp, wonach, wie Maria Todorova beschreibt, der Balkan aus westeuropäischer Sicht ein überkommenes, sich insbesondere durch seinen irrationalen Nationalismus auszeichnendes Stadium europäischer Realität in der Gegenwart präsent halte (vgl. 2002, 471–474), wird so als Illusion entlarvt. Nationalismus und Fremdenfeindlichkeit sind weder ein in Westeuropa überwundenes Phänomen noch besonderes Wesensmerkmal eines bestimmten Raumes und der dort lebenden Bevölkerung.

Indem sich der Autor-Erzähler die Grundstruktur nationalistischer Identitätserzählungen mithilfe dieser schematischen Darstellung bewusst macht, setzt er zugleich den ersten Schritt, sich davon zu lösen,[8] ein Unterfangen, das der Autor-Erzähler zuvor als zentral für das Gelingen des eigenen Vorhabens markiert hat:

> Es erschien mir rückständig, geradezu destruktiv, über *meine* oder *unsere* Herkunft zu sprechen in einer Zeit, in der Abstammung und Geburtsort wieder als Unterscheidungsmerkmale dienten, Grenzen neu befestigt wurden und sogenannte nationale Interessen auftauchten aus dem trockengelegten Sumpf der Kleinstaaterei. (H, 64)

Entsprechend problematisiert er den gesamten Text hindurch das Verhältnis von Fiktion und Wahrheit und subvertiert dadurch den absoluten Wahrheitsanspruch nationalistischer Identitätserzählungen. So bietet er den Lesenden fortwährend sowohl den autobiographischen als auch den fiktionalen Pakt an und zwingt sie so, sich mit dem bereits erwähnten ‚Grenzgängertum' autobiographischen Erzählens bewusst auseinanderzusetzen. Die Fiktion setzt er dabei immer wieder auch als Möglichkeitsraum, sich von den Fremdbestimmungen der Realität, sei diese durch Fakten oder die Zuschreibungen anderer Menschen verursacht, zu befreien. So lässt er seine Mutter in einem Leben, das er, wie es heißt, „für sie geschrieben hätte" (H, 121), auf die unverhohlene Drohung eines Polizisten, den Muslimen gehe es bald an den Kragen, selbstbewusst und das heißt auch im Bewusstsein, dass die Religionszugehörigkeit kein ihre Identität bestimmender Identitätsmarker ist, antworten: „Wer hat entschieden, dass ich eine Muslima bin." (H, 121)

---

[8] Wie Bachtin betont, ist diese Form des Selbstbewusstseins gegenüber Fremdbestimmungen die zentrale Voraussetzung für die Unabgeschlossenheit des Helden: „[Der Held] weiß [...], dass er all diese Bestimmungen, parteiische wie objektive, in der Hand hat und daß sie ihn nicht abschließend festlegen, weil er selbst sich ihrer bewußt ist; er kann ihre Grenzen sprengen und sie zu unadäquaten Aussagen machen. Er weiß, daß das *letzte Wort* ihm gebührt und sucht um jeden Preis, sich dieses letzte Wort über sich selbst, das Wort seines Selbstbewußtseins, vorzubehalten, um nicht das zu bleiben, was er ist. Sein Selbstbewußtsein lebt von seiner Unabgeschlossenheit, Offenheit und Unentschlossenheit." (1985, 59)

Dem absoluten Wahrheitsanspruch nationalistischer Identitätserzählungen widersetzt sich der Text jedoch nicht nur durch die fortwährende Inszenierung von Grenzüberschreitungen zwischen Fakt und Fiktion, vielmehr problematisiert er ganz grundsätzlich die mit diesem Wahrheitsanspruch verbundene Vorstellung von Erinnerung als bloßes Abbild vorgängiger Ereignisse. Stattdessen verweist der Text auf intra- wie auf extradiegetischer Ebene wiederholt auf die Kontextgebundenheit von Erinnerung und ihre damit zusammenhängende Anpassung an die gegenwärtigen Bedingungen. Was wie erinnert wird, hängt, so wird hervorgehoben, von verschiedensten kontextuellen Faktoren ab, die von der gebrauchten Sprache über das Gegenüber bis hin zu gesellschaftspolitischen Ereignissen reichen. Betont wird so der konstruktive Charakter von Erinnerungen, der den Autor-Erzähler als unzuverlässige, das Erinnerte immer wieder auch kreativ umdeutende Erzählinstanz markiert, die u. a. zwischen verschiedenen Möglichkeiten abwägt, durch den Erzählprozess Identität zu konstituieren:

> Ich habe Wasser aus dem Brunnen meines Urgroßvaters getrunken und schreibe darüber auf Deutsch. Das Wasser hat nach der Last der Berge geschmeckt, die ich nie tragen musste, und nach der beschwerlichen Leichtigkeit der Behauptung, dass einem etwas gehöre. Nein. Das Wasser war kalt und hat nach Wasser geschmeckt. Ich entscheide, ich. (H, 35)

Einer zu stark mit „Zugehörigkeitskitsch" (H, 34) belasteten Deutung des Erlebten wird durch den Autor-Erzähler hier eine klare Absage erteilt, wobei durch die Betonung, dass die Deutung des Erinnerten Ergebnis eines Entscheidungsakts des erzählenden Ichs ist, letzteres in eine privilegierte Position gegenüber dem erlebenden Ich gesetzt wird.[9]

---

[9] Zugleich führt diese Offenlegung der eigenen Unzuverlässigkeit durch den Autor-Erzähler gerade nicht dazu, dass dieser das Vertrauen der Leser:innen verliert bzw. als Lügner wahrgenommen wird. Schließlich bezweckt er nicht, seinen Adressat:innen anstelle der Realität seinen Willen aufzuzwängen und damit Macht über sie auszuüben, was nach Williams (2013, 183) die Lüge kennzeichnet. Vielmehr gibt der Autor-Erzähler durch die Offenlegung der eigenen Unzuverlässigkeit seine potenzielle Machtposition auf, wodurch die verschiedenen Interpretationen des Geschehens als Versuche lesbar werden, wahrhaftig zu erzählen. Das Erzählen erscheint damit den „Tugenden der Wahrheit" (Williams 2013, 26) verpflichtet. So ist der Autor-Erzähler darum bemüht, Aussagen zu treffen, die mit seinen Überzeugungen im Einklang sind, was der Tugend der Aufrichtigkeit entspricht. Zugleich ist er bereit, und das kennzeichnet die Tugend der Genauigkeit, „mehr Mühe [...] in den Versuch der Wahrheitsfindung zu investieren, anstatt einfach mit irgendeinem überzeugungsartigen Etwas vorliebzunehmen, dass [ihm] [...] in den Sinn kommt." (Williams 2013, 136) Insofern ist die Tugend der Genauigkeit auch als „Widerstand gegen Selbsttäuschung" (Williams 2013, 190) zu verstehen. An der eben behandelten Textstelle ist dies besonders gut erkennbar: Zunächst weckt das Gespräch mit Gavrilo im Autor-Erzähler den unbewussten Wunsch nach eindeutiger Zugehörigkeit, der aber mit seinen Überzeugungen im Widerspruch steht und im Bewusstsein entsprechend verneint wird: „‚Woher kommst du, Junge', fragte Gavrilo

Identität wird so zu einem performativen Projekt, das eben nicht nur von den identitätsstiftenden Ereignissen abhängt, sondern ebenso sehr von der Art und Weise, wie diese erzählt werden: „Ich werde einige Male ansetzen und einige Enden finden, ich kenne mich doch. Ohne Abschweifung wären meine Geschichten überhaupt nicht meine. Die Abschweifung ist Modus meines Schreibens. *My own adventure.*" (H, 37)[10]

Nationalistischen Identitätserzählungen, die aus allwissender Perspektive eine einsträngige, zielgerichtete Geschichte konstruieren, die absoluten Wahrheitsanspruch erhebt und über die Identität aller Mitglieder des Kollektivs fremdbestimmt, setzt der Autor-Erzähler also seine eigene Unzuverlässigkeit und – unter Berücksichtigung der verschiedenen Lücken des eigenen Gedächtnisses wie auch des Familienarchivs – Unwissenheit entgegen, stellt den Konstruktionscharakter autobiographischer Identitätskonstitution offen zur Schau und nimmt ihr durch die Vervielfältigung von Anfang und Ende der eigenen Lebensgeschichte die Zielgerichtetheit. Die damit zusammenhängende Fragmentarisierung und Achronologie des Textes sowie die Montage unterschiedlicher, widerstreitender Perspektiven auf den Komplex ‚Identität' erhalten zudem autoreferenziellen Wert,[11] scheinen sie doch als einzige Möglichkeit, das von Brüchen, Zufällen und unfreiwilligen Migrationsbewegungen bestimmte Leben des Autor-Erzählers ad-

---

wieder, und ich dachte: Zugehörigkeitskitsch! Und dass ich doch nicht schwach würde wegen ein bisschen Wasser." (H, 34) Die zunächst gegebene Interpretation des Geschehens drückt dann diese Wunschvorstellung aus und dient somit als Realitätsersatz, der in weiterer Folge durch die Rückbesinnung des Autor-Erzählers auf die nüchterne Realität demaskiert und die Selbsttäuschung somit überwunden wird. Der Autor-Erzähler hält demnach trotz aller ins Bewusstsein gehobenen Problematiken autobiographischen Schreibens am Wert der Wahrheit und Wahrhaftigkeit fest und verwehrt sich gegen die Vorstellung, alle Aussagen seien gleichwertig und ihre Durchsetzung hinge allein von Machtstrukturen ab. Vielmehr kommt auf den Tugenden der Aufrichtigkeit und Genauigkeit gründenden Aussagen Autorität zu, die die Entscheidung des Autor-Erzählers für eine bestimmte Interpretation der Vergangenheit legitimiert. Dieser Aspekt scheint mir nicht zuletzt auch in Bezug auf die weiter oben erörterte Kritik an nationalistischen Identitätserzählungen als eine Form ideologischer Machtausübung relevant.

10 Maha El Hissy (2020, 143–154) beschäftigt sich in ihrem Artikel „‚Die Abschweifung ist Modus meines Schreibens'. Narrative und politische Abenteuer in Saša Stanišićs Herkunft (2019)" mit der grenzüberschreitenden Dimension dieses Schreibprojekts. Da sie aber den Text als reine Fiktion liest, geraten die Reflexionen über autobiographische Schreibprozesse aus dem Blick, was zur Folge hat, dass sie sich in erster Linie mit der Verhandlung kollektiver Identitäts- und Erinnerungskonzepte im Text beschäftigt. Das aus meiner Sicht zentrale, spezifische Spannungsverhältnis zwischen individuellen und kollektiven Identitäten und Identitätsvorstellungen, das das subversive Potential des Textes begründet, bleibt so weitgehend unberücksichtigt.

11 Wie Martínez (1996, 438) betont, sah Bachtin gerade in der Komposition eines dialogisch ausgerichteten Romans eine ‚letzte Bedeutungsinstanz' bewahrt, die er mit der ‚Intention des Autors' identifizierte; ein Befund, der sicherlich auch auf Stanišićs Text zutrifft.

äquat darzustellen, wobei diese Autoreferenzialität der Form die schematische Form nationalistischer Identitätserzählungen konterkariert.

Die Formulierung „My-own-adventure", die auf den im Choose-your-own-adventure-Genre gestalteten Schluss des Textes anspielt, verweist wiederum auf den Spielcharakter, der die Beschäftigung des Autor-Erzählers mit seiner Herkunft prägt und der der Frage nach Identität den potenziell tödlichen Ernst nimmt, der ihr in nationalistischen Identitätserzählungen zukommt. Identität wird so zu einem unabschließbaren Spiel, das intradiegetisch im rollenspielerischen Annehmen ‚fremder' Identitäten und Herkünfte besteht und extradiegetisch im Finden und Erfinden immer neuer Möglichkeiten, die eigene Geschichte zu erzählen und damit sein Ich immer neu zu entwerfen: „Die Möglichkeiten, eine Geschichte zu erzählen, sind quasi unendlich. Da triff mal die beste. Und: Hast du nicht noch etwas vergessen? Immer hast du etwas vergessen." (H, 235)

Nicht zuletzt durch den Spielcharakter des Identitätsprojekts ändert sich auch die Rolle, die dem ‚Anderen' im Text des Autor-Erzählers zukommt. Ist dieser ‚Andere' in nationalistischen Identitätserzählungen auf intradiegetischer Ebene nur als Feind denkbar, wird er auf extradiegetischer Ebene in die Rolle des passiven Rezipienten gedrängt, über dessen Identität und Zugehörigkeit die ‚neuen Erzähler' durch ihre monologischen Erzählungen fremdbestimmen. Die Machtposition, die dem Erzähler damit zukommt, stellt, wie der Text nahelegt, ein Problem eines jeden monologischen Erzählens dar. So läuft auch der Autor-Erzähler Gefahr, mit seinen Geschichten über die Erinnerungen und damit auch Identitäten anderer fremd zu bestimmen, wenn er eine auktoriale Erzählhaltung einnimmt.[12]

Sichtbar wird das, als er von den vermeintlichen Erfahrungen seines Vaters am Bau in Deutschland berichtet, was dieser als übergriffig empfindet: „Vater sagt heute: Unsinn. Das war ganz anders gewesen mit den Röhren in Schwarzheide. Die waren weder so groß, noch hat man darin je übernachtet, und überhaupt: ‚Frag doch einfach, dann musst du dir nicht so ein Zeug ausdenken.'" (H, 143) Hatte der Autor-Erzähler vor der väterlichen Intervention aus einer auktorialen und damit der Figur des Vaters übergeordneten, diese objektivierenden Position her-

---

[12] Bachtin kennzeichnet den auktorialen Standpunkt als per se künstlichen, da die Erzählstimme vorgibt, aus einer kontextlosen Position heraus zu sprechen, während die sprachtheoretische Grundlage seiner Überlegungen zur Dialogizität eben darin besteht, dass Äußerungen ihren Sinn in ihrer jeweils spezifischen Verwendungssituation erhalten (vgl. Martínez 1996, 430). Die wiederholte Kontextualisierung der Erinnerungen des Autor-Erzählers in der Schreibgegenwart kann insofern auch als Mittel gelesen werden, die Künstlichkeit eines scheinbar auktorialen Standpunkts aufzubrechen. Dies gelingt dem Autor-Erzähler aber, wie in der Folge thematisiert wird, nicht immer.

aus erzählt, gibt er nach der Intervention den auktorialen Standpunkt auf. Zunächst tut er dies, indem er zugibt, „tatsächlich wenig über Vaters Zeit in der Lausitz" (H, 143–144) zu wissen, um in der Folge den Vater in einem Brief selbst zu Wort kommen zu lassen. Bezeichnend ist hierbei, dass die Art und Weise, wie der Brief präsentiert wird, zu einer Dialogisierung der Äußerungen führt. So tritt der Autor-Erzähler zunächst über Kommentare in einen expliziten Dialog[13] mit dem Brief des Vaters, die vertikale Beziehung zwischen Erzählstimme und Figur wird also in eine horizontale zwischen zwei Erzählstimmen überführt,[14] die durch die Kursivsetzung der Zitate aus dem Brief auch visuell unterschieden werden. Dieses Nebeneinander von zwei Erzählstimmen wird im weiteren Verlauf des Kapitels aufgegeben und die Geschichte vordergründig wieder nur vom Autor-Erzähler erzählt. Dieser nimmt nun aber gerade keine auktoriale Erzählhaltung mehr ein, da seine Äußerungen hybridisiert sind, in ihnen also die Äußerungen, die Redeweise, der Stil des Autor-Erzählers und des Vaters dialogisch aufeinandertreffen und sich vermischen.[15]

Treten in diesem Beispiel zwei gleichberechtigte Erzählstimmen an die Stelle des hierarchischen Verhältnisses zwischen Erzählstimme und von ihr objektivierter Figur, stellt letzteres weiterhin ein nur unzureichend gelöstes Problem dar.

---

13 Dieser Wechsel von einem monologischen zu einem dialogischen Erzählen kann wiederum mit dem Wahrheitsbegriff in Verbindung gebracht werden, schließlich geht diesem Wechsel der Vorwurf des Vaters, der Autor-Erzähler erzähle „Unsinn" (H, 143), lüge also, voran. Die Öffnung der Erzählung für die Stimme des Vaters und ihre Dialogisierung tragen dann dem Umstand Rechnung, dass, wie Bachtin schreibt, die Wahrheit „[n]icht im Kopf eines einzelnen Menschen entsteht und lebt [...], sondern sie entsteht *zwischen Menschen*, die gemeinsam, in dialogischer Kommunikation, nach ihr suchen." (Bachtin 1985, 122; Hervorhebung i. O.) Entscheidend ist hierbei, dass der Autor-Erzähler mit seinen Kommentaren den Inhalt des väterlichen Briefs um Informationen erweitert, die dem Vater verschlossen sind: „Ich erinnere mich an die Anrufe. Das Telefon klingelte nach dem Abendessen. Mutter wartete schon." (H, 144) Die Dialogisierung wird so als notwendiger Bestandteil der Erkenntnisarbeit markiert, denn alle Menschen „stehen zu verschiedenen Zeiten und im Hinblick auf verschiedene Informationen in einem Verhältnis zueinander, bei dem sie (rein positionsbedingt oder sonstwie) im Vorteil oder im Nachteil sind." (Williams 2013, 71)
14 Auch der Brief selbst ist, wie der Autor-Erzähler hervorhebt, so gestaltet, dass die hierarchische Beziehung zwischen Erzählstimme und Figur aufgehoben wird, da er im Präsens gehalten ist, sodass keine Unterscheidung zwischen erzählendem und erlebenden Ich erfolgt: „Es war, als bekäme ich einen 1993 von ihm [= dem Vater] abgeschickten Brief. Oder als sei er noch immer dort." (H, 144)
15 Die Tragik einer im konkreten Fall wohl aufgrund eines Traumas verursachten monologischen Abkapselung von den ‚Anderen,' verdeutlicht in der Folge die Geschichte von Olja. Der „Serbe aus der Krajina" (H, 145) erzählt zwanghaft immer aufs Neue denselben Witz, ist damit nicht mehr in der Lage, mit anderen Menschen in einen Dialog zu treten, und bleibt so in einer Endlosschleife gefangen.

4 ‚Der Drachenhort' als Verwirklichung dialogischen Erzählens und Antwort auf monologische Kollektividentitäten

Wie lässt sich nun aber ein solches gleichberechtigtes Verhältnis zwischen der Erzählstimme und einer in der erzählten Welt als Subjekt agierenden Figur herstellen? Eine mögliche Antwort auf diese Frage gibt der letzte, als Choose-your-own-adventure-Geschichte gestaltete Teil des Textes mit dem Titel „Der Drachenhort". Diesem steht eine „WARNUNG" (H, 351) voran: „Lies das Folgende nicht der Reihe nach! Du entscheidest, wie die Geschichte weitergehen soll, du erschaffst dein eigenes Abenteuer. [...] Du bist ich." (H, 351) Der Wechsel in die Du-Form und die (scheinbar) direkte Ansprache des Lesers stellt dabei kein Novum dieses letzten Teils dar, er erfolgte bereits im Kapitel „Bruce Willis spricht Deutsch", jedoch mit gegenteiliger Intention. Um diesen Unterschied herauszuarbeiten, sei zunächst auch der Anfang dieses Kapitels zitiert: „Du stehst vor der Tür und liest: *Ziehen*. Das ist eine Tür. Das sind Buchstaben. Das ist Z. Das ist I. Das ist E. Das ist H. Das ist E. Das ist N. *Ziehen*. Willkommen an der Tür zur deutschen Sprache. Und du drückst." (H, 132) Die mit ‚du' angesprochene Figur, das erlebende Ich, ist hier der deutschen Sprache nicht mächtig, sie ist damit auch den Beschreibungen der Erzählstimme widerspruchslos ausgeliefert, ein fremdbestimmtes Objekt. Diese Hilflosigkeit überträgt sich dabei auch auf den Leser, der sich durch das ‚du' gezwungenermaßen mit der Figur identifiziert, aber genauso handlungsunfähig ist wie diese. Das durch das ‚du' zunächst dialogisch scheinende Verhältnis zwischen Erzählstimme und Figur bzw. Erzählstimme und Leser entpuppt sich so als monologisch, ja verstärkt das hierarchische Verhältnis zwischen diesen Instanzen noch.

Ganz anders im „Drachenhort": Hier wird dem ‚Du' von Beginn an Handlungsfähigkeit nicht nur zugesprochen, sie wird eingefordert.[16] Dadurch wird das monologische Verhältnis in ein dialogisches Wechselspiel zwischen Erzählstimme und Leser überführt. Mehrdeutig ist aufgrund der Ich-Erzählsituation nun aber, mit welchem ‚Ich' sich der Leser identifizieren soll, dem erzählenden oder dem erlebenden. Je nachdem, wie der Satz „Du bist ich" (H, 351) ausgelegt wird, ergeben sich unterschiedliche Lesarten dieses letzten Teils.

Bezieht sich das ‚ich' auf die Figur, hält ein vollwertiges, unabgeschlossenes menschliches Bewusstsein Einzug in den Text, das dem Autor-Erzähler ebenbürtig ist und in verschiedenen Situationen der erzählten Welt als selbstbewusstes Sub-

---

[16] Saša Stanišić sieht die Hauptintention dieses letzten Teils entsprechend auch darin, dass der Leser dazu gebracht wird, Verantwortung zu übernehmen. (Online-Lesung und Gespräch mit dem Autor an der Europa-Universität Flensburg am 5. Juni 2023)

jekt, das heißt als Mensch, handelt. So wird letztlich das hierarchische Verhältnis zwischen Figur und Erzählstimme zugunsten eines gleichwertigen aufgelöst.

Bezieht sich das ‚ich' allerdings auf die Erzählinstanz, wird aus dem einstimmigen ein vielstimmiges Erzählen, das zugleich das hierarchische Verhältnis zwischen Erzählstimme und Rezipienten auflöst. Auch dieser Schritt wird im dem „Drachenhort" vorangehenden Text bereits vorbereitet: Der klaren Rollenverteilung von Erzähler und Zuhörer stellt der Autor-Erzähler nämlich bereits mit dem Verweis auf die „Aral-Literatur" eine Form vielstimmigen Erzählens entgegen, die, anders als nationalistische Identitätserzählungen, keine Gemeinschaft von Gleichen, sondern eine Gemeinschaft von Individuen konstituiert und nationale Grenzziehungen überwindet. Zugehörigkeit gründet dabei nicht auf vermeintlichen, geteilten Wesensmerkmalen, sondern auf dem Miterzählen:

> Ob vom Balkan, aus Schlesien, ob Türke aus Leimen oder Michel aus Holland – die Legende all derer, die vom ARAL-Parkplatz die Sonne über Frankreich untergehen sahen, lautete, wir erzählen gerne. [...] Wer erzählte, gehörte dazu. Und es wurde unfassbar viel gespuckt dabei. (H, 202)

Die Charakterisierung dieser „ARAL-Literatur" liest sich schließlich wie ein Gegenprogramm zum Schema nationalistischer Erzählungen:

> ARAL-Literatur ist winzige Übertreibung. Sonst realistisch, unbedingt. Die Motivation der Helden: sich beweisen oder jemandem etwas. [...] Tragische Helden gab es nicht, man war ja noch da, um zu erzählen. Niederlagen, auch tragische, gab es zuhauf.
> Ich-Perspektive mit wenig Einblick in die Innenwelt der Erzähler. Elliptisch, schnörkellos, pointiert. (H, 202–203)

Als Versuch, eine vergleichbare Form gemeinschaftlichen Erzählens auch auf extradiegetischer Ebene zu realisieren, kann auch der „Drachenhort" gelesen werden, in dem die Leser:innen aus ihrer passiven Rolle in eine aktive überführt werden und der Autor-Erzähler zugleich die Kontrolle über die eigene Erzählung ein Stück weit abgibt. Zunächst kann diese Lösung der Schlussproblematik von Autobiographien aus gattungstheoretischer Sicht als ein Versuch gelesen werden, die für autobiographisches Schreiben typische „Kluft [...] zwischen dem (vergangenen) Leben und dessen narrativer (oder dramatischer) Repräsentation" (Nünning 2013, 50) ein Stück weit zu schließen, indem der Fortgang der in der Gegenwart angelangten Erzählung ebenso wie der Lauf des Lebens nicht mehr allein von Entscheidungen des Autor-Erzählers, sondern ebenso von jenen der Anderen, in diesem Fall der Rezipient:innen abhängt, damit unvorhersehbar wird und seine vermeintliche Zielgerichtetheit verliert.

Wenn nun aber, wie es im Text heißt, dazugehört, wer erzählt, dann konstituiert sich durch die Beteiligung der verschiedenen Leser:innen von *Herkunft* am

Erzählakt zudem eine Gemeinschaft der Leser-Erzähler, ein Kollektiv, das aus Individuen unterschiedlichster Herkunft und mit unterschiedlichsten Lebensgeschichten besteht und zu dem sich prinzipiell jeder zugehörig fühlen kann, der den Text liest. Der in die Zukunft projizierte Fluchtpunkt des Textes wäre dann gerade keine, im Text fortwährend als Unmöglichkeit markierte Wiedererlangung eines vermeintlich verlorenen Idealzustands, sondern die Konstitution einer nicht nur ethnische Grenzziehungen überwindenden utopischen Gemeinschaft in und mit den Mitteln der Literatur.

Literaturverzeichnis

Andrić, Ivo. „Na Drini ćuprija". Ders. *Romani*. 10. Aufl. Beograd: Laguna, 2017. 321–556.
Bachtin, Michail. *Probleme der Poetik Dostoevskijs*. Übers. v. Adelheit Stramm. Frankfurt a. M., Berlin, Wien: Ullstein, 1985.
Bieber, Florian. *Nationalismus in Serbien vom Tode Titos bis zum Ende der Ära Milošević*. Wien: LIT, 2005.
Boehm, Omri. *Radikaler Universalismus. Jenseits von Identität*. Übers. v. Michael Adrian. Berlin: Ullstein, 2023.
Buck, Theo. „Art. ,Dämonisches'". *Goethe Handbuch*. Hg. Hans-Dietrich Dahnke und Regine Otto. Stuttgart: J. B. Metzler, 1998. 179–181.
Butler, Judith. „Rechenschaft von sich selbst". *Texte zur Theorie der Biographie und Autobiographie*. Hg. Anja Tippner und Christopher F. Laferl. Stuttgart: Reclam, 2016. 355–366.
Eckermann, Johann Peter. *Gespräche mit Goethe in den letzten Jahren seines Lebens*. Hg. Fritz Bergemann. 7. Aufl. Frankfurt a. M.: Insel, 1997.
Goethe, Johann Wolfgang von. „Dichtung und Wahrheit". Ders. *Goethes Werke*. Bd. 4: *Vermischte Schriften*. Hg. Paul Stapf. Berlin, Darmstadt: Deutsche Buch-Gemeinschaft, 1956. 5–626.
Hissy, Maha El. „,Die Abschweifung ist Modus meines Schreibens'. Narrative und politische Abenteuer in Saša Stanišićs Herkunft (2019)". *Zeitschrift für Kulturwissenschaften* 2 (2020): 143–154.
Holdenried, Michaela. *Autobiographie*. Stuttgart: Reclam, 2000.
Hroch, Miroslav. *Das Europa der Nationen. Die moderne Nationsbildung im europäischen Vergleich*. Aus dem Tschechischen von Eliżka und Ralph Melville. Göttingen: V&R, 2005.
Lauer, Claudia. „Drache". *Metzler Lexikon literarischer Symbole*. 3. erw. und um ein Bedeutungsregister erg. Aufl. Hg. Günter Butzer und Joachim Jacob. Stuttgart, Weimar: Springer/J. B. Metzler, 2021. 115–117.
Martínez, Matías. „Dialogizität, Intertextualität, Gedächtnis". *Grundzüge der Literaturwissenschaft*. Hg. Heinz Ludwig Arnold und Heinrich Detering. München: dtv, 1996. 430–445.
Neumann, Birgit. „Literatur, Erinnerung, Identität". *Gedächtniskonzepte der Literaturwissenschaft. Theoretische Grundlegung und Anwendungsperspektiven*. Hg. Astrid Erll und Ansgar Nünning. Berlin: De Gruyter, 2005. 149–178.
Nünning, Ansgar. „Metaautobiographien: Gattungsgedächtnis, Gattungskritik und Funktionen selbstreflexiver fiktionaler Autofiktionen". *Autobiographisches Schreiben in der deutschsprachigen Gegenwartsliteratur*. Bd. 2: *Grenzen der Fiktionalität und der Erinnerung*. Hg. Christoph Parry und Edgar Platen. München: Iudicium, 2007. 269–292.

Nünning, Ansgar. „Meta-Autobiographien: Gattungstypologische, narratologische und funktionsgeschichtliche Überlegungen zur Poetik und zum Wissen innovativer Autobiographien". *Autobiographie: eine interdisziplinäre Gattung zwischen klassischer Tradition und (post-)moderner Variation.* Hg. Uwe Baumann und Karl August Neuhausen. Göttingen: V&R unipress, Bonn University Press 2013. 27–81.

Stanišić, Saša. *Herkunft*. München: Luchterhand, 2019.

Todorova, Maria. „Der Balkan als Analysekategorie: Grenzen, Raum, Zeit". *Geschichte und Gesellschaft* 28 (2002): 470–492.

Velikonja, Mitja. *Titostalgija*. Prevela sa slovenačkog Branka Dimitrijević. Beograd: Biblioteka XX vek, 2010.

Wagner-Egelhaaf, Martina. *Autobiographie*. 2. aktual. und erw. Aufl. Stuttgart, Weimar: J. B. Metzler, 2005.

Welzer, Harald. „Was ist autobiographische Wahrheit? Anmerkungen aus Sicht der Erinnerungsforschung". *Texte zur Theorie der Biographie und Autobiographie*. Hg. Anja Tippner und Christopher F. Laferl. Stuttgart: Reclam, 2016. 336–351.

Williams, Bernard. *Wahrheit und Wahrhaftigkeit*. Übers. v. Joachim Schulte. Frankfurt a. M.: Suhrkamp, 2013.

Zink, Dominik. „Herkunft – Ähnlichkeit – Tod. Saša Stanišić' *Herkunft* und Sigmund Freuds Signorelli-Geschichte". *Zeitschrift für interkulturelle Germanistik* 1 (2021): 171–185.

Franziska Bergmann
Suleikas Herkunft und migrantische Positionen im ‚Dazwischen'
Raoul Schrotts Auseinandersetzung mit Goethes *West-östlichem Divan* in *A New Divan*

Anlässlich des 200. Jubiläums von Johann Wolfgang von Goethes *West-östlichem Divan* publiziert eine britische Wohltätigkeitsorganisation namens Gingko[1] 2019 einen Gedicht- und Essayband, der als *A New Divan: A Lyrical Dialogue between East & West* konzipiert ist und über den es auf der aufwendig gestalteten Website newdivan.org.uk heißt:

> In honour of the renowned German poet Johann Wolfgang von Goethe and the 200th anniversary of the first publication of the *West-Eastern Divan*, his great poem sequence of 1819 inspired by the poems of the great fourteenth-century Persian poet Hafiz, Gingko presents *A New Divan: A Lyrical Dialogue between East & West* and a new, scholarly translation by Eric Ormsby of the original *West-Eastern Divan*. *A New Divan* brings together new poems by 24 leading poets – 12 from the 'East' and 12 from the 'West' – responding to the original 12 themes of the *West-Eastern Divan* in a truly international poetic dialogue inspired by the culture of 'the Other'.
> 22 outstanding English-language poets have created English versions of these poems, either directly or via bridge or literal translations, and three pairs of essays enhance and complement the poems, mirroring Goethe's original "Notes and Essays for a Better Understanding of the West-Eastern Divan". These publications, and the series of accompanying events at festivals across the UK and at the Barenboim-Said Akademie in Berlin, aim to affirm the famous words from the *West-Eastern Divan*'s "Gingko Biloba" poem: that "Orient and Occident cannot be parted for evermore".[2]

Diese Programmatik des *New Divan* schreibt sich in eine beliebte Deutungstradition des *West-östlichen Divans* von Goethe ein, wonach diese über zweihundert

---

[1] Folgende Selbstbeschreibung der Organisation Gingko findet sich auf ihrer Website: „In a context of mistrust and misconceptions, Gingko works to improve mutual understanding between the Middle East and North Africa (MENA) and the West. We fund and publish innovative research into the history, art history and religions of the MENA region. We bring together people from MENA and the West for transformative interfaith and intercultural encounters. Gingko is a non-political, religiously neutral organisation, committed to non-discriminatory treatment of others in all aspects of our work. We operate in accordance with the UK's Equality Act. We respect and celebrate diversity." https://www.gingko.org.uk/contact-us/ (19.05.2024).

[2] Die Projektbeschreibung ist auf der Website ohne Hinweise auf eine:n Verfasser:in zu finden: https://newdivan.org.uk/project/ (25. Dezember 2023).

∂ Open Access. © 2025 Franziska Bergmann, publiziert von De Gruyter. [CC BY] Dieses Werk ist lizenziert unter der Creative Commons Namensnennung 4.0 International Lizenz.
https://doi.org/10.1515/9783111249476-006

Jahre alte Gedichtsammlung mit ihrem angehängten Essayteil *Noten und Abhandlungen zum besseren Verständnis* ein Paradebeispiel für einen gelungenen interkulturellen Dialog zwischen Orient und Okzident darstellt. In einem Online-Artikel vom 2. August 2019 auf deutschlandfunkkultur.de etwa wird der *Divan* als „dichterischer Brückenschlag" Goethes bezeichnet, weil sich in ihm die Überzeugung spiegele, „dass sich unterschiedliche Kulturen begegnen und verstehen können" (Nettling 2019). „Auch heute 200 Jahre nach der Veröffentlichung" handele es sich dabei – so der Deutschlandfunk – um ein „topaktuelles Thema" (Nettling 2019). Wenngleich der *Divan* in den ersten Dekaden nach seinem Erscheinen nur auf geringe Resonanz gestoßen ist, gilt er laut Anke Bosse (2019, 20) inzwischen als prominentes „,Label' für kulturübergreifende Verständigung". In der Gegenwart hat der *Divan* einen derartigen Bekanntheitsgrad erlangt, dass sich die Rezeption auf ganz unterschiedliche diskursive und ästhetische Bereiche wie die Theologie, die Politik, die Musik, die Literatur oder die bildende Kunst erstreckt. Besonders gerne wird der *Divan* in jenen Kontexten herbeizitiert, in denen es darum geht, die Bereitschaft zum interkulturellen Austausch zu befördern – zu besonderer Prominenz ist etwa das *West-Eastern Divan Orchestra* von Daniel Barenboim und Edward Said gelangt.

Dass der *West-östliche Divan* zu einer Chiffre für kulturübergreifende Verständigung avancieren konnte, hängt damit zusammen, dass er sich durch vielfältige intertextuelle Verweise auf literarische und religiöse Schriften auszeichnet, die aus anderen, insbesondere ,orientalischen' Kontexten stammen. So bezieht sich Goethe beispielsweise auf den Koran. Ein besonders wichtiger Referenztext ist jedoch die Gedichtsammlung des berühmten persischen Dichters Hafis aus dem vierzehnten Jahrhundert, die *Diwan* heißt und die freilich bereits im Titel von Goethes *West-östlichem Divan* anklingt. Die vielfältigen Verweise auf vor allem orientalische Prätexte dienen Goethe dazu, sich auf komplexe Weise mit Ähnlichkeiten und Differenzen zwischen verschiedenen Kulturen zu befassen, eine rein auf den eigenen nationalen Raum beschränkte Perspektive aufzugeben und für ein gleichberechtigtes Verhältnis zwischen orientalischen und okzidentalischen Kulturen einzutreten.

Allerdings, und das möchte ich im Anschluss an den indischen Germanisten Anil Bhatti betonen, zeichnen sich jene Rezeptionsbeispiele, die den *West-östlichen Divan* lediglich als prominentes Vorbild für kulturübergreifende Verständigung nutzen, durch eine reduktionistische Sicht auf Goethes Gedichtsammlung und die beigefügten *Noten und Abhandlungen* aus:

> Das kulturpolitisch hervorgehobene Postulat der Dialogizität nimmt dem Werk Goethes [...] die Ambivalenz, die im Zeitalter der kolonialen Grenzziehungen unvermeidbar ist, und [ignoriert, F. B.] [...] den experimentellen modernen Charakter des Werkes [...]. Etwas von

[seiner] [...] radikalen Offenheit [...] wird teilweise zugedeckt. Allzu schnell wird aus dem *Divan* ein ‚repräsentatives', ethisch unverfängliches, abgeschlossenes Werk (Bhatti 2007, 110).

Das Verdienst des *New Divan* ist nun, dass er Stimmen verschiedener Autor:innen aus Ost und West zusammenbringt, deren Texte sich mitnichten nur mit gelungener interkultureller Verständigung befassen. Deutlich wird dies unter anderem in einem Gedicht des österreichischen Schriftstellers Raoul Schrott, das der vorliegende Beitrag untersuchen wird und das den Titel *Suleika spricht* trägt. Das Gedicht eignet sich die Sprecherinnenposition einer jungen, mit ihrem Vater aus dem Iran geflohenen und in Deutschland lebenden Frau an. Im Zentrum des Gedichtes steht das Thema der kulturellen Herkunft und die damit verbundenen gravierenden Konflikte. Raoul Schrott erläutert in einem Interview mit dem Magazin *News* den Anlass, dieses Gedicht als Beitrag zum *New Divan* zu verfassen:

> Ich sollte etwas zu Goethes *West–östlichem Divan* schreiben, worauf ich über jene Mädchen nachdachte, die bei uns Kopftuch tragen. [...] Die Mädchen, für die meine „Suleika" steht, leben zwischen den Kulturen. Ihre Heimat ist fern, also gewissermaßen abwesend geworden; und da, wo sie jetzt sind, dürfen sie oft noch nicht ganz präsent sein. Sie leben also in einem Zwischenraum, in dem sie sich behaupten müssen, da, wo sie sind, sind sie nicht ganz anwesend. (Zobl 2023, 66)

Auf die kritische Nachfrage der Interviewerin Susanne Zobl, ob es sich bei dem Gedicht um kulturelle Appropriation handle, entgegnet der Autor: „Literatur ist doch gerade dazu da, sich in andere hineinzuversetzen!" (Zobl 2023, 67) Zweifelsohne gehört es zu einem der zentralen Potenziale von Literatur, dass sich Produzierende und Rezipierende durch sie im Sinne eines ‚kognitiven Probehandelns' in Positionen hineinversetzen können (vgl. Schröter 2016), die nicht die eigenen sind. Der folgenden Analyse sei jedoch die kritische Anmerkung vorausgeschickt, dass dies bei *Suleika spricht* durchaus mit der Gefahr einhergeht, dass Raoul Schrott mit seinem Gedicht zur (Re-)Produktion von Stereotypen über Migrant:innen aus dem ‚orientalischen' Raum beiträgt.

In formaler Hinsicht handelt es sich bei Raoul Schrotts Beitrag zum *New Divan* um ein strophenloses, aus 38 Versen bestehendes Gedicht. Die konsequente Kleinschreibung, die sich auch in anderen Gedichten Raoul Schrotts findet, „archaisiert und modernisiert" seine Dichtung gleichermaßen, indem sie einerseits auf die „einregistrigen Handschriften antiker Texte, da Griechen und Römer noch keine Unterscheidung von Groß- und Kleinschreibung kannten" (Lubrich 2010, 111) verweist, zugleich aber ein typisches Stilmittel der Gegenwartslyrik ist. Ein ebenfalls anachronistisches und auf die Antike zurückgehendes Charakteristikum von *Suleika spricht* ist die Verwendung des ansonsten im Altgriechischen oder bei

Stefan George vorkommenden Hochpunktes („•") in den Versen 19, 22, 33, 35 und 37 (vgl. Lubrich 2010, 111). Neben vereinzelten Gedankenstrichen, Fragezeichen und Doppelpunkten bilden die Hochpunkte eine ansonsten insgesamt wenig von Raoul Schrott eingesetzte „typographische Zäsur" (Lubrich 2010, 111). Entgegen rezenter Tendenzen verzichtet Raoul Schrott überdies nicht auf die Verwendung verschiedener Reimformen. Im Gegenteil: Neben Kreuzreimen, Paarreimen und Binnenreimen gibt es einige seit dem sechzehnten Jahrhundert im deutschsprachigen Raum als Formfehler eingestufte rührende Reime. Bemerkenswert ist, dass rührende Reime, bei denen Homonyme gereimt werden, identischen Reimen ähnlich sind, bei denen sich wiederum lexikalisch identische Wörter reimen. Die Nähe von rührenden und identischen Reimen macht sich Raoul Schrott insofern intertextuell zunutze, als identische Reime ein gängiges Element des Ghasels, einer unter anderem prominent von Hafis gebrauchten ‚orientalischen' Gedichtform, sind (vgl. Burdorf 2012). Die Verwendung des rührenden Reims, die dem identischen Reim im Ghasel ähnlich ist, kann als Indiz eines entscheidenden Prinzips von *Suleika spricht* gedeutet werden. Der Programmatik des *New Divan* folgend, arbeitet Raoul Schrott nämlich mit zahlreichen intertextuellen Verweisen nicht nur auf Goethes, sondern auch auf Hafis' *Diwan*. Auf diese Weise wird das Thema der kulturellen Herkunft in *Suleika spricht* doppelt, also auf inhaltlicher wie formaler Ebene gleichermaßen verhandelt. Wie die Sprecherin Suleika haben auch verschiedene Stilelemente von Raoul Schrotts Text eine west-östliche Herkunft, weil sie über eine lange interkulturelle (Literatur-)Geschichte verfügen, die von der orientalischen Dichtung über Goethe bis hin zu Raoul Schrotts Beitrag zum *New Divan* reicht.

Besonders deutlich treten Schrotts Anleihen an orientalische Quellen und Goethe im Titel seines Gedichts hervor. Raoul Schrott übernimmt mit *Suleika spricht* einen identischen Gedichttitel aus Goethes *West-östlichem Divan*, genauer gesagt den Titel des letzten Gedichtes aus dem *Buch der Betrachtungen* (Goethe 2010a, 49). Bei Goethes *Suleika spricht* handelt es sich um einen Vierzeiler aus alternierend vier- und fünfhebigen Jamben mit männlichem Kreuzreim, in dem es um die Schönheit der jungen weiblichen Sprechinstanz, den unvermeidlichen Prozess des Alterns, die Vorstellung von der ewig währenden „‚intuitio originaria' Gottes" und die Gleichsetzung von „Gottes- und Menschenliebe" (Goethe 2010b, 1090) geht. Motivisch wird hier das vier Bücher später im *West-östlichen Divan* platzierte achte Buch *Suleika Nameh. Buch Suleika* antizipiert.

In der Rezeption des *West-östlichen Divans* deutet man die Sprecherin Suleika vor allem biografisch. Demnach stelle „das achte Buch […] in vielerlei Hinsicht das Herzstück der Sammlung" dar und sei von Goethes wesentlich jüngerer Geliebten Marianne von Willemer [inspiriert worden], der Suleika der Gedichte, die häufig in Dialog mit dem Dichter tritt. Hier nimmt Goethe in Anlehnung an die Praxis persischer Dichtung erstmals das Pseudonym Hatem an. Fünf von Mariannes Gedichten hat Goethe ohne Nennung ihres Namens in den *West-östlichen Divan* aufgenommen. Marianne selbst identifizierte die von ihr verfassten Gedichte im Jahr 1856, mehr als 20 Jahre nach Goethes Tod, in einem Brief an Herman Grimm.[3]

Neben der Anekdote um Marianne von Willemer und ihrer Fiktionalisierung als Suleika im *West-östlichen Divan* hat der Name Suleika aber auch eine sehr viel breitere und ältere kulturgeschichtliche Bedeutung, denn er spielt in der Josefsgeschichte (Gen. 37–50), die sich sowohl im Koran als auch im Alten Testament findet, eine zentrale Rolle. In der Josefsgeschichte wird Suleika, die Frau des Potifar, als heimtückische und lüsterne Verführerin repräsentiert und hat, weil „die Verführungsszene [...] (Gen. 39, 1–23) [...] zu den populärsten Geschichten der Bibel" gehört, eine lange Rezeptionsgeschichte erfahren, die von Mehrdimensionalität und Transkulturalität „zwischen Ost und West" geprägt ist (Tiemann 2020, 3).

Bei Raoul Schrott nun wird der Name Suleika von seinem umfassenden kulturhistorischen Ballast befreit und in sehr viel prosaischere Kontexte der Gegenwart verlagert, denn hier ist Suleika eine Sprecherin, die von den Schwierigkeiten des Alltagslebens als Migrantin mit iranischer Herkunft in Deutschland berichtet. Als beklemmend empfindet sie ihre Position in einem anhaltenden Dazwischen. Während Homi K. Bhabha (1994) diese Position der Hybridität in den Postcolonial Studies als Konzept mit subversivem Potenzial entfaltet, da auf produktive Weise starre Grenzen aufgelöst werden, ist Suleikas Position vor allem von einem Gefühl des Prekär-Seins geprägt. Suleika fühlt sich nämlich weder der iranischen noch der deutschen Kultur zugehörig und bekommt in Deutschland, dem Land, in das ihr Vater vor der Islamischen Revolution geflohen ist, immer den Status einer Fremden zugewiesen. Auf dieses Markiert-Werden als Fremde macht unmittelbar der erste Vers des Gedichts aufmerksam. Dort heißt es: „woher ich komme? ist wieder und wieder die frage" (Schrott 2019, 70). *Suleika spricht* beginnt also mit einer Inversion, in welcher die für einen Fragesatz übliche Verb-Zweit-Stellung verletzt wird, wodurch das Interrogativpronomen „woher" als erstes Wort des Gedichtes besondere Betonung erfährt. Zugleich verweist die Inversion auf einen Dialog, der zuvor stattgefunden hat, weil sie als Rückfrage auf eine vorausgegangene Frage eines Gegenübers zu verstehen ist, das sich nach Suleikas Herkunft erkundigt. Bemerkenswert ist, dass der angedeutete Dialog im weiteren Verlauf

---

3 Diese Formulierungen stammen aus einem Werbetext für die Veranstaltung „A New Divan. Dichtung: A Woman's Voice is Revolution", die am 19. November 2019 an der Barenboim-Said-Akademie in Berlin stattgefunden hat. https://www.barenboimsaid.de/de/event/a-new-divan-68570 (28. Dezember 2023). – Terence Reed hinterfragt diese gängige Behauptung kritisch: 2010, 478.

des Gedichtes unmittelbar mit dem ersten Vers abbricht und fortan in ein monologisches Sprechen überführt wird. Auf diese Weise verzichtet Raoul Schrott darauf, der dialogischen Anlage des Prätextes, d. h. Goethes *Buch Suleika* im *West-östlichen Divan*, zu folgen, in dem Suleika im kontinuierlichen Austausch mit der anderen Sprechinstanz (Hatem) steht. Der Titel von Raoul Schrotts Gedicht ist also Programm: Es ist allein Suleika, die ihre Stimme erhebt; das Gegenüber, auf dessen Frage sie im ersten Vers reagiert, kommt nun nicht mehr zu Wort. Im Anschluss an Judith Butler ist die Frage nach Suleikas Herkunft als performativer Sprechakt zu bezeichnen, mittels dessen Suleika aus der Gemeinschaft des Eigenen und Bekannten (i. e. der deutschen Gesellschaft) aktiv ausgegrenzt und als kulturelle und rassifizierte ‚Andere' charakterisiert wird (vgl. Butler 2006, 9–11).[4] Im zweiten Teil des Verses betont die Sprecherin durch das zweimalige „wieder" – das in rhythmischer Hinsicht an einen Daktylus erinnert und lautliche Monotonie erzeugt – die unaufhörliche Konfrontation mit dieser Markierung als Migrantin bzw. als ‚Nicht-Deutsche'. Das substantivische „sie" zu Beginn des dritten Verses greift das Motiv der Frage nach der Herkunft erneut auf und verknüpft es mit Suleikas Vater. Dabei verweist die Wortwahl „sie *trifft* [meine Hervorhebung, F. B.] auch meinen vater" auf die gewaltvolle und verletzende Dimension dieses performativ-ausgrenzenden Sprechaktes, weil die Worte des fragenden Gegenübers einerseits die Wucht von Geschossen oder Stich-, Schlag- und Hiebwaffen haben. Zugleich wird, wie der zweite Teil des Verses deutlich macht, die als fremd wahrgenommene Herkunft mit dem semantischen Feld der Schuld assoziiert, indem die wiederholt gestellte Frage danach den Charakter einer Anklage hat. Ein Enjambement überträgt das Thema der Anklage auch in den vierten Vers und verbindet sich hier mit dem angedeuteten Fluchtgrund aus dem Iran.

Im Hinblick auf die doppelte Verhandlung von Herkunft, die sich in *Suleika spricht* sowohl auf inhaltlicher als auch auf formaler Ebene findet, ist Vers 6 interessant, der mithilfe eines erneuten Enjambements an Vers 5 gekoppelt ist. Hier taucht das Motiv des Weines auf, das für Hafis' Dichtung und Goethes *West-östlichen Divan* so bestimmend ist. Hafis – „Theologe, Lehrer für Exegese, ein profunder Kenner des Koran und der Frommen [sic!] Tradition" (Bürgel 2019, 184), aber keineswegs islamischer Dogmatiker – besingt in seinem *Diwan* den Genuss von Wein unzählige Male, wenn er beispielsweise von „Greife nach dem Glas, das Freuden ist geweiht" (Hafis 2019, 9), „Noch währt die Zeit der Jugend, das Beste / ist nur Wein; / Das Beste für Betrübte ist: wüst und trunken sein" (Hafis 2019, 10) oder „Schenke mit den Tulpenwangen, reich den Moschuswein" (Hafis 2019, 12) schreibt. Ganz ähnlich heißt es bei Goethe, der mit dem Motiv des Weingenusses einerseits auf sein großes persisches Vorbild Hafis anspielt, sich zugleich aber in

---

4 Vgl. zur Begriffsverwendung von ‚das Andere' und ‚das Fremde': Polaschegg 2005, 41–45.

die Tradition der Anakreontik einreiht (vgl. Bosse 2019, 21, 22; Detering 2019, 29), wenn er unter anderem ein ganzes Buch als „Saki Nameh. Das Schenkenbuch" betitelt und darin wie folgt dichtet:

> Trunken müssen wir alle seyn!
> Jugend ist Trunkenheit ohne Wein;
> Trinkt sich das Alter wieder zu Jugend,
> So ist es wundervolle Tugend.
> Für Sorgen sorgt das liebe Leben
> Und Sorgenbrecher sind die Reben. (Goethe 2010a, 105)

Die poetische Spielerei mit dem Weinmotiv – bei Hafis vor allem gegen religiöse Eiferer gerichtet, bei Goethe als intertextueller Bezug auf die Hafis'sche Dichtung und als anakreontische Lebensbejahung genutzt – fällt bei Raoul Schrott ähnlich wie bei der Übernahme des Namens Suleika deutlich prosaischer aus. In *Suleika spricht* wird der Wein mitnichten besungen; hier ist vielmehr die Rede von „zwei gläsern billigen weins", die der als Taxifahrer arbeitende Vater Suleikas trinkt, „sobald die schicht endet". Raoul Schrotts dichterische Version stellt das Weintrinken in den Kontext ökonomischer Begrenzung und trostloser Alltagspraxis nach harter und schlecht bezahlter Arbeit. Den Effekt dieses wenig poetischen Lebens in Deutschland beschreiben die Folgeverse (Verse 7–9): „er sieht sich nunmehr als bewahrer / unseres glaubens und hebt shiraz in den himmel als wäre es das paradies / vergessen die missgunst von seines gottes stellvertretern samt ihrer alibis". Mit dem Stichwort „shiraz" ist einmal mehr auf Hafis verwiesen, denn bei Shiraz scheint es sich nicht nur um die Heimat von Suleikas Vater zu handeln, die er aus Frustration paradiesisch verklärt. Sie ist – neben einer Rotweinsorte – zugleich die Heimatstadt und Wirkungsstätte von Hafis, wie sein vollständiger Name „Khwaja Shams-ud-Din Muhammed Hafez-e Shirazi" anzeigt und wie auch Goethe (2010a, 20) im *West-östlichen Divan* im Gedicht „Liebliches" vermerkt („Roth und weiß, gemischt, gesprenkelt / Wüßt' ich schönres nicht zu schauen; / Doch wie *Hafis* kommt *dein Schiras* [meine Hervorhebung, F. B.] / Auf des Nordens trübe Gauen?"). Neben der verklärenden Sehnsucht nach dem Heimatort des Vaters findet in *Suleika spricht* in Reaktion auf die Situation in Deutschland auch eine Rückwendung zur Religiosität statt, die einerseits in ihrer dogmatischen Ausrichtung als Fluchtursache benannt wird, zugleich aber in Deutschland weiterhin identitätsstiftend ist. In Vers 10 gibt es eine mehrdeutige Formulierung, weil unklar bleibt, ob sich das flektierte Personalpronomen „ihm" auf Suleikas Vater oder auf eine göttliche Instanz bezieht („erst mit 15 habe ich meine augen vor ihm nicht mehr zu boden gewendet"). Auf diese Weise kann einerseits auf die besonders mächtige Position des Vaters im Familienverbund in einer patriarchalisch organisierten Religion verwiesen werden, andererseits ließe sich der Vers als Beschreibung von Suleikas Ehrfurcht vor Allah verstehen.

Die unangenehm ambivalente Position zwischen religiös-kultureller Identität und Alterität kommt in den folgenden Versen zum Ausdruck, denn wenngleich die Zugehörigkeit zum Islam Identität stiftet, wird sie in Deutschland im Verbund mit rassifizierten Merkmalen wie der „dünkleren haut der schwarzen haare und der nase" als Zeichen der Alterität wahrgenommen, denn der „hidjab" sorgt in der christlich geprägten Kultur des Westens ebenfalls für „abschätzige blicke von aussen", wie es in Vers 15 heißt. Auch diese Blicke lassen sich – ähnlich wie die Frage nach der Herkunft als performativer Sprechakt – als Ausschlussstrategie aus der deutschen Gesellschaft bewerten.

Ein zentrales Motiv aus dem *West-östlichen Divan* wird ab Vers 18 aufgegriffen, denn hier ist die Rede davon, dass Suleika „dolmetsch studieren"[5] durfte. Bei Goethe stellt das Übersetzen insgesamt eine entscheidende Technik für den Kulturaustausch dar und bestimmt auch sein eigenes Schaffen: Unter anderem hat er eigene Übersetzungen von literarischen Texten angefertigt, sich intensiv mit Übersetzungen von Zeitgenossen befasst oder in den *Noten und Abhandlungen* des *West-östlichen Divans* und in Ausführungen über sein Konzept der Weltliteratur[6] die enorme Bedeutung des Übersetzens für einen gelingenden Dialog zwischen unterschiedlichen Kulturen hervorgehoben (vgl. Birus 2004, 1). Nicht zuletzt ist der *West-östliche Divan* selbst als eine „fruit of translation" zu bewerten, wie Stefan Weidner in seinem Essay „The New Tasks of the Translator: The *West-Eastern Divan* and the problematic legacy of translation theories from Goethe to Benjamin" ausführt:

---

[5] Bei der Verwendung von „dolmetsch" macht sich die österreichische Herkunft des Autors Raoul Schrott bemerkbar, weil es sich um eine landesspezifische Abwandlung des hochdeutschen „Dolmetscher" handelt. Vgl. o. V., DWDS 2024.

[6] Goethe schreibt in einem auf den 20. Juli 1827 datierten Brief an Thomas Carlyle über die Übersetzung als wichtige Grundlage eines gelungenen Kulturaustauschs: „Eine wahrhaft allgemeine Duldung wird am sichersten erreicht, wenn man das Besondere der einzelnen Menschen und Völkerschaften auf sich beruhen läßt, bei der Überzeugung jedoch festhält, daß das wahrhaft Verdienstliche sich dadurch auszeichnet, daß es der ganzen Menschheit angehört. Zu einer solchen Vermittlung und wechselseitigen Anerkennung tragen die Deutschen seit langer Zeit schon bei. Wer die deutsche Sprache versteht und studiert befindet sich auf dem Markte wo alle Nationen ihre Waren anbieten, er spielt den Dolmetscher indem er sich selbst bereichert. Und so ist jeder Übersetzer [sic!] anzusehen, daß er sich als Vermittler dieses allgemein geistigen Handels bemüht, und den Wechseltausch zu befördern sich zum Geschäft macht. Denn, was man auch von der Unzulänglichkeit des Übersetzens sagen mag, so ist und bleibt es doch eins der wichtigsten und würdigsten Geschäfte in dem allgemeinen Weltwesen." (Goethe 1993, 498)

> Many of Goethe's works are indebted to his encounters and engagement with other literature. The *West-Eastern Divan* is an exception in that in this instance the stimulus derived from a totally different cultural context and was mediated by a translation from a language which Goethe [...] had not mastered. [...] When Goethe encountered Hafiz in Hammer-Purgstall's 1812 translation[ ] and became fascinated by him, he found himself in a similar situation familiar to most modern readers [...] when dealing with foreign-language literature, namely: having to rely on the translation. (Weidner 2019, 141)

Anders als Goethe, der immer wieder nachdrücklich auf den Wert der Übersetzung für die „Vermittlung und wechselseitige[ ] Anerkennung" (Goethe 1993, 498) zwischen unterschiedlichen Kulturen verweist, geht es in *Suleika spricht* nicht um das interkulturelle Potenzial des Dolmetschens. Suleika wird in ihrer Profession vielmehr mit den herausfordernden Eigenschaften der deutschen Sprache konfrontiert, wie sich in den Versen 20 bis 22 zeigt, wobei die Wörter in Vers 22 durch eingefügte Hochpunkte besonderes Gewicht entfalten: „und stosse dabei allerorts auf worte die eine kehrseite besitzen / sodass sie am ende ihre bedeutung verlieren: / weg und weg • pass und pass • schloss und schloss • bank und bank". Wenngleich diese Verse die als Hürde empfundene Komplexität des Deutschen thematisieren, liegt ihnen doch ein spielerisches Moment zugrunde. Einerseits sind die Homonyme und Polyseme, die Vers 22 auflistet, Bestandteil des Teekesselchen-Spiels. Andererseits bilden sie einen jeweils rührenden Reim und dieser ist wiederum dem identischen Reim ähnlich, der ein übliches Stilmittel in der ‚orientalischen' Gedichtform des Ghasels ist, d. h. jener Form, als deren besonders prominenter Dichter Hafis gilt.

Dass sich hier persische Tradition und deutsche Sprachkomplexität miteinander verbinden, zeigt Vers 23, wo Suleika die Frage stellt, welche Seite sie vereinnahme. Zwar werden die beiden Seiten (iranische und deutsche Kultur) nicht explizit benannt; aber sie ergeben sich aus dem spielerischen Gebrauch des rührenden Reims in Vers 22, der sowohl auf das deutsche Teekesselchen-Spiel und die ihm zugrunde liegenden linguistischen Phänomene von Homonymie und Polysemie als auch auf ein beliebtes Charakteristikum des Ghasels verweist. Sowohl der iranischen als auch der deutschen Kultur attestiert Suleika Formen von Unfreiheit, was auf ihre Erfahrungen mit der islamistischen Regierung des Irans und der Xenophobie in Deutschland zurückzuführen ist, die insbesondere in den ersten Versen des Gedichtes angesprochen werden.

Ein weiterer intertextueller Verweis auf Goethe, der sich in Schrotts künstlerisches Prinzip einreiht, fremde Passagen aus anderen literarischen Quellen ostentativ in sein Gedicht *Suleika spricht* aufzunehmen, findet sich kurz darauf in Vers 31: „keiner beschwere sich über das niederträchtige". Hierbei handelt es sich um ein leicht abgewandeltes Zitat aus dem Gedicht *Wanderers Gemütsruhe*, das dem *Rendsch Nameh. Buch des Unmuts* im *West-östlichen Divan* zugeordnet ist:

> Ueber's Niederträchtige
> Niemand sich beklage;
> Denn es ist das Mächtige,
> Was man dir auch sage.
> In dem Schlechten waltet es
> Sich zu Hochgewinne,
> Und mit Rechtem schaltet es
> Ganz nach seinem Sinne.
> Wandrer! – Gegen solche Noth
> Wolltest du dich sträuben?
> Wirbelwind und trocknen Kot,
> Laß sie drehn und stäuben. (Goethe 2010a, 58)

Auch Goethes Gedicht, das durchgängig aus Kreuzreimen besteht, operiert mit Intertextualität, denn der erste Vers verweist auf einen Prätext ‚orientalischer' Provenienz, genauer gesagt auf die Worte Mohammeds: „Gott, ich flüchte mich zu Dir vor der Niederträchtigkeit und allen Niederträchtigkeiten, die darauf folgen".[7] Während Mohammed dazu rät, der Schlechtigkeit der Welt durch die Flucht zu Gott zu entkommen, empfehlen Goethes säkulare Verse, ihr mit der titelgebenden Gemütsruhe zu begegnen. Die Sprecherin in Raoul Schrotts Gedicht wiederum reagiert diesbezüglich mit Unmut, jener Emotion also, die im Titel des Buches des *West-östlichen Divans* benannt wird, zu dem das Gedicht *Wanderers Gemütsruhe* gehört (*Rendsch Nameh. Buch des Unmuts*): Für sie stellt die in Vers 30 thematisierte deutsche Höflichkeit, die nichts weiter als Heuchelei ist und auch „ärgerlichste[ ] feindschaft" verbergen kann, eine Form der Niedertracht dar, allerdings helfen ihr Goethes Ratschläge nicht weiter, denn es heißt im zweiten Teil von Vers 33 nach der Zäsur durch einen Hochpunkt eher hilflos und die eigene Isolation beklagend: „wie also weitermachen – auf sich gestellt". Dass ihr Goethe nicht als Ratgeber zur Seite zu stehen vermag, markiert das Possessivpronomen im ersten Teil desselben Verses: „wie *euer* [meine Hervorhebung, F. B.] Goethe meint". Dadurch wird Goethe nicht etwa in der Rolle des Brückenbauers zwischen deutscher und iranischer Kultur wahrgenommen, wie es in der Rezeption des *West-östlichen Divans* seit der Jahrtausendwende üblich ist, sondern aus einer distanzierten Perspektive unmissverständlich der deutschen Seite zugewiesen.

Vers 35 greift Vers 22 motivisch auf und listet erneut drei verschiedene Paare von Homonymen auf, wobei sie wie zuvor durch Hochpunkte voneinander getrennt sind. Auf diese Weise betont das Gedicht ein weiteres Mal Suleikas Verlorensein in der deutschen Sprache, verweist aber zugleich auch auf die identischen Reime im Ghasel, die den Homonymen durch die jeweils selbe Schreibweise und denselben Klang ähnlich sind. Der finale Vers schließlich bildet eine Form von

---

7 Sunna, Nr. 56, zit. n. Goethe 2010b, 1119.

Rahmung, weil er wie Vers 1 als Frage formuliert ist. Hier geht es um die ambivalente Gefühlslage Suleikas, die zwischen „hoffnungen" und „harm" schwankt und damit ihre gesamte Position benennt, die sich in einem beständigen Dazwischen befindet: zwischen Deutschland und Iran, zwischen westlicher und östlicher Kultur, zwischen den Sprachen und eben auch zwischen Zuversicht und Leid.

Fazit

Raoul Schrotts Beitrag zur Publikation *A New Divan*, die anlässlich des 200. Jubiläums von Goethes *West-östlichem Divan* herausgegeben wurde, reiht sich nicht in die übliche Rezeption von Goethes Gedichtsammlung und dem angehängten Essayteil *Noten und Abhandlungen* ein, in deren Rahmen vor allem der vermeintlich gelungene Brückenschlag zwischen Ost und West hervorgehoben wird. Schrotts Gedicht *Suleika spricht* befasst sich aus der imaginierten Perspektive einer Deutsch-Iranerin vielmehr mit der prekären Position des Dazwischen: Suleika fühlt sich weder der iranischen noch der deutschen Kultur zugehörig, weil der Iran von einem fundamentalistisch-religiösen Regime beherrscht ist, vor dessen menschenverachtender Herrschaft ihr Vater fliehen musste, und weil sie in Deutschland stets als Fremde wahrgenommen und adressiert wird. Das Thema der Herkunft, das im Zentrum des Gedichts steht, verbindet Raoul Schrott mit einem poetisch-intertextuellen Spiel um stilistische und motivische Elemente, die anderen Quellen aus dem orientalischen Raum, insbesondere der Dichtung von Hafis, sowie Goethes *West-östlichem Divan* entnommen sind. Wenngleich es als Verdienst Raoul Schrotts zu bewerten ist, dass er mitnichten dem gängigen Tenor der *Divan*-Rezeption folgt, wonach sich in Goethes west-östlicher Dichtung die Überzeugung widerspiegele, „dass sich unterschiedliche Kulturen begegnen und verstehen können" (Nettling 2023), besteht in der Aneignung einer Sprecherinnenposition der fiktiven Deutsch-Iranerin Suleika die Gefahr, Stereotype über Migrant:innen mit ‚orientalischer' Herkunft zu verfestigen.

Literaturverzeichnis

Bhabha, Homi K. *The Location of Culture*. London, New York: Routledge, 1994.
Bhatti, Anil. „"....zwischen zwei Welten schwebend...'. Zu Goethes Fremdheitsexperiment im West-östlichen Divan." *Goethe: Neue Ansichten – Neue Einsichten*. Hg. Hans-Jörg Knobloch und Helmut Koopmann. Würzburg: Königshausen & Neumann, 2007. 103–122.

Birus, Hendrik. *Goethes Idee der Weltliteratur. Eine historische Vergegenwärtigung*. http://www.goethe zeitportal.de/db/wiss/goethe/birus_weltliteratur.pdf. Goethezeitportal 2004 (20. Januar 2024).

Bosse, Anke. „West-östliche, ost-westliche Verbindungen. Goethes *Divan* als Modell – anhaltend aktuell." *Goethe-Jahrbuch* 136 (2019): 19–26.

Burdorf, Dieter. „Formentauschend. Hofmannsthals Ghaselen im gattungsgeschichtlichen Kontext." *Hofmannsthal. Jahrbuch zur europäischen Moderne* 20 (2012): 109–140.

Bürgel, Johann Christoph. „Nachwort." Hafis, Muhammad Schams ad-Din. *Gedichte aus dem Diwan*. Hg. ders. Dittlingen: Reclam, 2019. 158–199.

Butler, Judith. *Haß spricht. Zur Politik des Performativen*. Übers. v. Kathrina Menke und Markus Krist. Frankfurt a. M.: Suhrkamp, 2006.

Detering, Heinrich. „,Im Islam leben und sterben wir alle'. Goethes *Divan* im Kontext." *Goethe-Jahrbuch* 136 (2019): 27–30.

Goethe, Johann Wolfgang von. „Die letzten Jahre. 1823–1828." Ders. *Gesamte Werkausgabe. Zweite Abteilung: Sämtliche Werke. Briefe, Tagebücher und Gespräche*. Bd. 10. Hg. Horst Fleig. Frankfurt a. M.: Suhrkamp, 1993.

Goethe, Johann Wolfgang von. *West-östlicher Divan*. Neue, völlig revidierte Ausgabe. Teilbd. 1: Texte und Kommentar 1. Hg. Hendrik Birus. Berlin: Insel, 2010a.

Goethe, Johann Wolfgang von. *West-östlicher Divan*. Neue, völlig revidierte Ausgabe. Teilbd. 2: Kommentar 2. Hg. Hendrik Birus. Berlin: Insel, 2010b.

Hafis, Muhammad Schams ad-Din. *Gedichte aus dem Diwan*. Hg. Johann Christoph Bürgel. Ditzingen: Reclam, 2019.

Lubrich, Oliver. „Geometrie der Gefühle (Nachwort)." Raoul Schrott. *Liebesgedichte*. Berlin: Insel, 2010. 103–119.

Nettling, Astrid. *200 Jahre „West-östlicher Divan". Goethes dichterischer Brückenschlag*. Deutschlandfunk Kultur, 2. August 2019. https://www.deutschlandfunkkultur.de/200-jahre-west-oestlicher-divan-goethes-dichterischer-100.html (6. Januar 2024).

Nettling, Astrid. „*West-östlicher Divan*". Goethes poetischer Brückenschlag zwischen den Welten. Deutschlandfunk Kultur, 7. Juli 2023. https://www.deutschlandfunkkultur.de/lyriksommer-poetischer-brueckenschlag-zwischen-den-welten-feature-dlf-kultur-f5655b27-100.html (8. Januar 2024).

O. V. „Art. ,Dolmetsch'". *Digitales Wörterbuch der deutschen Sprache. Das Wortauskunftssystem zur deutschen Sprache in Geschichte und Gegenwart*. Hg. Berlin-Brandenburgische Akademie der Wissenschaften. https://www.dwds.de/wb/Dolmetsch (5. Januar 2024).

Polaschegg, Andrea. *Der andere Orientalismus. Regeln deutsch-morgenländischer Imagination im 19. Jahrhundert*. Berlin, New York: De Gruyter, 2005.

Reed, Terence James. „Was hat Marianne wirklich geschrieben? Skeptische Stimmen aus England." *Liber Amicorum: Katharina Mommsen zum 85. Geburtstag*. Hg. Andreas Remmel und Paul Remmel. Bonn: Bernstein, 2010. 465–481.

Schröter, Jens. „Überlegungen zu Medientheorie und Fiktionalität." *Fiktion im Vergleich der Künste und Medien*. Hg. Anne Enderwitz und Irina O. Rajewsky. Berlin, Boston: De Gruyter, 2016. 97–124.

Schrott, Raoul. „Suleika spricht." *A New Divan. A Lyrical Dialogue Between East & West*. Hg. Barbara Schwepcke und Bill Swainson. London: Gingko, 2019. 70–73.

Tiemann, Manfred. *Josef und die Frau Potifars im populärkulturellen Kontext. Transkulturelle Verflechtungen in Theologie, Bildender Kunst, Literatur, Musik und Film*. Wiesbaden: Springer VS, 2020.

Weidner, Stefan. „The New Tasks of the Translator: The West-Eastern Divan and the problematic legacy of translation theories from Goethe to Benjamin." *A New Divan. A Lyrical Dialogue Between East & West*. Hg. Barbara Schwepcke und Bill Swainson. London: Gingko, 2019. 141–150.

Zobl, Susanne. „Der Mut der Literatur besteht darin, auch das Unbequeme darzustellen." *News* 13 (2023): 64–67.

Iulia-Karin Patrut
Armut und soziale Herkunft bei Herta Müller – *Mein Vaterland war ein Apfelkern* (2014)

Im Werk Herta Müllers, die als deutsch-rumänische Schriftstellerin 2008 den Literaturnobelpreis insbesondere für die literarische Darstellung des Lebens unter der Diktatur in Rumänien und der Auswirkungen von Unterdrückung, Angst und Identitätsverlust auf die individuelle Psyche erhielt, ist soziale Herkunft schon auf den ersten Blick als Thema präsent. Allerdings fehlen bislang systematische Bestandsaufnahmen und Untersuchungen. Erst recht ist klärungsbedürftig, in welchen Wechselbeziehungen soziale Herkunft mit politischer Isolation, Marginalisierung und dem Überleben im repressiven Regime sowie mit sprachlicher, kultureller und geschlechtlicher Diversität steht. Armut wird vor allem im Zusammenhang von Diktatur und Staatswirtschaft diskutiert, was wiederum Unterschiede innerhalb Rumäniens und die Spezifika des Umgangs dieser einen Familie mit den kargen Lebensumständen ausblendet. Punktuell wird Armut auch im Kontext der Auswanderung von Rumänien nach Deutschland diskutiert (Hakkarainen 2012). Die neuere Forschung, die sich mit sozialer Zugehörigkeit befasst, fokussiert sprachliche und kulturelle Aspekte (Acker 2022), nicht die sozialen Implikationen und Facetten familiärer Herkunft. Eine rezente Monographie zum Heimat-Komplex widmet sich der Armut ausgehend von den Romanfiguren Irene in *Reisende auf einem Bein* und Lola in *Herztier*, wobei erstere nach Deutschland auswandert und zweitere für die Banater Schwaben eine ‚fremde' Südrumänin ist (Zehschnetzler 2021). Aufschlussreich und anschlussfähig ist ein Aufsatz Paola Bozzis zur Autofiktionalität (Bozzi 2013) sowie ihr Aufsatz zu diesem Themenkomplex im Herta Müller-Handbuch (Bozzi 2017). Autosoziobiographische Aspekte werden im Herta Müller-Handbuch lediglich punktuell gestreift (Eke 2017).

Dieser Beitrag möchte zum einen Indizien für die Relevanz des Themas im Werkzusammenhang benennen, zum anderen die Ergiebigkeit des Paradigmas Autosoziobiographie für das Werk Herta Müllers, ausgehend von *Mein Vaterland war ein Apfelkern* (2014) erproben. Dieses Buch entstand als Ergebnis von Gesprächen zwischen Herta Müller und der Lektorin Angelika Klammer. Diese Gespräche haben überwiegend in den Jahren 2013 und 2014 stattgefunden, mit Blick auf die *Atemschaukel* bereits 2009. Angelika Klammer stellte keine Fragen, sondern gab kurze Redeimpulse, die Formulierungen enthalten, welche aus Werken Müllers entnommen sind. Im Anmerkungsapparat werden die aufgegriffenen Stellen benannt, und dadurch wird *Mein Vaterland war ein Apfelkern* mit dem gesamten Werkkonvolut verwoben: von Essay-Bänden wie *Der König verneigt sich und tötet* (2003) über die Erzählungen im Band *Niederungen* (1984) bis hin zu den Romanen *Herztier* (1994) und *Reisende auf einem Bein* (1989) und vielen anderen Texten. Dadurch, dass Müllers Reaktionen auf die Redeanlässe autosoziobiographisch zugespitzt sind, aber durch Impulse aus unterschiedlichen Werksegmenten ausgelöst werden, wird die Relevanz autosoziobiographischer Aspekte für das gesamte Werkkonvolut deutlich.

Dabei reflektiert Müller gerade in *Mein Vaterland war ein Apfelkern* die retrospektive, fiktionale Konstruktion der eigenen Kindheit:

> Wenn man Kindheit aufschreibt, wird sie schlimmer, als sie war. In der Kinderperspektive der Literatur steckt ein literarischer Trick. Es ist schon viel Reales drin, aber alles Wörter voreinander, hintereinander, nacheinander gesetzt – aber im Erlebten war es durcheinander, übereinander, gleichzeitig und gestapelt. (Müller 2014, 18)

Narrativierung, also die Herausbildung von Erzählsträngen – hier in Bezug auf die eigene Kindheit – aber auch Schriftart und Druckbild von Texten spricht von Müller unter konstruktivistischen Gesichtspunkten an. Damit ist die Authentizitätsfiktion von Anfang an durchbrochen.

Nichtsdestotrotz – oder erst recht – lassen sich die Darstellungen der eigenen Kindheitserfahrungen mühelos mit dem Konvolut der in den letzten Jahren entstehenden Autosoziobiographien verbinden, wie die Freiburger Tagung *Herkünfte erzählen*, die Anlass für diesen Aufsatz war, gezeigt hat. Denn zentrale Topoi wie die Bildungs- und Kunstferne der eigenen Herkunftsfamilie, die Bedeutung körperlicher Arbeit (einschließlich Kinderarbeit), das Gefangensein in einem Sozialmilieu, dem man sich eigentlich nicht zugehörig fühlt, Scham- und Minderwertigkeitsgefühle in Bezug auf die eigene Familie sowie Erfahrungen familiärer Gewalt gehören zu den häufigen wiederkehrenden Motiven in Müllers Werk.

Auch über die Belege und Verweise im Anmerkungsapparat von *Mein Vaterland war ein Apfelkern* (2014) hinaus lassen sich unschwer zahlreiche weitere ergiebige Textstellen ausmachen, unter anderem und gerade in den Collagenbänden. So lässt sich die Hypothese aufstellen, dass autosoziobiographische Aspekte eine bislang unterschätzte Rolle in der Rezeption der Werke Müllers spielen, und dass deren Betrachtung im Kontext anderer autosoziobiographischer Texte und Theorieansätze durchaus erhellend sein kann.

Dabei ist die Frage nach ‚Herkunft' in Hinsicht auf die Texte der aus dem Banat in Rumänien stammenden Schriftstellerin durchaus nicht neu, aber sie wurde zumeist ethnisierend zugespitzt, sowohl mit Blick auf die Zugehörigkeit Müllers zur deutschsprachigen Minderheit im rumänischen Staat als auch mit Blick auf ihre Übersiedlung in die Bundesrepublik, wo ihre Erfahrungen in Rumänien den wenigsten vertraut waren und ihre Texte daher zunächst als ‚partikulär' oder gar als ethnisch ‚anders' oder ‚fremd' eingefärbt wahrgenommen wurden. Dies weist freilich eher auf Probleme des Konzeptes ‚Ethnizität' hin, als dass es für Müllers Texte, insbesondere in Bezug auf Herkunft, erhellend sein könnte. Jedenfalls wurde Müllers Prosa bislang überwiegend in Bezug auf den Systemunterschied sowie auf Interkulturalität und Migration betrachtet. Die sozialen Aspekte der Darstellung von Herkunft in ihren Texten und Kollagen blieben hingegen weitgehend unterbelichtet.

Im ersten Teil des Aufsatzes werden daher einige Indizien für die Relevanz des Themas benannt, um dann die topisch einschlägigen autosoziobiographischen Aspekte der Kindheitsdarstellungen in *Mein Vaterland war ein Apfelkern* zu untersuchen. Dabei werden insbesondere die Themenkomplexe Armut, (Kinder-)Arbeit, familiäre Gewalt und Kunst- sowie Bildungsfeindschaft untersucht. Ein Ausblick lotet weitere diesbezügliche Potentiale des Collagenwerks aus.

1 Ärmliche Herkunft – ein unterbelichtetes Thema

Müllers Zugehörigkeit zur deutschsprachigen Minderheit in Rumänien, den Banater Schwaben, beeinflusst die Perspektivenvielfalt und auch die Themenwahl vieler ihrer Texte deutlich. Diese Minderheit hatte eine teils privilegierte, teils benachteiligte Stellung im kommunistischen Rumänien: Einerseits liefen sie Gefahr von den politischen Kräften als Protofaschisten angesehen zu werden, hatten doch viele der Männer – so auch Müllers Vater – der Waffen-SS angehört, anderseits fühlten sich die Minderheitenangehörigen gegenüber Rumänen, Ungarn und Roma deutlich überlegen. Zudem konnten Minderheitendeutsche die Diktatur leichter verlassen, wenn sie vom deutschen Staat ‚freigekauft' wurden. Die ethnische Zugehörigkeit hing daher in vielfältiger Weise mit den sozialen Hierarchien zusammen und prägte das gesellschaftliche Klima, das von Diktatur und Überwachung, von Misstrauen und Diskriminierung gekennzeichnet war. Müller schildert das banatschwäbische Dorf als einen Ort der Doppelmoral, tiefer Verletzungen, aber auch ungelernter Lektionen der Geschichte, denn die eigene Verantwortung und Schuld am Nationalsozialismus und seinen Verbrechen wurde weder realisiert noch thematisiert, dafür übten sich viele ununterbrochen in schwerer körperlicher Arbeit. Diese Arbeit diente zum einen dem Lebenserhalt, der durch Subsistenzwirtschaft aufgebessert wurde. Zum anderen kam die Arbeit einer Flucht vor sich selbst gleich, sie schob das Nachdenken über die eigene Mitschuld am Nationalsozialismus endlos auf, führte zu Unnahbarkeit und sozialer Kälte in der Familie, erzeugte Überlegenheitsgefühle gegenüber den Rumänen und Roma, die als faul galten, und fungierte als Ersatz für Identität, Ethik und Moral.

> Ich glaube, in diesem Dorf war überall etwas ein bisschen gefälscht. Was so dastand wie immer, wie seine öden dreihundert Jahre, war doch in Wahrheit längst aus den Angeln gehoben durch die Katastrophen der Geschichte. Die innere Verstörung wurde zugedeckt durch äußere Sturheit. Fleiß, Sauberkeit, Ausdauer und vor allem dieses Gemisch aus Arroganz und Minderwertigkeitsgefühl. (Müller 2014, 36)

Angesichts des hohen autofiktionalen Anteils der Texte spielen Müllers eigene Erfahrungen als Angehörige der deutschsprachigen Minderheit in Rumänien und als Tochter von Eltern, die in den Wirren des Zweiten Weltkriegs und der anschließenden kommunistischen Herrschaft traumatisiert wurden, spielen in vielen ihrer Texte eine wichtige Rolle. Diese Herkunft brachte Müller in eine besondere soziale Position, mit der sie bereits als Kind in ihren autofiktionalen Darstellungen ringt:

> Weil die Rumänen ihre Verbrechen leugneten, bestritt mein Vater die Verbrechen der SS auch vor mir, es gab harten Streit. Meine Mutter schwieg übers Lager, mein Großvater galt dem Staat als „ausbeutende Klasse", seine Felder, sein Kolonialwarenladen, seine Goldbarren wurden enteignet. (Müller 2014, 36)

In Müllers Werken gibt es viele Anhaltspunkte für die Interdependenz des sozialen Status mit den politischen Verhältnissen der Diktatur, aber auch mit ethnisch begründeten Machtasymmetrien. Die Zugehörigkeit zur diktatorischen Nomenklatur verleiht ebenso Privilegien wie jene zur deutschsprachigen Minderheit. Beides wird in Müllers Texten desavouiert – sie verwendet dafür die Metapher des ‚Frosches' der deutschen Minderheit bzw. der Diktatur – und viele Texte thematisieren auch die Geschlechterasymmetrie, insbesondere indem sie männliche Angehörige des sozialistischen Machtapparats in übergriffigen Rollen zeigen. Mechanismen staatlicher Kontrolle und die Auswirkungen auf das Leben der Individuen determinieren also unmittelbar den sozialen Stand, wobei im Werk Müllers selbstverständlich jene Figuren, die sich dem diktatorischen Apparat andienen, um auf Kosten der Denunzierten eine bessere Stellung zu erlangen, entlarvt werden. Aber auch abgesehen davon wohnt der sozialen Herkunft ihrer Figuren, die oft aus einfachen Verhältnissen oder marginalisierten Gruppen stammen, eine wesentliche Bedeutung inne – etwa hinsichtlich der Frage, wie sie Unterdrückung erleben und damit umgehen. Neben den Machtstrukturen zählen außerdem die sozialen Hierarchien und deren Implikationen zu den wiederkehrenden Themen. Dazu gehört auch die Erinnerung an den sozialen Absturz des Großvaters vom wohlhabenden Besitzer eines Kolonialwarenladens zum enteigneten Klassenfeind, der sich in das arme Kollektiv des Dorfes eingliedern muss und wie die meisten auf Subsistenzwirtschaft angewiesen ist. Eben zu dieser Subsistenzwirtschaft unter prekären Bedingungen leistet auch das autofiktionale Kindheits-Ich Müllers einen Beitrag: Das kleine Mädchen muss tagein, tagaus die drei Kühe der Familie allein im weitab gelegenen Tal hüten und auch sonst, wann immer kein Schulunterricht stattfindet, schwere körperliche Arbeiten verrichten.

All diese Aspekte prädestinieren das Werk der Autorin für eine intersektionale Analyse (Arnaudova 2020), die jedoch nicht im Fokus dieses Aufsatzes liegt; vielmehr gilt es hier hauptsächlich, das Augenmerk auf bislang übersehene Aspekte der Darstellung sozialer Herkunft bei Müller zu richten, einschließlich der Auseinandersetzung mit Armut und Arbeit.

Müllers Figuren sind nicht selten zur Flucht gezwungene Individuen, die ihre Heimat verlassen müssen und in der Fremde mit Vorurteilen und Isolation konfrontiert sind. Diese Erfahrungen mögen Müllers eigenes Leben als Emigrantin und komplexe Identitätskonflikte reflektieren, die sich aus einer solchen Situation ergeben. Die soziale Herkunft beeinflusst hier die Art, wie die Figuren ihre neue Umgebung wahrnehmen und wie sie sich darin zurechtfinden. Zentral ist dabei die Sprache als Identitätsmarker. Die soziale Herkunft der Figuren beeinflusst in Müllers Texten ihre sprachliche Ausdrucksweise und ihre Fähigkeit, sich in verschiedenen kulturellen Kontexten zurechtzufinden, deutlich. Gleichzeitig stellen bereits die Erzählungen im Band *Niederungen* die Funktion der Sprache als Instrument der Macht und Unterdrückung aus. Soziale Zugehörigkeit manifestiert sich ebenso sprachlich, wobei die ‚niedere' Herkunft auch als Resilienzressource fungieren kann: Figuren aus einfachsten, ländlichen Verhältnissen erscheint bei Müller der diktatorische Verwaltungs- und Machtapparat so fremd, dass sie ihn leichter durchschauen und eine gewisse Widerständigkeit entwickeln können.

Es ist erstaunlich, dass Müllers Texte so selten unter Gesichtspunkten sozialer Herkunft diskutiert wurden, zumal in den allermeisten literarischen Texten der Nobelpreisträgerin das Leben der unteren sozialen Schichten, insbesondere der Arbeiter und Bauern in Rumänien geschildert wird. Wenn dagegen relativer Reichtum dargestellt wird, so meist auch mit Blick auf seine Fragwürdigkeit – sei es, dass es sich nur um einen dünnen Firnis handelt, der die eigentliche Armut kaschiert, sei es mit Blick auf die Illegitimität großer Unterschiede zwischen Arm und Reich oder sei es, dass er als Prämie für die Kollaboration mit der Diktatur entlarvt wird. Dies gilt bereits für die Erzählungen in *Niederungen* (1984) und *Barfüßiger Februar* (1987) und prägt als Konstante spätere Erzählungen und Romane, am wenigsten vielleicht die *Atemschaukel*, wo mit dem Lager ein Heterotopos im Fokus steht. Harte körperliche Arbeit, prekäre Lebensbedingungen, Armut und Hoffnungslosigkeit werden ansonsten vielerorts in ihrer sozialen und politischen

Bedingtheit offengelegt und ihrer Korrelation mit anderen Machtasymmetrien, etwa geschlechtlichen, ausgeleuchtet. *Der Mensch ist ein großer Fasan auf der Welt* zeigt beispielsweise mit Windisch einen Vater, der es schließlich mit ansieht, wie seine junge Tochter Amalie vom Dorfpfarrer sexuell missbraucht wird, damit seine Familie vielleicht der Armut im banatschwäbischen Dorf entkommen und Ausreisepapiere nach Deutschland erhalten kann. Zu den Verschränkungen unterschiedlicher Formen der Inferiorisierung großer Teile der Bevölkerung während der Diktatur in Rumänien gehört auch die Darstellung struktureller Effekte dieser Herrschaftsform, die systematisch zur Verarmung der Bevölkerung während der Ceaușescu-Zeit geführt haben. Die systematische Kontrolle und Ausbeutung durch den Staat führte nicht nur zu einem Mangel an grundlegenden Freiheiten, sondern auch zu materieller Not, insbesondere durch Massenenteignungen und Deportationen in entlegene und wenig fruchtbare Regionen – zwei Maßnahmen, von denen die minderheitendeutsche Bevölkerung, die prinzipiell des Systemverrats verdächtigt wurde, besonders betroffen war. Armut wird also nicht selten als direkter Effekt politischer Unterdrückung dargestellt, und zwar implizit bereits ab den Erzählungen in *Niederungen*, die aus diesem Grund in der ersten Ausgabe in Rumänien nur zensiert erscheinen konnten.

Armut prägt aber auch die Erfahrung des Exils; wenngleich sie nicht im Vordergrund steht, transponiert sich die verinnerlichte Armut der aus dem rumänischen Banat Ausgewanderten in die vom Konsumkapitalismus geprägte Bundesrepublik. Dabei zeigt sich erstens die Komplexität der Interdependenzen von Armut mit anderen Merkmalen bzw. Erfahrungen, insbesondere jener der Migration; zweitens kommt die Persistenz von Verhaltensmustern zum Ausdruck, die durch lange Entbehrungen geprägt wurden, etwa in der Gestalt der Mutter, die in einem deutschen Park Tauben fangen möchte, um sie zu braten.

2 Arbeit

> Das Arbeiten war bei meiner Mutter mechanisch, es war ihr Naturell. Sie wurde nicht müde, sie war beim Arbeiten sowohl völlig abwesend als auch ganz dabei. Weil sie abwesend war von sich selbst, wurde sie zu dem, was sie mit den Händen tat. Sie verschwand als Person und wurde motorisch, ein Vorgang mit Kleid und Schürze. [...] Ihre Hände arbeiteten immer, außer im Schlaf. [...] Ob es ein Glück ist, den Kopf zu vergessen und sich der schwersten Arbeit selbstlos zur Verfügung zu stellen, wer weiß. (Müller 2014, 16–17)

Die Bedeutung der Arbeit für das Überleben hängt bei der autofiktionalen Mutter-Figur stets mit der Lagererfahrung zusammen. Im sowjetischen Lager war das Ableisten der Zwangsarbeit zur ‚Wiedergutmachung' für die von den Nationalsozialisten begangenen Verbrechen Voraussetzung für das Überleben. Müllers Mutter war selbst Überlebende der sowjetischen Arbeitslager – dies kann traumatisch sein und auch intergenerationelle Traumata auslösen. Neben den Lagererfahrungen des siebenbürgischen Schriftstellers Oskar Pastior sind diese Erlebnisse außerdem in die Darstellung im Roman *Atemschaukel* (2009) eingeflossen. Es scheint, als habe sich der Arbeitszwang des Lagers (Courtman 2021) als vordergründige Arbeitsmoral nach der Rückkehr ins Banat fortgesetzt, und als sei er als selbstverständliche Anforderung an die nächsten Generationen weitergegeben worden. In den Kindheitserinnerungen Müllers ist die Erfahrung der Kinderarbeit vorherrschend, häufig in Form des bereits erwähnten Hüten der Kühe im Tal: „Als Kind habe ich mir gewünscht, dass ich nicht so viel arbeiten müsste, nicht immer ins Tal gehen müsste, dass ich mehr spielen könnte, dass ich vielleicht mehr mit anderen Kindern zusammen wäre [...]." (Müller 2014, 18)

Die autofiktional erinnerte Kindheit ist eindeutig von der Erfahrung der Arbeit geprägt, die vieles andere überlagert. Neben dem Hüten der Kühe im Tal, einer einsamen Arbeit, werden an das Kind bereits hausfrauliche Erwartungen gestellt, deren Erfüllung als Einhaltung der Regeln guten Anstands und als Bedingung für die familiäre Zugehörigkeit gelten:

> Ich war sehr oft traurig als Kind, weil ich zu viel allein war, weil ich auch im Haus viel arbeiten musste. Fenster putzen zum Beispiel. Es waren vielleicht hundert Fensterscheiben, dreiflügelige Doppelfenster, bis die fertig waren, war der ganze Tag vorbei. (Müller 2014, 15)

In der Erfahrung körperlicher Schwerstarbeit ist bei Müller stets die der Gnadenlosigkeit der Natur enthalten, die Natur selbst erscheint als Täterin, die den Menschen, die nichts anderes als ihr Überleben wünschen, arg zusetzt und Unzumutbares unentwegt zumutet:

> Früher habe ich die Natur als körperliche Drangsalierung erlebt, sie ist ja gnadenlos, sie friert, brennt und du brennst oder frierst mit. Die sengenden, heißen Sommer, der Durst im Hals, der Staub der Erde, du kannst dich nicht wehren. Der Körper ist dafür nicht gemacht, er tut weh und ist müde. Man ist eben doch kein Stein und kein Baum. [...] Es entstand bei jeder Feldarbeit eine Trauer, die ich nicht haben wollte, weil sie noch zusätzlich Kraft kostet. (Müller 2014, 8)

Die bäuerliche Lebensweise ist in Müllers Darstellung weit davon entfernt, romantisiert zu werden oder Züge einer ursprungsnahen Verwandtschaft zwischen Mensch und Natur aufzuweisen. Einen Anteil daran hat sicher auch die Unfähigkeit, sich selbst zu diskursivieren; kein Dorfbewohner ist in der Lage, auch nur zu schildern, wie es ihm tagsüber ergangen ist, geschweige denn, seine Lebensgeschichte zu erzählen. Dies verstärkt den Eindruck einer „gnadenlose[n] Normalität" (Müller 2014, 27), die durch unbewusste Perpetuierung erfahrener Gewalt hergestellt wird, um diese zu vervielfältigen. Dies schließt auch den Umgang mit Natur und Landschaft mit ein, denn diese scheinen im banatschwäbischen Dorf so bewirtschaftet zu werden, dass sie zu Agenten eben dieser Gewalt werden. Infolgedessen erlebt das Kind einen grundsätzlichen Antagonismus zwischen Natur und Mensch, ja die Feindseligkeit der Natur geht Allianzen mit repressiven Sozialmilieus (wie dem der banatschwäbischen Familie) und später auch mit der repressiven Staatsgewalt ein. Natur, Familie und Staat sind für das kindlich-autofiktionale Ich Müllers Urheber von Gewalt, Beschädigung und Tod.

Zudem hängt die körperliche Arbeit mit Identitätszuschreibungen der Ländlichkeit, des Provinziellen, Bäurischen zusammen. Das Kind leidet unter der hässlichen Arbeitskleidung, unter der Zweckgebundenheit des Lebens, der Familie und aller Tätigkeiten im Dorf, und nimmt das städtische Leben als deutlichen Kontrast wahr. In der Stadt gibt es in seinen Augen immerhin Spielräume für Schönes und Annehmlichkeiten, die, seien sie auch noch so trivial, immerhin nicht dem unmittelbaren Lebenserhalt dienen, wie es für alle Tätigkeiten im Dorf der Fall ist:

> Die Leute in der Stadt wurden nicht so dreckig, die waren nicht den ganzen Tag in der Sonne, nicht im Staub der Maisfelder, sondern im Schatten großer Häuser, auf den Gehsteigen. Die Männer trugen schon in aller Frühe kurzärmlige Hemden, die Frauen Stöckelschuhe und Lacktaschen. Auch im fahrenden Zug sah ich sie, sie standen auf dem Gang am offenen Fenster, waren geschminkt, hatten Broschen, Halsketten, rote Nägel. Und ich winkte mit meiner alten roten oder blauen Schürze, ich in meiner Misere, in meinem dreckigen Alleinsein. (Müller 2014, 14)

Hier zeichnet sich ein deutlich wahrgenommener Klassenunterschied ab: die urbane Lebensform scheint dem Kind mit einer anderen Form der Sozialität und Zugehörigkeit zusammenzuhängen. Die Frauen mit ästhetischen Accessoires befinden sich in guter Gesellschaft – denn sie tragen die Broschen, Halsketten oder Stöckelschuhe bloß, um von anderen gesehen zu werden; sie sind mobil und können ihren Aufenthalt selbst bestimmen, während das Kind an die Scholle, die Kühe und das Dorf gebunden ist. Die städtische Art, sich zu kleiden, erweckt den Eindruck, als ginge mit ihr eine andere, bessere Art sozialer Beziehungen einher, die eine gehobene soziale Klasse kennzeichnen würde. Schon allein in der Art, am offenen Zugfenster zu stehen und die Landschaft im Vorbeifahren gemeinsam zu betrachten, äußert sich in den Augen des Kindes als ein Miteinander, das auf gemeinsamen Genuss ausgerichtet ist und nicht darauf, den eigenen Körper stets zu Arbeitszwecken einzusetzen und zu schinden.

Das Kind bemüht sich, eine Zugehörigkeit zu den Städtern herzustellen, indem es jeden Tag eine andere Schürze trägt, die es auszieht, wenn es den Zug herannahen hört, um damit zu winken. Die verschiedenen Farben und Muster der

Schürze sollten eine Analogie zu den offenkundig nach Geschmacksgesichtspunkten ausgewählten Kleidern der Reisenden herstellen. Jedes Mal, wenn ein Zug außer Sichtweite gerät, fühlt sich das Kind allein: „Der Zug war leider sehr kurz, drei, vier Wagen, mehr nicht. Wenn die vorbei waren, war ich verlassen, als hätte die Luft mir vor der Nase ihre schrecklich große, weiße Tür zugeschlagen." (Müller 2014, 13–14) Daran wird ein sehr starker Zugehörigkeitswunsch zu den Städtern ersichtlich und zudem das Gefühl, zur eigentlichen Normalität gehöre es, mit ihnen dieselbe (soziale) Luft zu teilen. Sobald der durch den Wink hergestellten Schwebezustand des In-Beziehung-Seins vorüber ist, entpuppt er sich als Illusion.

Damit gehen auch Identitätszweifel einher, denn das Kind fragt sich, ob es „noch dasselbe Kind" (Müller 2014, 14) gewesen wäre, wenn es andere Eltern, etwa solche aus der Stadt, gehabt hätte. Die soziale Herkunft wird als maßgebliche Komponente der eigenen Identität erlebt, wobei in Bezug auf Familie und Dorfleben ein deutliches Fremdheitsgefühl besteht. Diese Fremdheit äußert sich in ständig empfundener Trauer, in Lachanfällen, die immer dann aufkommen, wenn viel zu großen Problemen mit viel zu kleinen und hilflosen Gesten begegnet wird, oder in der widerständigen Reaktion, das Gegenteil von dem tun zu wollen, was erwartet wird, beispielsweise nie wieder körperlich zu arbeiten.

Das kindliche Ich geht jedoch diesen widerständigen Impulsen nicht etwa nach, indem es versucht, Gleichgesinnte zu finden oder sich in andere Milieus zu begeben (die ihm nicht ohne Weiteres zugänglich gewesen wären). Vielmehr empfindet es – für die autofiktionalen Auseinandersetzungen mit ‚niederer' Herkunft nicht untypisch – neben Scham auch eine Zwangszugehörigkeit, aus der es kein Entkommen gibt.

In seiner Verzweiflung bemüht sich das Mädchen aber zunächst, sich all dem anzuverwandeln, was es befremdet. Dies ist in erster Linie die Landschaft, mit der die bäuerlich arbeitenden Dorfbewohner:innen verbunden scheinen. Wenn es gelänge, der Landschaft und den Pflanzen ähnlicher zu werden, dann würde das Gefühl der eigenen Fremdheit abnehmen, und damit auch jenes der Gefährdung:

> Bei mir war es das Fremdsein, ich bin ständig mit diesen Pflanzen allein und gehöre noch immer nicht dazu. Ich bleibe fremd und bin für sie schwer zu ertragen, sie werden meiner überdrüssig, und eines Tages, wahrscheinlich bald, frisst mich die Erde. (Müller 2014, 10)

Im Versuch, Ähnlichkeit, gemeinsame Identität oder gar Zuneigung zu erlangen, beginnt das Kind, wahllos Pflanzen zu essen, um selbst pflanzlich zu werden.

> Wenn ich so viel Klee gegessen habe, wie viel Kilo ich selber wiege, dann mag mich der Klee, dachte ich. Aber ich wusste nicht, ob das gut oder schlecht wäre, wenn er mich mag. Oder

einen Flecken Spitzwegerich essen, so groß wie mein Bett, dann könnte ich, wenn sich die Kühe faul ins Gras legen, auch eine Weile schlafen. (Müller 2014, 11)

Der Weg zur sozialen Integration führt über die Angleichung an Pflanzen und Tiere, was einer Selbstverleugnung aus Angst gleichkommt. Die Wirkung einer solchen Ähnlichkeitsmagie bleibt für die Ich-Figur aber fraglich, da sie stets unsicher ist, ob sie den rechten Übertragungsschlüssel für die Anverwandlung kennt: „Ich habe immer für alles ein richtiges Maß gesucht." (Müller 2014, 11) Das Verrechnungsmaß für die ähnlichkeitsmagischen Operationen bleibt verborgen.

3 Gewalterfahrungen

Die dörfliche Welt ist außerdem von körperlicher Gewalt geprägt:

> Ich bekam jeden Tag Prügel, wie sagt man, für alles und nichts. Für einen Fleck auf dem Sonntagskleid, eine schlechte Note in der Schule, eine schlecht geputzte Fensterscheibe, zu frühes oder zu spätes Heimkommen mit den Kühen. Mal gab es Prügel mit der Hand, mal mit dem Geschirrtuch, Kochlöffel oder Besen. Das war nicht bei allen, aber bei vielen Kindern so. (Müller 2014, 26)

Der Einsatz körperlicher Gewalt wird von Müller retrospektiv als Effekt zu kurz gekommener Selbstentfaltung und traumatischer Erfahrungen der Eltern reflektiert; insbesondere die Mutter war im sowjetischen Arbeitslager nur knapp dem Hungertod entkommen und hatte offenbar unausgesprochene Schuldgefühle dafür, dass sie „mehr Glück als diese Toten" (Müller 2014, 26) hatte, also die im Lager Verstorbenen. Aus der Perspektive des Kindes fehlen freilich diese Erklärungen, es ist den Gewalterfahrungen schutzlos ausgesetzt und weiß diese nicht zu deuten. Aus der Gewissheit heraus, ungerecht und willkürlich behandelt zu werden, entwickelt sich sogar ein Gefühl der Würde, das an Gewalterfahrung gebunden ist und dem identitätsstiftende Züge innewohnen: „Wenn die Würde entsteht, WÄHREND und WEIL man erniedrigt wird, dann ist man doch schon ernsthaft beschädigt." (Müller 2014, 26)

Diese Gewalterfahrung ist im Werk Müllers aber nicht allein an das Leben in der ländlichen banatschwäbischen Familie gebunden, sondern auch an den Staat. Für kurze Zeit musste die Schriftstellerin als Erzieherin in einem Kindergarten arbeiten, und musste feststellen, dass „der Kindergarten, also der Staat, unter Erziehung Prügel verstand." (Müller 2014, 27) Die Kinder erwarten, geprügelt zu werden, um dadurch ihre Würde und Widerständigkeit zu erleben; die Gewaltmuster des sozialistischen diktatorischen Staats und der banatschwäbischen deutschen

Kleinfamilie weisen gemeinsame Merkmale auf. Beide erkennen den Eigenwert des Individuums nicht an, sondern erwarten Unterwerfung und ein Sich-Fügen, was bei autonomeren Persönlichkeiten Trotz und subversives Verhalten, aber auch großes Leid auslösen kann; genau davon zeugen viele Textstellen. Wenn Müller in ihrer erinnerten Rolle als Kindergärtnerin die Prügelstöcke niemals nutzt, erntet sie von den meisten Kindergartenkinder nicht Dankbarkeit, sondern Verachtung, was sie auf ihre eigene familiäre Erfahrung zurückführt: „Ich gruselte mich vor mir selber von früher, wusste, was in diesen auf Prügel dressierten Kindern vor sich ging." (Müller 2014, 27)

Während möglicherweise in städtischen Familien Freiräume entstehen konnten, in denen die Kinder Zärtlichkeit, Zuneigung, Autoreflexivität und vielleicht auch einen Geist der Widerständigkeit gegenüber dem Regime erleben konnten – einschließlich ästhetischer Aspekte –, erlebte das banatschwäbische Dorfkind, dass in der familiären Gewaltatmosphäre all das vorweggenommen und exekutiert wurde, was in der Diktatur von Staatswegen geschah:

> Ich glaube, dass man vor unerwarteter Zärtlichkeit genauso, wenn nicht sogar mehr, erschrecken kann als vor erwarteter Gewalt. Wenn man als Kind regelmäßig geschlagen wird, verliert man jeden Schrecken vor Prügel. (Müller 2014, 25)

Das erwachsene autofiktionale Ich meint von jeder Zärtlichkeit geängstigt worden zu sein, wäre ihm diese vonseiten der ansonsten scheinbar pragmatischen, in Wahrheit immer gewaltbereiten Mutter widerfahren.

Die von NS-Täterschaft und sowjetischem Arbeitslager gezeichneten Eltern, die nun im banatschwäbischen Rumänien einfachster körperlicher Arbeit nachgehen und jeglicher Bildung entbehren, sind außer Stande, kommunikativ familiäre Gemeinschaft herzustellen. Stattdessen wird diese über Gewaltakte konstituiert: „Meine Mutter schrie in ihrer Wut, bei mir sei es schade um jeden Hieb, der danebengehe. Es ging ihr ums Treffen [...]." (Müller 2014, 26)

Dabei reflektiert das erwachsene Ich, dass die Mutter eigene Traumata nicht hat aufarbeiten können und stattdessen wiederholt und weitergibt:

> Heute weiß ich, sie war verhärtet und kaputt, sie hatte die fünf Jahre russisches Arbeitslager knapp überlebt, es war noch nicht lange her, als ich geboren wurde. [...] [Sie] kam verelendet zurück, heiratete schnell, bekam ein Kind, das nach der Geburt blau anlief und starb, und gleich danach das zweite – das war ich. (Müller 2014, 26)

Auch in vielen anderen Erzählungen und Romanen Müllers finden sich Hinweise auf kindliche familiäre Gewalterfahrungen. Dies ist bereits in *Niederungen* (1984) der Fall, wo in der gleichnamigen Erzählung die Ich-Erzählerin, ein Mädchen, nach einem Streit mit dem Vater beim Kirschenpflücken befürchtet, Opfer physischer Gewalt zu werden: „Er stand wie ein Pfahl neben mir und spuckte ununterbrochen nasse glitschige Kirschkerne aus, und ich wußte damals, daß er mich im Leben oft verprügeln wird." (Müller 1984, 19–20)

Die Befunde zur erfahrenen Gewalt kehren also in vielen literarischen Texten wieder, in denen die Vater-Mutter-Kind-Konstellation durchgespielt wird – auch in der Erzählung *Die große schwarze Achse*, wo das Kind für das zu späte Nachhausekommen bestraft wird, oder im Roman *Herztier* (1994), wo das Kind sogar mit Gürteln an einen Stuhl gefesselt und gepeinigt wird. Ebenso werden dort alltägliche Verrichtungen wie etwa das Nägelschneiden unter Zwang von der Mutter-Figur zelebriert.

4 Bildung und Ästhetisches

Es gehört zu den Topoi der Auseinandersetzung mit sozialer Herkunft, die Bildungs- und Kunstferne der beschriebenen Milieus zu betonen. Dies trifft auch auf die Kindheitsdarstellungen Müllers zu. Zur sogenannten „Dorftrauer" (Müller 2014, 15) gehört es, dass Landschaft und Natur nie unter ästhetischen Gesichtspunkten betrachtet werden. Unter den Bedingungen der Armut und der subsistenzorientierten Lebensweise sind sie „ein Arbeitsplatz, eine Nutzfläche" (Müller 2014, 9) und dabei „weder hässlich noch schön"(Müller 2014, 9). Alles wird zur Verrichtung an einem festgelegten Ort, Freiheitsspielräume sind kaum vorhanden: „Es wurde also gewohnt, gesät und geerntet und gegessen, bis die Erde einen fraß. Immer auf diesem Flecken Erde […] – mehr als dreihundert Jahre immer dasselbe." (Müller 2014, 31)

Für „Ästhetik als innere Notwendigkeit" (Müller 2014, 52) gibt es keinen Raum und auch kein Verständnis: „Statt verzweifelte Schönheit brauchen sie den abgesicherten Kitsch und die sture Rechthaberei, die sich für das Gute ausgibt. Für die Heimatkontrolleure und Garanten des Wir-Gefühls gilt nur eines: Es hat so zu sein, wie es immer schon war, damit es so bleibt." (Müller 2014, 52). Der als Identitätssurrogat fungierende Habitus schließt Ästhetisches kategorisch aus, sodass ihm grundsätzlich Widerständigkeit zukommt. Daher fehlen der ästhetischen Kommunikation jegliche Resonanzräume.

Was sich später als resiliente Schreibstrategie erweisen wird, deutet sich beim kindlichen Ich als surreale oder absurde Brechung oder Zuspitzung an, als sprachliche Innovation, die auf ganz eigene Weise eine Facette des Gegebenen offenlegt, über die ansonsten, so scheint es, alle schweigen: „Als ich nach der Messe zu meiner Großmutter gesagt habe, das Herz der heiligen Maria ist eine durchgeschnittene Wassermelone, hat sie geantwortet: ‚Das kann sein, aber darfst du nie jemandem sagen."" (Müller 2014, 19) Das Schweigegebot in Bezug auf alles, worüber in der banatschwäbischen Dorfgemeinschaft nicht geredet wird, paart sich hier mit der potentiellen Geltung einer Wahrheit, die eben in dieser Sprache nicht berücksichtigt ist. Doch diese relative Ermächtigung des Kindes, dessen surreale Bildsprache von der Großmutter immerhin nicht grundsätzlich in Abrede gestellt wird, bleibt die Ausnahme. Generell gilt geradezu ein Bildungsverbot: „Nicht einmal Lesen war vorgesehen, erst noch Schreiben. Bücher lesen nur Leute, die zu faul sind zum Arbeiten. Lesen galt auch als ungesund, man verdirbt sich die Augen und, das Schlimmste, man kriegt es mit den Nerven, man kann tiefsinnig werden, wenn man viel liest." (Müller 2014, 52)

Der enteignete Großvater liest immerhin jeden Winter den Brockhaus von A bis Z durch, um ihn den Sommer über offenbar immer wieder zu vergessen – vielleicht als Reminiszenz seiner früheren Zugehörigkeit zu einer anderen sozialen Klasse. Neben dem Brockhaus gibt es ein zweites Buch im Haus, das so genannte ‚Doktorbuch', in dem alle Krankheiten und ihre möglichen Heilungen beschrieben werden. Dieses auch von anderen Dörflern anerkannte und manchmal ausgeliehene Buch wird vor dem Kind zwar versteckt, insbesondere wegen der Darstellungen des nackten Körpers, es hat aber dennoch insgeheim Zugang dazu, insbesondere wegen der Darstellungen des nackten Körpers. Die weiteren Familienmitglieder lesen ansonsten kaum: „Mein Vater hat nie einen Brockhaus in die Hand genommen. Auch meine Mutter und meine Großmutter nicht, sie strickten im Winter Socken. Wir trugen alle nur selbst gestrickte Schafwollsocken." (Müller 2014, 53)

Anstelle von Bildungserlebnissen gibt es im Winter allenfalls Handarbeit, deren Vorbereitung so ausführlich beschrieben wird, dass die Mühen, die damit einhergehen, aber auch der Zeitaufwand deutlich werden:

> Man kaufte einen großen Sack Wolle, sie sah wie ein riesiger Bausch dreckiger Watte aus. Man musste die Wolle auskämmen, es waren Steinchen drin, Gras, trockener Schafskot. Erst wenn sie geputzt war, konnte man sie waschen, trocknen, spinnen, auf Stränge wickeln. Dann brachte man sie in die Stadt zum Färben, und wenn sie vom Färben kam, wurde sie von den Strängen auf Knäuel umgewickelt. Ja und dann konnte man Socken stricken. Da waren die Rollen klar verteilt, die Frau war an den Socken, der Mann am Brockhaus. (Müller 2014, 53)

Der Brockhaus ist auf einem hohen Schrank verstaut, das Doktorbuch in einer Schublade, zu der sich das Mädchen Zugang verschafft. Statt einer objektiven Systematik verstärken die Organdarstellungen in Pastellfarben surreale Vorstellungen des Kindes von einem geheimen bedrohlichen Zusammenhang der Natur mit dem Dorfleben.

Vielerorts werden Gender-Aspekte von Arbeit angesprochen, nicht allein, wenn es um die im Winter zu verrichtenden Tätigkeiten geht, sondern auch grundsätzlich:

> Ja, das Dorfleben hat Männern und Frauen ganz unterschiedliche Rollen zugeschrieben, die haben sich nicht groß geändert im Laufe der Zeit. Viele Arbeiten waren nach körperlicher Kraft verteilt, Holzhacken, Heumähen, Säcketragen, Schweineschlachten für den Mann – aber Schuheputzen, Heuwenden, Hühnerschlachten für die Frau. In der Stadt war es nicht viel anders, geändert hat sich nur dort etwas, wo die Maschine dazwischenkam. (Müller 2014, 58)

Diese Arbeitsteilung schränkt die Freiheitsgrade des Individuums noch stärker ein. Ein Bildungsdiskurs, der die Geschlechterrollen reflektiert, fehlt, und das Übergewicht körperlicher Arbeit trägt dazu bei, dass die geschlechtergebundenen Verrichtungen naturgegeben und unabänderlich erscheinen.

Neben diesen Büchern kommt noch eine Zeitung ins Haus. Aber die Zeitung enthält überwiegend Propaganda, der mit berechtigtem Misstrauen begegnet wird. Sie trägt also keinesfalls zu einem gebildeten Diskurs in der banatschwäbischen Familie bei – zumal sie gar nicht erst gelesen wird. Das Mädchen reißt sich, wenn es unbeobachtet ist, ein Stück Zeitung ab, um es zu essen: „Mir hat das grau-weiße, poröse Papier geschmeckt und die Druckerschwärze, bisschen scharf, bitter und salzig." (Müller 2014, 56) Dies reiht sich in die Praxis der Anverwandlung ein, denn durch die Einverleibung macht sich das Mädchen dem ähnlich, was diese Zeitung ausmacht und kennzeichnet. Während die Pflanzen, auch manche giftige, die das Mädchen isst, für den Versuch stehen, sich der Dorfidentität anzugleichen, steht das Zeitungessen für den Geist des Staates: Auch er vergiftet durch Diktatur, Propaganda, Überwachung und Verrat. Das Gift-Essen ist insofern ein mimetischer Akt, der das Gewaltpotenzial im staatlich verkündeten Bildungsgut, in Nachrichten, Hintergrundberichten und Kommentaren in modifizierter Form wiederholt und dadurch offenlegt.

Darüber hinaus ist die Zeitung längst generell anderen pragmatischen Zwecken zugeführt worden:

> Die Zeitung hat man abonniert, weil man Papier brauchte. Die Zeitung war nicht zum Lesen, sondern Haushaltspapier zum Einpacken, Wischen, Zudecken. Nicht nur im Dorf, auch in der Stadt. [...] Papier ist leicht und es hält warm, man nahm es als Schuheinlagen. Es gab keinerlei anderes Papier im Land. Man sprach von Papierkrise, die war auch ein Vorwand für die Zensur. (Müller 2014, 57)

Eine Pointe liegt dann darin, dass sogar in Schulen und staatlichen Betrieben Zeitungen zu Klopapierstreifen zerschnitten auf den Toiletten ausliegen. Auch hierin liegt ein verdecktes mimetisches Moment.

An die Stelle von Bildung und Literatur tritt in der banatschwäbischen Welt der Aberglaube, der vom kleinen Mädchen einerseits in seiner poetischen Dimension wahrgenommen wird, andererseits im dogmatischen Anspruch, den er erhält, wenn er auf das Befolgen von Regeln reduziert wird:

> Der Aberglaube mit dem Teufel im Spiegel, mit den Eulen auf dem Dach ist ergreifend. Er hat etwas Magisches, im Grunde ist er Poesie, die Poesie der Nichtschreibenden. Es sind Verbindungen, die über sich hinausgehen und beängstigend schön sind – sprachlich und bildlich von heute aus gesehen. (Müller 2014, 23)

Immerhin lassen diese kleinen Erzählungen, die sich in einzelnen Artikeln des Aberglaubens kristallisiert haben, den Schluss zu, dass nicht alle Regeln des Weltwissens in den dörflichen Maximen aufgehoben sind, Sprache und Wissen werden, so scheint es, für einen Moment plastisch, und hierin liegt eine Gemeinsamkeit mit der Kunst. Aber die Möglichkeit der Selbstirritation wird sogleich wieder eingebüßt, sobald für jeden Aberglauben ein passender Abwehrzauber parat steht, der die Gefahr bannen soll.

5 Fazit und Ausblick

Müller setzt sich in ihren Werken intensiv mit dem Thema Armut auseinander. Armut ist bei ihr nicht nur ein wirtschaftlicher Zustand, sondern auch ein wichtiger Faktor für soziale Ausgrenzung, politische Unterdrückung und individuelle Ohnmacht. Insbesondere in den Kindheitserinnerungen in *Mein Vaterland war ein Apfelkern* beschreibt Müller das subsistenzorientierte Leben auf dem Land – vor allem in den Banater Dörfern, wo wirtschaftliche Not und mangelnde Ressourcen allgegenwärtig waren. Armut wird aber auch mit politischer Unterdrückung in Zusammenhang gebracht: Müller thematisiert, wie die diktatorischen Strukturen des Ceaușescu-Regimes zur Verarmung der Bevölkerung beigetragen haben. Die systematische Kontrolle und Ausbeutung durch den Staat führte zu materieller Not und einem Mangel an grundlegenden Freiheiten. Auch die psychologischen und sozialen Folgen der Armut werden deutlich. Müllers Figuren leiden nicht nur unter materiellen Entbehrungen, sondern auch unter den damit verbundenen sozialen Stigmatisierungen und psychischen Belastungen. Armut führt zu Scham, Resignation und einem Gefühl der Wertlosigkeit, insbesondere mit Blick auf die Kernfamilie, die auch in vielen literarischen Texten als Vater-Mutter-Kind Familie dargestellt wird (Müller war selbst Einzelkind).

Nicht selten wird Armut mit Identitätsfragen verknüpft. Die jugendlichen Ich-Figuren, insbesondere das Mädchen in *Mein Vaterland war ein Apfelkern*, kämpfen in Kindheitserinnerungen wie in literarischen Werken um ihr Selbstwertgefühl und um ihre Identität in einer Familie, in der es grundsätzlich an Bildung, Selbstreflexivität und Kunstverständnis mangelt, und in einer Gesellschaft, in der ihrer Herkunftsfamilie eine offenkundig periphere Rolle zukommt. Sehr wahrscheinlich wirken die schwere körperliche Arbeit, die Bildungsferne und die Armut der Familie zusammen, sodass Wortkargheit und Konzentration auf alltägliche Verrichtungen als intersektionale Kumulation von Machtasymmetrien dem Kind unabänderlich erscheinen. Zudem haben die Wahrnehmung des eigenen Körpers als Arbeitsmaschine und die intergenerationelle Weitergabe von Traumata sowie die Erfahrung körperlicher Gewalt in der Familie ebenfalls Missempfindungen des eigenen Selbst und Identitätszweifel zur Folge.

Eine weitere Gemeinsamkeit mit aktuellen Autosoziobiographien liegt darin, dass die Kindheitserfahrungen zur Ressource für das literarische Schreiben werden: Die Kunstfeindlichkeit der eigenen Herkunftsfamilie wird damit in ihr Gegenteil verkehrt, das Schreiben wird zur Erfahrung der Selbstermächtigung. Dies gilt es bei Müller mit Blick auf intersektionale Aspekte, insbesondere auch unter Berücksichtigung der politischen Verfolgung, weiter zu vertiefen.

Insgesamt kann jedoch die eingangs formulierte Hypothese bestätigt werden: Die zentralen Topoi aktueller Autosoziobiographien, die sich mit den Auswirkungen der eigenen ‚niederen Herkunft' befassen, finden sich auch in Müllers Werk. Unbefriedigende kindliche Erlebnisse der ‚falschen Zugehörigkeit' zur eigenen Familie werden ausführlich geschildert, ebenso wie der geheime Wunsch, dem sozialen Milieu zu entkommen, dem die eigenen Eltern angehören:

> Wenn ich woanders geboren wäre oder andere Eltern hätte, das habe ich hin und her gewälzt im Kopf, wär ich dann ein anderes Kind? Oder wär ich dasselbe Kind, egal, wer meine Eltern sind und wo ich geboren bin? Oder bin ich und bleibe an meine Haut angewachsen immer dasselbe Kind, egal, was ich sein will und wie viele Pflanzen ich esse? (Müller 2014, 14)

Diese Identitätszweifel und mehr oder minder unausgesprochenen Wünsche nach sozialer Mobilität gehören zu den bekannten autosoziobiographischen Topoi.

Ein Alleinstellungsmerkmal der Texte Müllers liegt hingegen in der Art, wie die surrealen kindlichen Assoziationen mit eigenlogischen, durchaus auch analytischen Aspekten verwoben werden. Beispielsweise gilt dies für die Erinnerung an den Blick zum blauen Himmel mit den weißen Wolken beim Kühehüten, eine Kinderarbeit, die Müller oft leisten musste. Dieses Bild wird verwoben mit Religionskritik. Damit sind nicht nur Erde und Pflanzen korrumpiert als Teil eines Gewalt-Kreislaufs, an dem die Menschen mit ihrer Art zu arbeiten und zu wirtschaften und dabei ihren Körper zu schinden, erheblichen Anteil haben. Auch die transzendente Welt der Religion und des Himmels werden zum Gegenstand der Kritik:

Kinder denken erstens surreal und zweitens sehr konkret, aber Surreales ist ja konkret. Ich hab nur angewendet, was mir die Erwachsenen gesagt haben: Gott ist überall. Und: Alle Toten sind im Himmel. Also habe ich sie gesucht und in den Wolken Gesichter gesehen, die dann auch jemandem ähnelten, den ich kannte. Wenn die Wolken so im Wind getrieben sind, war mir klar, Gott treibt die Toten herum wie beim Militär, er weiß, was sie angestellt haben, und wer weiß, wie er mich mal rumtreiben wird. Vorläufig schaut er mir noch zu, aber da sammelt sich was an. (Müller 2014, 21)

Es gehört zur Autosoziobiographie Müllers, dass keine einzige Momentaufnahme des Unversehrten zur Darstellung kommt. Alles, das Immanente wie das Transzendente, ist überlagert von den Maßgaben der Herkunftsfamilie, von ihrem fragwürdigen Weltwissen, ihren doppelbödigen Moralregeln, ihrer Grausamkeit und impliziten Gewaltbereitschaft, die sich auch aus den nicht bewältigten Traumata des Zweiten Weltkriegs und der nicht reflektierten eigenen Täterschaft speist.

Müller gelingt es aber, diese Konfigurationen auf eine andere Ebene zu transponieren, indem sie eigenlogische Kunstwerke kreiert, die auch unabhängig von ihren Erinnerungen Bedeutung erlangen. Um die Relevanz autosoziobiographischer Aspekte für das Werk als Ausblick zu veranschaulichen, sei hier eine Collage herangezogen (siehe Abb. 1).

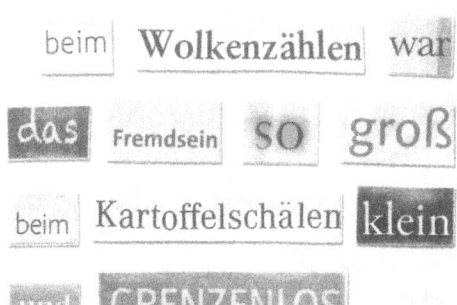

Abb. 1: Herta Müller, *Im Heimweh ist ein blauer Saal*, o. S., © 2019 Carl Hanser Verlag GmbH & Co. KG, München.

Diese Collage aus dem Band *Im Heimweh ist ein blauer Saal* (2019) greift im Bildteil die Figuration von Vater, Mutter und Kind auf, wobei das nivellierte Gesicht des Vaters keine Rückschlüsse auf seine Identität ermöglicht, was leicht auf das grundsätzliche Schweigen und auf die Unfähigkeit, über sich selbst zu sprechen, zurückgeführt werden kann. Auch die Mutter entspricht einer stereotypen Rolle, indem sie einem gepflegten, vielleicht sonntäglichen Ritual des Kaffeetrinkens nachgeht; beide wahren die äußere Form und werden dem Anlass – einer Fotographie – gerecht, was ihre Kleidung und ihre Haltung angeht. Nicht so das Kind, es ist verstümmelt, abgeschnitten, zerrissen zwischen beiden Elternteilen. Die angesprochenen Identitätszweifel geraten hier ebenso ins Bild wie die Folgen familiärer Gewalt die Selbstentfaltung verunmöglichen.

Mit dem ‚Wolkenzählen' ist der Blick in den Himmel angesprochen, den Müller oft mit der einsamen Kinderarbeit verbindet, dem Kühehüten. Hinzu kommt die Phantasie von einem brutalen Gott-Vater, der die zu Wolken gewordenen Toten triezt. Das Kartoffelschälen hingegen verweist auf die Erfahrung der Mutter im sowjetischen Arbeitslager, die in der Essaysammlung *Eine warme Kartoffel ist ein warmes Bett* (1992) zur Darstellung kam. ‚Klein' ist das Kind, wenn es an die übermächtige, totalitäre Lagererfahrung denkt, über welche die Mutter sich ausschweigt, die sich aber dennoch an ihrem Verhalten ablesen lässt und für das Kind spürbar wird. Somit verbindet diese Collage die Erfahrung der Kinderarbeit in einer armen, bildungsfernen Familie, in der auch Religion zum beschädigenden Narrativ wird, mit jener der intergenerationellen Perpetuierung historisch bedingter Traumata. Das ‚Fremdsein' wiederum markiert den Wunsch einer anderweitigen sozialen, familiären, religiösen und kulturellen Zugehörigkeit und den utopischen Streben nach einem anderen historischen Erbe. In diesem Sinne ist das ‚Grenzenlose' des Fremdseins doppeldeutig: Zum einen verliert sich das Ich darin, zum anderen geht es ihm um darum, aus der Determination durch das Sozialmilieu der Armut, der Subsistenzwirtschaft, der Bildungs- und Kunstferne auszubrechen.

Literaturverzeichnis

Acker, Marion. *Schreiben im Widerspruch. Nicht-/Zugehörigkeit bei Herta Müller und Ilma Rakusa.* Tübingen: Narr Francke Attempto, 2022.

Arnaudova, Svetlana. „Zur Produktivität des Konzepts der Intersektionalität in Texten von Herta Müller, Catalin Dorian Florescu und Saša Stanišic". *Konzepte der Interkulturalität in der Germanistik weltweit.* Hg. Renata Cornejo, Gesine Lenore Schiewer und Manfred Weinberg. Bielefeld: Transcript, 2020. 107–120.

Bozzi, Paola. „Facts, Fiction, Autofiction, and Surfiction in Herta Müller's Work." *Herta Müller: Politics and Aesthetics*. Hg. Bettina Brandt und Valentina Glajar. Lincoln: University of Nebraska Press, 2013. 109–129.
Bozzi, Paola. „Art. ‚Autofiktionalität'". *Herta Müller Handbuch*. Hg. Norbert Otto Eke. Stuttgart: Springer/J. B. Metzler, 2017. 158–167.
Courtman, Nicholas. „Reforged or deformed? Forced labour, human instruments, and the critique oft the Gulag System in Herta Müller's *Atemschaukel*". *Seminar* 57.2 (2021): 134–154.
Eke, Norbert Otto (Hg.). *Herta Müller Handbuch*. Stuttgart: Springer/J. B. Metzler, 2017.
Hakkarainen, Marja-Leena. „‚… und Armut, das sind die Fremden'. Erlebte Exklusion in Herta Müllers ‚Reisende auf einem Bein'". *Zur Darstellung von Zeitgeschichte in deutschsprachiger Gegenwartsliteratur*. Bd. 7: Armut. Hg. Martin Hellström und Edgar Platen. München: Iudicum, 2012. 279–291.
Müller, Herta. *Niederungen*. Berlin: Rotbuch, 1984.
Müller, Herta. *Barfüßiger Februar*. Berlin: Rotbuch, 1987.
Müller, Herta. *Reisende auf einem Bein*. Berlin: Rotbuch, 1989.
Müller, Herta. *Eine warme Kartoffel ist ein warmes Bett*. Hamburg: Europäische Verlagsanstalt, 1992.
Müller, Herta. *Herztier*. Reinbeck bei Hamburg: Rowohlt, 1994.
Müller, Herta. *Der König verneigt sich und tötet*. München: Hanser, 2003.
Müller, Herta. *Atemschaukel*. München: Hanser, 2009.
Müller, Herta. *Mein Vaterland war ein Apfelkern*. Hg. Angelika Klammer. München: Hanser, 2014.
Müller, Herta. *Im Heimweh ist ein blauer Saal*. München: Hanser, 2019.
Zehschnetzler, Hanna. *Dimensionen der Heimat bei Herta Müller*. Berlin, Boston: De Gruyter, 2021.

Teil II: **Erzählte Herkünfte in interkulturellen und intersektionalen Dimensionen**

Nadjib Sadikou

Herkunft und Klasse am Beispiel von Abbas Khiders Romanen *Der falsche Inder* und *Der Erinnerungsfälscher*

1 Einleitung

Doerte Bischoff und Susanne Komfort-Hein haben in der Einleitung zu ihrem Sammelband *Literatur und Exil. Neue Perspektiven* aufgezeigt, dass literarische Texte über Flucht, Migration und Exil die Vorstellung von homogenen und gegeneinander abgrenzbaren kulturellen Räumen in Frage stellen. Es gehe in diesen Texten um ein Wissen über die Vervielfältigung von Herkünften und eine grundsätzliche Problematisierung von Heimat, von nationaler und kultureller Identität (vgl. Doerte und Komfort-Hein 2013, 17). Wie notwendig diese nationale Entgrenzung von Herkunft ist, zeigt die Autorin Priya Basil mit folgendem Fragenkomplex auf:

> Woher kommst du? Eine trügerisch einfache Frage, die viele einschließt, vor allem: *Wer bist du? Warum bist du hier? Wie bist du hergekommen?* Allerdings wird die Standardfrage *Woher kommst du?* oft für bare Münze genommen und mit geographischen Angaben beantwortet. Doch Herkunft ist nie einfach eine Frage der Geographie. Ganz im Gegenteil, Herkunft fließt über die Ränder aller vorhandenen Karten hinaus. (Basil 2016, 7)

Zwei wichtige Erkenntnisse können dieser Behauptung entnommen werden: (1.) Die Herkunftsfrage ist eine ‚trügerische', die jede radikale und absolutistische Wahrnehmung von Herkunft konterkariert. (2.) Die Behauptung, Herkunft fließe über die Ränder aller vorhandenen Karten, kann darauf hinweisen, dass ‚Herkunft' keineswegs ausschließlich geographisch oder nationalistisch erfasst werden soll. Im Gegenteil soll sie als eine dynamische und fluide Kategorie begriffen werden. Eine solche Fluidität der Herkunft veranschaulicht Basil anhand ihrer eigenen biographischen Angaben:

> Bis Ende Zwanzig hatte ich eine nichtssagende Antwort auf jede Frage, die meine Wurzeln betraf: *Meine Familie stammt aus Indien, aber ich wurde in London geboren und bin in Kenia aufgewachsen.* Drei verschiedene Kontinente in einem Satz vereinigt, um zu erklären, wie ich aussah, welchen Paß ich besaß, wo ich bis zu diesem Zeitpunkt den größten Teil meines Lebens verbracht hatte. (Basil 2016, 7)

Auf Basis dieser pluralen, Indien, London und Kenia triadisch verflechtenden Identitätskonstruktion fasst Basil folgenden Entschluss: „Die saubere Konstruktion unterstrich auch meinen Internationalismus, für mich der entscheidende Aspekt meiner Herkunft, der mich – zumindest glaubte ich das – von den Zwängen der Nationalität und den Fesseln der Geschichte befreite." (Basil 2016, 7) Der vorliegende Beitrag will gerade diesen Gedanken des Internationalismus von Herkunft als Befreiung von nationalistischen Zwängen sowie als Plädoyer für die Vervielfältigung von Herkünften ausloten. Im ersten Schritt der Ausführungen werde ich auf einige theoretische Ansätze rekurrieren, in denen die Herkunftsthematik als mehrdimensionales Phänomen dargestellt wird. Im zweiten Schritt werde ich mittels eines ‚close readings' zweier Romane von Abbas Khider analysieren, wie Herkunft als eine komplexe und unscharfe Kategorie literarisch dargestellt wird. Dabei erläutere ich die These, dass diese beiden Texte ein Wissen über die Vervielfältigung von Herkünften verhandeln und somit das Potential der Interkulturalität verdeutlichen, das in der De-Essentialisierung von Herkunft mittels einer unzuverlässigen, unverfügbaren und kontingenzbegründeten Herkunftsdefinition liegt.

2 Vervielfältigung von Herkünften: Theoretische Figurationen

Eine solche Vervielfältigung von Herkünften kann durch Erkenntnisse aus den *Diaspora Studies* begründet werden. Hier können zunächst William Safrans Kriterien erhellend sein, wonach das Konzept der Diaspora auf expatriierte Gemeinschaften von Minderheiten angewandt werden könne, wenn u. a. diese oder ihre Vorfahren von einem originären Zentrum in zwei oder mehrere fremde, periphere Regionen zerstreut wurden oder wenn sie eine kollektive Erinnerung, Vision oder einen Mythos über ihr Ursprungs- oder Herkunftsland aufrechterhalten:

> I suggest [...] that the concept of Diaspora be applied to expatriate minority communities whose members share several of the following characteristics: 1) they, or their ancestors, have been dispersed from a specific original 'center' to two or more 'peripheral', or foreign regions; 2) they retain a collective memory, vision, or myth about their original homeland – its physical location, history, and achievements; 3) they believe that they are not – and perhaps cannot be – fully accepted by their host society and therefore feel partly alienated and insulated from it; 4) they regard their ancestral homeland as their true, ideal home and as the place to which they or their descendants would (or should) eventually return – when conditions are appropriate; 5) they believe that they should, collectively, be committed to the maintenance or restoration of their original homeland and to its safety and prosperity; and 6) they continue to relate, personally or vicariously, to that homeland in one way or another, and their ethnocommunal consciousness and solidarity are importantly defined by the existence of such a relationship. (Safran 1991, 83–84)

Safrans Ansatz ist deswegen anschlussfähig, weil insbesondere sein erstes Diaspora-Kriterium, nämlich das der ‚Zerstreuung' ausschlaggebend sein kann für die Vervielfältigung von Herkünften. Safrans Diaspora-Konzeptualisierung kann durch die Begriffsbestimmung von James Clifford erweitert werden, der sich den Exil- und Diasporaerfahrungen von „displacement" bzw. „constructing homes away from home" (Clifford 1994, 302) widmet und argumentiert, dass gegenwärtige Konstellationen von Exil und Diaspora keineswegs auf nationale Epiphänomene reduziert werden dürfen. Vielmehr seien diasporische kulturelle Formen „diasporic cultural forms" durch transnationale Netzwerke gekennzeichnet: „They are deployed in transnational networks built from multiple attachments, and they encode practices of accommodation with, as well as resistance to, host countries and their norms." (Clifford 1994, 307) Ein solches diasporisches Bewußtsein „Diaspora consciousness" sei von spezifischen „Skills of survival" (Clifford 1994, 312) beflügelt, die Strategien der Anpassung und Weltoffenheit inkludiert. Ähnlich wie Clifford insistiert Paul Gilroy auf der Tatsache, dass Diaspora als eine Alternative zu festen Ideologien von Nation, Klasse, Herkunft und Zugehörigkeit verstanden werden soll, „as an alternative to the metaphysics of race, nation, and bounded culture coded into the body, diaspora is a concept that problematizes the cultural and historical mechanics of belonging". (Gilroy 2000, 123)

Eine solche ‚Ent-Nationalisierung' von Herkunftsanalysen kann auch in postkolonialer Hinsicht dargelegt werden. Exemplarisch kann Homi Bhabhas *Die Verortung der Kultur* (*The location of culture*) angeführt werden, die auf eine De-Essentialisierung von Herkunft und Nation und somit auf eine schwierige ‚Verortung der Herkunft' zielt. Bhabha spricht von einer Ambivalenz von Herkunft und Nation, die mit einer narrativen Strategie einhergeht. Als Apparat symbolischer Macht bewirke sie ein andauerndes Flottieren von Kategorien wie Klassenzugehörigkeit, territoriale Paranoia oder ‚kulturelle Differenz' im Akt des Schreibens einer Nation (vgl. Bhabha 2000, 209). Die Unmöglichkeit einer festgefahrenen Verortung von Herkunft, Kultur und Nation begründet Bhabha mit „Grenzexistenzen" (Bhabha 2000, 1), die er dahingehend beschreibt, dass wir uns gegenwärtig „im Moment des Übergangs, wo Raum und Zeit sich kreuzen und komplexe Konfigurationen von Differenz und Identität, von Vergangenheit und Gegenwart, Innen und Außen, Einbeziehung und Ausgrenzung erzeugen" (Bhabha 2000, 1) befänden. Hier lässt sich eine Erkenntnis gewinnen, nämlich ein Plädoyer für eine breitere Perspektive des Herkunftsverständnisses. Gemeint ist die Erkenntnis, dass wir von Diskriminierung, Deklassierung und Exklusion aufgrund von Herkunftsdifferenzen absehen müssen.

Eine ähnliche Ansicht vertritt der franko-libanesische Autor Amin Maalouf. In seinem Essay *Mörderische Identitäten* (orig. *Les identités meurtrières*) beschäftigt er sich mit der Frage, ob wir in unserer Gesellschaft unaufhörlichen Spannungen bis hin zu Gewaltausbrüchen deswegen ausgesetzt seien, weil wir nicht alle die gleiche Hautfarbe oder die gleiche Herkunft hätten (vgl. Maalouf 2000, 2). Maalouf zufolge sind die Gründe dieser Gewaltausbrüche tieferliegender, nämlich in einer gnadenlosen, kompromisslosen Grenzziehung zwischen den verschiedenen Zugehörigkeiten, welche unsere Identität formen: „Was mich zu dem macht, der ich bin, liegt in der Tatsache begründet, dass ich mich auf der Grenze von zwei Ländern, zwei oder drei Sprachen und mehreren kulturellen Traditionen bewege." (Maalouf 2000, 2) Maalouf führt viele Beispiele von ‚Grenzexistenzen' an, u. a. von Menschen, deren Existenz gewissermaßen von ethnischen, religiösen oder anderweitigen Grenzlinien durchzogen wird, etwa Menschen mit serbo-kroatischer, franko-algerischer oder Hutu-Tutsi Abstammung. Ergiebig gestalten sich Maaloufs Ausführungen für die Vervielfältigung von Herkünften darin, dass er ähnlich wie bei Bhabha Grenzexistenzen aufzeigt, die sich im Grenzverkehr zwischen verschiedenen Kulturen und Nationen bewegen und somit die Ambivalenz und ‚Unverfügbarkeit' von Herkunft ans Licht bringen. Am Beispiel zweier Texte von Abbas Khider will ich diese Ambivalenz und Widersprüchlichkeit von Herkunft aufzeigen.

3 ‚Herkünfte' erzählen bei Abbas Khider

Abbas Khider wurde 1973 in der irakischen Hauptstadt Bagdad geboren und mit 19 Jahren wegen politischer Aktivitäten zu einer zweijährigen Gefängnisstrafe verurteilt und verhaftet. Nach seiner Entlassung floh er aus dem Irak, hielt sich von 1996 bis 1999 als Flüchtling in verschiedenen Ländern auf und lebt seit 2000 in Deutschland. Diese Flucht- und Migrationserlebnisse bilden den Erfahrungshorizont seines Schreibens. In meiner Analyse widme ich mich einerseits seinem Debütroman *Der falsche Inder*, erschienen 2008 und andererseits seinem Roman *Der Erinnerungsfälscher*, den er 2022 publizierte.

Der falsche Inder handelt von der Flucht eines jungen Irakers namens Rasul Hamid, der unter dem Diktator Saddam Hussein verhaftet wird und vor Krieg und Unterdrückung flieht: „In den ersten Jahren meines dritten Lebensjahrzehnts floh ich vor dem unendlichen Feuer der Herrscher und vor der erbarmungslosen Bagdader Sonne. Mein Weg führte mich durch verschiedene Länder." (Khider 2013, 18) Bereits der Titel des Romans mit dem Adjektiv ‚falsch' verweist auf die vom Autor intendierte Problematisierung der Herkunft des Hauptprotagonisten Rasul: Obwohl er aus dem Irak kommt, wird er weder in seiner Geburtsstadt Bagdad noch in fast allen seiner Flüchtlings-Aufenthaltsstationen als Iraker wahrgenommen:

> Ich lebte einige Zeit in Afrika, hauptsächlich in Libyen, so dass sich viele Wörter der libyschen Umgangssprache mit meinen irakischen vermischten. Und das brachte auch schon das nächste Problem mit sich: Ich hielt mich eine Weile in Tripolis auf, wo ich einige Iraker in einem Café an der Strandpromenade traf. Als ich mich vorstellte, erwiderten sie empört: „Du willst uns wohl für dumm verkaufen? Du bist kein Iraker! Dein Aussehen passt nicht und deine Art zu reden auch nicht!" (Khider 2013, 18)

Aufgrund des vermeintlich ‚nicht zutreffenden' Aussehens und seiner Hautfarbe gerät der Protagonist in eine Art Desorientierung und fängt an, nach dem Grund seiner ‚unpassenden' Hautfarbe zu fragen. In der ersten Stufe dieser Suche nach den ‚Quellen des Selbst' findet er halb ironische und halb naiv-schlichte Gründe dafür:

> Somit habe ich mehrere mögliche Erklärungen für meine dunkle Hautfarbe: Das Feuer der Herrscher und die Bagdader Sonne, die Hitze der Küche und die Glut des Steinofens. Sie sind entscheidend dafür, dass ich mit brauner Haut, tiefschwarzen Haaren und dunklen Augen durchs Leben gehe. (Khider 2013, 14)

Er legt jedoch gleich die Unzuverlässigkeit dieser Gründe offen:

> Wenn aber wirklich diese vier Faktoren die Ursache für mein Äußeres darstellen, müssten dann nicht auch die meisten anderen Bewohner des Zweitstromlands ähnlich aussehen? Bei vielen ist das auch so, aber ich sehe so anders aus, dass man an meiner irakischen Herkunft zweifelte. (Khider 2013, 14–15)

Der Begriff einer Herkunft, der sich auf Unverfügbarkeit, Unzuverlässigkeit und Kontingenzen im Weltlauf gründet und mit der „Gewissheitsreduktion" gegenüber verallgemeinernden Wahrheiten einhergeht (Heimböckel und Mein 2010, 12), motiviert so das interkulturelle Potential in Khiders Text. Die von der Gesellschaft konstruierte Wahrnehmung des Protagonisten als ‚Nicht-Iraker', dieses ‚Othering', beschreibt er folgendermaßen:

> In Bagdad sprachen mich mehrere Male die Fahrkartenverkäufer im Bus auf Englisch an. Dann lachte ich meistens und antwortete in südirakischer Umgangssprache, worauf sie mich verdutzt anstarrten, als wäre ich ein Geist. Dasselbe widerfuhr mir hin und wieder bei Polizeikontrollen. Jedes Mal musste ich lange Listen von Fragen beantworten, Fragen wie: was isst ein Iraker gern? Welche Kinderlieder singen die Iraker? Nennen Sie einige Namen der bekannten irakischen Stämme! Erst wenn ich alles richtig beantwortet hatte und meine irakische Herkunft als erwiesen angesehen wurde, durfte ich wieder meine Wege gehen. (Khider 2013, 15)

Die in dieser Textstelle verwendeten Wörter ‚anstarren', ‚verdutzt' oder ‚Geist' verweisen auf die Problematik der Wahrnehmung des Protagonisten als ein ‚Anderer' bzw. ‚Fremder'. Dieses ‚Fremdsein' im eigenen Land erfährt der Protagonist auch von seinen Peer-Groups:

> Die jungen meines Viertels riefen mich „Indianer", weil ich aussah wie die Indianer in amerikanischen Cowboy-Filmen. In der Mittelschule nannte mich die Arabischlehrerin und meine Mitschüler den „Inder" oder „Amitabh Bachchan", nach einem bekannten indischen Schauspieler, dem ich tatsächlich ähnlich sehe: ein langer, dünner, brauner Kerl. (Khider 2013, 15)

In dieser Hinsicht lässt sich behaupten, dass Khider das Motiv des Aussehens und der braunen Farbe des Protagonisten als Subversionspotentiale sowie Kritik der Sakralisierung oder ‚Fetischisierung' der Herkunft verwendet. *Der falsche Inder*, so schreibt Landon Reitz, „challenges th[e] often fetishized and author-centric notion of authenticity in migration narratives". (Reitz 2021, 2) Ich möchte hier Georg Lukács Ausführungen zur Eigenart des Ästhetischen und der de-fetischisierenden Mission der Kunst ins Feld führen. Denn man kann im Sinne Lukács' den Begriff der Herkunft als einen ‚Fetisch' verstehen, den es mittels literarischer Eigenlogik zu dekonstruieren gilt, zumal die Funktion der Literatur ihm zufolge darin besteht

> Fetische oder Fetischkomplexe, die im Laufe der Menschheitsentwicklung auftauchen und sowohl in der Praxis des Alltags wie in Wissenschaft und Philosophie wirksam werden, aufzulösen, den wirklichen Gegenstandsbeziehungen die ihnen geziemende Stelle im Weltbild der Menschen zurückzugeben und dadurch die infolge solcher Verzerrungen herabgedrückte Bedeutung des Menschen weltanschaulich wiederherzustellen. (Lukács 1963, 699)

Weiterführend heißt es:

> Fetischisierung bedeutet, dass – aus gesellschaftlich-geschichtlich jeweils verschiedenen Gründen – in den allgemeinen Vorstellungen selbständig gewordene Gegenständlichkeiten gesetzt werden, die weder an sich, noch in Bezug auf die Menschen wirklich solche sind. (Lukács 1963, 700)

Interessant für diese Ästhetisierung der Herkunft ist der Umstand, dass die Erzählinstanz mit einer Komplexitätserweiterung operiert, welche die Brüchigkeit von Herkunft offenlegt: Der Vater des Hauptprotagonisten behauptet nämlich, sein Sohn sei aus einer Affäre mit einer Zigeunerin namens Selwa hervorgegangen: „Er erzählte nur wenig, aber soviel ich verstand, war er vor geraumer Zeit mit einer Zigeunerin zusammen gewesen. Es war nur eine Affäre." (Khider 2013, 15) Diese Sachlage wird auf eine witzig-widersprüchliche Weise auf den Gipfel getrieben:

> Das Lustige an dieser Geschichte aber ist, dass meine beiden Mütter denselben Namen tragen: Meine Zigeunermutter hieß Selwa und meine Nicht-Zigeunermutter heißt auch Selwa. Meine Nicht-Zigeuner-Selwa behauptete, mein Vater sei ein Lügner und ich ihr leibliches Kind. (Khider 2013, 16)

Erzähltechnisch kann hier von einer Unzuverlässigkeit gesprochen werden, weil der Protagonist selbst seine Zigeunergeschichte bezweifelt:

> Die Zigeunergeschichte hörte ich nur von meinem Vater. Ich bin sogar einmal ins Al-Kamaliya-Viertel gegangen, das man auch das ‚Viertel der Huren und Zuhälter' nannte und in dem es tatsächlich jede Menge Freudenhäuser gab. Ich fragte dort nach der Zigeunerin Selwa und ihren Leuten, aber niemand hatte nur die leiseste Ahnung. Und darum bezweifle ich, dass an dieser Geschichte überhaupt etwas dran ist. Ich vermute, mein Vater wollte mich damit bestrafen, weil ich ihn nicht ausstehen konnte. (Khider 2013, 16)

Zwei in diesem Passus verwendete Verben, nämlich ‚bezweifeln' und ‚vermuten', lassen diese Unzuverlässigkeit und diese Brüchigkeit der Herkunftsdefinition festmachen. Das Interkulturelle an diesem Herkunftskonzept liegt darin, dass Khider es als eine offene und plurale Denkfigur darlegt. Denn der Protagonist bezweifelt zwar die von seinem Vater dargestellte Zigeunergeschichte, dies geht dennoch keineswegs mit einer Negation oder Ablehnung seines möglichen Zigeunerdaseins einher:

> Aber ich empfand diese Geschichte gar nicht als Strafe. Wieso sollte ich? Was war denn schon Schlimmes an den Zigeunern? [...] Ich war tatsächlich einer der schönsten Jungen unseres Viertels. Möglicherweise hatte ich meine Schönheit von meiner Zigeunermutter geerbt. Und möglicherweise auch meine Hautfarbe, meine langen, dunklen, lockigen Haare und meine großen schwarzen und sanften Augen. (Khider 2013, 17)

Weiterführend heißt es:

> Die Frage, ob die Zigeuner tatsächlich aus Indien stammen, wie die Wissenschaftler behaupten, interessierte mich schon immer brennend. Ich hoffte insgeheim, diese These sein wahr. Dann nämlich könnte ich mich selbst als indisch-irakischen Zigeuner aus der Taufe heben. Und Schluss mit den Existenzfragen! (Khider 2013, 17)

Gerade dieser Wille nach einem multinationalen und indisch-irakischen Zigeunerdasein des Protagonisten bekräftigt die Kritik am statischen und homogenen Verständnis von Herkunft und affirmiert somit das Plädoyer für ein Herkunftsverständnis im Plural bzw. für eine Komplexitätserweiterung von Herkünften. Diese Komplexität, die auch in den widersprüchlichen Herkunftsnarrativen seiner Familie und der Gesellschaft zu finden sind, fasst er folgendermaßen zusammen:

> Wenn ich mich nun daran zurückerinnere, welche Namen man mich zwischen Ost und West wegen meines Aussehens nachgerufen hat, dann scheint das irgendwie alles mit Indien zu tun zu haben. Indien, wo ich in meinem ganzen Leben noch nie war und das ich überhaupt nicht kenne. Die Araber nannten mich den irakischen Inder, die Europäer nur Inder. Es ist sicherlich erträglich, Zigeuner, Iraker, Inder oder gar ein Außerirdischer zu sein, wieso auch nicht! Aber es ist unerträglich, dass ich bis heute nicht genau weiß, wer ich wirklich bin. Ich weiß nur, ich bin „von vielen Sonnen der Erde gebrannt und gesalzen", wie meine bayerische Geliebte Sara immer behauptet, und ich glaube ihr. (Khider 2013, 22)

Man kann den metaphorischen Halbsatz, er sei von vielen Sonnen der Erde gebrannt und gesalzen, als ein Bekenntnis zu seiner Grenzexistenz im Sinne von Bhabha und Maalouf lesen, oder zum Internationalismus seiner Herkunft, die ihn nicht an eine einzige, festgelegte Nation bindet. Somit dekonstruiert er auf eine ironisch-witzige Weise die ‚Fetischisierung' von Herkunft. Insofern lässt sich der Text als ein interkulturelles Dispositiv für die ‚Unverfügbarkeit' von Herkunft lesen. Denn wer interkulturell denkt, so präzisiert Dieter Heimböckel, verortet sich jenseits starrer (nationaler und kultureller) Einstellungs- und Denkmuster und kann sich gleichzeitig der Wertschätzung der konnexionistischen Welt sicher sein (Heimböckel 2010, 49).

Ein ähnliches interkulturelles Darstellungsverfahren von Herkunft wird auch im Roman *Der Erinnerungsfälscher* dargelegt. Der Protagonist Said Al-Wahid lebt als Asylant in Berlin-Neukölln und erhält eines Tages den „Bescheid über das Widerrufsverfahren bezüglich seines Asylstatus" (Khider 2022, 9), denn es seien bei den Behörden Zweifel an seiner Staatsangehörigkeit aufgekommen. Es wurde vermutet, er habe die irakische Staatsangehörigkeit wiedererworben und dadurch hätte er automatisch die deutsche Staatsangehörigkeit verloren (vgl. Khider 2022, 22). Die Strapazen des Daseins als Asylant erzeugen bei ihm sowohl ein Misstrauen gegenüber der Welt – „Said ist noch immer jemand, der der Welt nicht traut. In der Fremde gibt es keine Himmelsrichtungen. Das weiß er aus eigener Erfahrung. Man sollte jederzeit dazu bereit sein, das Feld zu räumen oder mit dem Kopf gegen die Wand zu rennen." (Khider 2022, 8) – als auch eine Depression, die mit einem Gefühl der Leere gekoppelt ist:

> Der ganze Prozess bis zur unbefristeten Aufenthaltsbewilligung dauerte ein gutes Jahr. Es war eine anstrengende und deprimierende Zeit für Said. Er fühlte sich, als befände er sich in einer riesigen düsteren Höhle. Von irgendwo drang schwach und kaum sichtbar ein wenig Licht ein; niemals würde er den steinigen Weg bis dorthin schaffen, ohne zu stolpern und in die Leere zu fallen. (Khider 2022, 15–16)

Mit Hilfe einer Anwaltskanzlei konnte er eine unbefristete Aufenthaltsbewilligung und schließlich gar die deutsche Staatsbürgerschaft erwerben. Da Said Schriftsteller werden möchte, veröffentlicht er einige Texte, sodass er zu einem Podiumsgespräch in Mainz eingeladen wird, das hervorragend läuft. Er hat sich vorgenommen, dies mit seiner Frau Monica und seinem Sohn Ilias zu feiern, wenn er zu Hause ankommt. Nur: Auf dem Rückweg erhält er einen Anruf seines in Bagdad lebenden Bruders, der ihm mitteilt, seine Mutter liege im Sterben. Er muss deshalb mit dem ICE zum Frankfurter Flughafen fahren und eine Reise zurück in seine Herkunftsstadt Bagdad antreten. Während er auf den Zug wartet, kommen ihm Erinnerungen an seine Kindheit und seine Familie in den Sinn.

Aufschlussreich für ein plurales Verständnis von Herkunft ist der Umstand, dass Khider eine Ästhetik der Brüchigkeit von Herkunft unternimmt, die bereits in der Auswahl des Romantitels *Der Erinnerungsfälscher* zum Ausdruck gebracht wird. Denn eine ‚Fälschung' dürfte jegliche Definition von Herkunft als ein gesichertes Terrain konterkarieren. Gerade das Bloßstellen eines solchen Herkunftsphantasmas lässt sich an einer zentralen Textstelle finden, in der Said sich an den Namen vom ältesten Sohn seines Onkels erinnert:

> Er hieß Watan, „Heimat", und das war kein seltener Name in einer Zeit, in der der Präsident hundertmal am Tag ‚Heilige Heimat' im Rundfunk rief. Seinetwegen hat Said Al-Wahid diesen Begriff nicht nur hassen gelernt, sondern er machte ihn regelrecht krank. (Khider 2022, 42)

Seine Aversion gegen Begriffe wie ‚Heimat' oder ‚Herkunft' drückt er im Text mit dem Umstand aus, dass diese ‚Heimat' mit negativen Bezeichnungen versehen ist, nämlich als ein „Diktator" (Khider 2022, 41) oder als eine ‚Kontrollinstanz' (vgl. Khider 2022, 42).

Ähnlich wie im oben analysierten Debütroman, in dem der Ich-Erzähler aufgrund seiner Herkunft in eine Desorientierung gerät, gerät Said in eine ähnliche Lage, wie zum Beispiel als er in einer Kneipe in Neukölln von einem Mann angesprochen wird:

> „Ich nehme an, du bist kein Deutscher",
> „Wie bitte?"
> „Du bist kein Deutscher", wiederholte der Mann und setzte sich endlich.
> „Ich besitze die deutsche Staatsbürgerschaft."
> „Papier ist Quatsch! Woher kommst du?" (Khider 2022, 61)

Die auktoriale Erzählinstanz bezeichnet diesen Dialog zwischen Said und dem Mann als „belangloses Gespräch" (Khider 2022, 62), denn: „Der Mann beschwerte sich über die Flüchtlinge, die, wie er meinte, sein Land erobert hätten [...] und bezeichnete neunundneunzig Prozent der Asylbewerber im Land als ‚Lügner'" (Khider 2022, 62) Aufgrund dieser Deklassierung ist er so deprimiert, dass er selbst in eine Janusköpfigkeit gerät:

> Es ist, als hätte Said eine Affäre, von der keiner erfahren soll, eine mit sich selbst. Er ist ein Januskopf. Das eine Gesicht ist für alle sichtbar, zeigt sich allen, so wie sie es sich von ihm wünschen. Das andere Gesicht ist verschleiert, verborgen, rückwärtsgewandt, kauert allein und freiwillig eingesperrt. Das ist Said Al-Wahid, ein verstecktes Ich und ein sichtbares Ich, die unvereinbar sind, aber dasselbe Schicksal teilen müssen. (Khider 2022, 61)

An dieser Textstelle lässt sich die Ambiguität der Subjektbildung bei Said sehen: das Subjekt ist sowohl ‚versteckt' als auch ‚sichtbar' und somit nicht eindimensional zu verorten. Denn selbst in Bagdad fühlt sich Said dermaßen als ein ‚Fremder', dass er den Entschluss fasst, wieder nach Deutschland zurückzukehren:

> All die Jahre zuvor hatte er sich vorgestellt, irgendwann wieder für immer heimzukehren. Es war seine große Sehnsucht gewesen, ein Traum, der ihn jahrelang begleitet hatte und der nun zerbrach wie ein Spiegel, sich in eine Tatsache aus Scherben verwandelte. Er spürte die Fremde mitten in Bagdad mächtiger als in den fernen Ländern. (Khider 2022, 69)

Mit diesen Beschreibungen des Protagonisten lässt sich sagen, dass Khider die Festlegung des ‚Anderen' zu einer einzigen Herkunft oder Klasse als einfältig und irrsinnig bloßstellt. Dass sein Traum, wieder in den Irak zurückzukehren, ‚wie ein Spiegel zerbricht', kann man als ein Symbol der Illusion einer starren Herkunftsdefinition und als eine Desorientierung des Selbst interpretieren, zumal Said ‚Fremdheit' bzw. Unwohlsein sowohl in Bagdad als auch in Deutschland spürt. Dies will ich mit zwei Textbeispielen veranschaulichen: (1.) Khider stellt einen intertextuellen Bezug zu Patrick Süskinds Text *Die Taube* her, um die Traumata und die Deklassierung von Flüchtlingen in München zum Ausdruck zu bringen. Im Text heißt es, Said mache sich über einen Zeitungsartikel lustig, in dem steht:

> Die Landeshauptstadt München habe vor, den Taubenkot in der Stadt zu bekämpfen, der die Fassaden verunreinigte und die bauliche Substanz von Denkmälern beschädigte. Es solle ein effizientes elektrisches Taubenabwehrsystem auf den Dächern der historischen Bauwerke installiert werden. Der elektrische Schlag sei für die Tauben so unangenehm, dass sie die Gebäude und sogar ihre weitere Umgebung in Zukunft meiden würden. „Menschen werden in Bayern mit Paragrafen gefoltert und die Tiere mit Stromschlägen", lästerte er. (Khider 2022, 92–93)

Diese Stelle suggeriert, dass Khider eine Parallelität zwischen der drastischen Bekämpfung von Taubenkot und der unnachgiebigen Abweisung von Asylanten herstellt. Dieses Motiv der Taube kommt nicht nur in dieser Passage zur Verwendung, sondern ist, im Sinne von Gérard Genette, als ein paratextuelles Mittel (vgl. Genette 1993, 11–12) auch auf dem Cover des Buchs abgebildet.

(2.) Ferner berichtet die Erzählinstanz an einer anderen Stelle von der Furcht, wegen der sich Said und seine Peers verstellen müssten: „Alle fürchteten sich davor, von der Bevölkerung als Araber oder Muslime erkannt zu werden. Oftmals waren ihm arabische Jungs in Cafés oder auf der Straße begegnet, die sich als Europäer aus den Mittelmeerländern oder als Lateinamerikaner ausgaben." (Khider 2022, 55) Eine ähnliche Verstellung aufgrund der Herkunft hat Frantz Fanon in seinem Buch *Schwarze Haut, Weiße Masken* analysiert. Fanon kritisiert darin die neurotische Situation des ‚Schwarzen Menschen', der, so seine Metapher, weiße Masken tragen müsste, um in einer kolonisierten Welt ernst genommen zu werden (Fanon 2013). Bezogen auf Abbas Khiders Text liegt diese Verstellung darin, dass die arabischen Jungs ihre arabische Herkunft irgendwie negieren, indem sie ihre Namen ändern: „Mohamed hieß Mo oder Momy, Hussain wurde zu Haso oder Hasi. Er selbst hieß manchmal nicht Said Al-Wahid, was auf Arabisch ‚Glücklich, der Einsame' bedeutet, sondern Sad Wadi, ‚trauriger Flusslauf', eine Kombination aus Englisch und Arabisch." (Khider 2022, 55) Diese Verstellung kann im Sinne von Aleida Assmann als eine Praxis verstanden werden, mit deren Hilfe Menschen „bestimmte soziale Anpassungsleistungen vollziehen, um nicht zu brüskieren und den sozialen Frieden zu wahren." (2006, 26) Diese Verstellung entspreche einem Gebot der Rücksicht oder der Höflichkeit und diene dazu, strategische Ziele zu erreichen (vgl. Assmann 2006, 26). Man kann diese Strategien der Anpassung in Anlehnung an die oben skizzierten Diaspora-Ausführungen von James Clifford als ‚Skills of survival' fassen. Interessanterweise erfolgt bei diesen arabischen Jungs eine Art Balanceakt, der darin besteht, dass sie einerseits ihren eigenen arabischen Namen ‚anpassen' und andererseits Münchner Orte ‚arabisieren':

> Sie hatten auch anderen Orten in München neue Namen gegeben. Den Karlsplatz Stachus am Ende der Fußgängerzone bezeichneten sie als „Nebiaa Al-may", „Wasserquelle", weil es dort einen Brunnen gibt. Sie verabredeten sich am Wochenende dort und spazierten über den Marienplatz, den sie „OM-Al-Ajras" nannten, „Mutter aller Glocken". Von dort ging es weiter bis zum „Sahat Alusud", „Löwenplatz", wie sie den Odeonsplatz getauft haben, wo sich die Feldherrnhalle mit den Marmorlöwen befindet. Alle nennenswerten Treffpunkte im Zentrum Münchens hatten sie arabisiert. (Khider 2022, 53)

Ich sehe hier ein spezifisches interkulturelles Darstellungsverfahren von Herkunft, zumal Khiders Text in Anlehnung an Norbert Mecklenburg, „kulturelle Differenzen inszeniert" (Mecklenburg 2008, 11). Zudem liegt noch ein wichtiger Punkt für die Thematik der Intersektionalität vor, nämlich der Umstand, dass die oben beschriebene ‚Herkunftslast' nicht so sehr für die arabischen Mädchen gilt: „Die Mädchen hingegen behielten ihre richtigen Namen. Die weißen Männer störten sich an ihrer Herkunft und Hautfarbe nicht, solange sie Miniröcke oder tief ausgeschnittene Kleider trugen." (Khider 2022, 55) Die arabische Person wird – je nach Geschlecht – entweder als Terrorist oder Objekt männlichen Begehrens gesehen. Im ersteren Fall reagiert die Mehrheitsgesellschaft hierauf mit Abschließung und Ausschluss; im zweiten Fall wird die sexuelle Verfügbarkeit und Ausbeutbarkeit des weiblichen Körpers im doppelten Wortsinne zum Preis seiner Inklusion. Von dieser Erfahrung, von diesem Schein-Privileg berichten die Mädchen selbst:

> Keiner hält uns für Terroristinnen, solange die westlichen Männer uns, die „orientalischen Schönheiten" besteigen dürfen. Sie stempeln uns mit ihren Spermien als nichtterroristisch ab. Ihre Frauen können euch Männer mit ihren Küssen hingegen nicht vom Verdacht befreien. (Khider 2022, 55–56)

Dass die arabischen Mädchen – glücklicherweise – vom Verdacht, ‚Lügerinnen' oder ‚Terroristinnen' zu sein, befreit werden, erzeugt eine soziale Ungleichheit und Deklassierung zwischen den Geschlechtern. In dieser Hinsicht zeigt Willi Barthold in seinem Aufsatz über Abbas Khider einige migrationskritische „Formen der sexuell konnotierten Diskriminierung in der deutschen Gesellschaft" (Barthold 2020, 73) auf. Mit einem solchen Aufzeigen von sozialen Ungleichheiten aufgrund von Herkunft lanciert Khider ein Plädoyer für eine Abkehr von der Vorstellung einer festgelegten und eindeutigen Herkunftsdefinition. Eine solche Brüchigkeit von Herkunft materialisiert die Erzählinstanz durch die Fälschung von Erinnerungen:

> Seine Erinnerungen sind unvollendete Ereignisse, unpräzise Skizzen eines Ortes, verborgene Gestalten und verschleierte Gesichter. Alles Teile eines Puzzles, das es zusammenzusetzen gilt, wenn man sich erinnern will. Viele dieser Teile existieren längst nicht mehr. Sie sind durch ein Loch im Gedächtnis verloren gegangen, unauffindbar. (Khider 2022, 48)

Aleida Assmann nennt eine solche Erinnerungsform ein „individuelles Gedächtnis", d. h. ein „dynamische(s) Medium subjektiver Erfahrungsverarbeitung" (Assmann 2007, 24). Dieses individuelle Gedächtnis sei kein selbstgenügsames oder rein privates Gedächtnis, zumal es immer schon sozial gestützt sei. Als Merkmale dieses individuellen Gedächtnisses führt Assmann an, dass die dargebotenen Erinnerungen vernetzt und fragmentarisch seien. Und genau hier kommt die Funktion des Schreibaktes zum Tragen: Erst durch Erzählungen erhielten fragmentarischen Erinnerungen nachträglich eine Struktur, die sie zugleich ergänze und stabilisiere (vgl. Assmann 2007, 24). Dies wird sogar im Roman folgendermaßen benannt: „Innerhalb eines Jahres sind mehrere Erzählungen und ein Romanprojekt entstanden. Die Texte sind verfälschte Storys seines Lebens. Sie sind Versuche, eine einzige wahre Geschichte zu schreiben, nämlich seine, die niemals wahr sein kann." (Khider 2022, 49) Man kann – und damit will ich schließen – diese unpräzisen oder ‚unwahren' Skizzen als Zeichen einer schwierigen Verortung von Herkunft interpretieren, als eine Favorisierung der Vervielfältigung von Herkünften lesen.

Literaturverzeichnis

Assmann, Aleida. „Kulturen der Identität, Kulturen der Verwandlung". *Verwandlungen. Archäologie der literarischen Kommunikation IX*. Hg. Aleida Assmann und Jan Assmann. München: Wilhelm Fink, 2006. 25–46.

Assmann, Aleida. *Der lange Schatten der Vergangenheit. Erinnerungskultur und Geschichtspolitik*. Bonn: Bundeszentrale für Politische Bildung, 2007.

Basil, Priya. „Woher kommst du?" Übers. v. Hainer Kober. *Lettre International* 112 (2016): 7.

Bhabha, Homi K. *Die Verortung der Kultur*. Übers. v. Michael Schiffmann und Jürgen Freudl. Tübingen: Stauffenburg, 2000.

Barthold, Willi. Arabische Märchen zwischen Berlin und München. Migrationsautorschaft, Gender und Stereotypisierung in Abbas Khiders *Der falsche Inder* (2008). *The German Quarterly* 93.1 (2020): 70–89.

Bischoff, Doerte und Susanne Komfort-Hein. *Literatur und Exil. Neue Perspektiven*. Berlin, Boston: De Gruyter, 2013.

Clifford, James. „Diasporas". *Cultural Anthropology* 9.3 (1994): 302–338.

Fanon, Frantz. *Schwarze haut, weiße Masken*. Übers. v. Eva Moldenhauer. Wien: Turia + Kant, 2013 [1952].

Genette, Gérard. *Palimpseste: die Literatur auf zweiter Stufe*. Übers. v. Franz. von Wolfram Bayer und Dieter Hornig. Frankfurt a. M.: Suhrkamp, 1993.

Gilroy, Paul. *Against Race. Imagining Political Culture beyond the Color Line*. Cambridge/Mass.: Havard University Press, 2000.

Heimböckel, Dieter und Georg Mein. „Zwischen Provokation und Usurpation oder Nichtwissen als Zumutung des Fremden. Einleitung". *Zwischen Provokation und Usurpation. Interkulturalität als (un-)vollendetes Projekt der Literatur- und Sprachwissenschaften*. Hg. Dieter Heimböckel und Georg Mein. München, Paderborn: Wilhelm Fink, 2010. 9–14.

Heimböckel, Dieter. „‚Terminologie für gutes Gewissen'?. Interkulturalität und der neue Geist des Kapitalismus". *Zwischen Provokation und Usurpation. Interkulturalität als (un)vollendetes Projekt der Literatur- und Sprachwissenschaften*. Hg. Dieter Heimböckel und Georg Mein. München, Paderborn: Wilhelm Fink, 2010. 41–52.

Khider, Abbas. *Der falsche Inder*. 7. Aufl. München: btb, 2013.

Khider, Abbas. *Der Erinnerungsfälscher*. München: Hanser, 2022.

Lukács, Georg. „Die Eigenart des Ästhetischen". Ders. *Werke*. Bd. 11: Ästhetik. Halbbd 1. Darmstadt: Luchterhand, 1963.

Maalouf, Amin. *Mörderische Identitäten*. Übers. v. Christian Hansen. Frankfurt a. M.: Suhrkamp, 2000.

Mecklenburg, Norbert. *Das Mädchen aus der Fremde. Germanistik als interkulturelle Literaturwissenschaft*. München: Iudicium, 2008.

Reitz, Landon. „‚Meine eigene Geschichte': Identity Construction Through Reading in Abbas Khider's *Der falsche Inder*". *Transit* 13.1 (2021): 1–15.

Safran, William. „Diasporas in Modern Societies: Myths of Homeland and Return". *Diaspora: A Journal of Transnational Studies* 1.1 (1991), 83–90.

Nikola Keller

„um Freyheit und Vaterland betrogen" vs. „topsklave, super angebot" – Herkunft erzählen in der Abolitionsdramatik des achtzehnten und des einundzwanzigsten Jahrhunderts

1 Sklaverei in Vergangenheit und Gegenwart: Globale Verflechtungen und ihre Darstellungsverfahren

„Die Sklaverei ist ein Naturgesetz, alt wie die Menschheit. Warum soll sie aufhören vor ihr. Sieh dir meine Sklaven an, und deine, unser Eigentum. Ihr Leben lang sind sie Tiere gewesen. Warum sollen sie Menschen sein" (Müller 2019 [1979], 57), heißt es provokant in Heiner Müllers 1979 verfasstem und im Folgejahr uraufgeführtem Drama *Der Auftrag. Erinnerung an eine Revolution*, das die Haitianische Revolution zum Gegenstand hat. So „alt wie die Menschheit" sind Versklavungspraktiken zweifellos, denn sie sind schon in den „erste[n] frühe[n] Hochkulturen" Usus (Zeuske 2013, 104). Ob das ‚alte' Ägypten, das antike Griechenland oder das Römische Reich – sie alle eint, dass Sklav:innen und Versklavungspraktiken wesentlich zu ihrer Entwicklung zu einer solchen Hochkultur beigetragen haben (vgl. Bales 2001, 21). Mit der europäischen Expansion ab der Mitte des fünfzehnten Jahrhunderts beginnt eine der Hochphasen der Sklaverei auf den Plantagen der europäischen Kolonien im sogenannten Ost- und Westindien (vgl. Osterhammel und Jansen 2017, 33–38). Das späte achtzehnte und vor allem das neunzehnte Jahrhundert werden in der europäischen Geschichtsschreibung hingegen als diejenige Zeit erinnert, in der die Sklaverei durch die verschiedenen Nationen wiederum abgeschafft wird: in Frankreich erstmals in allen Kolonien 1794 (vgl. Dorigny 2018, 57), in Großbritannien 1807 zunächst der Sklav:innenhandel und 1833 auch die Sklaverei (vgl. Roberts 2021, 253), in den Niederlanden 1863 (vgl. Emmer und Gommans, 65), in Brasilien 1888 (vgl. Zeuske 2013, 2). Mauretanien gilt als letztes Land, in dem 1980 die Sklaverei zumindest offiziell abgeschafft wurde (vgl. Bales 2001, 110–111). „Niemand darf in Sklaverei oder Leibeigenschaft gehalten werden; Sklaverei und Sklavenhandel in allen ihren Formen sind verboten"

(Vereinte Nationen 1948, Art. 4), heißt es in der von den Vereinten Nationen verantworteten *Allgemeinen Erklärung der Menschenrechte* von 1948.

So hoffnungsvoll die skizzierte Entwicklung auch stimmen mag, so schnell kann diese vermeintliche Abfolge hin zum Guten entzaubert werden. „Mehr denn je sind Sklavereien, Menschenhandel und unfreie Arbeit Teil unserer heutigen, dynamischen Globalgeschichte" (Zeuske 2013, 2), formuliert der Historiker Michael Zeuske. „Gegenwärtig gibt es sogar mehr Sklavinnen und Sklaven als zu Zeiten der ‚großen' Sklavereien und Sklavenhandelssysteme. Schätzungen über heutigen Menschenhandel und ‚moderne Sklaverei' reichen von 12 Millionen über 27 Millionen bis zu 250 Millionen Menschen" (Zeuske 2013, 2). Unabhängig davon, dass diese Zahlen stark changieren, eint sie, dass sie nur schwerlich greifbar sind – sowohl, was die betroffenen Individuen anbelangt, als auch mit Blick auf die Frage danach, was deren Sklaverei jeweils konkret bedeutet. Die verschiedenen Bemühungen von Akteursgruppen wie NGOs oder Ausstellungsmacher:innen, von Journalist:innen oder Autor:innen, diese Zahlen für eine größere Öffentlichkeit zu benennen und zugleich verstehbar zu machen, sind dahingehend aufschlussreich, welche Darstellungsverfahren sie jeweils dazu nutzen.

Der von der Menschenrechtsorganisation *Walk Free Foundation* verantwortete, erstmals 2013 und zuletzt 2023 veröffentlichte *Global Slavery Index* arbeitet unter anderem mit Visualisierungen, die beispielsweise die Gesamtzahl weltweit versklavter Menschen, die unterschiedliche Intensität, mit der Staaten gegen Sklaverei vorgehen, oder die Rolle der G20-Staaten thematisieren (vgl. Walk Free Foundation 2018, i–v). Der *Global Slavery Index* ist neben seinen Handlungsempfehlungen für Regierungen (vgl. Walk Free Foundation 2023, 6) in seinem Adressat:innenkreis auch dezidiert Konsument:innen-orientiert: „Modern slavery affects us all, from the food we eat to the clothes we wear and across a wide spectrum of the goods we purchase. Accordingly, it is everyone's responsibility to address and eliminate this crime everywhere it occurs" (Walk Free Foundation 2023, 8), heißt es im Vorwort. Gleichwohl bleibt die persönliche, je individuelle Involviertheit in die dargelegten Wertschöpfungsketten und die damit einhergehende Sklaverei in den entworfenen Grafiken vielfach abstrakt, denn als involvierte Akteur:innen werden jeweils nur Staaten genannt.

Die NGO *Made In A Free World* hat die Involviertheit Einzelner in Menschenhandel und Sklaverei bereits 2011 zum Anlass genommen, die Webseite http://slaveryfootprint.org mitsamt ihrer zentralen Frage „How many slaves work for you" zu entwickeln. Die interaktive Webseite leitet den oder die Nutzer:in nach einigen biografischen Fragen zu Herkunft, Alter und Geschlecht nach und nach durch das je eigene alltägliche Leben und den eigenen Besitz: Kleiderschrank, Schmuckschatulle, elektronische Geräte, Kühlschrankinhalt und viele weitere Elemente, wobei von dem oder der Nutzer:in jeweils anzugeben ist, wie hoch die Zahl der konsumierten oder besessenen Güter ist. Abschließend wird die für einen arbeitende Zahl versklavter Menschen errechnet und nach dem Schema ‚You have x slaves working for you' mitgeteilt. Der Wirtschaftswissenschaftlerin Evi Hartmann zufolge entspricht der Durchschnitt bei in Deutschland lebenden Menschen einer Zahl von 60 Sklav:innen (vgl. Hartmann 2016, 187).

Neben der Aufklärung über gegenwärtige Versklavungsformen und die je eigene Involviertheit in Formen moderner Sklaverei[1] (vgl. Marschelke 2015, 15) lässt sich derzeit beobachten, dass (Beteiligungen an) Sklaverei und Kolonialismus verstärkt auch in der historischen Dimension thematisiert werden – nicht zuletzt, weil sie in der nationalen und internationalen Geschichtsschreibung ebenso wie in der Erinnerungskultur mitunter nur eine marginale Rolle spielen und einer größeren Öffentlichkeit kaum bekannt sind. Vielfach ist das Mittel der Wahl zur Darstellung ein Zeitstrahl. Das Spiegel Geschichte-Themenheft *Sklaverei. Wie Menschen zur Ware wurden – und Deutschland profitierte* (Lörchner und Patalong 2022) enthält eine von 10.000 v. Chr. bis ins Jahr 2021 reichende bebilderte Chronik (vgl. Lörchner und Patalong 2022, 32–35), welche die Sklaverei aufgrund der chronologischen Abfolge gleichermaßen als „alt wie die Menschheit" (Müller 2019 [1979], 57) und als nach wie vor bestehend verstehbar macht.

Ein vergleichbarer Ansatz liegt auch der Ausstellung *Freiburg und Kolonialismus: Gestern? Heute!* zugrunde, die vom 25. Juni 2022 bis zum 11. Juni 2023 im Augustinermuseum Freiburg zu sehen war. Der Einführungstext auf der Internetseite des Museums lautet:

> Was hat Freiburg, was haben wir mit dem deutschen Kolonialismus zu tun? Noch immer profitieren wir ökonomisch, politisch und kulturell von den Strukturen der Unterdrückung und Ausbeutung, die vor 1919 geschaffen wurden. Damals waren Menschen aller Bevölkerungsschichten von der Rassenideologie überzeugt. Ein Gefühl geistiger und kultureller Überlegenheit gegenüber anderen, insbesondere nichteuropäischen Menschen war weit verbreitet. Und heute? Welche Vorurteile und Verhaltensmuster wurden – unbewusst oder sogar bewusst – über Generationen hinweg weitergegeben? Wie äußern sie sich in unserem Alltag? Die Ausstellung arbeitet Freiburgs koloniale Verflechtungen auf und regt dazu an, das eigene Handeln zu hinterfragen.[2]

---

1 Verschiedentlich wird auch von neuer Sklaverei im Unterschied zur alten Sklaverei, d. h. allen Versklavungsformen vor der „Abolition der Sklaverei im Oman (1970)", gesprochen (Zeuske 2013, 564; vgl. ferner grundlegend Bales 2001, insbesondere 24–30). Zu Gemeinsamkeiten und Unterschieden der jeweiligen Sklavereien sowie zur Problematisierung der Annahme einer vorhandenen vollständigen Zäsur vgl. außerdem überblicksartig Marschelke 2015, insbesondere 17.
2 Städtische Museen Freiburg. 25. Juni 2022–11. Juni 2023. Freiburg und Kolonialismus: Gestern? Heute! Augustinermuseum. https://www.freiburg.de/pb/,Lde/1827076.html (23. Juli 2024).

Zur Umsetzung des selbstgegebenen Anspruchs, deutsche Verflechtungen in den Kolonialhandel vor der deutschen Kolonialzeit von der Mitte der 1880er Jahre bis zum Ende des Ersten Weltkriegs (vgl. Gründer 1999, 7), mit der vielfach gebrauchten Formel der Zeit eines ‚Kolonialismus ohne Kolonien',[3] und lang über die vermeintlich abgeschlossene Zeit deutscher Kolonialherrschaft hinaus für die breite Öffentlichkeit sichtbar zu machen (vgl. Hoffmann-Ihde 2021, 9–13), greifen die Ausstellungsmacher:innen ebenfalls auf eine Zeitstrahl zurück. Dieser umfasst, an einer einzigen Wand entlang aufgezogen, den Zeitraum von 1500 bis in die Gegenwart und kombiniert Bilder und kurze Erklärungstexte zu „einzelne[n] Ereignisse[n] und Entwicklungen im Kontext des Kolonialismus auf europäischer, deutscher und städtischer Ebene" (Eble 2023, 44) mit Ausstellungsobjekten. Gegenstand ist beispielsweise die bislang noch kaum bekannte Beteiligung der Schwarzwaldregion an Kolonialismus und Sklaverei:[4] Der Verkauf von Baumstämmen in die Niederlande des siebzehnten, achtzehnten und neunzehnten Jahrhunderts, wo die als Holländertannen[5] bezeichneten Stämme im Schiff-, Hafen- und Städtebau Verwendung finden, ermöglicht den transatlantischen Handel und dessen immensen Anteil an der niederländischen Wirtschaft wie auch die damit einhergehende kulturelle Blüte des lange als solches bezeichneten ‚Goldenen Zeitalters' (vgl. Adams 2023, 30–31) erst (vgl. o. V. 2021, 18, und Eble 2023, 44).

Auch bei literarischen Verhandlungen von Sklav:innenhandel und Sklaverei lässt sich beobachten, dass Autor:innen mit ihren Texten die Illegitimität von Menschenhandel, Verschleppung und Ausbeutung herausstellen, indem die Produktionsbedingungen der durch Versklavte hergestellten Konsumgüter thematisiert und die Rezipient:innen als Konsument:innen dieser Kolonialwaren und da-

---

3 In der jüngeren Vergangenheit etwa bei Purtschert, Lüthi und Falk 2013.
4 Selbst in Joachim Hambergers einschlägigem Beitrag zur Geschichte des sogenannten Holländerholzhandels bleibt der Zusammenhang zur Sklaverei und dem unermesslichen Leid in den niederländischen Kolonien weitgehend unberücksichtigt, auch wenn Hamberger auf die Niederländische Ostindien-Kompanie, deren „Niederlassungen auf allen Kontinenten" und deren Handel „mit Waren und Rohstoffen aus aller Welt: Neu-Amsterdam (heute: New York), Surinam, Java, Südafrika" verweist (Hamberger 2021, 34–35).
5 Dabei handelt es sich bereits im achtzehnten Jahrhundert um einen feststehenden Begriff, wie etwa das entsprechende Lemma im *Handbuch für praktische Forst- und Jagdkunde* zeigt: „Holländertanne, auch schlechtweg Tanne. Ist eine gehauene Fichte, Weißtanne oder auch Kiefer, die 60, 70, 80 und mehrere Schuh lang, und am dünnen Ende 16 Zoll und drüber dick ist". Auch der Abnehmer dieser Stämme wird klar benannt: „Hie und da zahlt die Holländer Kompagnie für 1 Sechziger Tanne eben so viel als für eine Siebziger" (beide Zitate o. V. 1796, 232). Bei dem benannten Abnehmer handelt es sich möglicherweise um die Koeniglich Wuertembergische privilegierte Hollaender-Holz Compagnie zu Calw (vgl. ausführlicher Preuss 2021, 201).

mit als Beteiligte, wenn nicht gar als (Mit-)Verantwortliche, am transatlantischen Handel adressiert werden. Eines der zentralen Darstellungsverfahren, das sich literarische Texte dabei zu Eigen machen, ist es, so soll mit dem vorliegenden Beitrag gezeigt werden, Herkünfte zu erzählen und Herkünfte vor Augen zu führen. Analysiert werden dazu folgende Dramen: Franz Guolfinger von Steinsbergs *Die Negersklaven*[6] (1779), Carl Anton Gruber von Grubenfels' *Die Negersklaven* (1790), Friedrich Ludwig Schmidts *Die Kette des Edelmuths* (1792), Pigault-Lebruns[7] *Le Blanc et le Noir* (1795), August von Kotzebues *Die Negersklaven* (1796) sowie Konstantin Küsperts *sklaven leben* (2019). Mit der gemeinsamen Betrachtung von deutsch- und französischsprachigen Abolitionsdramen des achtzehnten und des einundzwanzigstens Jahrhunderts soll nachfolgend erläutert werden, dass das Konzept Herkunft in den Texten trotz der großen Erstreckung zwischen den jeweiligen Entstehungszeiträumen übergreifend Verwendung findet und gleichermaßen als Persuasionsstrategie und Argument im Abolitionsdiskurs dient. Beobachten lässt sich gleichwohl ein entscheidender Wandel: Während es in den Texten des achtzehnten Jahrhunderts die Herkunft der Versklavten ist, die von den Figuren selbst erzählt wird, ist es in Küsperts Gegenwartsdrama diejenige der Versklavenden, die Verwendung findet, um Kritik am jeweils praktizierten Unrecht, das Sklav:innenhandel und Sklaverei bedeuten, zu formulieren.

---

[6] Der angemessene wissenschaftliche Umgang mit dem N-Wort und dem M-Wort in Werktiteln und Primärtextzitaten analysierter literarischer Texte und historischer Quellen ist immer wieder Gegenstand von Debatten innerhalb der Forschungscommunity und wird im Rahmen von Konferenzen und (nachfolgenden) Publikationen unterschiedlich gehandhabt (vgl. etwa die jüngst erschienenen Sammelbände von Adams, Gibbs und Sutherland 2023 oder Layne und Tonger-Erk 2024). Anders als es die im Rahmen dieses Aufsatzes untersuchten Dramen aufgrund ihrer inhaltlichen Ausrichtung glauben machen, geht es in den Texten nicht nur um Kritik am transatlantischen Handel und den damit einhergehenden Versklavungspraktiken, sondern es werden vielfach auch Rassifizierungen entworfen und literarisch tradiert. Zeigen lässt sich dies bereits anhand der Titelgebungen der Stücke und anhand des zumeist fortwährenden Gebrauchs des N-Wortes als Bezeichnung für die Sklav:innen-Figuren. Die Widerständigkeit gegen die Texte, die ihr bloßer Gebrauch dieses Begriffs hervorruft, halte ich im Kontext einer kritischen wissenschaftlichen Auseinandersetzung mit den Dramen für zentral. Das N-Wort wird in Titelgebungen und Zitaten daher nicht mittels Trunkierungen oder Ähnlichem verfremdet.
[7] Der vollständige Name des Verfassers lautet Charles-Antoine-Guillaume Pigault de l'Épinoy.

2 Herkunft erzählen im Abolitionsdrama des achtzehnten Jahrhunderts

2.1 Abolitionsdramatik: Begriffsbestimmung und Gattungsmerkmale

Bei der sogenannten Abolitionsdramatik handelt es sich um ein vor allem im letzten Drittel des achtzehnten Jahrhunderts unter anderem im deutschsprachigen Raum (vgl. Riesche 2010), in Frankreich (vgl. Tardola 1978), in England (vgl. Kanakamedala 2009 und Gibbs 2014), in den Niederlanden (vgl. Adams 2023) oder in Schweden (vgl. Thomasson 2020) aufkommendes und thematisch definiertes Dramengenre. So heterogen die sozio-politischen Entstehungskontexte auch sind, eint die Stücke, dass sie Versklavungspraktiken und den transatlantischen Handel zum Gegenstand haben und Kritik daran üben. Die Explizitheit dieser Kritik und das Ausmaß an geforderter Abschaffung changieren jedoch stark und reichen von der lediglich punktuell artikulierten Kritik und bloßen ‚Verbesserungen' der Lebens- und Arbeitsbedingungen über eine lediglich für einzelne Versklavte Gültigkeit erlangende Abschaffung ihrer Sklaverei bis hin zu Forderungen nach der vollständigen Abschaffung von Sklav:innenhandel und Sklaverei, wobei letzteres kaum je wirklich Gegenstand der Dramenhandlung ist. Indem die Gräuel von Sklav:innenhandel und Sklaverei in den europäischen Kolonien aufgezeigt und verschleppte Afrikaner:innen als Produzent:innen der zunehmend beliebten Konsumgüter wie Kaffee oder Zucker sichtbar gemacht werden (vgl. Köhler 2019a, 87–88), ist das emergierende Genre trotz des ausgemachten Spektrums an Zugängen zur Abolitionsfrage gleichermaßen Ausdruck und Motor der sich im achtzehnten Jahrhundert formierenden und transnational agierenden Abolitionsbewegung.

Die Verfasser:innen von Abolitionsdramen können sich zur Wissensverbreitung über Versklavungsprozesse und über die Zustände auf den Plantagen der europäischen Kolonien die gattungsspezifischen Eigenheiten zunutze machen. Die Texte ermöglichen in der Fiktion ,unmittelbare' Bühnen-Begegnungen mit Versklavten (vgl. Adams 2018, 148) und verleihen ihnen, wenn auch selbstredend fingiert, jene Stimmen, die in Traktaten über die Sklaverei oder in Berichten über Reisen an die afrikanischen Küsten oder in die europäischen Kolonien allenfalls vermittelt zum Ausdruck kommen können, in der Regel jedoch fehlen (vgl. Struve 2020, 254). So argumentiert beispielsweise Karen Struve, ein zentrales Charakteristikum wissenskonstituierender Texte wie beispielsweise den Lemmata in Denis Diderots und Jean Le Rond d'Alemberts *Encyclopédie ou Dictionnaire raisonné des sciences, des arts et des métiers*, die Produkte und zu deren Erzeugung nötige Gegenstände thematisieren, sei es, dass die Produzent:innen in der Regel ebenso ungenannt bleiben wie der Verweis auf den transatlantischen Handel (vgl. Struve 2020, 254), und spricht daher von einer „akteurielle[n] Leerstelle" (Struve 2020, 324).

In den Abolitionsdramen des späten achtzehnten Jahrhunderts und damit noch vor der Publikation faktualer *slave narratives*, authentischen Lebenszeugnissen (vormaliger) Versklavter (vgl. grundlegend Davis und Gates 1985), erzählen hingegen wiederholt Versklavte und damit jene Akteur:innen, die für die Produktion der sogenannten Kolonialwaren zentral sind. Wiederkehrende Erzählgegenstände sind Versklavungserfahrungen wie die *middle passage*, die Deportation per Schiff in die Kolonien, die Lebens- und Arbeitsbedingungen auf den Plantagen und (sexualisierte) Gewalterfahrungen. August von Kotzebue schreibt programmatisch in der Vorrede zu seinem als „historisch-dramatisches Gemälde" (Kotzebue 2019 [1796], 9) bezeichneten Stück:

> Der Verfasser ersucht seine Leser, Zuschauer und Recensenten, dieses Stück nicht blos als Schauspiel zu betrachten. Es ist bestimmt, alle die fürchterlichen Grausamkeiten, welche man sich gegen unsre schwarzen Brüder erlaubt, in einer einzigen Gruppe darzustellen. Der Dichter hat blos eingekleidet, aber nichts erfunden. (Kotzebue 2019 [1796], 7)

Dass neben den genannten Erzählinhalten die Herkunft der Versklavten, und damit der Zustand vor der Versklavung, in den Stücken eine so gewichtige Rolle einnimmt, mag angesichts der von Kotzebue formulierten Programmatik der Abolitionsdramatik auf den ersten Blick überraschen, handelt es sich dabei doch um dasjenige ‚Element' in der Vita der Versklavten, das vor ihrer nachfolgenden Versklavung steht. Welche Bedeutungen der Herkunft der Versklavten in den verschiedenen Dramen zukommen und welche Funktionen das Erzählen davon erhält, wird nachfolgend am Beispiel von Franz Guolfinger von Steinsbergs *Die Negersklaven* (1779), Carl Anton Gruber von Grubenfels' *Die Negersklaven* (1790), Friedrich Ludwig Schmidts *Die Kette des Edelmuths* (1792), Pigault-Lebruns *Le Blanc et le Noir* (1795) und August von Kotzebues *Die Negersklaven* (1796) beleuchtet.

2.2 Herkunft erzählen: Semantisierungen, Kontextualisierungen und Funktionalisierungen

In geläufigen Lexika und Wörterbüchern aus der Entstehungszeit der hier untersuchten Abolitionsdramen wird der Begriff der ‚Herkunft' primär in genealogischen Zusammenhängen gebraucht. In Johann Heinrich Zedlers *Universal-Lexicon* ist von „Stamm, lat. ein Sprößling, der Ursprung, die Abstammung und Herkunft, die Ahnen eines Geschlechtes" die Rede (o. V. 1744, Sp. 1060), in Johann Christoph Adelungs *Grammatisch-Kritischem Wörterbuch der Hochdeutschen Mundart* wird ‚Herkunft' mit „die Abstammung, dem Geschlechte, den Vorältern nach. Die Herkunft des Messias aus dem Geschlechte Davids. Die Amerikaner wissen nichts von ihrer Herkunft" erläutert (Adelung 1811, Sp. 1126). Wenn Herkunft in den untersuchten Abolitionsdramen thematisiert wird, ist es stets diejenige der Versklavten – und nicht etwa diejenige der Versklavenden, auch wenn letztere Teil der *dramatis personae* der jeweiligen Stücke sind – sie wird, wie nachfolgend gezeigt werden soll, jedoch unterschiedlich semantisiert, kontextualisiert und funktionalisiert.

Herkunft zu erzählen, bedeutet zunächst, einen konkreten Ort zu thematisieren. „In welchem Lande bist du geboren?" – „Mein Vaterland ist Guinea" (Gruber von Grubenfels 2019 [o. J.], 21), heißt es rein benennend in Carl Anton Gruber von Grubenfels' *Die Negersklaven* (1790). „Fluchen müßen wir der wohltätigen Sonne, wenn sie uns täglich zur neuen Marter weckt, und uns zwingt, nach Osten aufzuschauen – hin in unser Vaterland! – Ach in unser Vaterland!" (Steinsberg 2020 [1779], 68), beklagt der Versklavte Zador in Franz Guolfinger von Steinsbergs gleichnamigem Drama und stellt mit dem zweifach formulierten exklamativen Verweis auf die eigene Herkunft das Unrecht heraus, das – jenseits aller Ausbeutung auf den Plantagen – allein die bloße Tatsache bedeutet, dorthin verschleppt worden zu sein. Zwar können die beiden Passagen narratologisch betrachtet mit Werner Wolf allenfalls als „narrationsinduzierend" bezeichnet werden (Wolf 2002, 96), da „ein Großteil der Geschichte" ausgespart bleibt, sodass es zur Sinnstiftung jeweils der „konstruktive[n] Mitarbeit" des (Lese-)Publikums bedarf (beide Zitate Wolf 2002, 70), gleichwohl scheinen bereits in diesen kurzen Passagen Versklavungserfahrungen wie die Deportation in die Kolonien auf.

Abgesehen von einem konkret zu lokalisierenden Ort, der wenn überhaupt nur einem geringen Teil des zeitgenössischen (Lese-)Publikums aus eigener Anschauung bekannt gewesen sein dürfte, dient das Erzählen der Herkunft in der Abolitionsdramatik auch dazu, diese im Erzählen der Figuren zu einer harmonischen Gegenwelt zum korrumpierten, von Machtstreben und Profitgier getriebenen Europa zu stilisieren (vgl. bereits Riesche 2010, 227–232). Friedrich Ludwig Schmidts Lustspiel *Die Kette des Edelmuths* (1792) ist im preußischen Magdeburg verortet und hat die Kaufmannsfamilie Bremer zum Gegenstand (vgl. Schmidt 1792, 3). Der älteste Sohn Bernhard Bremer kehrt zu Handlungsbeginn in Begleitung eines vormaligen Versklavten namens Jernrs aus Philadelphia zurück. Anders als es die initiale Handlungssituation vermuten lässt, richtet sich das Erzählen des fremden Gastes, das buchstäblich im Zentrum der Dramenhandlung des zweiaktigen Stücks steht (II.2), nicht an die Familie, sondern an deren Diener Friedrich. Dessen Frage „warum bist du denn nicht in deinem Vaterlande geblieben, bey deinen Eltern" (Schmidt 1792, 30) und damit letztlich die Frage danach, worin die Gründe für den Aufenthalt eines vormaligen Versklavten in „Deutschland" liegen (Schmidt 1792, 36), bildet den Anlass für das Erzählen der Figur Jernrs:

> Es war ein herrlicher Morgen, als ich und noch mehrere Buben am Ufer des Meeres saßen und spielten. Die Sonne blisterte so herrlich in die See und warf so warme Strahlen auf unsre schwarzen Leiber, daß wir wie von neuem auflebten. Wir scharrten uns ins warme Sand hinein, wie ehemals in der Mutter Schooß, und waren so vergnügt, so vergnügt, daß wir kaum vor Freuden ein Wort reden konnten. Wir kukten durch die Finger nach der Sonne, und wünschten weiter nichts, als den Mann mal zu sehen, der die Sonne gemacht hat. (Schmidt 1792, 30)

Es ist nicht etwa die Geburt, die den Auftakt der Lebenserzählung des Protagonisten bildet, sondern der Tag seiner Gefangennahme und Versklavung. Die sich im Spiel der Jungen manifestierende kindliche Arg- und Sorglosigkeit, die Vitalität, die in der Passage mit dem Verweis auf Sonne, Wärme und Tagesanbruch adressiert wird, und eine von Glück und Zufriedenheit zeugende formulierte Lebenshaltung erwecken den Eindruck von Harmonie und Frieden. Das Leben „am Ufer des Meeres" (Schmidt 1792, 30) bildet folglich einen starken Kontrast zu den Gräueln der Versklavung in all ihren ‚Etappen' – vom Moment der Gefangennahme über die *middle passage*, die Deportation in die Kolonien, bis hin zum Leben in den Kolonien. Barbara Riesche spricht gar vom „Paradies, aus dem er [d. h. Jernrs, N. K.] durch die Sklavenjäger dann jedoch vertrieben worden ist" (Riesche 2010, 225), und verweist damit auf die religiös-christliche Dimension des Werturteils – der Verurteilung von Sklav:innenhandel und Sklaverei –, das in Reaktion auf das gehörte figürliche Erzählen rezeptionsseitig zu fällen ist.

Herkunft zu erzählen bedeutet weiterhin in zahlreichen Abolitionsdramen, ein Eingebundensein in familiäre Bande herauszustellen, welche die Versklavung unwiderruflich kappt.

> Ich war ein freygeborner Mann, ehe die Engländer mich zum Sklaven machten. [...] Vier Jahre bin ich nun auf dieser Insel! Man riß mich aus den Armen meiner Gattin, und schleppte mich hieher. [...] Hier mußte ich mehr als ein Lastthier arbeiten; und statt des Brods bekam ich Stockstreiche, (Gruber von Grubenfels 2019 [o. J.], 18–19)

erzählt der Versklavte Xotilaqua dem Engländer Lord Stufford bei ihrem Kennenlernen. Stufford bereist inkognito eine „brittische[] Zuckerinsel" (Gruber von Grubenfels 2019 [o. J.], 8), um dort das Gebaren des Plantagenvorstehers Sir Barington, der als der „grausamste[] Mann" gilt (Gruber von Grubenfels 2019 [o. J.], 9), aus eigener Anschauung zu erleben. Der mit Stuffords Ankunft einsetzende Handlungsgang enthält eine ganze Reihe von Situationen, in denen der Reisende – stellvertretend für das (Lese-)Publikum – die Zustände auf den Plantagen und das Leid der Versklavten kennenlernt. Folglich ist Xotilaquas Erzählen seiner Herkunft nur eine der textuellen Strategien, Sklav:innenhandel und Sklaverei zu delegitimieren. Wenn Xotilaquas Erzähladressat Lord Stufford die ihm erzählte Versklavungserfahrung jedoch im weiteren Verlauf des Dramas mit den Worten „von Eltern, Weib und Kindern getrennt; mit unmenschlicher Grausamkeit aus dem Schoos ihrer Familien gerissen, und ihrer Güter beraubt" (Gruber von Grubenfels 2019 [o. J.], 26) gegenüber Barington als Argument gebraucht, Widerstandsakte der Versklavten zu legitimieren (vgl. Gruber von Grubenfels 2019 [o. J.], 26) und damit die Herkunft neuerlich Gegenstand der Dramenhandlung wird, so zeigt sich die Funktion der Herkunftserzählung im Handlungsgang. Diese lässt sich als ein Argument im Abolitionsdiskurs lesen, das grundsätzlich an der Legitimität der Sklaverei rüttelt (= Abolitionismus) und damit deutlich weiter reicht als das lediglich als amelioristisch zu bezeichnende in der zweiten Szene formulierte Ansinnen Stuffords. Sein geäußerter Wunsch, „den Negersklaven zu helfen" und für ihre „menschlich[e] Behandlung zu sorgen (Gruber von Grubenfels 2019 [o. J.], 10), mag zwar von Philanthropismus geprägt sein, rüttelt an der Unfreiheit der Versklavten letztlich jedoch nicht.

Schließlich kann das figürliche Erzählen der Herkunft im Abolitionsdrama des achtzehnten Jahrhunderts auch dazu dienen, versklavte Figuren ihre *agency*, mithin ihre Handlungsfähigkeit und Selbstbestimmung (vgl. Nayar 2015, 5), erzählen zu lassen. Das Drama *Le Blanc et le Noir* des französischen Dramatikers Charles-Antoine-Guillaume Pigault de l'Épinoy, kurz Pigault Lebrun, wird im November 1795 in Paris uraufgeführt (vgl. Little 2001, VIII) und damit im Jahr nach der Abschaffung der Sklaverei in den französischen Kolonien im Februar 1794 (vgl. Little 2001, VII). Das Stück spielt jedoch im Kontext der dieser ersten Abschaffung vorangehenden Revolten in Saint Domingue, deren Genese der Handlungsgang am Beispiel des Sklaven Télémaque entfaltet. Wesentlich für dessen Wunsch nach Veränderung und für den nachfolgenden Entschluss, sich zu revoltieren, ist ein Dialog mit seiner Geliebten Zamé. In Télémaques Armen liegend, fordert diese von ihm, sich zu erinnern:

> [T]u dois t'en souvenir. [...] Bords du Niger, témoins de nos premières amours, notre bonheur s'est écoulé avec tes ondes. Sans prêtres, sans autels et sans maîtres, sans lois que celles de la nature, sans guide que notre innocence, tu me dis: Zamé, aime-moi, et je t'aimai. Déjà nous éprouvions cette délicieuse ivresse, qu'on ne doit sentir qu'une fois. mais qui est éternelle pour les cœurs purs et constants... Tout à coup des méchants nous environnent, nous saisissent, nous traînent sur un vaisseau, et nous livrent aux blancs. (Pigault-Lebrun 2001 [1795], 50–51)

[Du musst dich daran erinnern. [...] An den Ufern des Niger, Zeugen unserer ersten Liebe, floss unser Glück mit deinen Wellen. Ohne Priester, ohne Altäre und ohne Herren, ohne Gesetze außer denen der Natur, ohne Führung außer unserer Unschuld, sagtest du zu mir: Zamé, liebe mich, und ich liebte dich. Schon fühlten wir diesen köstlichen Rausch, den man nur ein Mal fühlen sollte, der aber ewig ist für die reinen und beständigen Herzen... Plötzlich umringen uns böse Menschen, ergreifen uns, verschleppen uns auf ein Schiff, und liefern uns an die Weißen aus. [Meine Übersetzung, N. K.]

In Zamés Erzählen lernt das (Lese-)Publikum die geografische Herkunft des Paares, an die der Protagonist sich erinnern soll, zunächst als Ort der Ruhe und des Glücks kennen, wie dies bereits für die Passage in Schmidts *Die Kette des Edelmuths* gezeigt werden konnte. Darüber hinaus – und dabei handelt es sich um das entscheidende Charakteristikum der Passage – wird die geografische Herkunft auch als Ort der Selbstbestimmung erzählt. Deutlich wird dies nicht zuletzt durch das enumerativ gebrauchte „sans" – ohne: „Sans prêtres, sans autels et sans maîtres, sans lois que celles de la nature, sans guide que notre innocence" (Pigault-Lebrun 2001 [1795], 51). Anders als in Saint Domingue, wo menschliche Akteure wie die Kolonialherren („maîtres") die Liebe des verschleppten Paars reglementieren und ihm nur kurze Intervalle gemeinsam verbrachter Zeit ermöglichen (vgl. Pigault-Lebrun 2001 [1795], 49), unterliegen Télémaque und Zamé am Nigerufer allein der Natur („nature"), ihrer Unschuld („innocence") – und ihrem eigenen Willen. Entsprechend wird in Zamés Herkunftserzählung ein anderes Ich der Liebenden, die Vergangenheit vor der Versklavung und nicht zuletzt ein Zustand völliger Selbstbestimmtheit erzählt. Dieser steht in scharfem Kontrast zur Abhängigkeit und Handlungsunfähigkeit in der Versklavung und wird zur buchstäblichen Handlungsmotivation der nachfolgenden Revolte (vgl. Pigault-Lebrun 2001 [1795], 82–83).

Herkunft im Abolitionsdrama des achtzehnten Jahrhunderts zu erzählen, so kann vorläufig resümiert werden, umfasst ein breites thematisches Spektrum und reicht von der zu lokalisierenden geografischen Herkunft und der Schilderung der Eingebundenheit in soziale und familiäre Bindungen über deren Darstellung als eine bessere (Gegen-)Welt, die mit dem Einfall der Europäer:innen zerstört wird, bis hin zu deren Stilisierung zum Ort der Selbstgesetzlichkeit und Handlungsfähigkeit. Grundsätzlich bedeutet das Sprechen und Erzählen durch Versklavte im Abolitionsdrama – wie auch das Genre an sich –, die (vormaligen) Sklav:innen sichtbar zu machen, ihnen Gesicht und Geschichte zu geben und ein Näheverhältnis zwischen Produzent:innen und Konsument:innen von Kolonialwaren herzustellen, das die räumliche Distanz der Rezipient:innen zu den Kolonien überwindet (vgl. Adams 2018, 148). Spezifisch Herkunft in ihren unterschiedlichen Semantisierungen und Kontextualisierungen zu erzählen, hat zwei Funktionen, die nachfolgend erläutert werden.

Die erste Funktion erschließt sich, situiert man das Erzählen der Herkunft im Feld möglicher Erzählgegenstände versklavter Figuren im Abolitionsdrama. Von anderen Versklavungserfahrungen wie der *middle passage* oder den schlechten Lebens- und Arbeitsbedingungen der Versklavten auf den Plantagen unterscheidet sich die Herkunft der Versklavten in zweierlei Hinsicht: Zum einen ist das Entrissenwerden und die Deportation in die Kolonien eine Erfahrung, die eine große Zahl der Versklavten eint,[8] wohingegen andere Versklavungserfahrungen wie etwa die sexuelle Bedrohung von Sklavinnen (vgl. etwa Kotzebue 2019 [1796], 15–19) nicht auf alle Versklavten gleichermaßen zutreffen. Mit der Erzählaufforderung „Erzählt mir, wie ein Jeder unter euch um Freyheit und Vaterland betrogen wurde" (Kotzebue 2019 [1796], 44) und der darin enthaltenen Formulierung „ein Jeder" wird die Versklavung in August von Kotzebues *Negersklaven* jenseits des individuellen Erlebens als kollektiv geteiltes Schicksal ausgestellt. Noch verstärkt wird dies, wenn zahlreiche Figuren in Reaktion auf die gestellte Frage zwar von ganz unterschiedlichen Erfahrungen erzählen (vgl. Kotzebue 2019 [1796], 44–45), sie aber alle eint, dass sie das Entrissenwerden aus der jeweiligen Heimat und die Verschleppung in die Kolonien zur Folge haben.

Umgekehrt bedeutetet das figürliche Erzählen der Herkunft, wie sich dies bereits am Beispiel aus Carl Anton Gruber von Grubenfels' Drama angedeutet hat, dass im argumentativen Kräftefeld, das der europäische Abolitionsdiskurs zweifellos darstellt (vgl. etwa Lentz 2020, 56–79), kaum eine Möglichkeit besteht, dem Verweis auf den ‚Zustand vor der Versklavung' mit amelioristischen Argumenten zu begegnen. Die in der Logik der Dramen einzig mögliche Reaktion auf das von den Figuren Erzählte ist das Ende der Versklavung und eine mögliche Rückkehr der Versklavten – sei es nach „Guinea" (Gruber von Grubenfels 2019 [o. J.], 21), wie in Gruber von Grubenfels' *Negersklaven*, oder an die Ufer des Nigers aus Pigault-Lebruns *Le Blanc et le Noir*. Sigrid G. Köhler zufolge handelt es sich dabei um eines derjenigen Argumente im Abolitionsdiskurs, das in zeitlicher Nähe zu einer Mehrheit der hier untersuchten Stücke aufkommt: „[S]chon Ende der 1780er Jahren [sic] unternahmen britische Abolitionisten den Versuch, befreite Sklaven aus Nordamerika wieder in Westafrika, im heutigen Sierra Leone, anzusiedeln" (Köhler 2019b, 390). Insofern kann das Erzählen der Herkunft der Versklavten aufgrund der inhärenten Allgemeingültigkeit, die sich wie wenige andere Erzählinhalte als geteilte Erfahrung *aller* Versklavten darstellen lässt, und aufgrund der ‚radikalen' Konse-

---

8 Entgegnen ließe sich, dass die in den Kolonien geborenen Kinder der Versklavten die Deportationserfahrung nicht teilen und es sich dabei folglich nicht um eine nahezu universale Versklavungserfahrung handelt. Gleichwohl handelt es sich dabei – abgesehen von dem prominenten Fall in Kotzebues *Negersklaven*, wo eine Mutter ihr Neugeborenes tötet, weil es in die Sklaverei geboren wird (vgl. Kotzebue 2019 [1796], 38–41) – um eine Figurenkonstellation, die nur selten Gegenstand der untersuchten Abolitionsdramen ist.

quenzen, die es aus dem Wissen um die Herkunft der Versklavten zu ziehen gilt, gleichermaßen als besonderes starkes wie auch als besonders weitreichendes Argument im Abolitionsdiskurs gelten, das in der literarischen Fiktion und durch die Versklavten selbst formuliert seine persuasive Kraft entfaltet und damit eine besonders wirkmächtige textuelle Delegitimierungsstrategie von Sklav:innenhandel und Sklaverei bedeutet. Und so überrascht es auch nicht, dass das Erzählen der Herkunft in immerhin zwei der fünf untersuchten Dramen im Kontext von Widerstandsakten gebraucht wird: in Gruber von Grubenfels' *Negersklaven* (vgl. Gruber von Grubenfels 2019 [o. J.], 26) und in Pigault-Lebruns *Le Blanc et le Noir*, das gar als gesamtes Stück die Haitianische Revolution zum Handlungsgegenstand hat.

Die zweite Funktion des figürlichen Erzählens der Herkunft im Abolitionsdrama erschließt sich über die Begrifflichkeit, die in zahlreichen der untersuchten Passagen Verwendung findet. Zwar wurde in der vorangegangenen vergleichenden Analyse der Dramen stets von Herkunft gesprochen und der Terminus über die Lemmata in Zedlers *Universal-Lexicon* und Adelungs *Grammatisch-Kritischem Wörterbuch* in seinem zeitgenössischen Gebrauch konturiert, tatsächlich findet der Begriff der ‚Herkunft' an sich jedoch in keinem der untersuchten Dramen Verwendung. Stattdessen ist vielfach vom Vaterland die Rede, dem die Figuren entstammen (Steinsberg, *Die Negersklaven*, vgl. Steinsberg 2020 [1779], 68, Gruber von Grubenfels, *Die Negersklaven*, vgl. Gruber von Grubenfels 2019 [o. J.], 21), dem sie entrissen (Schmidt, *Die Kette des Edelmuths*, vgl. Schmidt, 1792, 30–31, Pigault-Lebrun, *Le Blanc et le Noir*, vgl. Pigault-Lebrun 2001 [1795], 50–51) und um das sie betrogen werden (August von Kotzebue, *Die Negersklaven*, vgl. Kotzebue 2019 [1796], 44). Über die gebrauchte Kategorie des Vaterlandes wird eine (mögliche) Nähe-Relation zwischen Versklavten und Rezipient:innen hergestellt. Bei der Vorstellung, Teil einer „Vaterlandsgemeinschaft" zu sein (Blitz 2000, 128), handelt es sich um einen Wert, der sich, wie Hans-Martin Blitz aufzeigt, ab den 1740er Jahren als „[e]in bewußt *nationaler* Diskurs" ausbildet (Blitz 2000, 102, Hervorhebung i. O.). In der Negierung dieses Wertes wird die Versklavung im Sinne eines Betrugs um eben jene (nationale) „Vaterlandsgemeinschaft" (Blitz 2000, 128) wenn nicht als Rechtsbruch, so doch als Werte- und Normenverletzung greifbar und zum Argument für die Abschaffung von Sklav:innenhandel und Sklaverei.

Wie zentral dieses Argument im Abolitionsdiskurs auch über die hier untersuchten Dramen hinaus ist, zeigt sich, wenn die Vorstellung, durch die Versklavung einem Vaterland entrissen zu werden, in für alle Teile der (imaginären) deutschen „Vaterlandsgemeinschaft" (Blitz 2000, 128) konzipierten Textsorten Verwendung findet: in Kinderbüchern ebenso wie in der Literatur für Erwachsene. In Karl Hammerdörfers und Christian Traugott Kosches *Afrika. Ein geographisch-historisches Lesebuch zum Nutzen der Jugend und ihrer Erzieher* (1787) heißt es: „Warlich, es ist die höchste Schande, welche die Europäer auf sich laden können, daß sie, die bey erdichtetem Elend in Thränen zerfließen, sie, die die Worte Menschenliebe, Mitleid, Großmuth beständig im Munde führen, nicht die Fesseln zerbrechen, welche jene Unglücklichen drücken" (Hammerdörfer und Kosche 1787 433–434). Von den Versklavten, die befreit werden sollen, ist als „diesen armen, von ihrem Vaterlande getrennten Menschen" die Rede (Hammerdörfer und Kosche 1787, 434).[9] Mit Blick auf die an Erwachsene gerichtete Abolitionsdebatte fällt auf, dass das ‚Herkunfts-Argument' nicht nur – wie bereits gezeigt – in literarischen Texten Verwendung findet, sondern auch Teil des politischen Diskurses im britischen Parlament ist, über den wiederum auch für deutschsprachige Interessierte berichtet wird.[10] Der Sklav:innenhandel sei „[e]in Handel mit menschlichen Geschöpfen, die ihrem Vaterlande mit Gewalt entrissen würden, um dem Willen, dem Eigensinne der Tyranney anderer menschlichen Geschöpfe auf ihre ganze Lebenszeit nebst ihrer ganzen Nachkommenschaft auf immer unterworfen zu werden", heißt es im mit „Debatte im Unterhause des großbritannischen Parlements über die Abschaffung des Sklavenhandels. (Beschluß)" überschriebenen Bericht im *Historisch-Politischen Magazin* (o. V. 1791, 139–140). Daher kann vorläufig festgehalten werden, dass das Erzählen der Herkunft im Abolitionsdrama des achtzehnten Jahrhunderts weit über das bloße Benennen geografischer Realitäten oder deren Thematisierung im Sinne eines ‚Elements' (neben vielen anderen) in der Vita der Versklavten hinausreicht und im Kontext der gesamteuropäisch geführten (politischen) Debatten um das Für und Wider von Sklav:innenhandel und Sklaverei eine zentrale Funktion einzunehmen vermag.

3 Herkunft erzählen im Abolitionsdrama des einundzwanzigsten Jahrhunderts

3.1 Konstantin Küsperts *sklaven leben* (2019) als modernes Abolitionsdrama

unsere väter lebten angenehm. sie hatten rinder und feldfrüchte;
sie hatten salzsümpfe und bananenbäume.
plötzlich sahen sie ein großes schiff aus dem ozean emporsteigen.
dieses schiff hatte vollständig weiße flügel, die wie klingen funkelten.

---

9 Vgl. zum Abolitionsdiskurs im deutschsprachigen Bilderbuch der Aufklärung grundlegend Overhoff und Lange 2024, die hier herangezogene Passage findet sich dort auf S. 111.
10 Vgl. zur Rezeption der britischen Abolitionsdebatte ausführlich Köhler 2019b, besonders 384–387.

weiße männer kamen aus dem wasser und sprachen worte, die niemand verstand. [...]
– *mukunzo kioko, geschichtenerzähler des pende-volks*. (Küspert 2019, 2)

Die zitierte Passage erinnert frappant an die im vorangegangenen Kapitel analysierte Textstelle aus Friedrich Ludwig Schmidts Lustspiel *Die Kette des Edelmuts* (1792) und allenfalls die durchgängige Kleinschreibung legt nahe,[11] dass es sich bei dem Stück, dem sie entstammt, kaum um ein Abolitionsdrama des achtzehnten Jahrhunderts handeln kann. Es ist der erste von drei Epigraphen zu Konstantin Küsperts Drama *sklaven leben*, das als Werkauftrag für die Frankfurter Positionen 2019 entstanden ist und am 26. Januar am Schauspiel Frankfurt uraufgeführt wurde (vgl. Heidrich 2023a, 95).[12]

Küsperts Stück zitiert mit der dem Epigraph zugrundeliegenden initialen Herkunftserzählung, die das idyllische Zusammenleben der Pende und dessen angedeutete unwiederbringliche Zerstörung zum Gegenstand hat, die Abolitionsdramatik des achtzehnten Jahrhunderts zwar bewusst an, unterscheidet sich jedoch im weiteren Handlungsgang fundamental davon. *sklaven leben* verfügt über keinen stringenten Plot (vgl. Kurz 2019a, 8), sondern besteht – ausgehend von den jeweiligen dargestellten Versklavungspraktiken und ihrer Relation zur Lebensrealität und -zeit der Rezipient:innen – aus Versatzstücken dreier Zeitebenen, aus Vergangenheit, Gegenwart und Zukunft,[13] sowie mit der vorletzten Szene aus einer das Stück beschließenden reflektierenden und kommentierenden Szene („mono.sklave prophet" [Küspert 2019,10; vgl. Heidrich 2023a, 99]).[14] Diese drei

---

11 Vgl. hierzu bereits Heidrich 2023a, 110. Bei der Kleinschreibung handelt es sich jedoch nicht um ein Spezifikum von *sklaven leben*, vielmehr findet sich diese als Gestaltungsmittel in einer ganzen Reihe von Konstantin Küsperts Theaterstücken (vgl. Welle 2018, 44).
12 Das Stück liegt überdies als vom Radiosender hr2 erstmals ausgestrahltes Hörspiel vor (vgl. Heidrich 2023a, 95). Es sei zudem darauf hingewiesen, dass *sklaven leben* noch vor dem gewaltsamen Tod von George Floyd am 25. Mai 2020 und der nachfolgenden breiteren Rezeption der Black Lives Matter-Bewegung im deutschsprachigen Raum verfasst und uraufgeführt wurde. Im Zuge dessen sind neben der größeren Aufmerksamkeit für den strukturellen Rassismus und die Polizeigewalt auch die Fortwirkungen kolonialer Strukturen und zumindest partiell auch die eigene Kolonialgeschichte und das spezifisch deutsche *entanglement* in Sklav:innenhandel und Sklaverei verstärkt in den Blick gerückt (vgl. Milman et al. 2021, 10), die zuvor im breiteren öffentlichen Bewusstsein kaum präsent waren.
13 Die einzelnen Szenen lassen sich den ausgemachten Zeitebenen weitgehend eindeutig zuordnen, auch wenn sie mitunter Referenzen auf andere Zeitebenen enthalten, worauf noch zurückzukommen sein wird.
14 Jens F. Heidrich plädiert hingegen, einer thematischen Zuordnung folgend, für „vier dramaturgische Stränge" (Heidrich 2023a, 96), bestehend aus 1) „einer Meta-Ebene", die sich auf die Poetologie des Stücks bezieht, 2) „[e]iner ,What-if-Logik', in der globale Wirtschafts- und Machtverhältnisse umgekehrt werden", 3) „Sklaven [...] als historisch und gegenwärtig verdinglichte, ausgebeutete Menschen" und 4) „Zukunft [...] im Zeichen von Konsumption und Produktion" (alle

Zeitebenen sind wiederum in einzelne Bruchstücke unterteilt, die im Handlungsgang in loser Abfolge aneinandergereiht werden (vgl. Kurz 2019a, 9) und daher als austauschbare Nummern erscheinen (vgl. Heidrich 2023a, 96).

Die erste dargestellte Zeitebene umfasst verschiedene in der historischen Vergangenheit angesiedelte Versklavungspraktiken und Widerstandsakte und besteht der hier vorgeschlagenen Lesart zufolge aus insgesamt elf Szenen:

> „spiel.der gebrauchtsklavenhändler" (Küspert 2019, 3–4),
> „spiel.das kleid" (Küspert 2019, 4–5),
> „spiel.werbung" (Küspert 2019, 5),
> „spiel.domestik" (Küspert 2019, 5–6),
> „spiel.werbung 2" (Küspert 2019, 7),
> „mono.sklave john brown" (Küspert 2019, 7),
> „mono.sklave leopold" (Küspert 2019, 8),
> „spiel.kommando john brown 1" (Küspert 2019, 8),
> „mono.sklave anthropologe" (Küspert 2019, 8–9),
> „spiel.kommando john brown 2" (Küspert 2019, 9) und
> „spiel.kommando john brown 3" (Küspert 2019, 9–10).

Die zweite Ebene, diejenige der Gegenwart, umfasst acht Szenen:

> „mono.sklave confroncier" (Küspert 2019, 3),
> „mono.sklave sweatshop" (Küspert 2019, 4),
> „spiel.nachrichten aus dem paralleluniversum 1" (Küspert 2019, 5),
> „spiel.nachrichten aus dem paralleluniversum 2" (Küspert 2019, 6),
> „spiel.werbung 3 – das produkt" (Küspert 2019, 6–7),
> „mono.sklave autorin" (Küspert 2019, 7),
> „mono.sklave rohstoffe" (Küspert 2019, 9) und
> „mono.sklave epilog" (Küspert 2019, 10).

Gegenstand dieses Handlungsstrangs sind Versklavungsformen, die der sogenannten modernen Sklaverei[15] zuzuordnen sind. Die dritte Zeitebene, welche die Zukunft adressiert, basiert auf Herbert George Wells' Science-Fiction-Roman *The Time Machine* (1895)[16] und unterscheidet sich sowohl durch die Kürze als auch durch die inhärente Kohärenz von den beiden anderen, denn der Handlungs-

---

Zitate Heidrich 2023a, 96; vgl. ähnlich auch Heidrich 2023b, 144). Für die dominante dem Stück zugrundeliegende Ordnung nach Zeitebenen sprechen nicht zuletzt die drei vorangestellten Epigraphe, die sich in ihrer einander ergänzenden Abfolge als zeitlichen Verlauf von den Anfängen der Sklaverei über eine als „ewiges gesetz" (Küspert 2019, 2) verstandene Praktik bis hin zu einer künftigen Hoffnung auf eine Zeit nach der Versklavung – „brecht das gesetz!" (Küspert 2019, 2) – lesen lassen.

15 Der Terminus wird in Kapitel 1 dieses Beitrags definiert und erläutert.
16 Für weitere intertextuelle Bezüge vgl. Heidrich 2023a, 102; 2023b, 145.

strang umfasst lediglich fünf Szenen, die als Ganzes eine in sich geschlossene Handlung ergeben (vgl. Heidrich 2023a, 95–96; 2023b, 144):

> „fabel.zeit maschine 1" (Küspert 2019, 3),
> „fabel.zeit maschine 2" (Küspert 2019, 4),
> „fabel.zeit maschine 3" (Küspert 2019, 5),
> „fabel.zeit maschine 4" (Küspert 2019, 5) und
> „fabel.zeit maschine 5" (Küspert 2019, 6).

Aus diesen Zeitebenen, so soll nachfolgend als Lesart des Dramas vorgeschlagen werden, lässt sich rezeptionsseitig eine (Kultur-)Geschichte der Sklaverei mitsamt ihres zu vermutenden künftigen Fortbestehens kompilieren, die jedoch im Vergleich zu ‚herkömmlicher' Geschichtsschreibung entscheidend modifiziert ist.

Bereits die zu Beginn der Dramenhandlung durch eine „Autorin" formulierte Triggerwarnung (Küspert 2019, 3)

> da wir uns auf unterhaltsame weise mit einem ganz und gar nicht unterhaltsamen thema beschäftigen, das man ganz und gar nicht ironisch abwehren sollte, diese bittere pille sollten wir schon schlucken ungesüßt, kann es durchaus vorkommen, dass sie sich zwischenzeitlich nicht so gut fühlen, das nur als warnung (Küspert 2019, 3)

offenbart, dass *sklaven leben* das (Lese-)Publikum adressiert und involviert. Die rezeptionsseitig eintretende Reaktion, sich „nicht so gut [zu] fühlen", vor der gewarnt wird, rührt jedoch, so zeigt sich im Handlungsgang, nicht allein aus der Konfrontation mit der entmenschlichenden Praxis Sklaverei, sondern auch aus dem Voraugenführen der eigenen akteuriellen Involviertheit in diese Praktiken. In der Gestaltung der Dramenhandlung kommt, analog zur Abolitionsdramatik des achtzehnten Jahrhunderts, neuerlich dem Konzept der Herkunft zentrale Bedeutung zu, nunmehr ist es allerdings diejenige der Versklavenden – und diejenige des (Lese-)Publikums. *sklaven leben* schreibt den Rezipierenden in synchroner wie in diachroner Perspektive Herkunft zu, indem es den und die Einzelne:n erstens als Teil jener gegenwärtigen globalen Konsumgemeinschaft entwirft, von der Michael Zeuske in der eingangs zitierten Passage spricht (vgl. Zeuske 2013, 2), und zweitens als Teil einer seit jeher bestehenden Konsumgemeinschaft entwirft, und damit auch erinnerungspolitisch Kontinuitäten herstellt, die kaum je als solche wahrgenommen werden (vgl. etwa Habermas 2019).

3.2 Sklaverei und Vergangenheit: ‚Deutsche' Kolonialgeschichte am Beispiel der Kaufmannsfamilie Schimmelmann

Das Schreibverfahren der Verschränkung zur Adressierung und Offenlegung von Kontinuitäten, das das Stück maßgeblich prägt,[17] lässt sich insbesondere an denjenigen dem Themenkomplex Vergangenheit zuzuordnen Szenen zeigen, die das Familienunternehmen „schimmelmann und söhne" (Küspert 2019, 3 und 7) oder „‚schimmelmann und sohn', hamburg" (Küspert 2019, 5) zum Gegenstand haben. Dieser Handlungsstrang besteht aus insgesamt drei Szenen, die in den ersten beiden Dritteln der Dramenhandlung situiert sind. Den Auftakt bildet eine mit „spiel. der gebrauchtsklavenhändler" (Küspert 2019, 3) überschriebene Verkaufsszene, in der eine Frau namens Ronja nach ihrem bislang praktizierten „slavesharing" (Küspert 2019, 3) auf der Suche nach einer komfortableren Lösung ist: nach einem – selbstredend günstigen – eigenen Sklaven. Dazu wendet sie sich vertrauensvoll an die Schimmelmanns. Während des langwierigen Verkaufsprozesses preist der Verkäufer verschiedene ‚Modelle' „in allen ausführungen", vom „ganz klassischen, typische[n] universalsklave[n], theodor, wird sehr gerne genommen" bis zum „sklaven für den etwas schmaleren, will sagen, etwas preisbewussteren kunden" an (alle Zitate Küspert 2019, 3; vgl. Heidrich 2023a, 106). Beobachten lässt sich zunächst, dass im Verkaufsprozess Argumente und Werturteile kompiliert werden: diejenigen von Sklav:innenmärkten innerhalb des transatlantischen Handels, mit denen der Ware Mensch ein Preis beigemessen wird, und diejenigen des Feilschens im Rahmen eines Gebrauchtwagenkaufs. Der Verweis auf die guten Zähne und Muskeln (vgl. Küspert 2019, 3) des begutachteten Versklavten Theodor und damit auf dessen Gesundheitszustand und dessen körperliche Leistungsfähigkeit, die im Kontext des transatlantischen Handels zentral für die ‚Wertfindung' sind (vgl. Zeuske 2013, 374), alterniert mit demjenigen auf den scheckheftgepflegten Zustand des zum Verkauf stehenden Sklaven (vgl. Küspert 2019, 3). Mit Argumenten wie „ein sehr guter allrounder, damit machen sie nichts falsch" oder „is n topsklave, super angebot" (Küspert 2019, 3), versucht der Verkäufer, das Geschäft perfekt zu machen.

---

[17] Es sei allerdings darauf hingewiesen, dass es sich dabei nicht um ein Spezifikum von *sklaven leben* handelt, sondern sich auch in anderen Dramen von Konstantin Küspert wie *pest* (2015), *europa verteidigen* (2016) oder *der westen* (2018) findet (vgl. Welle 2018, 43). Das damit einhergehende Wirkziel ist, so Tobias Welle, jedoch durchaus mit demjenigen von *sklaven leben* zu vergleichen: „Der junge Dramatiker [Konstantin Küspert] durchschreitet in vielen seiner Texte [...] collageartig die Geschichte von der Antike bis in die Gegenwart, um so zu verstehen, wie wir die geworden sind, die wir mit all unseren Problemen von der Klima- bis zur Eurokrise derzeit sind" (Welle 2018, 43).

Eine nachfolgende ‚Werbeanzeige', die die gesamte mit „spiel.werbung" (Küspert 2019, 5) überschriebene und zweite Szene des Handlungsstrangs bildet, offenbart zum einen in aller Deutlichkeit die scheinbare Selbstverständlichkeit eines solchen Geschäfts:

> es gibt jobs, die kann nicht irgendwer machen. manchmal braucht man einfach die besten. und wir haben die besten. garantiert. in den letzten 300 jahren haben wir hart gearbeitet, um nur top qualität zu liefern. das wissen auch unsere kunden, deshalb sind wir bis heute marktführer. einen sklaven von „schimmelmann und sohn" besitzt man nie ganz. man bewahrt ihn schon für die nächste generation auf. „schimmelmann und sohn. hamburg. schwarz. breit. stark." (Küspert 2019, 5)

Zum anderen lassen die Anzeige und der Verweis auf die dreihundertjährige Familientradition das Publikum erahnen, dass es für die Figur Schimmelmann und seine so engagierten Verkaufspraktiken jenseits eines satirisch-sarkastischen Spiels eine reale Vorlage gibt.[18] Bei Heinrich Carl von Schimmelmann (1724–1782) handelt es sich um einen der zentralen ‚deutschen' Akteur:innen[19] innerhalb des transatlantischen Handels. Er besaß Plantagen im damaligen Dänisch-Westindien und beschaffte Adligen und zunehmend breiteren Schichten des Bürgertums Sklav:innen, die der Macht- und Prachtentfaltung ihrer ‚Besitzer:innen' dienten (vgl. grundlegend Degn 1974). Verkauft hat Schimmelmann Frauen, Männer und Kinder mit unterschiedlichen ‚Fertigkeiten', je nach Wunsch der Käufer:innen (vgl. Degn 1974, 114–117), wie es Küsperts Stück ebenfalls ausstellt (vgl. Küspert 2019, 3–4).

Wie vergessen oder zumindest wie wenig bekannt die Involviertheit der Familie Schimmelmann in den transatlantischen Handel im öffentlichen Bewusstsein ist, zeigt sich beispielsweise in zahlreichen und mitunter nach wie vor bestehenden Würdigungen Schimmelmanns im öffentlichen Raum, etwa in Form von Straßennamen und Denkmälern (vgl. zur Lage 2021, 511). Heinrich Carl von Schimmelmann wurde im September 2006 in Hamburg eine Bronzeplastik gewidmet, um sein Verdienst, die „wirtschaftliche Stärke" des Hamburger Stadtteils Wandsbek begründet zu haben (zitiert nach Klawitter 2022, 43), zu würdigen. Die Plastik stand, obwohl aus Protest gegen die Würdigung zwischenzeitlich mit (blut-)roter Farbe übergossen, immerhin bis 2008 (vgl. zur Lage 2021, 514). Ebenfalls als Form lokaler Würdigung kann das bis 2016 unter anderem auf Schloss Ahrensburg und im Hamburger Museum für Kunst und Gewerbe abgehaltene

---

18 Auch Jens F. Heidrich analysiert die Szenen um Schimmelmann ausführlicher (vgl. 2023a, 105–106), geht den historischen Persönlichkeiten und den Konsequenzen, die eine solche Figurenkonzeption mit Blick auf dargestellte Versklavungsformen wie auch auf damit einhergehende Involviertheiten der Rezipient:innen hat, aber nicht weiter nach.
19 Gemeint sind hier und im Folgenden die deutschen Territorialstaaten des 18. Jahrhunderts.

und darüber hinaus auf CD erhältliche Erzählkonzert *Weihnachten mit den Schimmelmanns* (vgl. zur Lage 2021, 514) gelten, das laut Werbetext einer „aufstrebenden Familie im 18. Jahrhundert" gewidmet ist (zitiert nach Initiative Schwarze Menschen in Deutschland ISD Bund, Arbeitskreis HAMBURG POSTKOLONIAL und Berlin Postkolonial 2016, o. S.). Erst durch den Anstoß in Form eines gemeinsam verfassten offenen Briefs der *Initiative Schwarze Menschen in Deutschland ISD Bund*, dem Arbeitskreis *HAMBURG POSTKOLONIAL* und *Berlin Postkolonial* (vgl. Initiative Schwarze Menschen in Deutschland ISD Bund, Arbeitskreis HAMBURG POSTKOLONIAL und Berlin Postkolonial 2016) wird es nicht mehr aufgeführt (vgl. zur Lage 2021, 514).

Indem Küspert Schimmelmann und sein ‚Familienunternehmen' in den Handlungsgang von *sklaven leben* integriert, zeigt er mit seinem Stück folglich Formen deutscher Involviertheit in den transatlantischen Handel des achtzehnten Jahrhunderts und in Versklavungspraktiken auf und thematisiert damit einen Teil deutscher Kolonialgeschichte, der bislang im breiten öffentlichen Bewusstsein noch wenig präsent ist. Als besonders anschauliches Beispiel zur Erläuterung dieser Zusammenhänge ‚eignen' sich die Schimmelmanns insofern, als insbesondere die Vita von Heinrich Carl von Schimmelmann ein breites Spektrum möglicher Formen deutscher Involviertheit in den transatlantischen Handel umfasst. Zuvorderst sind dies der Besitz von Plantagen in den Kolonien anderer europäischer Nationen ebenso wie derjenige von „Manufakturen zur Zuckerverarbeitung" (zur Lage 2021, 504) und damit zur Weiterverarbeitung der in den Kolonien und durch Versklavte hergestellten Güter. Zugleich zeigt sich am Beispiel Schimmelmanns – und mit der Verkaufsszene in Küsperts Drama –, dass der Handel mit der Ware Mensch keineswegs nur in der Ferne, sondern auch auf ‚deutschem' Grund stattgefunden hat.

Bereits Jens F. Heidrich weist darauf hin, dass „Textsorten der Werbung und des Verkaufsgesprächs" (Heidrich 2023a, 106) für die dem Handlungsstrang um Schimmelmann zugehörigen Szenen prägend sind. Die ‚Firmenphilosophie' der textuell entworfenen Firma Schimmelmann, die sich in insgesamt vier verschiedenen Werbeslogans manifestiert, lässt durch die spezifische Auswahl der verwendeten Slogans jedoch jenseits von allgemeinem Geschäftsgebaren geläufige Versklavungspraktiken und Sklavereiverhältnisse vom achtzehnten Jahrhundert bis in die Gegenwart aufscheinen, wie nachfolgend erläutert werden soll.

Der erste Werbeslogan „used but precious!" (Küspert 2019, 3) ist chronologisch betrachtet auch der jüngste. Er liegt der Abkürzung ubup, dem ehemaligen Namen der Secondhand-Plattform Momox Fashion, zugrunde (vgl. Busse und Timmler 2020, o. S.). Gegenwärtig wirbt das Unternehmen mit dem Beitrag der Käufer:innen zu einer nachhaltigeren Form der Modeindustrie, den diese aufgrund der Mehrfachnutzung der Kleidung mit ihren dort getätigten Einkäufen leisten,[20] und suggeriert so eine Form des Konsums, dem man mit gutem Gewissen nachgehen kann. Bezeichnenderweise ist jedoch stets nur von Nachhaltigkeit im Sinne des Klimaschutzes durch CO2-Einsparungen die Rede, die unfreie Arbeit bei der Rohstoffgewinnung, etwa von Baumwolle, wie auch bei der Herstellung der gekauften Kleidungsstücke, die in Küsperts Drama mehrfach Thema ist (vgl. etwa Küspert 2019, 4 und 9), kommt auf der Unternehmenswebseite hingegen nie zur Sprache. Im Falle der dargestellten Verkaufssituation in Küsperts Drama wird eine solche Ignoranz des zugrunde liegenden Unrechts angeprangert und mit der satirischen Überspitzung die Perversität ausgestellt, die es bedeutet, lieber ein wenig Geld zu sparen als sich die Absurdität und Illegitimität der Situation bewusst zu machen.

Der in der oben bereits zitierten Werbeanzeige der Firma Schimmelmann enthaltene Passus „besitzt man nie ganz. man bewahrt ihn schon für die nächste generation auf" (Küspert 2019, 5) ist Teil der bereits 1996 erstmals lancierten Generationen-Kampagne der in Genf ansässigen Uhrenmanufaktur Patek Philippe[21] und lautet im Original: „Eine Patek Philippe gehört einem nie ganz allein. Man erfreut sich ein Leben lang an ihr, aber eigentlich bewahrt man sie schon für die nächste Generation".[22] Das Patek Philippe'sche Aufbewahren der Luxusuhren für die nächste Generation im Sinne einer Wertanlage und Vermögenssicherung gilt vielfach auch für Versklavte. Michael Zeuske weist darauf hin, dass es sich dabei um eine Praxis handelt, die sich überzeitlich und über geografische Räume hinweg beobachten lässt, und erläutert das zugrundeliegende Kalkül:

> Als Kapitalsicherung wurden Sklaven während der gesamten Zeit der Sklaverei eingesetzt. Allen Sklavenhaltern gefiel es, ihren Erben ein Kapital („Erbschaft") von stabilem oder höherem Wert zu hinterlassen. Edelmetallgeld konnte im Wert schwanken oder war nicht vorhanden und Fonds waren unbeliebt, weil Spekulation extrem riskant war. Viele Erbschaften bestanden deshalb, neben Land und Häusern, aus Sklaven, die ein „sicheres Kapital" darstellten und selbst in ihrer Primärfunktion als Arbeitsinstrument Mehrwert erwirtschafteten oder auch in der Reproduktion „Mehrwert" schaffen konnten. (Zeuske 2013, 363)

Zu Lebzeiten von Schimmelmann ist eine solche Praxis beispielsweise in der französischen Kolonialgesetzgebung, dem sogenannten *Code Noir*, festgeschrieben, dem zufolge Versklavte Gegenstände sind („Déclarons les esclaves être meubles", Code Noir 2005, 178), die somit unter die Erbmasse ihrer Besitzer:innen fallen. Bezogen auf die Schimmelmanns selbst stellt Julian zur Lage heraus, dass verschie-

---

20 Vgl. momox SE. Fashion & Fairness. Nachhaltigkeit bei momox fashion. https://www.momox fashion.com/de/nachhaltigkeit (30. Juli 2024).
21 Für den Hinweis danke ich Philipp Redl und Sebastian Kaufmann.
22 Vgl. Patek Philippe SA Genève. Generationen-Kampagne. https://www.patek.com/de/unternehmen/news/generationen-kampagne (29. März 2024).

dene Familienmitglieder bestrebt waren, den „Status quo gegenüber humanitären Argumenten" (zur Lage 2021, 506) auf ihren Plantagen aufrechtzuerhalten, sodass ein Ende der Praktiken nicht in Sicht ist. Insofern kann *sklaven leben* mit der Wahl des Werbeslogans von Patek Philippe und dessen Integration in die Dramenhandlung auf ‚Gepflogenheiten' im Umgang mit Versklavten aufmerksam machen, die über das konkrete Fallbeispiel der Schimmelmanns hinaus gängige Praxis sind.

Der Slogan „schwarz. breit. stark." (Küspert 2019, 5), der ebenfalls Teil der ausschließlich aus der Werbung bestehenden Szene ist, gehört zur Werbekampagne des hessischen Reifenherstellers Fulda Reifen (vgl. die Analyse des Slogans in Berndt 1995, 405–406) und lässt sich im Kontext der Dramenhandlung auf den ersten Blick als bloße Referenz auf die körperliche Leistungsfähigkeit der angepriesenen Versklavten verstehen. Als im Jahr 1900 gegründetes und in der Herstellung von Gummiwaren tätiges Unternehmen[23] wird über Fulda Reifen und seinen Werbeslogan jedoch eine weitere Form deutscher Kolonialgeschichte in die Dramenhandlung aufgenommen. Das Ausgangsmaterial für die Herstellung von Gummi ist Kautschuk, dessen Gewinnung an die unfreie Arbeit von Versklavten gebunden ist, sodass, wie Bernhard Wörrle in einem Beitrag im Blog des Deutschen Museums München betont, „bis 1929 [...] nahezu alles, was Gummireifen hat, zumindest partiell als koloniales Sammlungsgut betrachtet werden" muss (Wörrle 2020, o. S.). Zumeist wird die Kautschukgewinnung mit dem Schlagwort Kongo-Gräuel und dem Kongo-Freistaat als Privatkolonie des belgischen Königs Leopold II. assoziiert (vgl. Schürmann 2021, 110) und solcherart auch in der Szene „mono.sklave leopold" in Küsperts Drama thematisiert (Küspert 2019, 8),[24] doch auch Kamerun als deutsche Kolonie war ein bedeutender Exporteur von Kautschuk (vgl. grundlegend Oestermann 2023). Fulda Reifen, das als Unternehmen nach wie vor besteht, zeigt exemplarisch das Fortwirken kolonialer Strukturen, wenn auch unter anderem Namen als demjenigen Schimmelmanns.

Eine letzte, „mit spiel.werbung 2" überschriebene Szene (Küspert 2019, 7), in der es heißt

> wer heute einen sklaven kauft, kauft nicht einfach eine ware. er kauft einen menschen. einen künstler. einen wissenschaftler. einen sportler. er investiert nicht nur in seine eigene zukunft, sondern auch in die des sklaven. er kauft eine person. hallo, ich bin claus ernst von

---

23 Vgl. Goodyear Germany GmbH. Unsere Geschichte. https://www.fulda.com/de_de/consumer/about-us/history.html (23. Juli 2024).
24 Es heißt dort unter anderem: „und er besah sich die rohstoffe seines neuen königreichs und fand, dass die menschen in seiner heimat für kautschuk, welches hier an den bäumen wuchs, sehr viel geld bezahlen würden; sie alle wollten ihre kutschen und fahrräder und automobile mit den neuen luftreifen aus gummi ausstatten, denn sie wollten bequem reisen" (Küspert 2019, 8).

schimmelmann, ich führe „schimmelmann und söhne" in der 10. generation. ich achte bei der auswahl meiner ware stets auf gute qualität und ausgezeichnete ausbildung, aber eben auch auf eine faire haltung und verbindlichkeit. wir sind so viel mehr als sklavenhändler. wir verkaufen freunde. „schimmelmann und söhne". dafür stehe ich mit meinem namen. (Küspert 2019, 7)

enthält das 1991 eingeführte und lange Zeit in Werbespots durch Claus Hipp formulierte Qualitätsversprechen der Hipp Holding, einem Hersteller für Babynahrung (vgl. Balzli (Hg.) und Seiwert 2020, 140).[25] Der in Küsperts Drama verwendete Figurenname „claus ernst von schimmelmann" hat unter Mitgliedern der historischen Familie Schimmelmann allem Anschein nach kein Pendant und kann als eine Verschränkung der Vornamen von Claus Hipp und Ernst Heinrich von Schimmelmann (1747–1831) gelten. Bei letzterem handelt es sich um den Sohn von Heinrich Carl von Schimmelmann, der vielfach als „eine Art Gegenfigur" zu seinem Vater gilt (zur Lage 2021, 509), da er sich für die Abschaffung des Sklav:innenhandels eingesetzt haben soll. Dies ist jedoch nicht nur im Kontext einer „humanistisch-aufklärerische[n] Überzeugung" Schimmelmanns zu sehen, wie zur Lage herausstellt:

Das Verbot des Versklavungshandels für den dänischen Gesamtstaat folgte primär einer ökonomischen Logik [...]: Das System an sich sollte beibehalten werden und sich durch eine höhere Geburtenrate selbst erhalten, lediglich die riskanten und teuren Fahrten über den Atlantik entfallen. (beide Zitate zur Lage 2021, 510)

Insofern muss Ernst Heinrich von Schimmelmann viel eher als Erbe eines maßgeblich durch die unfreie Arbeit Versklavter erwirtschafteten Vermögens denn als Vorstand eines Unternehmens mit tadellosem Geschäftsgebaren gelten, wie dies der textuell präsentierte Firmenerbe der Schimmelmanns, der das Unternehmen mittlerweile „in der 10. generation" führt (Küspert 2019, 7), glauben machen möchte. Der Generationenwechsel bedeutet, neben der Firmentradition auch die kolonialen Verstrickungen an die nächste Generation weiterzugeben, und das durch Ausbeutung erwirtschaftete Vermögen in die Zukunft zu überführen.

Es ist in der Analyse bereits verschiedentlich angeklungen, dass es in dem Handlungsstrang um die Schimmelmanns zunächst darum geht, die deutsche Involviertheit in Formen vergangener Versklavungspraktiken ins breitere öffentliche Bewusstsein zu rücken. In einem Interview mit Konstantin Küspert und dem Regisseur der Frankfurter Aufführung, Jan Christoph Gockel, sagt letzterer über

---

25 Ähnlich wie bei Fulda Reifen liegen die Firmenanfänge der Hipp Holding um die Jahrhundertwende zum zwanzigsten Jahrhundert (1899). Es ist derzeit nicht bekannt, ob sich Firmenaktivitäten des Unternehmens, das zu Beginn Zwiebackmehl als Basis für Kindernahrung produzierte (vgl. Hipp 2015, 16), ausmachen lassen, die in kolonialen Zusammenhängen zu sehen sind.

die Webseite http://slaveryfootprint.org: „Dieser Sklavenrechner ist an sich ja ein statistischer Vorgang. Aber es ist ein Versuch der Bewusstmachung, dass jeder von uns Sklaven hält oder besser, dass Sklaven für uns leben" (Kurz 2019b, 10). Insbesondere die Verkaufsszene zeigt eine für Küsperts Drama charakteristische Form der Bewusstmachung, wenn Sklav:innenhandel und Sklaverei jenseits abstrakter Erläuterungen in ihren zugrundeliegenden Logiken am konkreten Einzelfall verstehbar gemacht werden. Darüber hinaus sind jedoch auch Abstraktion und Verallgemeinerung Teil dieses Verfahrens. Zum einen zeigt die Kompilation von Werbeslogans verschiedener Firmen die strukturelle Natur von Versklavungspraktiken und der Ökonomisierung von durch Versklavte produzierten Gütern auf, wenn diese zwar nicht Schimmelmann heißen, aber mitunter genauso Teil eines Systems sind, das auf unfreier Arbeit beruht. Zum anderen scheinen mit der dreihundertjährigen Firmentradition der Schimmelmanns (vgl. Küspert 2019, 5), die keine unmittelbare realweltliche Entsprechung hat, Gegenwartsbezüge auf, die verständlich machen, dass Schimmelmann – und diverse andere Akteur:innen mit ihm, die Teil der deutschen Involviertheit in den transatlantischen Handel waren (vgl. grundlegend Schulte Beerbühl 2007, Gundram 2016 und Weber 2004) – keineswegs nur als historische Persönlichkeit zu betrachten ist, dessen Handeln mit dem eigenen Tod beendet ist. Vielmehr bestehen Kontinuitäten, sodass das zeitlich der Vergangenheit zuzuordnende und scheinbar Vergangene *sensu* Beendete als fortwirkend herausstellt wird.

3.3 Sklaverei und Gegenwart: Gegenwärtige deutsche Herkunft – Involviertheit in moderne Sklaverei

Neben vermeintlich der Vergangenheit zuzuordnenden Versklavungsformen adressiert Küsperts Stück die gegenwärtige (eigene) Involviertheit und ein Wir als Teil der „dynamischen Globalgeschichte" und damit als Teil moderner Sklaverei (Zeuske 2013, 2). Panoramaartig unternimmt eine lediglich mit „Sklave" bezeichnete Figur eine Deutschlandtour (Küspert 2019, 9), die der Prämisse folgt: „was, wenn die weltgeschichte sich anders entwickelt hätte?" (Küspert 2019, 3). Im Zuge dessen kehrt das Stück Formen moderner Sklaverei um und münzt diese auf den Leib der deutschen Rezipient:innen. Zu Beginn der mit „mono.sklave rohstoffe" (Küspert 2019, 9) überschriebenen Szene heißt es:

> ich nehme sie mal mit auf eine tour. hier, in brandenburg, ist eines der zentren der weltweiten textilindustrie. unsere arbeiterinnen und arbeiter, na gut vor allem arbeiterinnen, arbeiten unermüdlich an den jüngsten fashiontrends. sie arbeiten zehn, zwölf stunden am tag,

stehen bis zu den knien in teilweise sehr schädlichen chemikalien, damit die jungen leute in bangladesh und thailand sich günstige jeans und schuhe leisten können. (Küspert 2019, 9)

In ähnlichem Duktus folgt im weiteren Verlauf ein Rundgang durch alle vier Himmelsrichtungen. Im Süden „sind die stets fröhlichen bayern" auf Äckern tätig, „oft nur in lederhosen und dirndl, ohne die nötige schutzausrüstung, das ist finanziell einfach nicht drin" (Küspert 2019, 9), und sichern so das Frühstück von Kindern in „mittelamerika und costa rica" (Küspert 2019, 9). In den „diamantminen des taunus" (Küspert 2019, 9) arbeiten „durch die mangelernährung ohnehin kleinwüchsige[...] hessenkinder" und stillen die große Nachfrage aus „sierra leone" (Küspert 2019, 9). Der Westen, konkret der „ruhrpott" (Küspert 2019, 9), wird in dem textuell entworfenen „deutschland" zum Produktionsstandort für „günstige telefone vor allem für den chinesischen markt" (Küspert 2019, 9). Im Norden „werden die stolzen friesischen nordseefischer leider von den fangflotten der somalischen fischereikonzerne – und der durch ihre lobbyarbeit beförderten, einseitigen gesetzgebung – zur piraterie gezwungen" (Küspert 2019, 9). Der namenlose Sklave beschließt seine Ausführungen mit zwei mutmaßlich exemplarischen deutschen Großstädten: „viele der frauen, die aus den slums von berlin und hamburg kommen, den randbezirken der molochs, sind viele kilometer weg von zuhause, um ihre familie zu unterstützen, kümmern sich um die pflegebedürftigen thailänder, gehen putzen in warschau und chisinau oder stehen überall auf der welt, teilweise ohne papiere und aufenthaltsstatus, auf dem straßenstrich" (Küspert 2019, 9).[26]

Zunächst adressiert Küsperts *sklaven leben* im Zuge der vorgenommenen Deutschlandtour unterschiedliche Formen moderner Sklaverei (vgl. Marschelke 2015, 15) und ihre jeweiligen Spezifika. Bei Diamanten, Speisefisch und Garnelen sowie den Elektrogeräten handelt es sich um sogenannte „[p]roducts with risk of modern slavery" (Walk Free Foundation 2023, 254) und damit um Handelsgüter, die allesamt auf der Liste der weltweit als in besonderem Maße durch Versklavte produzierten Erzeugnisse firmieren. Indem der namenlose Sklave die Tour mit dem Verweis auf die Textilindustrie beginnt, in der Mitte auf die Elektronikindustrie zu sprechen kommt[27] und mit „Haushalts- und Pflegearbeiten" und „sexuelle[r] Ausbeutung" endet (Graf und Kupfer 2015, 31–32), macht das Stück auf die Gender-

---

26 Ähnlich bereits bei Heidrich 2023a, 104.
27 Patricia Graf und Antonia Kupfer zufolge sind Textil- und Elektroindustrie weltweit in sogenannten „Sonderwirtschaftszonen, das heißt in räumlich abgegrenzten Gebieten [angesiedelt], in denen es meist steuerliche Vergünstigungen gibt, aber auch niedrigere Standards bezüglich Umwelt- und Arbeitsrecht gelten als im übrigen Staatsgebiet" (Graf und Kupfer 2015, 32). Graf und Kupfer führen weiter aus: „Der Großteil der Beschäftigten in diesen Sonderwirtschaftszonen ist [...] weiblich, wobei der Anteil weiblicher Beschäftigter in der Textil- sowie in der Elektronikindustrie mit 90 Prozent besonders hoch ist" (Graf und Kupfer 2015, 32).

Dimension der Sklaverei aufmerksam,[28] denn es handelt sich bei den genannten um die drei Bereiche, in denen insbesondere Frauen versklavt werden (vgl. Graf und Kupfer 2015, 31). Auch wenn der Rundgang durch die vier Himmelsrichtungen am Ende der Szene abgeschlossen ist, lässt sich erahnen, dass die von Sklav:innen hergestellten Produkte aufgrund der für die Szene charakteristischen Enumerativität als endlos fortsetzbar erscheinen. „[D]urch das künstliche Mittel der Umkehrung" (Kurz 2019b, 12), wie Küspert im Interview sagt, konkret durch den Tausch der Herkunft der Versklavten gegen diejenige der Versklavenden und den Verweis auf die Weltgeschichte, stellt es die so unzufällige Zufälligkeit moderner Sklaverei ebenso wie die Kontinuitäten derer, die versklaven, heraus.

3.4 Sklaverei und Zukunft: Fortwährend Teil einer (Global-)Gemeinschaft von Versklavenden?

Als dritte Zeitebene adressiert Küsperts Stück schließlich eine Zukunft, „die völlig ohne jeden bezug auf lebende oder tote realitäten auskommt, eine kleine fabel aus einem land nach unserer zeit erzählt, eine geschichte von zwei menschenarten und ihrer beziehung zueinander" (Küspert 2019, 3). Basierend auf H. G. Wells' Roman *The Time Machine* (1895) enthält das Drama insgesamt fünf mit „fabel.zeit maschine1" (Küspert 2019, 3) bis „fabel.zeit maschine 5" (Küspert 2019, 6) überschriebene Szenen, in denen eine Zeit Gegenstand der Dramenhandlung ist, in der „die menschheit [sich] in zwei rassen aufgeteilt hat" (Küspert 2019, 3), die Eloi und die Morlocks (vgl. ausführlich Heidrich 2023b, 148–153). Wenig überraschend ist die Beziehung der beiden dargestellten Figurengruppen noch immer diejenige von Versklavenden und Versklavten, auch wenn diese auf den ersten Blick nichts miteinander zu tun zu haben scheinen, da die Eloi überirdisch und die Morlocks unterirdisch leben. Auch in den Lebensbereichen selbst sind fundamentale Unterschiede zu konstatieren: Während die Eloi „ein leben wie im paradies" und ohne „erwerbsarbeit" führen – „lediglich zum zeitvertreib mag sich der eine oder die andere literatur, leichter kammermusik, malerei oder theaterspiel widmen" (Küspert 2019, 3) –, ist dasjenige der Morlocks ein gänzlich anderes. „die garstigen morlocks hingegen arbeiten schwer, leben kurz und verbringen sehr viel zeit in

---

[28] Jacqueline Joudo Larsen zufolge werden Frauen und Mädchen deutlich häufiger versklavt als Männer und Jungen: „Although modern slavery occurs in every corner of the globe and affects many regardless of race, gender, religion, and socio-economic status, females are disproportionately affected. Nearly three-quarters (71 percent) of modern slavery's victims are women and girls. This varies depending on the form of slavery but, notably, there are more female than male victims across all forms of modern slavery, except for state-imposed forced labour" (Joudo Larsen 2018, 22).

ihren düsteren, von leid und gewalt geprägten leben damit, sich gegenseitig zu bekriegen" (Küspert 2019, 3), erzählt ein namenloser Sklave in der ersten dem Handlungsstrang zugeordneten Szene. Im Verlauf des weiteren Handlungsgangs können die Rezipient:innen den allmählichen Erkenntnisprozess einzelner Eloi nachvollziehen, wie ihr arbeitsfreies und auch sonst sorgloses Leben zustande kommt, in dem sie „von technologien" „bewirtet" werden (Küspert 2019, 3) und alles, was sie zum Leben benötigen, „goldenen Aufzügen" entnehmen (Küspert 2019, 4):

> irgendwann ist einem der eloi, der sein langes, ereignisarmes leben mit etwas leichter höhlenforschung und anthropologie aufpolieren wollte, aufgefallen, dass eine ganze andere rasse menschen tief im bauch der erde lebt. einige eloi begannen, zaghafte kontakte zu knüpfen, lernten sogar ein paar brocken morlock, und nach kurzer zeit waren viele eloi wirklich betroffen über die lebensumstände unter der erde. (Küspert 2019, 5)

Anders als bei der durch den Sklaven referierten Entwicklung bis zur Begegnung der beiden separierten Gruppen wird das zentrale Erkenntnismoment eines einzelnen Eloi durch die Figur selbst formuliert und auf diese Weise besonders herausgehoben: „was, wenn es irgendeinen unklaren zusammenhang zwischen ihren bizarren tätigkeiten und unseren technologien gibt? ich meine, sie legen dinge in aufzüge und wir entnehmen ganz ähnliche dinge aus aufzügen, das könnte doch etwas bedeuten?" (Küspert 2019, 5). Dass diese Überlegungen jedoch keine Konsequenzen haben, kommentiert die als Sklave bezeichnete Figur unmittelbar im Anschluss: „aber selbstverständlich blieben derartig wirre, von verfolgungswahn geprägte verschwörungstheorien in der minderheit und wurden nicht ernst genommen" (Küspert 2019, 5). Dargestellt wird folglich ein (Nicht-)Verstehensprozess mit seinen zugrundeliegenden Dynamiken und finalen Abwehrmechanismen: Es sind lediglich Einzelne, die überhaupt auf die Existenz der Morlocks aufmerksam werden, und noch weniger, die Zusammenhänge zumindest ahnen und sich Fragen stellen, die dann jedoch wiederum abgewehrt werden, weil ein konsequentes Zuendedenken – so suggeriert es der Text – zur Folge hätte, die eigene Lebensweise vollständig aufgeben zu müssen. An dem Zustand einer räumlich wie menschlich in ein Oben und ein Unten geteilten Welt ändert sich nichts und er wird (vgl. Heidrich 2023b, 148), wie die letzte Szene des Handlungsstrangs zeigt (vgl. Küspert 2019, 6), vielmehr ins zeitlich Endlose fortgesetzt. Eine Gesellschaft ohne Sklaverei – „alt wie die Menschheit" (Müller 2019, 57) – scheint auch in ferner Zukunft nicht in Sicht.

Im Unterschied zu den beiden anderen Zeitebenen der Vergangenheit und der Gegenwart kommt diejenige, die die Zukunft betrifft, ohne Bezüge zu den deutschsprachigen Rezipient:innen des Textes und vermeintlich sogar ohne jegliche Bezüge zu irgendeiner gegenwärtigen oder vergangenen menschlichen Gesellschaft aus.[29] Indem in der vorletzten, mit „mono.sklave prophet" überschriebenen Szene[30] eine als Sklave bezeichnete Figur resümiert, „durch die gesamte geschichte unserer spezies zieht sich die unterdrückung der entmenschlichten, marginalisierten, jener unterschicht, die zunächst offen, später den direkten blicken entzogen die räderwerke unseres wohlstands antreibt" (alle Zitate Küspert 2019, 10), wird die entworfene Zukunft jedoch an die Zeitebenen der Vergangenheit und der Gegenwart angebunden. Zugleich rückt auf diese Weise zum Handlungsende die konkrete Räume und Zeiten überschreitende Dimension der Sklaverei in den Blick, welche durch nachfolgende Postulate wie „wir haben uns nie wirklich weiterentwickelt, sind immer eine spezies der sklaven und sklavenhalter geblieben" und „die meiste unterdrückung und ausbeutung findet immer noch genauso statt wie die sklaverei in den vorantiken gesellschaften" (alle Zitate Küspert 2019, 10) noch unterstrichen wird.

Wie Küspert selbst in einem Interview benennt, hat er im Zuge der Recherchen für sein Stück gemeinsam mit dem Regisseur Jan-Christoph Gockel Ausstellungen in verschiedenen Museen besucht, unter anderem im Royal Museum of Central Africa im belgischen Tervuren. Über den Besuch sagt der Autor:

> [D]ort ist es definitiv nicht gelungen, sich dem kolonialen Erbe von Leopold II. zu stellen. Es bleibt ein Salat aus ausgestopften Tieren, geraubten Kunstgegenständen und dem Versuch, ein wenig die eigene Verstricktheit zu reflektieren. Das fällt den europäischen Gesellschaften sehr schwer, denn es rüttelt am eigenen Selbstverständnis. (Kurz 2019b, 13)

Liest man *sklaven leben* als Abolitionsdrama des 21. Jahrhunderts, das sich kritisch mit Versklavungspraktiken auseinandersetzt, so zeigt die gemeinsame Betrachtung aller drei Zeitebenen, dass den Rezipient:innen ihre eigene Herkunft im Sinne einer sowohl in diachroner Hinsicht als auch gegenwärtig und zukünftig geltenden Involviertheit in Versklavungspraktiken bewusst gemacht wird. Vor diesem Hintergrund lässt sich die Titelgebung des Stücks *sklaven leben* nicht nur im

---

29 Gegenwartsbezüge finden sich in Szenen, die der Zeitebene der Vergangenheit zuzuordnen sind, neben dem Handlungsstrang um die Schimmelmanns etwa auch in demjenigen zu dem Abolitionisten John Brown (1800–1859), mit einer durch einen „Nachrichtensprecher" vorgetragenen Meldung, in der von „deutschland" die Rede ist: „wird weiterhin dringend vom verzehr von schokolade aller hersteller abgeraten. nach dem auftreten schwerer durchfälle infolge des konsums von schokolade verschiedenster marken kann laut bundesministerium für verbraucherschutz für keinen hersteller entwarnung gegeben werden. weitere 235 fälle wurden heute allein in deutschland bekannt, von denen 220 in krankenhäusern behandelt werden mussten" (alle Zitate Küspert 2019, 10; vgl. bereits Heidrich 2023a, 108). Vergifteter Kakao als Form des gegenwärtig möglichen Widerstands gegen die Sklaverei auf den Kakaoplantagen setzt in dieser Logik die Widerstandsakte John Browns in die Gegenwart fort (vgl. Küspert 2019, 7).
30 Nachfolgend wendet sich – analog zur Eingangsszene – neuerlich eine namenlose Autorin an das (Lese-)Publikum (vgl. Küspert 2019, 10).

Sinne von einzelne Individuen sind für ‚uns' versklavt verstehen – obwohl „Sklaverei und Sklavenhandel in allen ihren Formen [...] verboten" sind (Vereinte Nationen 1948, Art. 4) – sondern verweist auch darauf, dass Sklaverei eine (global-)gesellschaftliche Konstante ist: Sklav:innen haben gelebt, Sklav:innen leben und Sklav:innen werden leben, wenn nicht Individuen wie auch Gesellschaften den individuell formulierten Gedanken „was, wenn es irgendeinen unklaren zusammenhang [...] gibt" konsequent zu Ende denken (Küspert 2019, 3).[31] Ob das Stück, anknüpfend an die im achtzehnten Jahrhundert erstmals aufkommende Abolitionsdramatik und stellvertretend für gegenwärtige literarische Auseinandersetzungen mit Sklav:innenhandel und Sklaverei, mit seinem zugrundeliegenden Schreibverfahren dazu beiträgt, das Erich Mühsams (1878–1934) Gedicht *Freiheit in Ketten* entstammende letzte der drei Epigraphe einzulösen, muss die Zukunft zeigen: „ich sah der menschen angstgehetz; / ich hört der sklaven frongekeuch. / da rief ich laut: brecht das gesetz! / zersprengt den Staat! habt mut zu euch!" (Küspert 2019, 2).

4 Herkünfte erzählen in der Abolitionsdramatik des achtzehnten und des einundzwanzigsten Jahrhunderts: Kontinuität und Funktionswandel

Das Abolitionsdrama des achtzehnten Jahrhunderts wird bereits zeitgenössisch als ein zentrales, wenn nicht gar als *das* literarische Reflexionsmedium der rassifizierenden und ausbeuterischen Praktiken Sklav:innenhandel und Sklaverei entworfen. In seinem 1773 erschienenen Traktat *Du théâtre, ou nouvel essai sur l'art dramatique* spricht der französische Dramentheoretiker Louis-Sébastien Mercier zunächst allgemein gehalten demjenigen einen Dienst an der Welt zu, der sich literarisch gegen den Sklav:innenhandel wendet:[32]

> Il rendroit un plus grand service au monde celui-là, qui attaqueroit une injustice consacrée; ce poëte hardi & généreux, qui feroit un Drame (par exemple) contre cette horrible Traite des Negres, contre cette violation publique & détestable du droit naturel, qui n'a pour but que les viles productions d'un luxe inutile. (Mercier 1773, 261)

---

[31] Vgl. ähnlich bereits Judith Kurz: „[S]o öffnet sich der Blick in die Vergangenheit, Kontinuitäten aus Zeiten des Kolonialismus bis zur heutigen modernen Sklaverei werden sichtbar und die Spiegelung all dessen in die Zukunft" (Kurz 2019a, 9).
[32] Auf die Bedeutung dieser Mercier'schen Aussage verweist bereits Sigrid G. Köhler (vgl. Köhler 2019a, 87).

Vereindeutigend wird in der 1776 unter dem Titel *Neuer Versuch über die Schauspielkunst. Aus dem Französischen* erschienenen Übersetzung von Heinrich Leopold Wagner explizit das Drama zur präferierten Gattung, innerhalb derer sich die zu formulierende Kritik manifestieren soll:

> Derjenige würde der Welt einen größern Dienst leisten, welcher eine geheiligte Ungerechtigkeit angreifen würde; der kühne und edelmüthige Dichter zum Exempel, der gegen den abscheulichen Negern-Handel, gegen diese öffentliche Uebertretung des Rechts der Natur, die nur die elenden Produkte eines unnöthigen Luxus zum Zweck hat, ein Drama machen würde. (Mercier 1776, 446)

Versklavte als handelnde und häufig titelgebende Figuren auftreten zu lassen, kann im europäischen Abolitionsdrama des achtzehnten Jahrhunderts gleichwohl als signifikantes Novum gelten. Die Herkunft der Versklavten zu thematisieren und sie diese erzählen zu lassen, stellt einerseits ein Näheverhältnis zu den Rezipierenden her und zielt auf Sympathie mit den Versklavten. Andererseits kann das Erzählen der Herkunft auch insofern als besonders weitreichendes Argument im Abolitionsdiskurs gelten, als man diesem von europäischer Seite nicht mit Maßnahmen begegnen kann, die lediglich auf eine ‚Verbesserung' des Zustandes dringen und letztlich auf nichts anderes als auf ein Fortbestehen von Versklavungspraktiken abzielen. Das erlittene Unrecht zu beenden, das durch das Erzählen der Herkunft unweigerlich als solches begreifbar wird, sei es durch die Rückkehr an einen konkret zu lokalisierenden Ort, sei es durch die Wiedererlangung eines Zustands der Freiheit und Selbstgesetzlichkeit, bedeutet, die Sklaverei zu beenden. Insofern stellen die untersuchten Dramen mit dem figürlichen Erzählen der Herkunft ein zentrales Argument gegen Sklav:innenhandel und Sklaverei bereit, wenn auch einschränkend angemerkt werden muss, dass kaum einer dieser Texte die daraus zu ziehenden ‚Konsequenzen' als Teil des Handlungsgangs ‚ausformuliert' und sich stattdessen vielfach Formen des Beibehalts von Abhängigkeitsbeziehungen unter vermeintlich ‚besseren' Bedingungen finden.

Küsperts Stück *sklaven leben* stellt mit seinem programmatischen Titel ebenfalls Versklavungsformen ins Zentrum. Mit Blick auf das abermals zentrale und für das Schreibverfahren des Stücks konstitutive Konzept der Herkunft lässt sich jedoch eine Akzentverschiebung gegenüber der Abolitionsdramatik des achtzehnten Jahrhunderts beobachten. Anstelle der Herkunft derer, die in sogenannter moderner Sklaverei leben, adressiert das Stück mit derjenigen der Rezipierenden eine Form geteilter Herkunft, die in Vergangenheit, Gegenwart und Zukunft eine der direkten oder indirekten Involviertheit in Versklavungspraktiken ist. Durch die Verwobenheit der drei Zeitebenen im Handlungsgang, die nicht nur als lineare Abfolge auf einem Zeitstrahl, sondern im Wechsel erscheinen, stellt das Stück die verschiedenen Verflechtungen als konstitutives und immer wieder neues Ineinanderverschränktsein aus. Jenseits des einigermaßen pessimistischen Zukunftsentwurfs liefert das Stück zwar keine allzu schnellen Antworten oder naive Lösungen. Das Wissen um das historische (deutsche) wie das gegenwärtige *entanglement* in Versklavungspraktiken ist gleichwohl essentiell, um rezeptionsseitig je individuell jene Konsequenzen ziehen zu können, die in den Stücken unterschiedlich stark textuell ausgestaltet werden.

5 Literaturverzeichnis

Adams, Sarah J., Jenna M. Gibbs und Wendy Sutherland (Hg.). *Staging Slavery. Performances of Colonial Slavery and Race from International Perspectives, 1770–1850*. New York, London: Routledge, 2023.

Adams, Sarah Josephine. *Repertoires of Slavery. Dutch Theater Between Abolitionism and Colonial Subjection, 1770–1810*. Amsterdam: Amsterdam University Press, 2023.

Adams, Sarah Josephine. „Slavery, Sympathy, and White Self-Representation in Dutch Bourgeois Theater of 1800". *Early Modern Low Countries* 2.2 (2018): 146–168.

Adelung, Johann Christoph. „Art. ‚Die Herkunft'". Ders. *Grammatisch-kritisches Wörterbuch der Hochdeutschen Mundart*. Bd. 2: *F–L*. Wien: Bauer, 1811. 1126. Digitalisat: https://lexika.digitale-sammlungen.de/adelung/lemma/bsb00009132_3_1_1956 (29. März 2024).

Bales, Kevin. *Die neue Sklaverei*. Übers. v. Inge Leipold. München: Kunstmann, 2001.

Balzli, Beat (Hg.) und Martin Seiwert. *Claus Hipp. Mein Leben, meine Firma, meine Strategie*. Offenbach: Gabal, 2020.

Berndt, Ralph. *Marketing 2. Marketing-Politik*. 3. Aufl. Berlin, Heidelberg: Springer, 1995.

Blitz, Hans-Martin. *Aus Liebe zum Vaterland. Die deutsche Nation im 18. Jahrhundert*. Hamburg: Hamburger Edition, 2000.

Busse, Caspar und Vivien Timmler. „Konsum. ‚Ich bin kein Öko-Aktivist'". *Süddeutsche Zeitung* vom 29. Dezember 2020. https://www.sueddeutsche.de/wirtschaft/momox-kaufen-online-1.5160467 (29. März 2024).

Davis, Charles T. und Henry Louis Gates (Hg.). *The Slave's Narrative*. Oxford, New York: Oxford University Press, 1985.

Degn, Christian. *Die Schimmelmanns im atlantischen Dreieckshandel. Gewinn und Gewissen*. Neumünster: Wachholtz, 1974.

Dorigny, Marcel. *Les abolitions de l'esclavage*. Paris: Presses Universitaires de France, 2018.

Eble, Annalena. „Alles sensibel? Zwei Ausstellungen beschäftigen sich mit Freiburgs kolonialem Erbe". *iz3w* 394 (2023): 44–45.

Emmer, Pieter C. und Jos J. L. Gommans. *The Dutch Overseas Empire, 1600–1800*. Übers v. Marilyn Hedges. Cambridge: Cambridge University Press, 2021.

Gibbs, Jenna M. *Performing the Temple of Liberty: Slavery, Theater and Popular Culture in London and Philadelphia (1760s–1850s)*. Baltimore: Johns Hopkins University Press, 2014.

Graf, Patricia und Antonia Kupfer. „Geschlechterverhältnisse in ausbeutenden Arbeitsbeziehungen". *Aus Politik und Zeitgeschichte* 65.50–51 (2015): 29–34.

Gruber von Grubenfels, Carl Anton. *Die Negersklaven. Ein Schauspiel in drei Aufzügen*. Hg. André Georgi. Hannover: Wehrhahn, 2019.

Gründer, Horst. „… da und dort ein junges Deutschland gründen'. Rassismus, Kolonien und kolonialer Gedanke vom 16. bis zum 20. Jahrhundert. München: dtv, 1999.

Gundram, Ralph. „Sächsische Kolonialherren in Übersee? Eine Spurensuche am Beispiel des Johann Gottfried Clemen aus Döbeln". *Neues Archiv für sächsische Geschichte 87* (2016): 235–245.

Habermas, Rebekka. „Restitutionsdebatten, koloniale Aphasie und die Frage, was Europa ausmacht". *Aus Politik und Zeitgeschichte* 69.40–42 (2019): 17–22.

Hamberger, Joachim. „Der Holländerholzhandel". *LWF aktuell* 131 (2021): 34–36.

Hammerdörfer, Karl und Christian Traugott Kosche. *Afrika. Ein geographisch-historisches Lesebuch zum Nutzen der Jugend und ihrer Erzieher.* Bd. 4. Leipzig: Weidmann, 1787. Digitalisat: http://data.onb.ac.at/rep/105DD468 (29. März 2024).

Heidrich, Jens F. „Konstantin Küsperts *sklaven leben* (UA 2019). Literarische Verhandlungen zum Konnex von moderner Sklavenarbeit und Konsum". *Literatur und Arbeitswelten. Ästhetische und diskursive Strategien zur Darstellung von Arbeit in der deutschsprachigen Literatur seit 2000*. Hg. Corinna Schlicht, Marie Kamp und Janneke Eggert. Paderborn: Brill, 2023a. 95–113.

Heidrich, Jens F. „Text- und Warenverkehr in Konstantin Küsperts Theatertext *sklaven leben* (UA 2019)". *Zeitschrift für interkulturelle Germanistik* 14.2 (2023b): 143–156.

Hipp, Hans. *Das Lebkuchenbuch*. Berlin: Insel, 2015.

Hoffmann-Ihde, Beatrix. „Einleitung". *Freiburg und Kolonialismus: Gestern? Heute!* Hg. Dies. Dresden: Sandstein, 2021. 9–13.

Initiative Schwarze Menschen in Deutschland ISD Bund, Arbeitskreis HAMBURG POSTKOLONIAL und Berlin Postkolonial. *Offener Brief an Sabine Schulze, Direktorin des Museums für Kunst und Gewerbe Hamburg* vom 9. Dezember 2016. www.hamburg-postkolonial.de/PDF/WeihnachtenbeidenSchimmelmannsMKG.pdf (29. März 2024).

Joudo Larsen, Jacqueline. „Unfinished business. Addressing the victimisation of women and girls". *Global Slavery Index*. Hg. Walk Free Foundation. O. O.: o. V., 2018. 22–23. https://cdn.walkfree.org/content/uploads/2023/04/13181704/Global-Slavery-Index-2018.pdf (29. März 2024).

Kanakamedala, Prathibha. *The Staging of Slavery in London's Theatres, 1768–1865*. Sussex: o. V., 2009.

Klawitter, Nils. „Wie Deutsche die Sklaverei finanzierten". *„Deutschland, Deine Kolonien". Geschichte und Gegenwart einer verdrängten Zeit*. Hg. Eva-Maria Schnurr und Frank Patalong. München: DVA, 2022. 43–50.

Köhler, Sigrid G. „Nachwort". August von Kotzebue. *Die Negersklaven. Ein historisch-dramatisches Gemählde in drey Akten*. Hg. André Georgi. Hannover: Wehrhahn, 2019a. 87–103.

Köhler, Sigrid G. „Drastische Bilder. Journalnachrichten auf der Bühne. Versklavung und Abolition als Gegenstände moderner Geschichtsreflexion in deutschsprachigen Journalen und Theaterstücken um 1800". *Lili. Zeitschrift für Literaturwissenschaft und Linguistik* 49.3 (2019b): 376–398.

Kotzebue, August von. *Die Negersklaven. Ein historisch-dramatisches Gemählde in drey Akten*. Hg. André Georgi, mit einem Nachwort v. Sigrid G. Köhler. Hannover: Wehrhahn, 2019.

Kurz, Judith. „Der lange Schatten der Sklaverei. Eine Einführung in das Stück". *sklaven leben. Von Konstantin Küspert. Ein Werkauftrag für die Frankfurter Positionen*. Hg. Schauspiel Frankfurt. Frankfurt a. M.: Druck- und Verlagshaus Zarbock GmbH & Co. KG, 2019a. 7–9.

Kurz, Judith. „Wir können es ändern. Ein Gespräch mit Regisseur Jan-Christoph Gockel und Autor Konstantin Küspert". *sklaven leben. Von Konstantin Küspert. Ein Werkauftrag für die Frankfurter Positionen*. Hg. Schauspiel Frankfurt. Frankfurt a. M.: Druck- und Verlagshaus Zarbock GmbH & Co. KG, 2019b. 10–15.

Küspert, Konstantin. „sklaven leben". *Theater heute. Das Stück* 3 (2019): 2–10.

Layne, Priscilla und Lily Tonger-Erk (Hg.). *Staging Blackness. Representations of Race in German-Speaking Drama and Theater*. Ann Arbor: University of Michigan Press, 2024.

Lentz, Sarah. *'Wer helfen kann, der helfe!'. Deutsche SklavereigegnerInnen und die atlantische Abolitionsbewegung, 1780–1860*. Göttingen: Vandenhoeck & Ruprecht, 2020.

Little, Roger. „Introduction". Pigault-Lebrun: *Le Blanc et le Noir. Drame en quatre actes et en prose*. Hg. Ders. Paris: Hachette, 2001. VII–XXVI.

Lörchner, Jasmin und Frank Patalong (Red.). Sklaverei. Wie Menschen zur Ware wurden – und Deutschland profitierte. *Spiegel Geschichte* 5 (2022).

Marschelke, Jan-Christoph. „Moderne Sklavereien". *Aus Politik und Zeitgeschichte* 65.50–51 (2015): 15–23.

Mercier, Louis-Sébastien. *Du théâtre, ou nouvel essai sur l'art dramatique*. Amsterdam: van Harrevelt, 1773. Digitalisat: https://gallica.bnf.fr/ark:/12148/bpt6k1085189 (21. September 2024).

Mercier, Louis-Sébastien. *Neuer Versuch über die Schauspielkunst. Aus dem Französischen. Mit einem Anhang aus Goethes Brieftasche*. Leipzig: Schwickert, 1776. Digitalisat: https://www.digitale-sammlungen.de/view/bsb10574318?page=1 (21. September 2024).

Milman, Noa et al. *Black Lives Matter in Europe Transnational Diffusion, Local Translation and Resonance of Anti-Racist Protest in Germany, Italy, Denmark and Poland*. Berlin: Umweltdruck Berlin GmbH, 2021. https://www.dezim-institut.de/fileadmin/user_upload/Demo_FIS/publikation_pdf/FA-5265.pdf (5. April 2024).

Müller, Heiner. „Der Auftrag. Erinnerung an eine Revolution". Ders. *Der Auftrag und andere Revolutionsstücke*. Hg. Uwe Wittstock. Stuttgart: Reclam, 2019. 48–76.

Nayar, Pramod K. „Art. ‚Agency'". *The Postcolonial Studies Dictionary*. Hg. Ders. Chichester: Wiley, 2015. 5–6.

o. V. „Art. ‚Holländertanne, auch schlechtweg Tanne'". *Handbuch für praktische Forst- und Jagdkunde, in alphabetischer Ordnung*. Bd. 2: *G–R*. Leipzig: Schwickert, 1796. 232. Digitalisat: https://www.digitale-sammlungen.de/view/bsb10295649?page=4%2C5 (29. März 2024).

o. V. „Debatte im Unterhause des großbritannischen Parlaments über die Abschaffung des Sklavenhandels (Beschluß)". *Historisch-politisches Magazin* 10 (1791): 136–149. Digitalisat: http://ds.ub.uni-bielefeld.de/viewer/resolver?urn=urn:nbn:de:0070-disa-2238502_008_2193 (29. März 2024).

o. V. Katalogteil. *Freiburg und Kolonialismus: Gestern? Heute!* Hg. Beatrix Hoffmann-Ihde. Dresden: Sandstein, 2021. 14–38.

Oestermann, Tristan. *Kautschuk und Arbeit in Kamerun unter deutscher Kolonialherrschaft 1880–1913*. Köln: Böhlau, 2023.

Overhoff, Jürgen und Sebastian Lange (Hg.). *Sklaverei und Sklavenhandel in den Bilderbüchern der Aufklärung. Ein kommentierter Quellenband*. Hannover: Wehrhahn, 2024.

Pigault-Lebrun. *Le Blanc et le Noir. Drame en quatre actes et en prose*. Hg. Roger Little. Paris: Hachette, 2001.

Preuss, Matthias. „Holz, Hude, Hauff. Silvikultur und Infrastruktur". *Ding und Bild in der europäischen Romantik*. Hg. Jakob Christoph Heller, Erik Martin und Sebastian Schönbeck. Berlin, Boston: De Gruyter, 2021. 187–203.

Purtschert, Patricia, Barbara Lüthi und Francesca Falk (Hg.). *Postkoloniale Schweiz. Formen und Folgen eines Kolonialismus ohne Kolonien*. 2. Aufl. Bielefeld: Transcript, 2013.

Riesche, Barbara. *Schöne Mohrinnen, edle Sklaven, schwarze Rächer. Schwarzendarstellung und Sklavereithematik im deutschen Unterhaltungstheater (1770–1814)*. Hannover: Wehrhahn, 2010.

Roberts, Justin. „L'ordre de la plantation. Barbarde et Jamaïque, XVIIIe siècle". *Les Mondes de l'Esclavage. Une Histoire comparée*. Hg. Paulin Ismard. Paris: Seuil, 2021. 253–259.

Sala-Molin, Louis. „Le Code Noir. Texte et commentaires". *Le Code Noir ou le calvaire de Canaa*. Hg. Ders. Paris: Presses Universitaires de France, 2005. 89–203.

Schmidt, Friedrich Ludwig. *Die Kette des Edelmuths. Ein Lustspiel in zwey Aufzügen*. Hannover: Bartsch, 1792. Digitalisat: http://digital.slub-dresden.de/id336731248 (29. März 2024).

Schulte Beerbühl, Margrit. *Deutsche Kaufleute in London. Welthandel und Einbürgerung (1600–1818)*. München: Oldenbourg Wissenschaftsverlag, 2007.

Steinsberg, Franz Guolfinger von. „Die Negersklaven. Ein Lustspiel in einem Aufzuge". Carl Anton Gruber von Grubenfels. *Die Negersklaven. Ein Schauspiel in drei Aufzügen*. Hg. André Georgi. 2. Aufl. Hannover: Wehrhahn, 2020. 59–74.

Struve, Karen. *Wildes Wissen in der ‚Encyclopédie'. Koloniale Alterität, Wissen und Narration in der französischen Aufklärung*. Berlin, Boston: De Gruyter, 2020.

Tardola, M. Elizabeth. *The Growth of the Anti-Slavery Movement and the Significance of the Anti-Slavery Propaganda Plays During the Period of the French Revolution*. Madison: o. V., 1978.

Thomasson, Fredrik. „Moors in the Caribbean, Sámi in the Seraglio: Swedish Theatre and Slavery Around 1800". *Modern Languages Open* 1 (2020): 1–19.

Walk Free Foundation (Hg.). *Global Slavery Index*. O. O.: o. V., 2018. https://cdn.walkfree.org/content/uploads/2023/04/13181704/Global-Slavery-Index-2018.pdf (29. März 2024).

Walk Free Foundation (Hg.). *Global Slavery Index*. O. O.: o. V., 2023. https://cdn.walkfree.org/content/uploads/2023/05/17114737/Global-Slavery-Index-2023.pdf (29. März 2024).

Weber, Klaus. *Deutsche Kaufleute im Atlantikhandel 1680–1830. Unternehmen und Familien in Hamburg, Cádiz und Bordeaux*. München: C. H. Beck, 2004.

Welle, Tobias. „Vermessung der Welt". *Die deutsche Bühne. Das Magazin für Schauspiel, Tanz und Musiktheater* 7 (2018): 43–45.

Wolf, Werner. „Das Problem der Narrativität in Literatur, Bildender Kunst und Musik. Ein Beitrag zu einer intermedialen Erzähltheorie". *Erzähltheorie transgenerisch, intermedial, interdisziplinär*. Hg. Vera Nünning und Ansgar Nünning. Trier: Wissenschaftlicher Verlag Trier, 2002. 23–104.

Wörrle, Bernhard. *Die dunkle Seite der Technik. Koloniale Materialien*. Blogbeitrag vom 5. November 2020. https://blog.deutsches-museum.de/2020/11/05/die-dunkle-seite-der-technik-koloniale-materialien (29. März 2024).

Zedler, Johann Heinrich. „Art. ‚Stamm, lat. ein Sprößling'". Ders. *Grosses vollständiges Universal-Lexicon aller Wissenschafften und Künste*. Bd. 39: *Spif – Sth*. Leipzig, Halle: Zedler, 1744. 1060. Digitalisat: https://www.zedler-lexikon.de/index.html?c=startseite&l=de (29. März 2024).

Zeuske, Michael. *Handbuch Geschichte der Sklaverei. Eine Globalgeschichte von den Anfängen bis zur Gegenwart*. Berlin, Boston: De Gruyter, 2013.

zur Lage, Julian. „Heinrich Carl von Schimmelmann. Transatlantischer Kolonialunternehmer und Symbolfigur des Versklavungshandels". *Hamburg: Tor zur kolonialen Welt. Erinnerungsorte der (post-)kolonialen Globalisierung*. Hg. Jürgen Zimmerer und Kim Sebastian Todzi. Göttingen: Wallstein, 2021. 503–516.

Hannah Speicher
Sozialer Aufstieg, finanzieller Abstieg?
Karrierewege, Motivationen und Bewältigungsstrategien von „Aufsteiger:innen" in den freien darstellenden Künsten

Die Tänzerin, die mit ihrer alleinerziehenden Mutter an der Armutsgrenze aufgewachsen ist und nur durch Unterstützung von befreundeten Eltern den Weg zur Tanzausbildung finden konnte; der Theaterautor, der als zweiter in seiner Familie studiert hat und als Transperson in der ostdeutschen Provinz großgeworden ist oder die Choreografin, die im Rentenalter in das Dorf der Eltern in der Türkei auswandern will, weil sie keine auskömmliche Rente in Deutschland zu erwarten hat – all das sind Beispiele von Lebens- und Berufswegen in den freien darstellenden Künsten (FDK), die so gar nicht dem gängigen Klischee vom reichen Bürgerkind entsprechen, das es sich bequem leisten kann ‚brotlose' Avantgarde-Kunst zu machen.[1] Diese Idee, dass man es sich eigentlich leisten können muss, Avantgardist:in zu sein, findet sich so auch schon bei Bourdieu, der in den *Regeln der Kunst* über das literarische Feld schreibt:

> Tatsächlich scheint der Hang, sich den riskantesten Positionen zuzuwenden, und vor allem die Fähigkeit, sie dauerhaft einzunehmen, obwohl sie auf kurze Sicht keinerlei wirtschaftlichen Gewinn abwerfen, zum Großteil von der Verfügung über ein bedeutendes ökonomisches und symbolisches Kapital abzuhängen. Zunächst einmal, weil ökonomisches Kapital die Voraussetzungen schafft, sich von ökonomischen Zwängen frei zu fühlen – Renteneinkünfte sind gewiß ein trefflicher Ersatz für andere. Und wirklich gehören diejenigen, die sich lange genug in den abenteuerlichsten Positionen halten können, um in den Genuß der dort vielleicht einmal fälligen symbolischen Gewinne zu gelangen, im wesentlichen zu den

---

[1] Das Klischee, dass die Kunstproduktion in Deutschland von ‚gutsituierten Bürgerkindern' dominiert wird, wurde wirkmächtig im Jahr 2014 in den Feuilletons mit Schwerpunkt auf die Literaturproduktion durchgespielt. Die Debatte nahm ihren Ausgang bei Florian Kesslers *Zeit*-Beitrag „Lassen Sie mich durch, ich bin Arztsohn!" (2014). Aufgrund der Nähe und der Schnittmengen von Literatur und Theater gehe ich davon aus, dass über die soziale Zusammensetzung der Theatersphäre ganz ähnliche Vorstellungen und Klischees kursieren, wie etwa Kesslers Vorstellung, dass sich im Kunststudium „Lehrerkindern und Ärztekindern und noch mehr Lehrerkindern und noch mehr Ärztekindern" (Kessler 2014, 1) finden. Carolin Amlinger wiederum leitet aus der arbeitssoziologischen Erkenntnis, dass „in künstlerisch-kreativen Erwerbsfeldern ein überdurchschnittliches Bildungsniveau mit einem unterdurchschnittlichen Einkommen einhergehe" (Amlinger 2021, 382), die Annahme ab, dass es eine bildungsbürgerliche Dominanz im Literaturfeld geben müsse, verfügt jedoch nicht über quantitative Daten, die diesen Zusammenhang bestätigen (Amlinger 2021, 382 f.).

Open Access. © 2025 Hannah Speicher, publiziert von De Gruyter. Dieses Werk ist lizenziert unter der Creative Commons Namensnennung 4.0 International Lizenz.
https://doi.org/10.1515/9783111249476-010

Wohlhabendsten, denen es auch zum Vorteil gereicht, daß ihr Lebensunterhalt sie nicht zu Nebenarbeiten nötigt [...]. (Bourdieu 2001, 413)

Dieser Aufsatz handelt davon, dass Bourdieus Diagnose nicht eins zu eins auf die freien darstellenden Künste übertragbar ist und dass in diesem Feld mehr sogenannte soziale Aufsteiger:innen anzutreffen sind, als die Hürden und Hindernisse, die sie zu überwinden haben, vermuten lassen.

Die empirische Grundlage dieser Betrachtungen sind 24 problemzentrierte Einzelinterviews mit Akteur:innen der freien darstellenden Kunst zu ihren Arbeitsbedingungen und ihrer sozialen Sicherung, die ich im Rahmen des Forschungsprojekts *Systemcheck* im Jahr 2021 geführt habe, sowie die Ergebnisse der im selben Projekt durchgeführten quantitativen Studie.[2]

Der vorliegende Beitrag ist nach drei Schwerpunkten gegliedert: Zunächst wird das Feld der darstellenden Künste näher beschrieben. Wie ist es definiert und was sind die Feldlogiken? Daran anschließend wird auf qualitativen Interviews die Rolle der sozialen Herkunft für Karrierewege in den FDK umrissen. Im abschließenden Teil werden die Motivationen und Bewältigungsstrategien dargelegt, mittels derer Akteur:innen aus nichtprivilegierten Herkunftsmilieus mit ihrer finanziellen oder auch habituellen Unsicherheit umgehen.

---

[2] Das Forschungsprojekt *Systemcheck* wurde auf Beschluss des Bundestags vom Bundeministerium für Arbeit und Soziales finanziert und gemeinsam vom Bundesverband *Freie Darstellende Künste*, dem *Institut für interdisziplinäre Arbeitswissenschaft*, dem *Ensemble-Netzwerk* und dem *Institute for Cultural Governance* durchgeführt. Das Forschungsdesign von *Systemcheck* orientierte sich an einem *mixed methods approach*: Die qualitative Interviewstudie – die besonders auch die Deutungen und Wahrnehmungen der betroffenen Akteur:innen miteinbezog – wurde parallel zu einer quantitativen Online-Umfrage durchgeführt, an der ca. 800 Personen teilgenommen haben. Da die Grundgesamtheit derer nicht zu ermitteln ist, die in den FDK arbeiten, sind Aussagen zur Repräsentativität nicht einfach, aber im Hinblick auf Geschlecht, Berufsbild und Region ist die Repräsentativität als solide einzuschätzen. Mit einem überdurchschnittlichen Rücklauf von 52 Prozent, der hohen Anzahl der Befragten innerhalb der Zielgruppe sowie der Tiefe an Detailinformationen ist diese Befragung für Deutschland bislang einzigartig. Um eine hohe Übereinstimmung mit anderen Studien zu gewährleisten, wurde der Fragebogen wurde zum einen unter Verwendung bekannter und validierter Indikatoren aus etablierten Umfragen (wie SOEP, Mikrozensus) gestaltet. Zum anderen wurden spezifische Fragen, innovative Erhebungsmethoden sowie offene Fragen für die besondere Zielgruppe formuliert und getestet. Zudem wurde ein aufwendiger „Life-History-Calendar" für die rückblickende Aufnahme der Erwerbs- und Sozialversicherungssituation im Lebensverlauf entwickelt. (Speicher und Haunschild 2022; Tobsch et al. 2023)

1 Die freien darstellenden Künste: Definition und Feldlogiken

Um das Untersuchungsfeld abzugrenzen und die Arbeitsrealitäten der Beforschten besser zu verstehen, ist es wichtig, an dieser Stelle mit einer Definition der FDK zu beginnen, denn schon die Verbände, Förderer, Ministerien und Ämter verfügen über sehr unterschiedliche Kriterien für die Abgrenzung des Feldes und schließen oft ganz unterschiedliche Berufsgruppen in den Begriff ein. Im Rahmen von *Systemcheck* wurde unter den „freien darstellende Künsten" die Summe der verkörpernden Kunstformen verstanden, die 1.) professionell, aber nicht in einem dauerhaft öffentlich geförderten Bereich wie dem Stadt- und Staatstheater produziert und aufgeführt werden und bei denen 2.) die Aufführenden und Zuschauenden räumlich und zeitlich ko-präsent sind. Daraus folgt, dass so unterschiedliche Genres wie Sprechtheater, Tanz, Performance, Zirkus, Musiktheater, Musical, Kinder- und Jugendtheater oder auch Puppenspiel zu den FDK gehören, der Sektor der Film- und Hörspielproduktion jedoch nicht.

Die Übersicht über die Interviewpartner:innen für die qualitativen Interviews zeigt, wie divers die Berufe im Feld der freien darstellenden Künste sind und lässt neben einem Überblick über sozio-demografische Faktoren das dynamische und vielfältige Spektrum künstlerischer Ausdrucksformen und Arbeitsweisen in diesem Feld erahnen.[3]

Um die Anforderungsstrukturen in den FDK besser zu verstehen, hilft erneut ein Rückgriff auf Bourdieus Feldtheorie: Wenn Bourdieu (2001) das literarische Feld als das Ergebnis des Konflikts zwischen Marktlogik und normativ-ästhetischer Ordnung beschreibt, dann ist das Feld der FDK vom Konflikt zwischen künstlerisch-kreativem Avantgardeanspruch einerseits und dem Wettbewerb um die begrenzten Mittel der staatlichen Kunstförderung andererseits bestimmt. Sozialpolitisch abgefedert wird der Konflikt zwar partiell durch die Künstlersozialkasse, die den Zugang zur Kranken-, Pflege- und Rentenversicherung für selbstständige Künstlerinnen regelt, jedoch keine – so zeigen es die quantitativen

---

[3] Das Ziel der Zusammenstellung des qualitativen Interview-Samples war eine erkenntnisgenerierende Vielfalt bezüglich der Fälle: Das bedeutet, dass neben sozio-demografischer Heterogenität bei Alter, Geschlecht, Herkunft und Einkommen das Sample außerdem möglichst viele Sparten der FDK abdecken sollte – z. B. Schauspiel, Tanz, Performance, Puppenspiel, Zirkus und Musical – sowie ein großes Spektrum an künstlerischen und nichtkünstlerischen Berufen – z. B. Technik, Produktionsleitung, Theaterpädagogik – und Beschäftigungsformen einschließen sollte, z. B. Solo-Selbstständigkeit, mehrfache Solo-Selbstständigkeit, hybride Beschäftigung (d. h. die Kombination von selbstständiger mit abhängiger Beschäftigung).

Kürzel	Geschlecht	Alter	Nicht deutsche Staatsbürgerschaft?	BIPoC?	Arbeiterkind?	Behinderung?	Kinder?	Beschäftigungsform (nK= nichtkünstlerisch)	KSK	Studium	Einkommen Jahresdurchschnitt brutto in Euro
Autor1-m/trans	m/trans	30–40	x		x			Solo-FDK	ja	x	30.000–40.000
Choreografie1-w	w	30–40		x	x		x	Solo-FDK	ja	x	30.000–40.000
Choreografie2-w	w	60–70						Solo-FDK und Grundsicherung	ja		keine Angabe
Dramaturgie1-w	w	30–40			x	x	x	Solo-FDK und Solo-nk (Beratung)	ja	x	30.000–40.000
Dramaturgie2-w	w	30–40		x	x			hybrid (festangestellt in FDK und wenig freie Arbeit)	KSK pausiert	x	40.000–50.000
Dramaturgie3-m	m	40–50						Solo-FDK, Solo-nk (Verlagsarbeit, Übersetzung)	ja	x	30.000–40.000
Kostüm1-w	w	40–50	EU					Solo-FDK	ja	x	10.000–20.000
Kuration1-w	w	40–50			x	x	x	Solo-FDK	ja	x	20.000–30.000
Musical1-w	w	60–70						hybrid (Gastverträge mit Anstellung und gelegentlich Solo-FDK)	nein		keine Angabe
Produktionsleitung1-w	w	40–50						hybrid (Solo-FDK und 50-%-Stelle)	nein	x	keine Angabe
Puppenspiel1-w	w	40–50			x			hybrid (Solo-FDK und 50-%-Stelle)	KSK pausiert	x	30.000–40.000
Puppenspiel2-m	m	40–50						Solo-FDK	ja		10.000–20.000
Puppenspiel3-m	m	40–50						Solo-FDK	ja	x	keine Angabe
Regie1-m	m	30–40						Solo-FDK	ja	x	20.000–30.000
Regie2-nicht-binär	nicht-binär	30–40						Solo-FDK	ja	x	30.000–40.000
Regie3-w	w	40–50	Asien	x				Solo-FDK	ja	x	10.000–20.000
Schauspiel1-w	w	30–40					x	Solo-FDK und Solo-nK (Coaching)	ja	x	20.000–30.000
Tanz1-w	w	20–30						Solo-FDK und Solo-nk (Unterricht)	ja	x	10.000–20.000
Tanz2-w	w	30–40			x			Solo-nk (wechselnd, Content Management)	ja	x	keine Angabe
Tanz3-w	w	30–40	EU			x		Solo-FDK	ja		10.000–20.000
Technik1-nicht-binär	nicht-binär	30–40	EU					hybrid (Solo-FDK und Minijob)	nein	x	0–10.000
Technik2-w	w	40–50	EU					Solo-FDK	ja	x	10.000–20.000
Theaterpädagogik1-w	w	60–70			x	x		Solo-FDK	ja		20.000–30.000
Zirkus1-m	m	50–60					x	Solo-FDK	ja		30.000–40.000

Abb. 1: Übersicht über das Sample der qualitativen, problemzentrierten Interviews im Rahmen des Forschungsprojekts Systemcheck. Die anonymisierenden Kürzel der Interviewpartner werden im Folgenden als Kurzbelege zur Zitation aus den nicht veröffentlichten Interviwes benutzt. © Eigene Darstellung.

Ergebnisse aus *Systemcheck* – auskömmliche Absicherung für die Akteur:innen im Feld leisten kann.

Die sogenannte freie Szene ist darüber hinaus als ein Feld zu verstehen, auf dem im hohen Maße unentlohnte Arbeit verrichtet wird, sei es für das Schreiben von Anträgen oder das Erstellen und Pflegen von Netzwerken. Gerade Akteur:innen, die selbst Anträge stellen, sehen sich mit den Widersprüchen des Feldes unmittelbar konfrontiert. Sie erleben ein Freiheitsparadox: Sie sind einerseits frei, jede beliebige künstlerische Idee zu verwirklichen, können dies aber andererseits nur tun, wenn sich ihre Ideen finanzieren lassen – und die Finanzierung hängt von politisch-inhaltlichen Vorformungen der Förderrichtlinien ab (Zum Eschenhoff 2021).

Das Verfassen von Antragstexten ist daher eine Kernkompetenz im Feld: Im Antragstext materialisiert sich das spannungsreiche Verhältnis zwischen der künstlerischen Vision einerseits und der Finanzierung andererseits; dieses Verhältnis ist wiederum kompliziert, denn „gerade das Prozesshafte, Experimentelle, das die freien darstellenden Künste ausmacht, ist oft schwer in Worte zu fassen" (Koß et al. 2018, 13). Die Fertigkeit, ein Theaterprojekt als zukunftsträchtiges Versprechen beschreiben zu können, ist daher ein essenzieller Teil dessen, was Professionalität innerhalb der bestehenden Strukturen ausmacht.

Die Ursprünge der Szene liegen in den Subkulturen der 1960er und 1980er Jahre. Künstler:innen entwickelten hier eine institutionenkritische Haltung und schufen ein alternatives (und seit den 1980er Jahren zunehmend öffentlich gefördertes) Theaterfeld als Gegenentwurf zu den als versteinert empfundenen bürgerlichen und hierarchisch-patriarchalen Theaterinstitutionen (Fülle 2016). Das ästhetische Programm der sogenannten freien Szene verbindet sich bis heute eng mit der Abkehr vom Stadt- und Staatstheatersystem und dem avantgardistischen Anspruch, „über Grenzen und Konventionen" (Brauneck, 2016, 13) hinauszugehen. Obwohl die politischen Agenden der 1960er Jahre und jene der Alternativbewegung der 1980er Jahre verblassen mögen, arbeitet die freie Szene häufig in kollektiven, hierarchiearmen Strukturen und internationalen Teams und ist nach wie vor ein überaus wichtiger Innovationsgenerator auch für den Stadt- und Staatstheaterbetrieb. Die Abkehr von den etablierten Institutionen ließ neue, aus der Perspektive des Normalarbeitsverhältnisses atypische Erwerbskonstellationen entstehen, die oft zu Hybriderwerbstätigkeit führen (wenn zwischen kurzfristiger Anstellung im Stadttheater und selbstständiger Arbeit in der freien Szene hin und her gewechselt wird) oder als mehrfache (Solo-)Selbstständigkeit gelebt werden. Besonders die solo-selbstständigen Künstler:innen sehen sich daher in der paradoxen Situation, unternehmerisch auf einem Feld aktiv sein zu müssen, das gar keinen freien Markt kennt. Anders als auf (partiell) marktförmigen Kunstfeldern wie dem Film oder der bildenden Kunst, wo es zumindest potenziell die Möglichkeit gibt, ein (ökonomischer) Superstar zu werden, sind selbst die renommiertesten Akteur:innen der freien Szene keine Spitzenverdiener:innen. In der quantitativen Studie von *Systemcheck* wurden dementsprechend auch nur geringe Durchschnittseinkommen erhoben: Der durchschnittliche Nettolohn im Jahr 2021 betrug 20.467 Euro. Besonders frappierend ist hier der Gender-Pay-Gap: Frauen verdienten im Jahr 2021 mit 17.751 Euro knapp 7000 Euro weniger als Männer mit 24.844 Euro. Das bedeutet auch, dass ein besonders hoher Druck auf den Frauen liegen muss, die als soziale Aufsteigerinnen in den FDK arbeiten. Interessanterweise beträgt das durchschnittliche Haushaltsnettoeinkommen auch nur 31.468 Euro, was den Mythos entkräftet, dass viele Akteur:innen ihre künstlerische Arbeit durch eine:n reiche:n Lebenspartner:in subventionieren würden (Tobsch et al. 2023, 6). Und obwohl BIPoCs im Feld mit gerade mal vier Prozent stark unterrepräsentiert sind (Tobsch et al. 2023, 30), scheinen die oben bereits erwähnten gutsituierten Bürgerkinder nicht unmittelbar das Gros des Feldes darzustellen. Zwar wurde die familiäre Herkunft in der qualitativen Studie nicht explizit erhoben, jedoch wurde abgefragt, über welche Rücklagen und Erbschaften die Akteur:innen verfügen. Diese Rücklagen liegen im Durchschnitt mit 124.660 Euro relativ hoch, sind jedoch sehr ungleich verteilt, denn nur 59 Prozent der Befragten verfügen überhaupt über Rücklagen. Hinzu kommt, dass von diesen 59 Prozent ein Viertel unter 20.000 Euro besitzt und lediglich sechs Prozent aller Befragten einen Betrag über 300.000 Euro (mehrheitlich aus Erbschaften und Schenkungen) angaben (Tobsch et al. 2023, 49).

Die Autorinnen der quantitativen Studie ordnen diese Zahlen ein, indem sie darauf verweisen, dass die „Mehrheit der Befragten auftragslose Zeiten von schätzungsweise bis zu fünf Monaten im Jahr überbrücken müssen" und dass die durchschnittlichen Rücklagen der Frauen im Vergleich zu Männern nur halb so hoch seien (Tobsch et al. 2023, 103).

2 Der Einfluss der sozialen Herkunft auf Karrieren in den freien darstellenden Künsten

Die soziale Herkunft spielt eine wichtige Rolle für den Zugang zu den und den Erfolg in den (freien) darstellenden Künsten, was bedeutet, dass der soziale Aufstieg in dieses Feld mit enormen persönlichen Anstrengungen und einem starken Durchhaltevermögen gegen familiäre wie strukturelle Widerstände verbunden ist. Die Habitus der Herkunftsmilieus der sozialen Aufsteiger:innen konfligieren mit den dominanten kulturellen Normen und Erwartungen in den darstellenden

Künsten. Diese Diskrepanz führt auf Seiten der Aufsteiger:innen wiederum zu Gefühlen der Fremdheit, Scham sowie Unsicherheit und erschwert den Zugang zu kulturellen und sozialen Ressourcen sowie Netzwerken, die helfen können, eine Karriere in den Bereichen Tanz, Theater oder Musik überhaupt zu beginnen. Interessanterweise beschreiben die Interviewten dabei die Strukturen der Stadt- und Staatstheater als stärker exkludierend als die freien darstellenden Künste – diese werden von vielen der Interviewten trotz aller ökonomischer Prekarität als „das kleinere Übel" angesehen. Eine nicht-weiße Performerin nennt die Stadttheater sogar „unsichere Orte" (Dramaturgie2-w).

In den Interviews wird besonders die Gatekeeper-Funktion der renommierten Ausbildungsinstitutionen angesprochen, weshalb sich Personen aus nicht-weißen und:oder Arbeiterfamilien auf einen Platz außerhalb der etablierten bürgerlichen Kulturinstitutionen gedrängt fühlen können. Kunstakademien und Universitäten sind also nicht nur Orte der Wissensvermittlung und künstlerischen Entfaltung, sondern auch soziale Institutionen, die die Hierarchien und Strukturen des Kunstfeldes maßgeblich prägen. Zwar müssten noch genaue Daten erhoben werden, in welchem Maße der Zugang zu einem angewandten Kunststudium im Allgemeinen und den Theater-Studiengängen im Speziellen von sozio-ökonomischen Faktoren abhängt, dass die Ausbildungsinstitutionen jedoch soziale Ungleichheiten im Theaterfeld reproduzieren, ist in den Interviews evident. So heißt es in den Schilderungen einer Performerin:

> Ich habe lange vorgesprochen. Und es hat nicht geklappt. [...] Ich habe mir irgendwann so einen Artikel angeguckt, der war über die „Name einer renommierten Schauspielschule" [anonymisiert H. S.]. Die haben die Klasse gezeigt und alle waren blond, alle. So lange, blonde Haare, überall so schönes Foto gemacht, alle waren auch schwarz angezogen. Und ich dachte, wo bin ich da? Ich bin da überhaupt nicht –, es gibt kein Platz für mich. Und die Schule soll die beste Schule sein. Vielleicht war das ein Jahrgang, aber ich habe dann halt schon mehrere –, also, drei Jahre lang vorgesprochen [...] Das kommt vielleicht aber auch daher, dass man halt weniger Bezug zur Kultur hat, wenn man von einer Arbeiterfamilie kommt. (Dramaturgie2-w)

Die interviewte Performerin beschreibt weiter, dass die einzigen Universitäten, die sie angenommen haben, diejenigen gewesen seien, die nicht in „diesem konventionellen darstellenden Kunstverständnis" verankert sind. Sie suggeriert damit, dass schon das Ausbildungssystem dafür sorge, dass all jene Künstler:innen, die nicht einer weißen, bildungsbürgerlichen Norm entsprächen, auf die Studiengänge mit einer hohen Affinität zur freien Szene verwiesen würden (wie zum Beispiel die Theaterstudiengänge an der Justus-Liebig-Universität in Gießen). Diese Ausbildungssituation hat dann Auswirkungen auf die Attraktivität auf dem Arbeitsmarkt: „Wegen meiner Ausbildung musste ich frei arbeiten, weil, wer stellt dann schon so eine komische Performerin im Stadttheater ein." (Dramaturgie2-w).

Was in vielen der Interviews außerdem angesprochen wird ist, dass der soziale Aufstieg in die freien darstellenden Künste häufig nicht mit einem ökonomischen Aufstieg einhergeht, was die Entscheidung für diesen Lebensweg dem Herkunftsmilieu gegenüber schwerer vermittelbar macht und die Akteur:innen, die aus sozio-ökonomisch benachteiligten Verhältnissen kommen, zusätzlich oft auch einer familiär-emotionalen Unterstützung beraubt. Das fehlende Verständnis des eigenen Herkunftsmilieus für künstlerische Berufe sei dabei nicht als böswillige Einstellung zu verstehen, meinen die Interviewten, sondern sei häufig eine Form der Unbeholfenheit. Ein Interviewpartnerin, die mit ihrer alleinerziehenden Mutter aufgewachsen ist und nur durch die Unterstützung der Eltern einer Freundin aus dem bildungsbürgerlichen Milieu den Weg zum Tanzstudium gefunden hat, berichtet:

> Meine Mutter hat das lange gar nicht verstanden. [...] Als ich Bühnentanz studiert habe, hat sie mir Musical-Zeitschriften geschenkt. [...] Mein Vater hat gefragt: „Ja, wann sieht man dich im Fernsehen?" Der dachte, ich bin Schauspielerin oder so. (Tanz2-w)

Diese Missverständnisse zeugen von der Kluft zwischen den Erwartungen des Herkunftsmilieus einer erfolgreichen Künstlerin gegenüber und ihrem tatsächlichen Berufsfeld, was für die betroffene Akteurin zusätzlichen Druck erzeugt und das Gefühl der Isolation verstärkt. Ein weiterer Interviewpartner, ein durchaus erfolgreicher Theaterautor und Performer, beschreibt die finanzielle Unsicherheit, mit der umgehen muss, als größtes Problem:

> Ich komme aus Verhältnissen, wo es nicht viel Geld gab. Ich war der zweite in meiner Familie, der studiert hat, und dann eben Puppenspielkunst. Also das ist jetzt auch kein Arzt oder so. Ich habe keine familiäre finanzielle Unterstützung oder Sicherheiten wie Erbschaften oder Kredite aus dem familiären Umfeld. Alles, was ich habe, das kann ich auf meinem Konto sehen. [...] Wenn mir jetzt was passieren würde, kann man davon natürlich überhaupt nicht leben. Und das macht mir, klar, Sorgen. (Autor1-m/trans)

Eine weitere Hürde für Akteur:innen aus nichtprivilegierten Herkunftsmilieus kann sein, dass allein der Erhalt des mitunter mühsam akquirierten kulturellen Kapitals mit Kosten verbunden ist. Eine Dramaturgin und Choreografin, die sich als Gastarbeiterkind ihren Weg gebahnt hat, beschreibt das so:

> Man muss ja ins Theater gehen, schaut sich da was an, dann hat man mindestens mal 15 Euro ausgegeben, was viel ist, wenn du kein Geld hast. Und dann trinkst du noch ein Weinchen, um ein bisschen ins Gespräch zu kommen, das kostet auch nochmal fünf Euro, dann sind 20 Euro an einem Abend weg. (Dramaturgie2-w).

Die mitgeteilten Berufserfahrungen von Künstler:innen mit eigenen oder familiären Migrationserfahrungen, einem Arbeiterfamilien-Hintergrund oder beidem zeigen die zahlreichen Herausforderungen für Personen aus sozio-ökonomisch benachteiligten Familien, die oft durch finanzielle Unsicherheit, fehlende Netzwerke, mangelndes kulturelles Kapital und strukturelle Ausschlüsse aus etablierten Ausbildungsinstitutionen gekennzeichnet sind (Lareau 2011; hooks 2020). Umso mehr verwundert es, dass sich Menschen, die es sich eigentlich nicht leisten können, in so einem Bereich zu arbeiten, dennoch für eine Karriere in den FDK entscheiden und gerne dort weiterarbeiten möchten: 90 Prozent der Befragten aus der quantitativen Studie möchten gerne weiterhin in den FDK arbeiten (Tobsch et al. 2023, 99).

3 Motivationen und Bewältigungsstrategien

Die befragten Akteur:innen lassen sich hinsichtlich ihres subjektiven Bedürfnisses nach Sicherheit in drei Typen aufteilen, nämlich ‚die Sorglosen', ‚die Sorgenfreien' und ‚die Besorgten': Für die Sorglosen dient der Verweis auf ein Vermögen, eine Immobilie oder eine Erbschaft als Anlass, sich selbst als weniger besorgt um die eigene Absicherung zu beschreiben. Die Sorglosen wiederum sind trotz ihrer eigenen finanziell prekären Lage nicht sonderlich besorgt, während die Besorgten ganz im Gegenteil ihre Absicherungsängste nicht verdrängen können und die offensiv artikulieren. Ob die Bewertung der privaten Vermögenswerte, auf die sich die Aktuer:innen bei Einschätzung der eigenen Lage beziehen, ‚realisitsch' ist, spielt für die Typologisierung keine Rolle.

Während die Besorgten oft wider Willen frei arbeiten, weil ihnen der Zugang zur Festanstellung im etablierten Theaterbetrieb verwehrt blieb, dominieren bei der Gruppe der Sorglosen und Sorgenfreien Motivationsmuster, die auf Freiheit, Autonomie und Authentizität gründen, also eben jenen Paradigmen, die als grundlegend für die Künstlerkritik des Boheme- und Avantgardediskurses sowie der Achtundsechziger gelten (Boltanski und Chiapello 2003). Diese Akteur:innen verstehen sich als gesellschaftliche Außenseiter:innen, die über das Privileg verfügen, einer vermeintlich nicht entfremdeten Arbeit nachgehen zu können. Den befragten Akteur:innen ist bewusst, dass ihre Entscheidung für die FDK mit finanziellen Einbußen und einer schlechten Absicherung ‚erkauft' ist. Um die Entscheidung zu rechtfertigen, stellen einige Vergleiche mit Bekannten oder Verwandten an, deren Leben zwar abgesichert, dafür aber „langweilig" sei. Exemplarisch für eine solche Dichotomie, bei der Passion und Freiheit den einen und Entfremdung und Absicherung den anderen Pol markieren, sei eine Kuratorin, die sich selbst als Arbeiterkind beschreibt, zitiert:

> Na ja, also ich glaube, das ist einfach eine Entscheidung, die man für sich fällen muss. Möchte man sein Leben so verbringen, dass man... Meine Schwester und ich sind da glaube ich sehr unterschiedlich. [...] Entweder man lebt sein Leben, verdient regelmäßig sein Geld und wird dann eine Rente haben, ist aber in einem Job sehr unglücklich. Und verbringt halt die 30, 40, 50 Jahre, die man da arbeitet, mit Unmut und wenig Glücklichsein. Oder man entscheidet sich für die andere Variante und arbeitet das, was einem gefällt und was einen antreibt. Und hat dann, begibt sich in diese Unsicherheit. Und ich habe mich halt für Zweiteres entschieden. (Kuration1-w)

Besonders Akteur:innen, die sich Diskriminierungsformen wie Rassismus, Sexismus oder Ableismus ausgesetzt sehen, betonen außerdem, dass sie sich für die FDK entschieden haben, weil sie die Entscheidungsfreiheit über Themen, Inhalte und Arbeitsteams als wirksamen Schutz gegen Machtmissbrauch und Herabsetzung erlebt haben (Dramaturgie3-m).

Die dargelegten Hindernisse und Hürden, die geringe Ausstattung mit ökonomischem Kapital der meisten Befragten sowie die geschilderte Unsicherheit in Bezug auf die soziale Absicherung werfen außerdem die Frage auf, wie Künstler:innen in den FDK diese Erwerbs- und Lebensbedingungen individuell bewältigen. In Anlehnung an Albert O. Hirschmans soziologischen Klassiker *Exit, Voice, and Loyalty: Responses to Decline in Firms, Organizations, and States* (1970) können die Bewältigungsstrategien der Befragten sozialen Aufsteiger:innen, mit Prekarität umzugehen, nach drei grundlegend verschiedenen strategischen Modi unterschieden werden: Abwanderung (*exit*), Widerspruch (*voice*) und Loyalität (*loyalty*).

Schaut man sich zunächst diejenigen Strategien an, die den Akteur:innen entgegen aller Sorgen und Ängste den Verbleib in den FDK, also ihre *loyalty*, ermöglichen, fällt auf, dass gerade die Akteur:innen, die nicht über ihre:n Ehepartner:in abgesichert sind bzw. nicht aus Familien mit Vermögen stammen, in einem sehr großen Maß bereit sein müssen, sich einzuschränken und die eigene Krisenanfälligkeit zu minimieren. Womit ein Verhalten bezeichnet wird, das als typisch für prekäre oder unterbezahlte Berufsfelder gelten kann, in denen Akteur:innen ihre Berufe als Passion begreifen (Althoff und Zimmer 2020) – sei es in der sozialen Arbeit, der Pflege oder der Kunst. Dabei fällt besonders auf, dass diese Menschen (mit deutschem wie nicht-deutschem Familienhintergrund) in der Regel von Kindheit an Armut erlebt haben und diese Erfahrung als kunstermöglichende und die eigene Resilienz steigernde Ressource begreifen. Hier besteht also eine Verbindung zum Bohème-Diskurs des 19. und 20. Jahrhunderts mitsamt seiner Idealisierung von Armut: Die Kindheit in Armut, so die Betroffenen, habe sie auf das Leben in den FDK vorbereitet und sie gelehrt, „zu kämpfen und am Ball zu bleiben" (Choreografie1-w). Eine Performerin (mit körperlicher Behinderung), die aus einem nichtakademischen Umfeld stammt und als Sorgenfreie beschrieben werden kann, formuliert entsprechend paradox, dass sie sich gerade, weil sie Armut erlebt habe, keine Sorgen um ihre Zukunft und ihre Absicherung mache:

> Ja, ich bin relativ arm aufgewachsen und daher macht mir das eigentlich überhaupt keine Sorgen. Also, ich glaube, ich komme mit sehr wenig zurecht und habe auch nicht unbedingt einen hohen Lebensstandard. Ich reise super gerne, aber meine ganzen Reisen sind durch die Arbeit dann eigentlich immer finanziert, weil ich eben gerade sehr viel an verschiedenen Orten arbeite und auch an der Produktion in San Francisco dabei war und jetzt immer mal wieder sein kann. Also ja, ich habe nicht hohe Ausgaben und bin da, glaube ich, einfach recht genügsam. Und dadurch macht mir das tatsächlich gar keine Sorgen, was mich–, also was auch mein Umfeld wundert. Aber ich habe das einfach nicht. Aber ich glaube, das ist halt, ja, einfach sehr spezifisch von meiner Familie, wie ich aufgewachsen bin und was meine Mutter als alleinerziehende Mutter mit drei Kindern als Krankenschwester uns auch einfach so mitgegeben hat. Und wir hatten es immer gemütlich. Also nicht luxuriös, aber immer gemütlich. Und das war wichtig. (Dramaturgie1-w)

Das Zitat zeigt zudem, dass es zu den Beharrungskräften der FDK zählt, dass sie zwar kaum finanzielles, aber umso mehr kulturelles Kapital anbieten (können). So kann die Befragte zum Arbeiten nach San Francisco fliegen und dadurch an einem kosmopolitischen Lebensstil partizipieren, den sie aus ihren privaten Mitteln nicht bestreiten könnte.

Welche Einschränkungen sich konkret ergeben, wenn man einzig aus seinem Einkommen aus den FDK Rücklagen bilden will und keine Erbschaft oder ähnliches zu erwarten hat, macht der Fall einer Choreografin deutlich, die als erfolgreich in die Szene integriert gelten kann. Um sparen zu können, lebt sie – mit Ende 30 – immer noch in einer Wohngemeinschaft, hat keine Kinder – der Verzicht auf Familiengründung wird mehrmals als Konzession an die Arbeit in den FDK erwähnt – und hält auch alle weiteren Fixkosten möglichst gering (Choreografie1-w). Angesichts der Inflation sieht sie sich mit dem Problem konfrontiert, ihre ohnehin geringen Ersparnisse nicht sicher anlegen zu können:

> Weil das, was ich mir angespart habe, ist dann auch nicht so viel Geld. Also, da müsste ich das irgendwo rein investieren. Am besten wäre natürlich –. Ich glaube, die beste Rente ist eine Immobilie, so, obwohl das total kapitalistisch ist. Aber letztendlich verlieren dann die eh, die kein Geld haben. Und die, die Kohle haben, die holen sich Immobilien. Keine Ahnung, also–. Ich habe keine Absicherung. (Choreografie1-w)

Auf die Frage nach der ihr drohenden Altersarmut entgegnet sie, dass sie überlege im Alter auszuwandern:

> Also, das Einzige, was ich mir überlegt hatte, ist vielleicht in die Türkei auszuwandern im hohen Alter. Ist aber auch einfach gesagt, weil natürlich mein größeres, soziales Netzwerk hier ist und politisch natürlich das Land auch nicht so cool. Aber vielleicht, wenn man älter ist, ist das auch ein bisschen egal. Ich glaube, wenn man jung ist, dann ist es wichtiger, weil es dann mehr um dein Leben geht als im Alter. Und ich kenne das halt, weil meine Eltern natürlich immer sogenannte Gastarbeiter sind, die halt auch sechs Monate in der Türkei verbringen und sechs Monate in Deutschland, ungefähr. Und das wird mir auch vorgelebt, so dass ich auch eher darauf zugreifen kann, dass ich auch so leben kann. Dann sind natürlich die Kosten anders. Aber das wäre dann auch in, na ja, in 20 Jahren ist auch schon bald, dann bin ich auch schon fast 60, krass. (Choreografie1-w)

Die Befragte kompensiert hier das Problem ihrer mangelhaften sozialen Absicherung und Altersvorsorge durch eine Ausstiegsphantasie, auf die sie wiederum aufgrund ihrer nicht-deutschen Familiengeschichte und dem vorgelebten Lebensentwurf ihrer Eltern zurückgreifen kann. Diese *exit*-Idee scheint sie zu beruhigen, obwohl sie sich schon im Interview eingesteht, dass dies kein fester Plan sei und erhöht so letztlich ihre *loyalty* zum Feld. Ihre Auswanderungsphantasie ist damit auch als eine Variante des Verdrängens von Vorsorge- und Absicherungsängsten zu begreifen.

Eine analoge Verdrängungsstrategie findet sich auch im bildungsbürgerlichen Milieu. So beschreibt eine Schauspielerin ein mitunter trügerisches Sicherheitsgefühl:

> Meine Eltern haben zwar nicht besonders viel Kohle, aber es gibt so einen Grund-, also ich komme schon aus einer Art Bildungsbürgertum wahrscheinlich, und es gibt so ein Grundgefühl von, wenn es irgendwann mal nötig sein sollte, dann wären die auch irgendwie am Start. Und das ist wahrscheinlich nur ein Bauchgefühl, wahrscheinlich könnten die gar nicht uns so krass viel zuschießen, wenn irgendwas wäre, aber das Bauchgefühl ist ein Gefühl von sozialer Sicherheit da. Und ähnlich auch in meinem Freundeskreis, da gibt es auch Leute die wesentlich besser verdienen als ich, und wahrscheinlich würde ich da niemals niemals nach fragen, aber das Gefühl ist schon so, wenn es hart auf hart kommt, dann würde ich wahrscheinlich zinslose Kredite oder so von denen bekommen, wenn es wirklich nötig wäre. (Schauspiel1-w)

Bisher liegen keine Zahlen dazu vor, wie hoch der Anteil derer ist, die anders als die hier Zitierten tatsächlich mit einem *exit* auf ihre unsichere Lage in den FDK reagieren und ihre Karriere in den FDK abbrechen, doch lassen die geführten Interviews vermuten, dass dieser Anteil nicht unerheblich ist – oft wird von den Befragten herausgestellt, dass sie beobachten, dass es in der Lebensphase zwischen 30 und 40 viele Aussteiger:innen gebe – meist ca. zehn Jahre nach dem Ende des Studiums (Dramaturgie3-m) – was für Frauen gerade die Zeit ist, in die meistens die Familiengründung fällt (für das Stadttheater vgl. Schößler und Haunschild 2001).

Eine Alternative zum kompletten Abbruch der Theaterkarriere stellt für viele im Sample die berufliche Diversifikation dar: Neben die solo-selbstständige Tätigkeit in den FDK tritt dann mindestens eine weitere Nebentätigkeit, die entweder in abhängiger Beschäftigung oder wiederum selbstständig ausgeführt wird und die sowohl künstlerisch wie nicht-künstlerisch sein kann: Neben kreativer Arbeit, wie dem Übersetzen von Theaterstücken, wird beispielsweise die Gründung eines Wissenschaftsverlags, Content-Management, Körperarbeit/Massage, Fitness-Coaching, Gesang- und Tanzunterricht oder Auftritts-Coaching genannt. Interessant ist, dass bei dem Versuch die Unsicherheiten in den FDK durch Nebenerwerbe zu kompensieren, oft weitere prekäre Tätigkeiten ausgewählt werden bzw. werden müssen. Ein Grund hierfür kann sein, dass aufgrund der Produktionsbedingungen in den FDK die *employability* nur gewährleistet werden kann, wenn Nebenerwerbe gewählt werden, bei denen es relativ kurzfristig möglich ist, parallel frei in einer Theaterproduktion zu arbeiten.

In den Gesprächen fiel auf, dass viele der Befragten gewohnt sind, ihre nicht-künstlerischen Nebenerwerbe eher zu verbergen: Erst auf mehrfache Nachfrage hin offenbaren sie, welchen nicht-künstlerischen Tätigkeiten – Fitness-Training, Körperarbeit, Tanzunterricht – sie nachgehen, weil sie es als Stigma erleben, nicht ausschließlich von der Kunst leben zu können – ein Stigma, dass diejenigen ohne familiäre finanzielle Unterstützung besonders oft erleiden.

Abschließend sollen hier nun die *voice*-Strategien betrachtet werden, derer sich die Akteur:innen bedienen, um an einer Verbesserung der Lage mitzuwirken. Zunächst fällt auf, dass die Pandemie für viele der Anlass war, sich in einer Interessenvertretung zu engagieren oder in eine solche einzutreten. So fungierte die Pandemie tatsächlich als der vielfach beschworene Brennspiegel, der den betroffenen Akteur:innen ihre Unsicherheit und Vulnerabilität deutlich gemacht hat und gleichzeitig überhaupt erst Zeit- und Spielräume für kulturpolitischen Aktivismus frei werden ließ. So ist jede:r zweite Befragte aus dem Sample Mitglied in einer oder mehreren institutionalisierten Interessenvertretungen. Es werden Mitgliedschaften in den Gewerkschaften *Verdi* und der *Freien Arbeiter:innen Union* (FAU), der *Genossenschaft Deutscher Bühnen-Angehöriger* (GDBA) angegeben sowie in verschiedenen Theaterverbänden (auf Landes- wie Bundesebene), im *Bund der Szenografen*, im Verbund Deutscher Puppentheater (VDP), bei *Dancersconnect* und im *Ensemble-Netzwerk* (Ausführlicheres zur Interessenvertretung in den darstellenden Künsten findet sich bei Manske 2023). Für drei der Befragten ist die Arbeit in einer der genannten Organisationen auch Teil der beruflichen Diversifikation, weil sie sich dort nicht nur unentgeltlich oder ehrenamtlich engagieren, sondern abhängige Beschäftigungsverhältnisse bzw. Honorartätigkeiten haben.

Während die eine Hälfte des Samples weitere unentlohnte Arbeit in Kauf nimmt, um für eine Verbesserung der Arbeitsbedingungen in den FDK einzutreten, findet sich beim anderen Teil der Befragten eine starke Skepsis gegenüber den Gewerkschaften bzw. sie wissen zum Teil nicht einmal, dass es überhaupt Gewerkschaften gibt, in die sie eintreten könnten (Musical1-w). Wie repräsentativ eine solche Polarisierung der Szene hinsichtlich der gewerkschaftlichen Organisierung und des kulturpolitischen Aktivismus ist, lässt sich aus dem qualitativen Sample nicht schließen. Inhaltlich kreist die Kritik an den Gewerkschaften in den Interviews hauptsächlich darum, dass die Logik der Freiberuflichkeit nicht mit dem ohnehin nur schwer zu führenden Theater-Arbeitskampf zusammengeht. So macht beispielsweise eine Tänzerin, die selbst sogar Mitglied in der Bühnengewerkschaft GDBA (Genossenschaft Deutscher Bühnen-Angehöriger), ist, das Problem deutlich:

> Weil, was natürlich auch schwierig ist, vor allem im Freiberufler-Dasein, wenn ich dann hingehe und mir einen Arbeitsvertrag–, nehmen wir jetzt mal an, ich bekomme einen Arbeitsvertrag angeboten, den lasse ich von der GDBA nochmal drüber schauen und sage dann, dieses Honorar, damit bin ich echt nicht zufrieden. Dann sagt der potentielle Arbeitgeber. Ja, kein Problem, dann machst du es halt nicht. Wir finden auch jemand anderen, der es wahrscheinlich sogar für weniger machen würde. (Tanz1-w)

4 Fazit

Zusammenfassend soll hier die These aufgestellt werden, dass sich das überraschend hohe Maß an *loyalty* gegenüber den FDK als Arbeitsfeld aus dem Zusammenspiel des subjektiven Sicherungsgefühls der sorgenfreien (und natürlich auch sorglosen) Sicherungstypen einerseits und den Versprechungen der FDK (Freiheitsethos, kulturelles Kapital) andererseits erklären lässt. Die Besorgten tendieren entsprechend eher zu *exit*-Strategien und vollziehen den Ausstieg aus der Szene (partiell) über ihre Nebenerwerbe. Besonders diejenigen mit einer nichtprivilegierten Herkunft, für die eine Festanstellung eigentlich das erstrebenswerte Ideal bleibt, stellt das Festhalten an der Existenz als Theaterschaffende:r in den freien darstellenden Künsten eine Zerreißprobe dar. In der Gesamtschau ergibt sich damit der Eindruck, dass die freien darstellenden Künste ein in großen Teilen avantgardistisches Feld sind, auf dem ein gemessen an Bourdieus Annahme (oder an jüngeren Debatten zum literarischen Feld, Kessler 2014) überraschend großer Anteil von Menschen aus ökonomisch nicht privilegierten Herkunftsmilieus anzutreffen ist. Eine differenzierte Analyse der tatsächlichen sozialen Zusammensetzung des Felds und der strukturellen Ursachen für die relative Pluralität muss an anderer Stelle, wohl auch mit den Mitteln der quantitativen Forschung, geleistet werden.

Die Untersuchung der Sonderrolle von sozialen Aufsteiger:innen in den freien darstellenden Künsten offenbart tiefgreifende strukturelle Herausforderungen – besonders für Rassismus-Betroffene und mehrfach Marginalisierte. Trotz des Potenzials für sozialen Aufstieg, dass das Feld mit seinen vielfältigen künstlerischen Berufen ermöglicht, bleiben gesamtgesellschaftliche Machtasymmetrien auch im Feld erhalten, was sich am geringen Anteil von BIPoCs oder dem eklatanten Gender-Pay-Gap offenbart. Viele Künstler:innen bleiben außerdem trotz großer Anstrengungen finanziell prekär. Um die langfristige Nachhaltigkeit und Diversität in der freien darstellenden Kunst sicherzustellen, müssen diese strukturellen Barrieren systematisch angegangen werden. Dies impliziert nicht nur eine finanzielle Unterstützung, sondern auch eine stärkere institutionelle Anerkennung und Förderung von Diversität und Inklusion.

Literaturverzeichnis

Althoff, Lara und Anette Zimmer. „Who are we: bohemians or civil servants? – Employment conditions, job satisfaction, and cultural aspiration of the workforce of German city theatres – Results of an empirical survey." *Working Paper im Rahmen des DFG-Forschungsprojektes Krisengefüge der Künste.* Paper Nr. 10 (2020).

Boltanski, Luc und Eve Chiapello. *Der neue Geist des Kapitalismus.* Konstanz: Konstanz University Press 2003.

Bourdieu, Pierre. *Die Regeln der Kunst: Genese und Struktur des literarischen Feldes.* Frankfurt a. M.: Suhrkamp 2001.

Brauneck, Manfred. „Vorwort." *Das freie Theater im Europa der Gegenwart. Strukturen – Ästhetik – Kulturpolitik.* Hg. Ders. Bielefeld: Transcript 2016. 13–44.

Fülle, Henning. *Freies Theater. Die Modernisierung der deutschen Theaterlandschaft (1960–2010).* Berlin: Theater der Zeit 2016.

Hirschman, Albert O. *Exit, Voice and Loyalty. Responses to Decline in Firms, Organizations and States.* Cambridge/Mass.: Harvard University Press 1970.

hooks, bell. *Die Bedeutung von Klasse. Warum die Verhältnisse nicht auf Rassismus und Sexismus zu reduzieren sind.* Münster: Unrast 2020.

Kessler, Florian. „Lassen Sie mich durch, ich bin Arztsohn!" *Die Zeit*, 16.01.2014. https://www.zeit.de/2014/04/deutsche-gegenwartsliteratur-brav-konformistisch. (5. Juni 2024)

Koß, Daniela, Holger Bergmann, Ulrike Seybold und Anne Schneider. „Wie das Geld zu den Künstlerinnen und Künstlern kommt. Ein Leitfaden zur Förderung der freien darstellenden Künste." *Handbuch Kulturmanagement* 63 (2018): 1–22.

Lareau, Annette. *Unequal Childhoods. Class, Race, and Family Life.* Berkeley: University of California Press 2011.

Manske, Alexandra. *Neue Solidaritäten. Arbeit und Politik im Kulturbetrieb.* Bielefeld: Transcript 2023.

Schößler, Franziska und Axel Haunschild. „Genderspezifische Arbeitsbedingungen am Repertoiretheater. Eine empirische Studie." *GeschlechterSpielRäume. Dramatik, Theater, Performance und Gender.* Hg. Gaby Pailer und Franziska Schößler. Amsterdam, New York: Rodopi 2011. 255–269.

Speicher, Hannah und Axel Haunschild. „Im freien Fall. Beschäftigungsformen, soziale Sicherungen, Selbstverständnisse und Bewältigungsstrategien in den freien darstellenden Künsten." *Diskussionspapier im Rahmen des Forschungsprojektes ‚Systemcheck'* (2022). https://darstellende-kuenste.de/sites/default/files/2022-12/221121_DP1_Im_freien_Fall.pdf (26. Juni 2024).

Tobsch, Verena, Tanja Schmidt und Claudia Brandt: „Unterm Durchschnitt. Erwerbssituation und soziale Absicherung in den darstellenden Künsten." *Diskussionspapier im Rahmen des Forschungsprojektes ‚Systemcheck'* (2023). https://darstellende-kuenste.de/sites/default/files/2023-08/230824_DP_Unterm_Durchschnitt_0.pdf. (26. Juni 2024)

Zum Eschenhoff, Silke. „Versprechen auf die Zukunft – Der Zusammenhang zwischen Förderung, Produktionsbedingungen und Theaterästhetik am Beispiel der Freien Szene in Niedersachsen." *Cultural Governance. Legitimation und Steuerung in den darstellenden Künsten.* Hg. Birgit Mandel und Anette Zimmer. Wiesbaden: Springer VS 2021. 101–118.

Matthias Bauer
Herkunft und Stigma-Management
Überlegungen zu einem biographischen Handicap und seiner narrativen Auflösung

Wie man es auch dreht und wendet, „Herkunft bleibt doch ein Konstrukt!" (Stanišić 2019, 33), konstatiert Saša Stanišić in seiner autobiografischen Erzählung *Herkunft* (2019), deren Erfolg bei Kritik und Publikum die Aktualität und Relevanz der Thematik belegt. Geschildert wird in *Herkunft* die Geschichte einer Migration mit den unvermeidlichen Schwierigkeiten anzukommen und in der Gesellschaft, in die man einwandert, angenommen zu werden. Deutlich hervorgehoben wird von Stanišić aber auch die Kontingenz jeder Abstammung, die einem Menschen qua Geburt manches vorenthalten kann (vgl. Stanišić 2019, 64). Überhaupt scheint ihm die Herkunft von Menschen überbewertet zu sein: „Mein Widerstreben richtete sich gegen die Fetischisierung von Herkunft und gegen das Phantasma nationaler Identität" (Stanišić 2019, 221–222), zu dessen realen Folgen die Vertreibung von Menschen aus ihrer Heimat, zuweilen sogar der Völkermord gehört.

Stanišić legt in seinem Text den Fokus auf das Problem des religiösen, ethnisierenden und nationalistischen ‚Othering', das zu den Ursachen des sogenannten Jugoslawienkriegs gehörte, aber bis heute leider überall in Europa zu beobachten ist. Was ihn hingegen kaum interessiert, ist der Begriff der Klasse, den eine Reihe von deutschsprachigen Autorinnen und Autoren in den letzten Jahren in autobiografischen Essays und autofiktionalen Romanen im Kontext der Herkunftsthematik stark gemacht haben. Ihre Konstruktionen nehmen vor allem auf Texte von Annie Ernaux und Didier Eribon Bezug und drängen auf eine vermehrte Berücksichtigung von Klassenunterschieden in der öffentlichen Wahrnehmung. So schreiben Christian Baron und Maria Barankow im Vorwort zu ihrer Anthologie *Klasse und Kampf* (Erstausgabe 2021): „Bei der Forderung nach Diversität im Bildungssystem, in der Politik, in der Arbeitswelt geht es oft um ethnische und kulturelle Herkunft, um das Geschlecht. Die soziale Herkunft wird meist vergessen, sie ist ein blinder Fleck." (Barankow und Baron 2021, 9) Bevor in diesem Aufsatz die narrative Auseinandersetzung mit sozialer Herkunft näher untersucht und die Frage verhandelt wird, was der Begriff der Klasse in diesem Kontext analytisch leisten kann, erfolgt ein knapper Überblick über die Behandlung der Herkunftsthematik in älteren Werken der europäischen Literatur.

1 Verdeckte und zu verdeckende Herkunft

‚Herkunft' ist seit der Antike eine Kernthematik europäischer Literatur. Schon in der *Ödipus*-Tragödie (429–425 v. Chr.) des Sophokles hängt alles von der Entdeckung ab, woher der Titelheld stammt und wessen Kind er ist. Neben dem Rätsel der verdeckten Herkunft, das seitdem in zahlreichen Texten aufgegriffen und abgewandelt wurde – zu den bekanntesten Vertretern dürften wegen seiner Mignon-Figur *Wilhelm Meisters Lehrjahre* (1785/96) und Charles Dickens *Oliver Twist* (1837–1839) gehören – tritt jedoch zunehmend das Komplementärmotiv der zu verdeckenden Herkunft in literarischen Werken in Erscheinung, besonders prominent im frühneuzeitlichen Schelmenroman, der in Spanien als *novela picaresca* entstand. So muss der Antiheld des *Guzman de Alfarache* von Mateo Alemán (1. Teil 1599; 2. Teil 1604) seine Widersacher in der diegetischen Welt wie die Leserinnen und Leser seiner Lebensbeichte darüber hinwegtäuschen, dass seine Entstehung einem Ehebruch seiner Mutter geschuldet ist und dass sein Vater ein zeitweilig zum Islam übergelaufener ‚converso', also ein getaufter Jude war, der unter dem Verdacht stand, insgeheim andersgläubig geblieben zu sein. In der *Vida del Buscón* (1629) hingegen betreibt der adelige Schriftsteller Francisco de Quevedo mittels der unfreiwilligen Selbstentlarvung des unzuverlässigen Ich-Erzählers eine radikale Schelmenschelte, um die sozialen Aufstiegsambitionen der Titelfigur Pablo durch den wiederholten Hinweis auf ihre Herkunft aus dem Milieu der Henker und Gauner zu diskreditieren.

Tatsächlich geht das Wort ‚Schelm', auf das der Genrebegriff des Schelmenromans rekurriert, auf das althochdeutsche Wort für Kadaver zurück. Da Henker, Abdecker und Schinder im Mittelalter zu den sogenannten „unehrlichen Berufen" (Danckert 1963, 9–15) zählten, die ihr Tagwerk am Rande oder außerhalb der ehrbaren Siedlungen – jenseits des Schelmengrabens – verrichten mussten, galt die ungeschriebene Regel: Die Berührung mit dem Schelm macht unehrlich. Seine Herkunft weist ihm in der gesellschaftlichen Wirklichkeit wie in der Literatur die Rolle eines „(halben) Außenseiter[s]" (Guillén 1969, 384) zu, der sich immer wieder nach Hochstapler-Art um eine Inklusion bemühen muss, aber ausgeschlossen wird, sobald die von ihm trickreich verdeckte Herkunft zu Tage tritt. Pícaro und Schelm, Pícara und Schelmin sind somit dem ‚Sisyphos-Rhythmus' (Miller 1967) von prätendierter Zugehörigkeit und beständig erneuerter Exklusion unterworfen.

Die Spannung, die zwischen den Romanen von Alemán und Quevedo besteht, geht zur Hauptsache aus der unterschiedlichen Haltung zu einer Herkunft hervor, die als ehrenrührig empfunden wird. Während Guzman seine Herkunft zu verschweigen oder umzudeuten sucht, stellt der Prahlhans Pablo unentwegt heraus, was ihn scheinbar als besonders gewieften Aufschneider und Vertrauensschwindler auszeichnet, in den Augen der Leserschaft, die Quevedo im Sinn hatte, jedoch diskreditiert. Sieht man von der spezifischen Erzählweise der *novela picaresca* ab, die eine Komplementärlektüre verlangt (vgl. Bauer 1993, 26–34), kann man diese Art der Spannung von jener abheben, die sich exemplarisch an Kontrastfiguren wie Parzival bei Wolfram von Eschenbach und Meier Helmbrecht bei Wernher der Gartenaere festmachen lässt. Im *Parzival* (ca. 1200–1210) wird die adelige Herkunft des Titelhelden erst enthüllt, nachdem er bereits den ersten *cursus* seiner Abenteuerreise absolviert hat und, geläutert durch die Schlüsse, die er aus seinen Erfahrungen zieht, einen zweiten Versuch unternimmt, mit dem Gral seine eigentliche Bestimmung zu finden. In der Schurkengeschichte (1250/1280), die Wernher der Gartenaere erzählt, entsteht das Unheil aus der Verleugnung der bäuerlichen Herkunft. Während sich Parzival im Handlungsverlauf rechtzeitig um Demut bemüht, geht Helmbrecht an seinem Hochmut zugrunde. Das Nicht-Wissen des einen um seine Herkunft und das Wissen des anderen um seine Herkunft bedingen den unterschiedlichen Ausgang freilich nur zur Hälfte. Entscheidend ist letztlich, dass Helmbrecht seine Herkunft herabsetzend und beschämend findet, Parzival hingegen zunächst gar nichts von seiner edlen Abstammung weiß und in ihr dann, als sie ihm enthüllt wird, eine Verpflichtung zu ehrenhaftem Verhalten erkennt. Das für die Ständegesellschaft kennzeichnende Gefälle zwischen hoher und niederer Herkunft bleibt in beiden Werken intakt – ironisch suspendiert wird es erst von Grimmelshausen in *Der Abentheuerliche Simplicssimus Teusch* (1668). Dort hat die Entdeckung der adligen Herkunft des Protagonisten im Gegensatz zum *Parzival*, als dessen Kontrafaktur Grimmelshausens Text streckenweise gelesen werden kann, keinerlei Auswirkungen auf den weiteren Handlungsverlauf. Die Herkunft – vor und nach dem Dreißigjährigen Krieg eine das Dasein der Menschen umfassend prägende Kategorie – erweist sich in der verkehrten Welt der europäischen Völkerschlacht als irrelevant. Daran ändert auch der Umstand nichts, dass Simplicius seine Gegenspielerin Courasche als „mehr mobilis als nobilis" (Grimmelshausen 2005, 468) schmäht (was sie ihm entsprechend übelnimmt), ohne zu ahnen, dass sie die Tochter eines Adeligen ist.

Durch den Übergang vom pikaresken zum semipikaresken Roman, exemplarisch umgesetzt im *Gil Blas* (1715) von Alain-René Lesage, kommt es im Laufe des achtzehnten Jahrhunderts zu einer ‚Verbürgerlichung des Schelms' (Hirsch 1934), durch die der Sisyphos-Rhythmus des halben Außenseiters zugunsten des meritokratischen Prinzips aufgehoben wird, das auch der *Deutsche Gil Blas* (1822) von Johann Christoph Sachse ratifiziert. In Goethes Vorwort heißt es über diese „Bibel der Bedienten und Handwerksbursche[n]" (2019, 6):

> [...] man glaubt doch zuletzt eine moralische Weltordnung zu erblicken, welche Mittel und Wege kennt, einen im Grunde guten, fähigen, rührigen, ja unruhigen Menschen auf diesen Erdenräumen zu beschäftigen, zu prüfen, zu ernähren, zu erhalten, ihn zuletzt durch Ausbildung zu beschwichtigen und mit einer geringen Ruhestelle zu entschädigen. (Goethe 2019, 7–8)

Insofern der Bildungsroman das meritokratische Prinzip an die Forderung koppelt, einer uneingeschränkten Selbstverwirklichung ebenso zu entsagen wie der Wunschvorstellung von einer klassenlosen Gesellschaft, bildet er im deutschsprachigen Kulturraum bis weit in das zwanzigste Jahrhundert hinein den Erwartungshorizont vieler Leserinnen und Leser. Auf diesen Horizont konnten sowohl sozialkritische Erzählungen von prekären subalternen Existenzen (wie zum Beispiel Arthur Schnitzlers *Therese. Chronik eines Frauenlebens*, 1928; vgl. Bauer 2018) und literarische Parodien des Bildungsromans wie *Die Bekenntnisse des Hochstaplers Felix Krull* (1910–1913 und 1950–1954) von Thomas Mann als auch politische Forderungen nach Chancengleichheit im Bildungssystem bezogen werden. Die Schieflage, die dieses System ebenso wie der Arbeitsmarkt zugunsten von Kindern aus begüterten Familien aufweist, verschärft sich aufgrund der traditionellen Verschränkung von Herkunft und Geschlecht bekanntermaßen, wenn es um die Chancen von Frauen geht. So konstatiert die in den sogenannten ‚neuen Bundesländern' aufgewachsene Journalistin und Romanautorin Marlen Hobrack in ihrem Buch *Klassenbeste. Wie Herkunft unsere Gesellschaft spaltet*: „Bildung ist ein Kosten- und Zeitfaktor, weswegen Bildung für Frauen der Arbeiterklasse oft ein unerreichbares Privileg war und global noch immer ist." (2022, 23)

Als Indiz einer veränderten Lage, die gleichwohl den Vergleich zu der Problematisierung von Herkunft herausfordert, die im Schelmenroman seit der Frühen Neuzeit betrieben wird, stellt dieses Zitat einerseits die Funktion der Bildung als Ermöglichungsbedingung eines sozioökonomischen Aufstiegs und zugleich, andererseits, die zeit- und geldbedingte Verhinderung einer solchen Überwindung von Klassengrenzen, Nachteilen und Vorurteilen heraus. Das Dilemma der Herkunft hat offenbar eine materielle und eine mentale Dimension. Es fehlt den Menschen, die in diesem Dilemma stecken, um es mit den Begriffen von Pierre Bourdieu auszudrücken, sowohl das finanzielle als auch das symbolische Kapital, um ihrem Milieu zu entkommen (vgl. Bourdieu 1999 und 2001). Sie stoßen nicht nur auf pekuniäre Grenzen, sondern immer wieder auf Menschen, die sie wegen ihrer Herkunft für bildungsfern oder gar bildungsunfähig halten – und nicht selten übernehmen sie dieses Vorurteil zum eigenen Schaden, da es ihnen immer wieder als vermeintlich unabänderliche soziale Tatsache entgegentritt.

1.1 Deklassiert und stigmatisiert

Als deutschsprachiger Initialtext der neuen literarischen Klassenkritik gilt Christian Barons autofiktionaler Roman *Ein Mann seiner Klasse* (2020). Der Ich-Erzähler wächst in dem Bewusstsein auf, dass die Mitglieder seiner Familie weder als gesellschaftsfähig noch als bildungsfähig gelten: „Für die anderen waren wir ‚Unterschicht‘, ‚Asoziale‘, ‚Barackler‘, ‚Dummschüler‘." (Baron 2020, 14) Das vernichtende Vorurteil lautet: „Aus denen wird nie was." (Baron 2020, 214 und 222) Die unmittelbare Folge dieser Ausgrenzung ist ein tief empfundenes Gefühl der Scham, das insbesondere die Mutter bedrängt. „‚Eure Mutter hat sich geschämt‘, sagte Tante Juli. ‚Deshalb war sie nie bei Elternabenden oder Schulfesten.‘" (Baron 2020, 202) Auch wenn die Tante dies erst nach dem Tod ihrer Schwester zugibt, spüren die Kinder der Familie schon viel früher, wie wichtig es ihrer Mutter war zu verhindern, „dass unsere Schande nach außen drang." (Baron 2020, 91)

Markant ist allerdings der Unterschied zwischen den Eltern: „Im Gegensatz zu meiner Mutter ertrug mein Vater das Stigma der Armut mit einem Trotz, den man beinahe mit Selbstachtung hätte verwechseln können." (Baron 2020, 108) So kann es der Ich-Erzähler, inzwischen gelernter Journalist, zwar erst im Rückblick formulieren – begrifflich festzuhalten bleibt jedoch zweierlei: Die Armutsfalle, in der die Familie steckt, und der explizite Rekurs auf den Stigma-Begriff, dessen Tragweite alsbald erläutert werden soll. Zunächst mag es genügen, auf die intergenerationelle Dimension der Deklassierung hinzuweisen. Gleichsam als Erläuterung des Romantitels heißt es sehr früh im Text:

> Unser Vater war ein Mann seiner Klasse. Ein Mann, der kaum eine Wahl hatte, weil er wegen seines gewalttätigen Vaters und einer ihn nicht auffangenden Gesellschaft zu dem werden musste, der er nun einmal war. / Das entschuldigt nichts, aber es erklärt alles. (Baron 2020, 19)

Die Verschränkung von minimaler Agency und Geldnot sowie von innerfamiliärer Gewalt und mangelndem gesellschaftlichen Rückhalt liefert den Vater und seine Kinder dem Sisyphos-Rhythmus der Chancenlosigkeit aus, dem seitens der Betroffenen sowohl, wie beim Vater, eine Art Trotz-Stolz entsprechen kann, als auch, wie im Fall des Ich-Erzählers, der Versuch, diese familiäre Disposition durch Bildung zu überwinden. Weitere Alternativen scheint es, wenigstens für die männlichen Nachkommen, nicht zu geben. Lediglich den Frauen bietet sich, wie Tante Ella unter Beweis gestellt hat, noch eine andere Option:

> Aufstieg durch Heirat – das alte Modell hatte bei ihr noch funktioniert. Sie behielt ihre Stelle als Sekretärin bis zur Rente, benahm sich aber wie eine Bildungsbürgerin. In ihrer neuen sozialen Klasse fiel sie nicht auf, sie hatte sich den legitimen Geschmack perfekt angeeignet,

sodass sie sich in der Welt des Geistes und des alten Geldes so natürlich bewegen konnte wie ein Fisch im Wasser. (Baron 2020, 233)

Um Zugang zu einer Berufswelt zu erlangen, in der er über deutlich mehr Einkommen als sein Vater verfügt, muss der bildungsbeflissene Sohn – sein Bruder schlägt einen anderen Weg ein – allerdings einen spezifischen Preis bezahlen, der in seiner zunehmenden innerfamiliären Isolation besteht. „Mit jedem Schuljahr geriet ich zu Hause stärker ins Abseits." (Baron 2020, 245) Ob berechtigt oder nicht berechtigt – der Aufsteiger wird, zum Beispiel von Tante Juli, als überheblich angesehen, sodass es zu einer wechselseitigen Entfremdung zwischen den Verwandten kommt: „Sie konnte meine Arroganz nicht leiden. Und ich konnte ihren Neid nicht ertragen. Für sie wurde ich das andere, das ihnen jeden Tag vorführte, dass es kein Naturgesetz war, für immer in diesem Kreislauf der Armut zu bleiben." (Baron 2020, 257) Hinzu kommt die Rivalität der beiden Schwestern Juli und Ella, die in dem Augenblick eskaliert, als Ella anbietet, mit den Bildungskosten das Sorgerecht für die Halbwaise zu übernehmen: „Wenn du bei denen einziehst, sind wir geschiedene Leute" (Baron 2020, 262), droht Tante Juli daraufhin ihrem Neffen.

Ohne hier näher auf den weiteren Verlauf der Romanhandlung eingehen zu müssen, lässt sich damit als Zwischenfazit festhalten, dass die soziale Tatsache der Deklassierung erstens bewusstseinsbildend ist, zweitens als identitätsstiftend und drittens als strukturelles Handicap erfahren wird. Da Baron selbst von einem Stigma spricht, bietet es sich an, diese Wirkung so zu erklären, wie es Erving Goffman bereits 1963 in seiner Abhandlung *Stigma. Über Techniken der Bewältigung beschädigter Identität* getan hat.

1.2 Schamgefühl und Stigma-Management

Zu Beginn seiner Abhandlung erinnert Goffman an die Herkunft des Stigma-Begriffs aus dem Griechischen sowie daran, dass die Stigmatisierung ursprünglich an körperliche Zeichen gebunden war, die „etwas Ungewöhnliches oder Schlechtes über den moralischen Zustand des Zeichenträgers offenbaren." (Goffman 1975, 9) Diese Bindung an äußerlich sichtbare Zeichen besteht heute nicht mehr unbedingt (auch wenn die Diskriminierung von Menschen aufgrund ihrer Hautfarbe immer noch erschreckend häufig ist); nach wie vor löst die Stigmatisierung jedoch ein Gefühl der Beschämung aus, weil sie als entehrend empfunden wird (vgl. Goffman 1975, 9 und 16). Entscheidend ist somit, wie die Stigmatisierung Bewusstsein und Verhalten prägt:

> Nimmt das stigmatisierte Individuum an, daß man über sein Anderssein Bescheid weiß oder daß es unmittelbar evident ist, oder nimmt es an, daß es weder den Anwesenden bekannt ist noch von ihnen unmittelbar wahrnehmbar? Im ersten Fall hat man es mit der Misere des *Diskreditierten* zu tun, im zweiten Fall mit der des *Diskreditierbaren*. Das ist ein wichtiger Unterschied, obwohl ein stigmatisiertes Individuum wahrscheinlich mit beiden Situationen Erfahrungen haben wird. (Goffman 1975, 12)

Verhaltenstechnisch gesehen bedeutet dies, dass eine von Stigmatisierung betroffene respektive bedrohte Person die Informationen steuern muss, die ihre Wahrnehmung und Beurteilung durch andere betreffen: „Eröffnen oder nicht eröffnen; sagen oder nicht sagen; rauslassen oder nicht rauslassen; lügen oder nicht lügen; und in jedem Fall, wem, wie, wann und wo" (Goffman 1975, 56) – darauf kommt es im Umgang mit anderen beim Stigma-Management an. Eine zentrale Strategie, die insbesondere das Stigma der Herkunft betrifft, besteht folglich darin, „Zeichen, die Stigma-Symbole geworden sind, zu verstecken oder zu verwischen" (Goffman 1975, 117). Zu solchen Symbolen können gerade Leerzeichen werden. Wenn an der eigenen Kleidung die Marken-Logos fehlen, die Sozialprestige verleihen, ist die prekäre Herkunft heute schon auf dem Schulhof schwer zu verschleiern. Werden die Betroffenen in den Augen ihrer Mitmenschen durch das herabgesetzt, was der Soziolinguist Basil Bernstein bereits Ende der 1950er Jahre als ‚restringierten Code' (Bernstein 1971) bezeichnet hat, können sie diesen Eindruck womöglich kompensieren, indem sie sich einer elaborierten Ausdrucksweise bedienen, deren Voraussetzung freilich jene Teilhabe an sprachlicher wie kultureller Bildung ist, die sich wiederum keineswegs von selbst versteht. Kurzum: Immer dann, wenn Stigmatisierung und Deklassierung, Repulsion und Exklusion drohen, tritt mit der Symbolfunktion der eigenen Performance entweder das Diskriminierungspotenzial der Herkunft und ihrer Abzeichen oder die soziopsychologisch motivierte Nötigung zur Dissimulation des Stigmas zutage, die stets mit dem Risiko der Entdeckung einhergeht.

In dieser Hinsicht berührt der ansonsten nicht pikareske Zuschnitt rezenter autofiktionaler Texte wie *Ein Mann seiner Klasse* den Sisyphos-Rhythmus, der dem Schelmenroman seit der Frühen Neuzeit eingeschrieben ist. Im langen Gedächtnis der Literatur ist die Persistenz des Problems, das derzeit für Barankow und Baron im blinden Fleck der öffentlichen Wahrnehmung liegt, also durchaus gegenwärtig, womit weder gesagt werden soll, dass Baron und die anderen Autorinnen und Autoren, die dieses Problem unlängst traktiert haben, bewusst an dieses Genre der Erzählkunst angeknüpft haben, noch dass sich ihre Texte, thematisch wie ästhetisch, in diesem Traditionsbezug erschöpfen. Wie bei jedem Vergleich kommt es auch hier mindestens so sehr auf die Unterschiede wie auf die Gemeinsamkeiten an. Belegen lässt sich diese Behauptung unter anderem mit Daniela Dröschers Roman *Lügen über meine Mutter* (2022), da dieser Text weniger von krassen Klassengegensätzen als von (im Ergebnis) nicht weniger krassen Distinktionen in einem Milieu handelt.

1.3 Introjektion und Projektion

Hauptschauplatz der autobiografisch grundierten Geschichte, die Dröscher erzählt, ist ein abgelegener Landkreis, in dem drei Generationen dicht beieinander leben: Die aus dem Osten geflüchteten Eltern der Mutter der Protagonistin sowie die einheimische Herkunftsfamilie des Vaters. Diese beiden Familien begegnen einander mit wenig Sympathie: „Meine Oma mochte meine Mutter nicht, und die Eltern meiner Mutter mochte sie ebenso wenig. Die Familie kam ‚von auswärts', behauptete sie. Sie waren aus Polen und zugleich Deutsche, also ‚Schlesiendeutsche', was ich furchtbar kompliziert fand." (Dröscher 2022, 16) Umgekehrt macht der Großvater mütterlicherseits

> *keinen Hehl aus seiner Ansicht, seine einzige Tochter unter ihrem Stand verheiratet zu haben. Meine Mutter selbst hat keinerlei Standesdünkel. Im Gegenteil. Und doch hat mein Vater ihr genau das immer wieder vorgeworfen. Dass sie sich aufgrund ihrer Bildung, des Geldes meiner Großeltern und ihres Hochdeutschs für etwas Besseres hielt.* (Dröscher 2022, 105)

Das Dilemma, in das die Ich-Erzählerin aufgrund dieser Familien-Konstellation gerät, ergibt sich mithin aus der Binnendifferenzierung ein und desselben Milieus. Denn zum einen weist der Vorwurf des ‚Standesdünkels' darauf hin, dass die materielle Distinktion der Familien eigentlich keinen Grund für Überheblichkeit bietet und dass diejenigen, die ihn erheben, lediglich einen Unterschied im Rang, nicht aber in der Klasse zu erkennen vermögen. Konfliktträchtig an diesem Rangunterschied ist zum anderen vor allem, dass er von der Distinktion zwischen Alteingesessenen und Neuhinzugezogenen überlagert wird und der Geltungsanspruch der ‚Ureinwohner' auf das Selbstbewusstsein derjenigen trifft, die von ihnen als ‚Eindringlinge' wahrgenommen werden. So offensichtlich es ist, dass die einen Dialekt und die anderen Standarddeutsch sprechen und die einen in einem Neubau, die anderen hingegen auf einem alten Hof leben, so fraglos gehören alle doch dem Bürgertum an, das sich in eine höhere und eine niedere Bildungsschicht gliedert. Auch der Vater der Ich-Erzählerin verdient sein Geld als Angestellter in einem Büro – und nicht etwa als ungelernter Landarbeiter, sodass von einer Deklassierung seiner Person oder seiner Familie, strenggenommen, keine Rede sein kann – zumal er später dank der Erbschaft seiner Frau das größte Haus im Ort bauen kann.

Weit ausgeprägter als die ökonomischen Unterschiede sind die Ressentiments, die primär von der Familie des Vaters gegen die Familie der Mutter und ihre Person geschürt werden: „Bis heute hadert mein Vater mit seiner sozialen Stellung. Meine Großmutter hat ihm, dem emporgekommenen Bauernkind, die Scham über seine ländliche, allzu ländliche Herkunft vererbt." (Dröscher 2022, 66) Ihre Ablehnung der Schwiegereltern und der Schwiegertochter spiegelt eine spezifische Mentalitätsformation wider:

> *In den westdeutschen 1970er- und 1980er-Jahren war das vorherrschende Klischee das des polnischen Schlitzohrs. Zeitlebens hat meine Mutter gegen das Bild des Zwielichtigen angekämpft, das all ihrem Handeln und Sein immer schon vorauseilte. Vielleicht dachte sie, Ehrlichkeit könnte eine Art Währung sein, die ihre Zugehörigkeit verbürgte.* (Dröscher 2022, 272)

Hinzu kommt eine vermeintliche Abnormalität der Mutter, nämlich ihre Leibesfülle: „Mein Vater fixierte unentwegt den Körper meiner Mutter. Sie versuchte, seine Blicke zu ignorieren, aber es war offensichtlich, wie sehr sie das verunsicherte und betrübte." (Dröscher 2022, 53)

Wie diese Zitate erkennen lassen, ist es vor allem ein spezifisches Blickregime, das Mutter und Tochter als stigmatisierend empfinden und dazu nötigt, jeweils auf ihre Art und Weise Stigma-Management zu betreiben. Legt es die Mutter vor allem darauf an, das Vorurteil vom ‚polnischen Schlitzohr' zu unterlaufen, wehrt sich die Tochter, wenn auch erst als Jugendliche, gegen die Sicht des Vaters auf seine Gattin:

> *Was für ein Paradox: Ich hätte als Heranwachsende alles dafür gegeben, meine Mutter vor den abschätzigen Blicken ihrer Umgebung beschützen zu können. Zugleich aber registrierte ich eine erwachende Scham in mir. [...] Früh hat sich in meinen kindlichen Blick der Blick meines Vaters eingeschrieben. Lange Zeit habe ich seinen Blick mitgesehen, ob ich wollte oder nicht. Ich musste lernen, ihn aktiv zu verweigern.* (Dröscher 2022, 61)

Einerseits kehrt der Text am Körper der Mutter insofern die Urszene der Stigmatisierung hervor, als ihre Leibesfülle ein sichtbares, mit ihrem Charakter scheinbar intrinsisch verknüpftes Abzeichen darstellt: „*Der Körper meiner Mutter bedeutete Sichtbarkeit in einer Welt, die auf Unsichtbarkeit angelegt war. Nicht auffallen gehörte zu den tief verinnerlichten Geboten seines* [i. e. des Vaters] *Herkunftsmilieus.*" (Dröscher 2022, 164) Andererseits ist die Scham, die ihre Tochter empfindet, als Resultat einer Introjektion zu werten. Um diese Scham zu überwinden, muss der Vorgang der Introjektion durchschaut und durchgearbeitet werden. Der Text suggeriert, dass genau hierin das Erzählmotiv der autodiegetischen Vermittlungsinstanz, wenn nicht gar der Autorin selbst liegt.

Legitimiert wird damit auch der psychoanalytische Zuschnitt des Textes, der an vielen Stellen – wie in den soeben wiedergegebenen Passagen – von der schildernden Vergegenwärtigung zur Selbsterklärung und -rechtfertigung übergeht. Rückblickend erkennt die Erzählerin in der Scham, deren Genese sie als Kind nicht zu begreifen und deren Sichtbarwerdung sie nicht verhindern konnte, eine Waffe, die der Vater aufgrund des Inferioritätskomplexes, den ihm seine eigene Mutter eingeimpft hat, kompensatorisch gegen seine Gattin wendet: „‚Da siehst du's. Deine eigene Tochter schämt sich für dich.'" (Dröscher 2022, 289) – „Mein Vater hatte recht. / Ich schämte mich für meine Mutter. / Ich – schämte – mich – für – meine – Mutter." (Dröscher 2022, 291)

Da die Mutter ihre Leibesfülle nicht dissimulieren kann, bemüht sie sich darum, ihre Tochter der Unmöglichkeit des Stigma-Management zumindest situativ zu überheben. „Sie hatte meine Scham im Schwimmbad", als alle sehen konnten, *wie* dick sie war, „bemerkt, dessen war ich mir sicher. Warum sonst wartete sie neuerdings im Auto auf mich, wenn sie mich vom Leichtathletiktraining abholte, statt mir noch kurz auf dem Platz beim Abschlusstraining zuzusehen, wie sie es sonst für gewöhnlich tat?" (Dröscher 2022, 301) Letztlich ist es somit die Unmöglichkeit, das Offensichtliche zu verbergen, die das Verhalten von Tochter, Mutter und Vater unheilvoll reguliert. Der Text lässt allerdings keinen Zweifel daran, dass die eigentliche Wurzel des Familienunglücks nicht das Übergewicht der Mutter, sondern die psychische Disposition des Vaters ist: „*Seine unentwegte Sorge, negativ aufzufallen. Seinen paradoxen Versuch, zugleich normal und besonders zu sein*" (Dröscher 2022, 364), macht die Erzählerin für die Zerrüttung der Ehe ihrer Eltern wie für das Kindheitstrauma verantwortlich, an dem sie sich in der ‚writing cure' abarbeitet, als die der Roman inszeniert ist.

Das bedeutet freilich auch, dass die pathogene Familiensituation und -interaktion deutlich stärker in den Fokus der Darstellung gerät als die Akzentuierung der Klassenzugehörigkeit, die zudem uneindeutig ausfällt. Unzweifelhaft hingegen ist, dass Dröschers Ich-Erzählerin Scham und Schuld empfindet, weil sie sich als Heranwachsende ihrer Mutter gegenüber nicht solidarisch verhalten hat und dass sie dafür das Blickregime des Vaters verantwortlich macht. Überdeutlich streicht der Text den genealogischen Zusammenhang zwischen dem Blick des Anderen und der eigenen Scham, zwischen der herabsetzenden Fremdbeschreibung und dem Selbstbild einer stigmatisierten Person heraus. Es lohnt sich, unter diesem Aspekt einen Seitenblick auf zwei Texte zu werfen, in denen dieser Vorgang ebenfalls problematisiert wird und die mit dem nicht weniger fragwürdigen Vorgang der Projektion verknüpft sind.

1.4 Negative Identität

In *Ein Kind* (Erstausgabe 1981) schildert Thomas Bernhard wie das Bild, das eine Mutter von ihrem Sohn entwirft, den Betroffenen in seinen eigenen Augen stigmatisiert. Dabei ist unschwer zu erkennen, dass die Mutter die Vorstellung, zu der ihre Erinnerung an den Vater des Kindes geronnen ist, auf den gemeinsamen Nachwuchs projiziert: „Wenn sie mich sah, sah sie meinen Vater, ihren Liebhaber, der sie stehengelassen hatte." (Bernhard 1987, 38) Die Scham und Wut der Mutter darüber, mit einem Kind im Stich gelassen worden zu sein, äußert sich in extremer Unduldsamkeit sowie in physischer wie psychischer Gewalt:

> Bei der geringsten Kleinigkeit griff sie nach dem Ochsenziemer. Da mich die körperliche Züchtigung letztendes immer unbeeindruckt gelassen hat, was ihr niemals entgangen war, versuchte sie, mich mit den fürchterlichsten Sätzen in die Knie zu zwingen, sie verletzte jedesmal meine Seele zutiefst, wenn sie *Du hast mir noch gefehlt* oder *Du bist mein ganzes Unglück, Dich soll der Teufel holen! Du hast mein Leben zerstört! Du bist an allem schuld! Du bist mein Tod! Du bist ein Nichts, ich schäme mich Deiner! Du bist so ein Nichtsnutz wie Dein Vater! Du bist nichts wert! Du Unfriedenstifter! Du Lügner!* sagte. (Bernhard 1987, 38)

Immer wieder kommt der Erzähler auf dieses Trauma, auf den ungleichen Kampf zwischen Mutter und Sohn, aber auch auf die Ambivalenz der Empfindungen zurück, die vom Vater auf das Kind projiziert werden:

> Mein Gesicht war dem meines Vaters nicht nur ähnlich, es war *das gleiche Gesicht*. Die größte Enttäuschung ihres Lebens, die größte Niederlage, als ich auftrat, war sie da. Und sie trat ihr jeden Tag, den ich mit ihr zusammen lebte, entgegen. Ich fühlte naturgemäß ihre Liebe zu mir, gleichzeitig aber immer auch den Haß gegen meinen Vater, der dieser Liebe meiner Mutter zu mir im Wege stand. (Bernhard 1987, 39)

Der in der Chronologie erste, mit Blick auf die Publikationsfolge letzte Teil von Bernhards Autobiografie steigert das Dilemma des Sohnes, in dem sich das Dilemma der Mutter, ihr Kind sowohl lieben zu wollen als auch den Vater in ihm hassen zu müssen, spiegelt, durch das Außenseitertum des Heranwachsenden in der Schule. Dort heißt er nämlich nur „*Der Esterreicher*, es war durchaus abschätzig gemeint, denn Österreich war, von Deutschland aus gesehen, ein Nichts. Ich war also aus dem Nichts gekommen." (Bernhard 1987, 111) Hinzu kommt die relative Armut des Zugereisten. „Die Bürgersöhne in ihren teuren Kleidern straften mich, ohne daß ich wußte, wofür, mit Verachtung." (Bernhard 1987, 113) Am schlimmsten aber sind die Lehrer: „Auch ihnen gefiel die Bezeichnung *Der Esterreicher*, sie peinigten mich damit, verfolgten mich Tag und Nacht [...]." (Bernhard 1987, 118)

Nicht anders als die Tochter in *Lügen über meine Mutter* wird das Kind in Bernhards Text infolge der Demütigungen, die es beständig erleidet, zum Bettnässer – in beiden Fällen wiederum eine zutiefst beschämende Erfahrung. „Ich hatte wieder begonnen, ins Bett zu machen, wofür ich mich unendlich schämte. Schließlich war ich schon ein Schulkind" (Dröscher 2022, 188), ist in Dröschers Roman zu lesen. Doch während die Mutter-Figur in diesem Text Verständnis für die Nöte ihres Kindes zeigt und die Spuren des Malheurs jeweils dezent beseitigt, nehmen es die Erziehungsberechtigten in Bernhards Erzählung zum Anlass von Aktionen, die man als symbolische Exekutionen werten muss:

> Der ganze Taubenmarkt und die ganze Schaumburgerstraße wußten, daß ich Bettnässer war. Meine Mutter hatte ja jeden Tag diese meine Schreckensfahne gehißt. Mit eingezogenem Kopf kam ich von der Schule nachhause, da flatterte im Wind, was allen anzeigte, was ich war. So schämte ich mich vor allen; auch wenn das nicht stimmte, ich glaubte, alle Welt weiß, daß ich ins Bett mache. (Bernhard 1987, 139)

Keineswegs endet diese Traumatisierung, als der Sohn ins Internat geschickt wird; im Gegenteil: „Die Methode in Saalfeld war die: mein Leintuch mit dem großen gelben Fleck wurde im Frühstückszimmer aufgespannt, und es wurde gesagt, daß das Leintuch von mir sei. [...] Ich war eine Schande." (Bernhard 1987, 144)

Schmerzhaft anschaulich wird hier der Umschlag der Stigmatisierung in eine negative Identität, wie sie Erik K. Erikson (1974) beschrieben hat. Der öffentlich immer wieder auf gemeinste Art und Weise Gedemütigte sieht sich selbst als Inkarnation der Schande, auf die ihn andere reduzieren. Er hat daher unter den Bedingungen der unaufhörlichen Traumatisierung keine Chance, ein positives Selbstbild zu entwickeln und sich gegenüber der Verachtung, die ihm entgegenschlägt, zu behaupten.

Thomas Bernhard ist oft als Übertreibungskünstler bezeichnet worden. Angesichts dieser Charakterisierung lässt *Ein Kind* mindestens zwei Lesarten zu. Zum einen könnte die Drastik des Geschilderten ein Ausdruck seiner virtuosen Fähigkeit sein, Vorgänge sprachlich zuzuspitzen und bis zum Kipp-Punkt der Tragikomik rhetorisch zu steigern. Zum anderen ließen sich die Erinnerungen ätiologisch als Erklärung einer Übertreibungskunst verstehen, die im Wort den anhaltenden Schrecken über das Ausgestoßen- und Verstoßen-Sein bannt – als Versuch, die negative Identität, die mit einem beträchtlichen Verlust an Agency einhergeht und die Erfahrung der Selbstwirksamkeit vereitelt, mit literarischen Mitteln in die Positivität eines Subjekts zu verwandeln, das sich aussprechen und seine Schmach im Ton der Anklage gegen die Empathielosigkeit seiner ehemaligen Mitschüler und Lehrer sowie der eigenen Mutter bemeistern kann.

Das Gefühl, ver- und ausgestoßen zu sein, rührt, wie die bisherigen Beispiele eindrücklich belegen, aus der wiederholten Erfahrung, von anderen nicht anerkannt und immer wieder herabgesetzt zu werden, her. Dazu bedarf es nicht unbedingt des öffentlich ausgestellten Stigmas des ‚Bettnässers' – eines „beinahe tödlichen Titel[s]" (Bernhard 1987, 138).

1.5 Urheberschaft

Die erniedrigende Erfahrung, in der eigenen Familie ausgegrenzt und beständig zurückgesetzt zu werden, macht auch der Ich-Erzähler in Hans-Ulrich Treichels Roman *Der Verlorene* (Erstausgabe 1998). Die Ursache seiner Misere liegt darin, dass den Eltern auf ihrer Flucht gen Westen der ältere Bruder Arnold abhandengekommen ist und sie ihre Schuld und Scham über diesen Verlust auf den Zweitgeborenen projizieren. Bereits als Kind erkennt der Ich-Erzähler,

> daß Arnold, der untote Bruder, die Hauptrolle in der Familie spielte und mir eine Nebenrolle zugewiesen hatte. Ich begriff auch, daß Arnold verantwortlich dafür war, daß ich von Anfang an in einer von Schuld und Scham vergifteten Atmosphäre aufgewachsen war. Vom Tag meiner Geburt an herrschte ein Gefühl von Schuld und Scham in der Familie, ohne daß ich wußte, warum. Ich wußte nur, daß ich bei allem, was ich tat, eine gewisse Schuld und eine gewisse Scham verspürte. (Treichel 1998, 17)

So wie das Kind bei Bernhard allzu sehr dem abwesenden Vater ähnelt, ähnelt Treichels Protagonist dem vermissten Bruder. Doch:

> Ich wollte niemandem ähnlich sein, und schon gar nicht meinem Bruder Arnold. Die angeblich verblüffende Ähnlichkeit hatte die Wirkung, daß ich mir selbst immer unähnlicher wurde. Jeder Blick in den Spiegel irritierte mich. Ich sah nicht mich, sondern Arnold, der mir zunehmend unsympathischer wurde. (Treichel 1998, 57–58)

Die sich so entwickelnde negative Identität ist genealogisch an die Familienaufstellung, insbesondere an die Beziehung zwischen den Eltern und ihren beiden Söhnen, dem ab- und dem anwesenden, gebunden. Diese Beziehung wird durch den frühen Tod des Vaters nicht etwa aufgelöst, sondern erheblich kompliziert. So heißt es nach seinem Ableben über die Mutter: „Ich spürte, daß sie in mir etwas erblickte, was sie verloren hatte. Ich erinnerte sie an den Vater. Und ich erinnerte sie an Arnold. [...] Ich war nur das, was sie nicht hatte." (Treichel 1998, 140) Treffend wird hier die Leerstelle der eigenen Existenz benannt, die sich aus der unentwegten Nicht-Anerkennung des Zweitgeborenen ergibt. Solange er mit den anderen verglichen wird, die er niemals ersetzen kann, ist es ihm unmöglich, ein positives Selbstbild aufbauen.

Die Bemühungen der Mutter, ihren Erstgeborenen wiederzufinden, kulminieren in der Schluss-Szene des Romans, als man das Findelkind 2307 aufsucht, das Arnold sein könnte. Man beobachtet es durch die Schaufensterscheibe eines Ladens, in dem es Kunden bedient. Der Ich-Erzähler entdeckt in diesem Kind sein „eigenes, nur um einige Jahre älteres Spiegelbild" und bemerkt, „wie auch mein Gegenüber hinter den Scheiben fahl wurde und bleich im Gesicht" (Treichel 1998, 174), als es nach draußen in das Gesicht des Erzählers blickt. Der Text lässt offen, ob dieses wechselseitige Erschrecken darauf zurückzuführen ist, dass es sich bei dem anderen tatsächlich um Arnold handelt. Stattdessen verstärkt das Romanende den Eindruck der Beklemmung, die sich aus der Nicht-Anerkennung der Eigenständigkeit ergibt, die es einem Menschen erlaubt, zum Urheber seiner eigenen Geschichte zu werden.

In diesem Sinne berührt Treichels Roman den Kern von Autorschaft: Das Vermögen, das eigene Dasein nicht nur als ein passives Erleiden, sondern aktiv als eine Gestaltungsaufgabe zu begreifen, deren erzählerische Vergegenwärtigung Sinn macht. So verstanden liegt der gemeinsame Schnittpunkt der Romane von Baron und Dröscher, Bernhard und Treichel bei aller Unterschiedlichkeit, die sie ansonsten aufweisen, in der narrativen Eroberung einer Gestaltungsmacht, die mit der Erfahrung der Selbstbestätigung und Selbstwirksamkeit einhergeht. Als Schilderungen familiär beschädigter Existenzen, die jeweils zu erkennen geben, wie negative Identitäten durch fortgesetzte Stigmatisierung entstehen, veranschaulichen die vier Romane insbesondere, wie Personen das Stigma, das ihnen von außen zugeschrieben wird, verinnerlichen und warum es nicht mit dem Stigma-Management getan ist, das lediglich die Symptome oder Symbole, die An- und Abzeichen der vermeintlichen Minderwertigkeit und Nicht-Zugehörigkeit kaschiert. Vielmehr bedarf es, wie in der psychoanalytischen Kur, einer autobiografischen Umschrift, die unter keinen Umständen delegiert werden kann. Es gibt kein Alibi: Niemand kann die Urheberschaft für einen anderen Menschen übernehmen; niemand kann die Verantwortung für sein eigenes Dasein abtreten. Zum Vergleich seien die Geschichten des Barons von Münchhausen, der sich am eigenen Schopf aus dem Sumpf gezogen haben will, angeführt. Dementsprechend müssen sich die Erzählerfiguren aus der familiären Verstrickung herauswinden und über das beschädigte Selbstbild erheben, das Eltern, Lehrkräfte oder andere wichtige Bezugspersonen in sie hineingesenkt haben.

Andere Aspekte, beispielsweise die ökonomische Situation der Familien, treten hinter diese Problematik zurück. Armut spielt bei Bernhard eine gewisse Rolle, der Akzent seiner Erzählung liegt aber weniger auf der ökonomischen als auf der sozialen Misere – also darauf, dass ein Kind wegen seiner dürftigen Kleidung gedemütigt wird; bei Treichel ist von finanziellen Nöten keine Rede; seine Romanfamilie gehört zum aufstrebenden Mittelstand, der Angestellte und Selbständige, Beamte und Kleinunternehmer umfasst. Sofern der Zusammenhang von Herkunft und Stigma in den bislang besprochenen Texten psychologisch verhandelt wird, kann man *Ein Kind* und *Der Verlorene* zu den literarischen Vorläufern von Romanen wie *Ein Mann seiner Klasse* oder *Lügen über meine Mutter* zählen – sofern dieser Zusammenhang bei Baron und Dröscher dem Klassenbegriff subsumiert wird, lässt sich kein signifikanter Rück- oder Querbezug ausmachen. Zu fragen bleibt, was mit dieser Subsumtion gewonnen ist.

2 Erlernte und verlernte Scham

Es wurde bereits angedeutet, dass sich der Roman *Lügen über meine Mutter* vor allem in den Passagen, die kursiv gesetzt sind und nicht den Kenntnisstand des erzählten Ich, sondern das später erworbene Wissen des erzählenden Ichs reflektieren, in Stil und Gehalt einem Sachbuch nähern. Typisch für diesen Übergang vom fiktionalen Schildern zum faktualen Erklären sind Zeilen wie diese:

> *Unter ‚Parentifizierung' versteht man eine Dynamik, in der sich die Verantwortlichkeiten zwischen Eltern und Kindern verkehren. Ein Kind, das sich nicht hinreichend geborgen fühlt, übernimmt jene emotionale Fürsorge, zu denen die Erwachsenen nicht imstande sind. Nicht selten aber vergisst das Kind dabei sich selbst.* (Dröscher 2022, 307)

Offenkundig erhebt diese Explikation einen Anspruch auf Allgemeingültigkeit, durch den die Fallgeschichte, die der Roman szenisch vergegenwärtigt, zu einem klinischen Exempel, zu einem Schulbeispiel wird. Dröscher schildert nicht nur eine spezifische Form der familiären Verstrickung, die mehr oder weniger singulär ist, sondern erhebt die Verlaufsform dieser Verstrickung zu einem Muster, in dem sich ihrer Auffassung nach die Gewaltstruktur der gesamten Gesellschaft abzeichnet. Jedenfalls wird die Mutter von einer individuellen Figur in einen repräsentativen Typus verwandelt, wenn die Autorin im Duktus der kritischen Gender-Theorie dekretiert: „*Die wohlhabende oder auch nur finanziell unabhängige Frau stellt im Patriarchat eine Provokation dar. Eine reiche Frau symbolisiert Tod und Untergang. Ihre Potenz ist eine Gefahr für den männlichen Körper.*" (Dröscher 2022, 248) Weiter heißt es über die eingeschränkte Agency der Männer, die der gleichen Struktur unterworfen sind:

> *‚Protestmännlichkeit' bedeutet, dass Jungen und Männer der unteren Klassen lediglich eine ‚unorganisierte Auflehnungshaltung' entwickeln. Was zwangsläufig dazu führt, dass sie zwar unablässig schimpfen, meckern und beschweren, aber selbst merken, dass das zu nichts führt. / Das Gefühl der politischen Ohnmacht ist nicht einfach abzustreifen. Er sitzt tief im Körper, als eine Art verkörpertes Wissen.* (Dröscher 2022, 262)

Das ist, vordergründig betrachtet, auf den Vater der Roman-Familie gemünzt, soll aber offenkundig auf alle Jungen und Männer zutreffen, die in ihrem Aufstiegsstreben von der Gesellschaft, vermittelt über die ihnen anerzogene Mentalität, ausgebremst werden.

2.1 Intersektionalität und Intertextualität

Dröscher weist als theoretische versierte Autorin, die weit mehr als ein Familiendrama erzählen will, auf die nicht nur für Frauen reklamierte Intersektionalität hin, die auf den Habitus-Begriff von Pierre Bourdieu (,verkörpertes Wissen') rekurriert. Bestätigt wird dies durch ihr 2018 vorgelegtes Buch *Zeige deine Klasse. Die Geschichte meiner sozialen Herkunft.* Dort gibt die Autorin Auskunft über das Milieu, dem sie entstammt – der Vater gehört wie sein Pendant im Roman zur „ländlichen Mittelklasse" (Dröscher 2021, 14), seine Eltern waren noch „Kleinbauern" (Dröscher 2021, 14). Außerdem spricht Dröscher den „Milieuwechsel" an, der Einfluss auf die „*Habitusformen* (Bourdieu)" (Dröscher 2021, 14) hat. Sich selbst begreift sie als die „erste Akademikerin" und die „erste Kunstschaffende" (Dröscher 2021, 14) ihrer Familie. Wie beim Vater entspricht auch die Herkunft der Mutter ihrem Double im Roman. „Meine Mutter ist erst im Alter von sechs Jahren nach Deutschland gekommen, den ersten Teil ihrer Kindheit hat sie in Polen verbracht, im oberschlesischen Miechowice, als Tochter eines schlesiendeutschen Bergmanns und einer Verkäuferin. Auch sie hat also, wie mein Vater, einen Milieuwechsel hinter sich." (Dröscher 2021, 15)

Als entscheidend für die Interaktion der beiden Herkunftsfamilien und den eigenen Werdegang betrachtet Dröscher den Umstand, dass es bei ihr zu Hause „kein dynastisch vererbtes *kulturelles Kapital*, dafür aber namenlose *feine Unterschiede* (Bourdieu)" (Dröscher 2021, 17) zwischen den Generationen gab. Aufschlussreich ist auch, was die Autorin über die Begriffe ,Schicht' und ,Klasse' sagt. Klassenunterschiede habe es im offiziellen Diskurs der Bundesrepublik nicht gegeben; charakteristisch für eine Schicht sei, dass ihre Angehörigen ein „Wir-Gefühl" (Dröscher 2021, 19) hätten; fehlt dieses, fehle mithin das Klassenbewusstsein. Konstitutiv dafür wäre gerade das Wissen um die Grenzen zwischen ,Oben', ,Mitte' und ,Unten', die im Mittelstand, dem alle angehören wollten, seitdem es ihn nicht mehr gibt (vgl. Dröscher 2021, 19), entweder geleugnet oder als durchlässig gedacht würden.

Diese Ausführungen leiten über zum Zentralproblem der sozial erlernten Scham. Sie bildet die Gelenkstelle zwischen Sachbuch und Roman. In *Zeige deine Klasse* steht: „Die Scham gehörte lange Zeit sogar so untrennbar zu mir wie das Atemholen." (Dröscher 2021, 21) Im Roman formuliert die Erzählerin: „*Die Scham gehörte einige Zeit so untrennbar zu mir wie das Atemholen.*" (Dröscher 2022, 295) Die Pointe besteht hier wie dort darin, dass man eine erlernte Scham auch wieder verlernen kann – durch Bildung und gesellschaftlichen Aufstieg, vor allem aber durch die Anwendung der im Studium erworbenen Theoriekenntnisse in der Praxis des autobiografischen bzw. autofiktionalen Schreibens.

Ausdrücklich wird etwa die Möglichkeit des Verlernens der politischen Haltung dargelegt: „Ich habe gelernt, was ich heute mühevoll versuche, wieder zu verlernen: tolerant und freundlich gegenüber Menschen zu sein, die entweder ihre Macht nicht sehen oder sie gar – aus welchen Gründen auch immer – zu ihrem eigenen Vorteil missbrauchen." (Dröscher 2021, 77) Tatsächlich lässt sich die Verbindung, die bei Dröscher zwischen dem Wissen um die Dialektik von Lernen und Verlernen und der Erkenntnis über die introjizierte Scham besteht, auf ein Lektüreerlebnis zurückführen: „Erst als ich Eribon las, verstand ich, dass ich auch in Hinblick auf mein Herkunftsmilieu eine Scham zweiter Ordnung gelebt hatte. Sie stammte nicht ursächlich aus mir, sie war mir von meinem Vater, dem emporgekommenen Bauernkind, und seiner Mutter, meiner Großmutter, vererbt worden." (Dröscher 2021, 24)

Zu den Gründen, sich zu schämen, rechnet Dröscher neben dem Körper ihrer Mutter, dem Ort, an dem sie aufwächst, und dem Dialekt, der dort gesprochen wird, den Umstand, deutsch zu sein, den sie auf der Universität als Stigma zu begreifen lernt (vgl. Dröscher 2021, 23). Das hängt in erster Linie mit den postkolonialen Texten zusammen, die sie dort rezipiert. Sie lernt die Mittelstands-Realität der 1980er- und 90er-Jahre, in der sie aufgewachsen ist, als eine „bizarr *weiße* und heterosexuelle Welt" (Dröscher 2021, 27) zu sehen und schreibt daher über die Fastnachtskostüme ihrer Kindheit: „[...] ihnen würde später meine ganze postkoloniale Empörung gelten." (Dröscher 2021, 87) Im Studium eignet sie sich außerdem die Lehre der Dekonstruktion an, die besagt, dass nichts naturgegeben oder natürlich, sondern von Menschen gemacht – also konstruiert ist – und daher auch wieder abgeschafft oder geändert werden kann, zumal so gut wie jede Konstruktion auf fragwürdigen Priorisierungen oder Hierarchisierungen beruht. Eingedenk dieser Lektion hat Dröscher keine Mühe einzuräumen, „Wie jede Selbsterzählung ist auch diese eine erdichtete" (Dröscher 2021, 28), und zuzugeben: „Im Aufspüren meiner blinden Flecken werde ich andere blinde Flecken übersehen." (Dröscher 2021, 29)

Klarheit über ihre Herkunft und deren Folgen für das eigene Empfinden, Denken und Verhalten gewinnt Dröscher, lange bevor sie zu schreiben beginnt, zunächst durch Bücher, die ihr zufällig in die Hände fallen. So entdeckt sie in der Bibliothek ihrer Tante die Abhandlung *Die Psychologie des proletarischen Kindes* von Otto Rühle aus dem Jahr 1925. Ihr entnimmt Dröscher den ursprünglich von Alfred Adler geprägten Begriff der „Protestmännlichkeit" (Dröscher 2021, 93), auf den sie, wie zitiert, in ihrem Roman zurückkommt (vgl. Dröscher 2022, 262). Dem feministischen Schrifttum (Simone de Beauvoir, Sandra Gilmore und Susan Gubar), das sie später systematisch konsultiert, verdankt sie die von ihr apodiktisch formulierte Erkenntnis, „dass die Frau im Patriarchat immer die Position des Sekundären und Unterlegenen einnimmt" (Dröscher 2021, 108) – eine Erkenntnis, die wiederum anschlussfähig an Basistexte der postkolonialen Theoriebildung wie Gayatri Chakravorty Spivaks einflussreiche Abhandlung *Can the Subaltern Speak?* (1988) ist.

Der durch Lektüreerlebnisse interpunktierte Werdegang der Autorin lässt sich somit als Bildungsroman einer Schriftstellerin verstehen. Ihre intertextuell verfasste ‚Selbsterzählung' veranschaulicht die intellektuelle Absetzbewegung von einem Herkunftsmilieu, die in der Trennung der Mutter vom Vater eine signifikante Parallele aufweist. Für beide Frauen wird die Abkehr vom heimatlichen Dorf – einem „Habitat des Grauens" (Dröscher 2021, 131) – zu einem Akt der Selbstermächtigung und Selbstbefreiung aus destruktiven Verhältnissen. Der Unterschied liegt darin, dass die Mutter für ihr Empowerment ohne die Lektüre der Texte auskommt, auf welche die Tochter ihre Identitätskonstruktion stützt. Keinesfalls teilt Dröscher deswegen den Mythos vom Aufstieg durch Bildung. Vielmehr schließt sie sich der Ansicht ihrer inzwischen mit dem Nobelpreis für Literatur ausgezeichneten Gewährsfrau Annie Ernaux an, für die dieser Mythos die Tatsache verschleiert, dass der Zugang zur Bildung beschränkt ist (vgl. Dröscher 2021, 72). Jedenfalls zahlt sich das, was Dröscher im Studium an Weltwissen und Selbsterkenntnis gewinnt, nicht zwangsläufig in einem geregelten Einkommen oder in einem gehobenen Sozialstatus aus. Erworben wird vielmehr die „Meta-Sprache – der Psychologie" (Dröscher 2021, 170), die Fachtermini wie ‚postverwundet' kennt: „*Postverwundet* zu sein bedeutet, die eigenen Verletzungen sehr wohl zu artikulieren, sie aber als Teil eines größeren Systems zu begreifen und sie analytisch einzuordnen." (Dröscher 2021, 171)

2.2 Klassenbegriff und Systemkritik

Diese dank Leslie Jameson erworbene Einsicht ist geeignet, Dröschers Schreibmotivation und Wirkungsintention zu erklären. Mit Nachdruck will sie den Übergang von der tendenziell apolitischen Familienanalyse und Selbsttherapie zur Systemkritik darstellen. Vor allem um diesen Übergang zu bewältigen, setzt sie auf den Klasse-Begriff, der mehrfach mit dem Rasse-Begriff verschränkt wird. Es ist die patriarchale, weiße Gesellschaft Europas, die Frauen wie Nicht-Europäer unterdrückt und in subalternen Positionen fixiert, und es ist die Scham der Subalternen, die sie daran hindert, gegen diese Gewaltverhältnisse aufzubegehren. Geht man von der Familiengeschichte aus, wird dieser Übergang in drei Schritten bewältigt. Ausgangspunkt sind die beiden Streitpunkte, um die es auch im Roman immer wieder geht: „Es gab zwei Konflikte, die zu Hause dauerhaft schwelten: das Übergewicht meiner Mutter und der Zwist zwischen den Großelternparteien." (Dröscher 2021, 43) Der erste Schritt besteht darin, die innerfamiliären Auseinandersetzungen auf den übergeordneten Zusammenhang des Klassenkampfes zu beziehen: „Ich glaube, dass beide Großeltern-Parteien unbewusst den Stachel eines Klassenkampfes in die Ehe meiner Eltern mit einbrachten. Beide vertraten die Ansicht, ihr Kind ‚unter ihrem Stand' verheiratet zu haben." (Dröscher 2021, 46) Der zweite Schritt erweitert die Argumentation um eine historische Dimension und zielt auf den Begriff der Deklassierung ab: „Sowohl der Bauer als auch der Bergmann entstammen dem Zunftwesen. Es waren einst stolze Berufe, die auf eine lange Tradition zurückblicken. Für diese Gemeinsamkeit aber gab es kein Bewusstsein, und so verfeindeten sich die Deklassierten in meiner Familie untereinander." (Dröscher 2021, 46) Anstatt die vorhandenen Kräfte gemeinsam gegen die Verursacher der Deklassierung zu wenden und politisch aktiv zu werden, paralysieren die Deklassierten einander wechselseitig. Der dritte und letzte Schritt erfolgt in der Fußnote zu dieser Passage. Sie lautet: „*Die fehlende Mobilisierung der Gruppe (...) führt dazu, dass rassistische Kategorien die sozialen ersetzen* (Eribon)." (Dröscher 2021, 46) Nachdem auf diese Weise das marxistische Konzept des Klassenkampfes mit der postkolonialen Kritik des Rassismus vermittelt worden ist, kann auch der Feminismus, lebensgeschichtlich beglaubigt, in die Systemkritik integriert werden. Jedenfalls tritt die Universität der jungen Frau, die sich Klarheit über ihre Herkunft verschaffen will, als „feindliches Milieu" (Dröscher 2021, 186) entgegen.

> Die Fachbereiche, in denen ich studierte, waren Ende der 1990er-Jahre noch fest in Männerhand. Die meisten meiner Professoren und Dozenten waren nett, aufgeklärt, modern aber – Männer. Im Seminarraum diskutierten meist männliche Dozenten mit meist männlichen Studenten, die in der Minderheit waren, aber dennoch das Wort führten – oder den Senioren –, und einem Kanon, der zu 80 Prozent aus Büchern bestand, die Männer geschrieben hatten. (Dröscher 2021, 187–188)

Die Konfrontation mit diesem intellektuellen Patriarchat führt bei Dröscher zunächst zu einer Regression:

> Dem Habitus nach imitierte ich, obwohl Studentin, das gesellschaftliche Hausfrauen-Abseits meiner Mutter. Ich spielte die Rolle der unverstandenen, ungeliebten, hart arbeitenden Frau. Dass es geistige Arbeit war, spielte keine Rolle. Der Feminismus hatte seinen eigenen Anteil an diesem Empfinden. Mir wurde durch das Studium das ganze Ausmaß des historischen Unrechts bewusst – und ich durchlebte es – leibkörperlich. Ein unbewusstes *Re-Enactment*. (Dröscher 2021, 203–204)

Erst allmählich, durch die Aneignung der Dekonstruktion und durch die fortwährende Übung im Schreiben, die schließlich zum Umschreiben der eigenen Lebensgeschichte führt, kann die Studentin in der Anwendung der feministisch und postkolonial munitionierten Psychologie (Meta-Sprache) auf ihr Analyseobjekt (Familie) eine nicht mehr negativ, von außen bestimmte Subjektposition gewinnen und die falsche Imitation durch die richtige Ambition ersetzen – nämlich die Ambition, Urheberin im zuvor beschriebenen, umfänglichen Sinn des Wortes zu werden. Dazu braucht es nur noch einen letzten akademischen Kick: Dröscher entdeckt „in der Germanistik das Feld der ‚Interkulturalität'. Die Literatur der Minderheiten, deren Muttersprache nicht die deutsche Sprache war." (Dröscher 2021, 206) Damit schließt sich insofern der Kreis, als Dröscher Frauen als Minderheit in der *scientific community* wahrnimmt und in den Texten von Autorinnen und Autoren, deren Familien nach Deutschland migriert sind, eine Erzählstimme findet, die nicht im Namen des Vaters spricht, seinem Blickregime entkommt und, frei nach Spivak, die Subalternität überwindet, die bis zu diesem Punkt ihr größtes Handicap war – gegenüber dem Mann ihrer Mutter, gegenüber der weißen Welt, der patriarchalischen Gesellschaft und der männlich dominierten Wissenschaft.

Die geradezu fabelhafte Passung, die zwischen dem Herkunftsmilieu der Autorin und Begriffen oder Theoremen wie jenen der Protestmännlichkeit oder der Parentifizierung besteht, lenkt die Aufmerksamkeit der Leserinnen und Leser auf Strukturhomologien, die eine *top down*-Erklärung der vierfachen Scham (über den Körper der Mutter, den Wohnort und den dort gesprochenen Dialekt sowie über das Deutschsein) nahelegen. Alle Pein und Schuld scheint gesellschaftlich induziert und daher aus der sozioökonomischen Verfassung der Lebenswelt in ihrer Totalität, dem Systemzusammenhang der Klassen-Gesellschaft, deduzierbar zu sein.

Gegen diese Sicht ließe sich unter Verweis auf die Kontingenz manches einwenden, aber das ist nicht der springende Punkt. Insofern die Triangulation von Marxismus, Feminismus und Postkolonialismus über den Begriff der Klasse bewerkstelligt wird und die Überzeugungskraft dieser Konstruktion von der Stichhaltigkeit dieses Begriffs abhängt, muss der Umstand zu denken geben, dass Dröscher die Klasse, zu der sie angeblich gehört, weder als stabile Kategorie rekonstruieren noch wirklich benennen kann. Mal wird sie mit dem Mittelstand identifiziert (den es angeblich gar nicht mehr gibt), mal wird dieser Stand als eine Gesellschaftsschicht bezeichnet und diese wiederum mit dem Herkunftsmilieu gleichgesetzt, das in sich jedoch recht differenziert ist, immerhin gehören zu ihm (ehemalige) Kleinbauern und (ehemalige) Bergarbeiter, Angestellte und Unternehmer. Es gibt in diesem Milieu gewisse Grenzen des Aufstiegs, aber auch des Abstiegs (als die Familie aus dem überdimensionierten Neubau ausziehen muss), was weder zu den Befunden der Statistik – „Einmal arm, immer arm" (Dröscher

2021, 125) – noch zur einschlägigen Definition von ‚Klasse' als einer Bevölkerungsgruppe passt, die aufgrund ihrer wirtschaftlichen Stellung, ihrer sozialen Lage und ihrer (z. B. von einer Generation auf die nächste übertragenen) Lebenschancen über gleiche und gemeinsame Interessen verfügt. Was das Herkunftsmilieu in Dröschers Fall integriert, ist, ihren Schilderungen nach zu schließen, weder die Gehaltsklasse noch ein gemeinsames Interesse. Als homogen erscheint es nur in den „Wutmonologe[n]", in denen es die Heranwachsende nach Art „einer Thomas-Bernhard-Tirade" zu einem „Spießerdorf" (Dröscher 2021, 131) zurichtet.

2.3 Ressentiment und Empathie

Insofern das Zentralproblem die erlernte, dem Vater von der Großmutter und der Tochter vom Vater eingeimpfte Scham darstellt, stimmt das Erzählte und Erklärte nur bedingt mit dem Label überein, unter dem die autobiografische Legendenbildung firmiert. Weder das lebensgeschichtliche Trauma der versagten Solidarität noch dessen Überwindung durch Lektüre hängen von der objektiven ökonomischen Lage der Familie ab. In der narrativen Rekonstruktion geht die Stigmatisierung der Mutter vielmehr vollkommen schlüssig aus dem Ressentiment von Menschen hervor, die subjektiv meinen, zurückgesetzt worden zu sein und im Leben zu kurz zu kommen. Von daher muss man fragen, ob das Zentralproblem, das Dröscher in ihren Texten behandelt, womöglich nicht besser mit Friedrich Nietzsche als mit Karl Marx beschrieben (und analytisch aufgelöst) würde. In *Die Genealogie der Moral* (1887) erläutert Nietzsche den „Sklavenaufstand in der Moral", der damit beginnt,

> dass das Ressentiment selbst schöpferisch wird und Werthe gebiert: [...] Während alle vornehme Moral aus einem triumphirenden [sic] Ja-sagen zu sich selbst herauswächst, sagt die Sklaven-Moral von vornherein Nein zu einem ‚Ausserhalb', zu einem ‚Anderen', zu einem ‚Nicht-Selbst'; und dies Nein ist die schöpferische That. (Nietzsche 1989, 270–271)

Ist dies nicht eine adäquate Beschreibung der affektiven Disposition, aus der die Zurückweisung der Schlesiendeutschen, der ‚Abartigkeit' eines übergewichtigen Körpers sowie alles ‚Anderen' und ‚Fremden' entsteht? Wird mit dem Ressentiment nicht das gemeinsame Motiv all der stigmatisierenden Semantiken und Praktiken benannt, welches Xeno- und Homophobie, Misogynie, Kolonialrassismus und Faschismus verbindet und erfahrungsgemäß Gewaltausbrüche gegen einzelne Menschen oder ganze Menschengruppen nach sich zieht?

Zweifellos bildet ein Inferioritätskomplex den Ausgangspunkt dieser Genealogie, die sich zwar – wie jedes Ressentiment – milieuspezifisch artikuliert, im Prinzip jedoch, was die unheilvolle Wechselwirkung von Vorurteil und Empathie-Blockade betrifft, keine Frage der Klassen-Zugehörigkeit darstellt. Dröschers Verweis auf die Deklassierung der ehemals stolzen Bauern und Bergarbeiter sowie ihre Vermutung, die Großeltern väterlicherseits hätten unbewusst den Stachel des Klassenkampfes in die Beziehung zu ihrer Schwiegertochter und deren Familie eingebracht, hat sicher etwas mit der Empfindung zu tun, ‚postverwundet' zu sein. Doch das begreifliche Bedürfnis, die eigenen Verletzungen im Nachhinein als Teil eines größeren Systems zu begreifen und analytisch einzuordnen, hat die Autorin womöglich dazu verführt, mit dem Begriff der Klasse auf die falsche Kategorie zu setzen. Weit weniger als die angebliche Deklassierung ist es der Milieuwechsel von Vater, Mutter und Tochter, der die Interaktion in der Familie sowie ihre autobiografische bzw. autofiktionale Aufklärung vorantreibt. Nicht der soziale Abstieg, sondern der Aufstieg stellt paradoxerweise die psychologische Bedingung der Herabsetzung anderer innerhalb wie außerhalb der eigenen Familie dar.

Als Teil der narrativen Konstruktion muss denn auch die Juxtaposition von Mutter und Vater – die Subsumtion des einen unter das Label der ‚Protestmännlichkeit' und die Idealisierung der anderen zur Vorbildfigur – erscheinen. „Sie [i. e. die Mutter] behielt ihre Fähigkeit zum Mitgefühl. Empathie, altgriechisch ἐμπάθεια (*empátheia*) bedeutet ein tätiges Sich-Hineinversetzen in die Herzen und Köpfe anderer. Voraussetzung hierfür sind: *Sensibilität, Nonkonformität, emotionale Ausgeglichenheit, soziale Selbstsicherheit* (Leslie Jameson)" (Dröscher 2021, 117) – allesamt Eigenschaften, die den Klassenkampf eher behindern als fördern. Auch unterscheidet sich das binäre Denken in Klassengegensätzen (die da oben – wir hier unten) von den Grundannahmen und Zielsetzungen der allermeisten Wissenschaftlerinnen und Wissenschaftler, die feministisch, interkulturell und postkolonial argumentieren, insofern, als sich diese gerade um die Dekonstruktion von Polaritäten (Mann contra Frau, das Eigene versus das Fremde oder Weiße gegen Nicht-Weiße) bemühen. Analytisch gesehen, erscheint der Übergang von Bourdieu zu Marx, den Dröscher vollzieht, indem sie Begriffe wie Milieu und Habitus durch Klasse und Klassenbewusstsein ersetzt und auf ihre Lebensgeschichte projiziert, ein Rückschritt, der ihrer Systemkritik nur scheinbar eine spezifische Stoßrichtung gibt, tatsächlich aber die Durchschlagskraft nimmt, die ihr gebührt. Denn so kritikwürdig der Gender Bias (nicht nur) in der *scientific community*, die pathogene Wirkung stigmatisierender Semantiken und der nach wie vor praktizierte Kolonialismus im Welthandel sind, so wenig lassen sie sich auf eine einzige umfassende Ursache, die Klassenzugehörigkeit der Täter, zurückführen. Täter (wie Opfer) finden sich in allen Schichten; kein Herkunftsmilieu prädestiniert zur Anfälligkeit für misogyne, xenophobe und ähnlich gelagerte Ressentiments, auch wenn, umgekehrt, kein Milieu vor dieser Anfälligkeit bewahrt.

Gleichwohl wäre es übertrieben zu behaupten, dass der Rekurs auf den Klasse-Begriff in jedem Fall nur einen Kategorienfehler oder eine schiefe Metapher generiert. Dagegen sprechen Christian Barons Roman und der Essay von Marlen Hobrack, von dem bereits die Rede war: *Klassenbeste. Wie Herkunft unsere Gesellschaft spaltet* (2022). Er bietet sich schon deshalb für einen Vergleich mit Dröschers *Zeige Deine Klasse* an, weil der Klasse-Begriff von den beiden Autorinnen im Titel hervorgehoben wird. Zudem werden hier wie dort Milieuwechsel problematisiert. Neben diesen Gemeinsamkeiten tritt aber auch ein wichtiger Unterschied hervor. Anders als Dröscher, aber ähnlich wie Baron stammt Hobrack nämlich „aus einem bildungsfernen Elternhaus" (Hobrack 2022, 11):

> Mein Vater verließ die Schule nach der achten Klasse und blieb sein Leben lang ein ungelernter Arbeiter, der mal als Umzugshelfer, mal als LKW-Fahrer arbeitete. Meine Mutter verließ die Schule nach der neunten Klasse. Sie brachte es von der Fleischereifachverkäuferin zur Sachbearbeiterin, wurde schließlich verbeamtet und arbeitete insgesamt fünfundzwanzig Jahre lang in einer Justizvollzugsanstalt. (Hobrack 2022, 11)

Doch auch nach ihrer Pensionierung muss die Mutter, da die Rente ebenso wenig reicht wie zuvor das Salär, noch als Putzfrau arbeiten. So kehrt sie „schließlich dorthin zurück, wo sie herkam: in die Arbeiterklasse." (Hobrack 2022, 13) Wie im Fall von Baron, auf dessen Romantitel Hobrack im folgenden Zitat anspielt, hat die finanzielle und soziale Not der Familie eine intergenerationelle Vorgeschichte:

> Auch meine Großmutter war eine Frau ihrer Klasse. Sie selbst war mit sechzehn aus ihrem Elternhaus geflüchtet, weil ihr Stiefvater sie ‚begrapscht' hatte, wie es in meiner Familie hieß. Mit siebzehn bekam sie ihr erstes Kind, meinen ältesten Onkel, mit achtzehn gebar sie meine Mutter. Meine Großmutter war so arm, dass sie ohne Dach über dem Kopf, ohne Babykleidung, ohne alles dastand, weswegen das Jugendamt ihr ihren Erstgeborenen zunächst wegnahm. (Hobrack 2022, 25)

Da ihre Tochter, Hobracks Mutter, schon als Kind zum Einkommen beitragen muss, erscheint die Großmutter unfreiwillig als „Ausbeuterin" (Hobrack 2022, 43), was, klassentheoretisch betrachtet, eigentlich ein ‚Ding der Unmöglichkeit' ist. Der Vater wiederum vereinigt in sich die Negativmerkmale des Typus, den Nietzsche in *Die Genealogie der Moral* beschrieben hat: „Er war ein Mann voll von Ressentiments gegen Schwache, gegen Gebildete, gegen jeden. ‚Ausländer' und Fremde waren ihm die Wurzel allen Übels." (Hobrack 2022, 89) Seine nicht nur unorganisierte, sondern fehlgeleitete Auflehnung trifft sich in unglücklicher Weise mit seiner „Unfähigkeit, Gefühle zu adressieren und sie zu verarbeiten. Bereits früh in seinem Leben flüchtete er sich in den Alkohol." (Hobrack 2022, 92) – „Im Grunde beging mein Vater Selbstmord auf Raten." (Hobrack 2022, 93) Präzise leitet Hobrack seine Gewalttätigkeit aus der „Destabilisierung seines ohnehin fragilen

Selbstbildes" (Hobrack 2022, 95) ab, in dem sie ein Kennzeichen seiner Klasse erkennt:

> Die Männer genossen nirgendwo Macht: weder auf der Arbeit noch in ihrer Familie. Sie waren tragische Figuren. Oftmals auch Witzfiguren. Diejenigen unter ihnen, die alkoholsüchtig waren und wie mein Vater als wütende, brutale Männer auftraten, offenbarten nur ihre wahre Machtlosigkeit, die in der Verwechslung von Gewalt und Stärke bestand. Sie hatten patriarchalische Denkmuster verinnerlicht, aber weil diese Muster obsolet waren und die Welt sich weitergedreht hatte, waren diese Denkmuster nicht nur überholt, sondern führten auch zum Scheitern dieser Männer. In ihrem Leben, ihren Familien und an ihren eigenen Ansprüchen. (Hobrack 2022, 96–97)

So wie diese Passage die Analyse der Protestmännlichkeit bestätigt, die Dröscher von Adler übernommen hat, bestätigt Hobracks Essay auch die bei Baron nachzulesende Ätiologie der Scham: „Wenn man in Armut lebt – egal, ob man nun ein armer Student, ein Rentner, eine Arbeitslose oder eine Minijobberin ist –, lebt man mit der permanenten Angst vor ungeahnten Ausgaben, der Scham, dem schlechten Gewissen vor seinen Angehörigen." (Hobrack 2022, 173) Und was schließlich den Milieuwechsel betrifft, so findet Hobrack ebenfalls deutliche Worte:

> Aufwärtsmobilität bedeutet, sich von seiner Herkunft zu lösen, Klasse, Milieu, Schicht hinter sich zu lassen. So bedeutet der Klassenaufstieg für jeden, der ihn vollzieht, immer auch Verlust – und Entfremdung vom Herkunftsmilieu, der eigenen Familie. Man mag sozial und ökonomisch gewinnen, aber man verliert Teile der Identität – oder stellt fest, sie nicht wertschätzen zu können. (Hobrack 2022, 209)

Tatsächlich nötigt der Milieuwechsel, wie ihn Hobrack erlebt hat und schildert, zum Stigma-Management: „Ein Klassenaufsteiger muss zwangsläufig Aspekte seiner Herkunft verleugnen: Ich muss überspielen, dass ich ‚meinen Knigge nicht kenne', dass ich Vorlieben und Interessen habe, die meine Herkunft eindeutig verraten." (Hobrack 2022, 209) Sie fühlt sich geradezu, darin wiederum mit Barons Ich-Erzähler vergleichbar, als „Herkunftsverräterin" (Hobrack 2022, 109), bemerkt aber auch, mit Dröscher übereinstimmend, dass mit dem Übergang von der proletarischen in die akademische Welt die Übernahme eines neuen „Habitus" (Hobrack 2022, 151) verbunden ist. So wie Dröscher erweist sich auch Hobrack als gelehrige Bourdieu-Schülerin, die um das Problem der Intersektionalität weiß:

> Die Dimensionen Klasse und Identität lassen sich nicht im Sinne einer gesonderten Betrachtung von Klassenlage, Geschlecht oder Herkunft trennen; sie übercodieren einander. Übercodierung meint, dass kein Element vom anderen unberührt bleibt, dass es Überlagerungen gibt. Diese Grundannahme, die bereits bei Pierre Bourdieu in den 60er Jahren auftaucht, wird im intersektionalen Feminismus fortgeschrieben [...]. (Hobrack 2022, 21)

Konkret bedeutet dies für Hobrack, dass jeder Mensch ein „Produkt seiner Herkunft" (Hobrack 2022, 14) ist, die wiederum „ein komplexes Gefüge aus Elternhaus, Milieu, Schichtzugehörigkeit, Klasse und der zufälligen zeitlichen Verankerung in einem historischen Abschnitt" (Hobrack 2022, 14) darstellt. Ausdrücklich räumt Hobrack damit die Ergänzungsbedürftigkeit des Klasse-Begriffs durch weitere sozioökonomische Kategorien und historische Parameter ein. Unübersehbar ist zudem der Faktor ‚Bildung'. Er ist es, der bei Baron, Dröscher und Hobrack den Milieuwechsel befördert, der einerseits mit sozialen Verwerfungen und physischen Störungen einhergeht, andererseits jedoch dafür sorgt, dass diese Verwerfungen und physischen Störungen benannt und begriffen, narrativ aufgelöst und diskursiv eingeordnet werden können. Sowohl das Verlernen der Scham als auch die Selbstermächtigung zum Schreiben erweisen sich als nachhaltige Bildungseffekte, was zugleich bedeutet, dass die Bildungsferne das eigentliche Handicap der Personen ausmacht, die von Stigmatisierung betroffen sind, denn dieses Handicap steht der Dekonstruktion von ungerechtfertigten Fremdzuschreibungen ebenso im Weg wie jedem Akt der Selbst-Aufklärung über die soziale Bedingtheit von Scham- und Schuldgefühlen, beschädigter Existenz und negativer Identität.

2.4 Auto- und Metafiktion

Mit *Schrödingers Grrrl* (2023) hat Marlen Hobrack inzwischen einen Roman vorgelegt, der in Teilen auf pikareske Erzählmuster zurückgreift und hier abschließend behandelt werden soll, weil er dem aufgezeigten Zusammenhang eine interessante Wendung gibt. Der Titel spielt auf ein berühmtes Gedankenexperiment des Physikers Erwin Schrödinger an, mit dem er die Gleichwahrscheinlichkeit von zwei einander entgegengesetzten, eigentlich unvereinbaren Existenzzuständen veranschaulichen wollte. In dieser unmöglichen Lage befindet sich Mara Wolf, die Protagonistin von Hobracks Roman, weil sie sich nicht dazu entschließen kann, ihr Leben in die Hand zu nehmen. Nach einem Schulabbruch lebt sie ohne Perspektive in Dresden und meidet geflissentlich den Kontakt zu ihrer Sachbearbeiterin im Job-Center. Stattdessen treibt sie sich auf Dating-Portalen herum und kauft online unentwegt Waren, die sie weder braucht noch bezahlen kann. Ihre autodestruktive Selbstvernachlässigung spiegelt sich in der Vernachlässigung ihres Katers. Dann lernt Mara einen PR-Agenten kennen und geht auf sein Angebot ein, sich als Autorin eines Romans auszugeben, den in Wahrheit ein alter weißer Mann geschrieben hat, der nicht glaubt, diesen Text unter seinem Namen erfolgreich auf dem Buchmarkt platzieren zu können. Maras ‚Debüt' wird ein großer Erfolg. In der Rolle eines anderen kann sie sich disziplinieren und erfolgreich öffentliche Auftritte im Fernsehen absolvieren. Es gelingt ihr, den Text, der von einer jungen Frau wie ihr selbst handelt, überzeugend zu beglaubigen. Man nimmt ihr den Anspruch auf Urheberschaft ab, „weil der Text allein deshalb zu etwas Besonderem wurde" (Hobrack 2023, 221): „Eine wie ich, die so richtig ungebildet ist und keine einflussreichen Eltern hat. Keine Mutter, die malt, keinen Vater, der Theater macht, die Leute wollen daran glauben, dass jemand aus dem Nichts kommen kann. Sie wollen glauben, dass sie wirklich offen sind." (Hobrack 2023, 232).

Zu einer Satire auf den Literaturbetrieb wird der Roman, in dem Mara streckenweise als Ich-Erzählerin fungiert, wenn der PR-Agent im Gespräch aus einer Rezension zitiert, in der es heißt:

> Der Trend zur Autofiktion hält an, kulminiert gar in diesem Buch, das von nichts anderem zu erzählen weiß als von der Alltagswelt einer jungen Frau, die sehr leicht mit der Autorin verwechselt werden kann. [...] Also wird noch jede Begebenheit, jedes Trauma, jedes noch so kleine nichtige Ereignis ausgeschlachtet, literarisch inszeniert und mit den Weihen der Autofiktionalität versehen. Vielleicht war es so, vielleicht auch nicht. Annie Ernaux hat es vorgemacht, Didier Eribon folgte. (Hobrack 2023, 233)

Dank dieser Besprechung wird *Schrödingers Grrrl* zu einem Vexierbild der Klassenliteratur, die Hobrack weniger imitiert als in Paradoxien treibt. Die Unentscheidbarkeit zwischen Gleichwahrscheinlichem – ‚Vielleicht war es so, vielleicht auch nicht' –, offenkundig ein Charakteristikum autofiktionalen Erzählens, wird bis zu dem Punkt durchgespielt, an dem die kategoriale Unterscheidung zwischen der Ebene der Handlung und der Ebene der narrativen Vermittlung fragwürdig wird, was den Leserinnen und Lesern einige Denkanstöße gibt: Über die diegetische Welt, in der sich der Authentizitätsanspruch der Klassenliteratur reflektiert; über die Inauthentizität der Aufgeschlossenheit, die eine gebildete, finanziell wie kulturell saturierte Leserschaft Geschichten von arbeitslosen Schulabbrechern und ähnlich prekären Existenzen entgegenbringt, und nicht zuletzt über die Doppelbödigkeit von Hobracks Text, der einen zeitgenössischen Entwicklungsroman unter Rückgriff auf pikareske Erzählmuster darstellt und gekonnt die Schwebe zwischen Sozialkritik und Literaturbetriebssatire, Selbst- und Fremdentlarvung, Stigma-Management und Empowerment hält.

Dass der Vertrauensschwindel schließlich auffliegt, weil der alte weiße Schriftsteller nicht ertragen kann, dass eine junge Frau mit seinem Text reüssiert und sogar einen Preis erhalten soll, zeitigt wiederum paradoxe Effekte. Maras Fall generiert im Feuilleton erstaunlich viel Anschlusskommunikation. Die Erklärung, die der Text dafür liefert, wandelt das Motto ab, das die diegetische Welt des Schelmenromans regiert: „Alle Beteiligten wissen, dass sie betrogen werden, dennoch halten sie an der Illusion der Magie fest" (Hobrack 2023, 262) – *mundus vult decipi, ergo decipiatur*.

Wider Erwarten wird Maras Entlarvung zur Wende in ihrem Leben. Nachdem sie die hasserfüllten Emails gelesen hat, deren Verfasser sich befriedigt darüber äußern, dass eine wie sie doch keine Autorin ist (vgl. Hobrack 2023, 256), erfährt sie ausgerechnet von der Sachbearbeiterin, die für sie zuständig ist, sowie von ihrer Mutter Verständnis und Unterstützung. Der Tod des Katers besiegelt in symbolischer Form die Liquidation ihrer negativen Identität und den Ausstieg aus dem Sisyphos-Rhythmus der prekären Existenz. Mara nimmt eine geregelte Tätigkeit auf und unterschreibt auf dem Amt eine „Eingliederungsvereinbarung" (Hobrack 2023, 269). Ihre Exklusion aus dem verlogenen Literaturbetrieb wird zum Einstieg in ein Leben, dessen Urheberin sie mit Hilfe solidarischer Menschen selbst sein wird.

2.5 Herkunft und Verwandlung

In einem Interview, das Mara noch in ihrer Rolle als Autorin eines autofiktionalen Romans gibt, antwortet sie auf die Frage, ob das Schreiben mit Schamgefühlen verbunden gewesen sei:

> Ja, ich bin ja bildungsfern, das kann man so sagen, und ich konnte aus meinen persönlichen Erfahrungen schöpfen, natürlich fiel es mir schwer, das zu schreiben, und es ist auch nicht leicht, das vorzulesen. Schamgefühle – ja, die überkommen mich schon einmal. Aber das ist okay. Ich wollte das ja aufschreiben. (Hobrack 2023, 242)

Was Mara hier sagt, ist, gemessen an der innerdiegetischen Wahrheit, reine Hochstapelei, da sie gar keinen Roman geschrieben hat. Bezieht man die Bemerkung jedoch in Kenntnis des autobiografischen Essays *Klassenbeste* auf die eigentliche Urheberin von *Schrödingers Grrrl*, wird sie unbedingt auslegungsrelevant. Allerdings wäre jeder unmittelbare Rückschluss von Mara Wolf und ihrem Leben auf Marlen Hobrack und ihre Existenz verfehlt. Bedeutsam wird die Bemerkung vielmehr, wenn sie poetologisch gelesen wird: Als Verweis auf die Kunst der Verwandlung, die fiktionale Literatur sowohl konstituiert als auch generiert. Indem sich Hobrack in den Partien ihres Romans, in denen Mara als Ich-Erzählerin auftritt, der „Genreform-Maske" (Bachtin 1989, 97) des Pikaro-Romans bedient und ihre Figur mit Blick auf den Buchumschlag, der sie vorgeblich zur Autorin macht, erkennen lässt, „Ihr Name war Verwandlung" (Hobrack 2023, 221), spricht sie gleichsam augenzwinkernd das Geheimnis der fiktionalen Rekonfiguration von Welt an, die zugleich eine Transfiguration des eigenen Ich sein kann. Man schreibt und liest Literatur jeweils als man selbst und als ein:e andere:r (vgl. Weimar 1980). Der literarisch inszenierte Diskurs lebt davon, dass man imaginär die

Rolle (mindestens) eines oder einer anderen übernimmt, um in der erzählten Geschichte bestimmte Aspekte der eigenen Biografie und Befindlichkeit (wieder) zu erkennen. Indem der fremde Text Anlass bietet, mit der üblichen Weise der Welterzeugung auch die vertraute Selbstbeschreibung umzuformulieren, überträgt er die Kraft der Verwandlung, die ihm eingeschrieben ist, auf den Lektüreprozess, der so manches in neuem Licht erscheinen lässt – nicht zuletzt die eigene Existenz.

Nicht zu trennen ist diese Kraft von der Erkenntnis, die Saša Stanišić formuliert hat: Man kann es tatsächlich drehen und wenden, wie man will: ‚Herkunft' bleibt ein Konstrukt, das sich nicht nur auf unterschiedliche Weise entwerfen lässt, sondern in das auch verschiedene Theoreme und empirische Befunde eingehen. Letztlich kommt es auf ihr Zusammenspiel unter dem Gesichtspunkt der Heuristik an. Es spricht für die Eigenlogik der Erzählkunst, dass die in diesem Aufsatz besprochenen Texte über den Klasse-Begriff, den sie im Titel führen, hinausweisen und sinnfällig Aufschluss über die Wechselwirkungen von Milieu und Ressentiment, Introjektion und Projektion oder Selbstaufklärung, Selbstermächtigung und Bildung liefern.

Literaturangaben

Bachtin, Michail M. *Formen der Zeit im Roman. Untersuchungen zur historischen Poetik*. Übers. v. Michael Dewey. Hg. Edward Kowalski und Michael Wegner. Frankfurt a. M.: Fischer, 1989 [1935/1975].

Bauer, Matthias. *Im Fuchsbau der Geschichten. Anatomie des Schelmenromans*. Stuttgart: J. B. Metzler, 1993.

Bauer, Matthias. „Glanz und Elend alltäglichen Lebens. Arthur Schnitzlers ambivalente Dramaturgie des Gewöhnlichen." *Das Abenteuer des Gewöhnlichen. Alltag in der deutschsprachigen Literatur der Moderne*. Hg. Torsten Carstensen und Mattias Pirholt. Berlin: Erich Schmidt Verlag, 2018. 235–258.

Barankow, Maria und Christian Baron. „Vorwort." *Klasse und Kampf*. Hg. Maria Barankow und Christian Baron. Berlin: Claassen, 2022.

Baron, Christian. *Ein Mann seiner Klasse*. 3. Aufl. Berlin: Claassen, 2020.

Bernhard, Thomas. *Ein Kind*. München: dtv 1987 [1981].

Bernstein, Basil. *Soziale Struktur, Sozialisation und Sprachverhalten. Aufsätze 1958–1970*. Amsterdam: de Munter, 1971.

Bourdieu, Pierre. *Sozialer Sinn. Kritik der theoretischen Vernunft*. 3. Aufl. Übers. v. Günter Seibt. Frankfurt a. M.: Suhrkamp, 1999.

Bourdieu, Pierre. *Die Regeln der Kunst. Genese und Struktur des literarischen Feldes*. Übers. v. Bernd Schwibs und Achim Russer. Frankfurt a. M.: Suhrkamp, 2001.

Danckert, Werner. *Unehrliche Leute. Die verfemten Berufe*. Bern, München: Francke, 1963.

Dröscher, Daniela. *Zeige deine Klasse. Die Geschichte meiner sozialen Herkunft*. 2. Aufl. Hamburg: Hoffmann und Campe, 2021.

Dröscher, Daniela. *Lügen über meine Mutter*. 3. Aufl. Köln: Kiepenheuer & Witsch, 2022.
Erikson, Erik H. *Identität und Lebenszyklus. Drei Aufsätze*. 2. Aufl. Frankfurt a. M.: Suhrkamp, 1974.
Goethe, Johann Wolfgang von. „Vorwort." Johann Christoph Sachse: *Der deutsche Gil Blas. Leben Wanderungen und Schicksale Johann Christoph Sachses, eines Thüringers von ihm selbst verfasst – eingeführt von Goethe*. Berlin: Das Kulturelle Gedächtnis, 2019 [1822].
Goffman, Erving. *Stigma. Über Techniken der Bewältigung beschädigter Identität*. Übers. v. Frigga Haug. Frankfurt a. M.: Suhrkamp, 1975 [1963].
Guillén, Claudio. „Zur Frage der Begriffsbestimmung des Pikarischen". *Pikarische Welt. Schriften zum europäischen Schelmenroman*. Hg. Helmut Heidenreich. Darmstadt: Wissenschaftliche Buchgesellschaft 1969. 375–386.
Grimmelshausen, Hans Jacob Christoffel von. *Simplicissimus Teutsch*. Hg. Dieter Breuer. Frankfurt a. M.: Suhrkamp, 2005.
Hirsch, Arnold. *Bürgertum und Barock im deutschen Roman. Eine Untersuchung über die Entstehung des modernen Weltbildes*. Frankfurt a. M.: Baer, 1934.
Hobrack, Marlen. *Klassenbeste. Wie Herkunft unsere Gesellschaft spaltet*. 1. Aufl. Berlin: Hanser, 2022.
Hobrack, Marlen. *Schrödingers Grrrl*. Berlin: Verbrecher Verlag, 2023.
Miller, Stewart. *The Picaresque Novel*. Cleveland: Case Western Reserve University Press, 1967.
Nietzsche, Friedrich. „Die Genealogie der Moral." Ders. *Sämtliche Werke. Kritische Studienausgabe* [KSA]. Bd. 5. Hg. Giorgio Colli und Mazzino Montinari. München: De Gruyter, 1980. 245–412.
Stanišić, Saša. *Herkunft*. 9. Aufl. München: Luchterhand, 2019.
Treichel, Hans-Ulrich. *Der Verlorene*. 1. Aufl. Frankfurt a. M.: Suhrkamp, 1998.
Weimar, Klaus. *Enzyklopädie der Literaturwissenschaft*. München: UTB, 1980.

Teil III: **Poetiken und Figurationen erzählter Herkünfte**

Eva Blome
Klassen, Liebe – Herkunft und romantische Paarbeziehung im soziologischen Gegenwartsroman

„Was soll es auch bringen, zwei Freaks zusammenzuzwingen, die nichts gemeinsam haben?" (Melle 2014, 102), so fragt sich Anton, eine der zwei Hauptfiguren in Thomas Melles 2014 erschienenem Roman *3.000 Euro*. Mit den zwei Freaks meint Anton zum einen sich selbst, einen aus der Arbeiterklasse ‚aufgestiegenen', aber gescheiterten und zum Obdachlosen ‚abgestiegenen' Jurastudenten und zum anderen seine kurzzeitige Geliebte Denise, eine Supermarktkassiererin.[1] Der rhetorischen Frage bei Melle ist dabei offensichtlich ein Paradox inhärent: Einerseits wird behauptet, dass in der Beziehung von Anton und Denise zwei Menschen ‚zusammengezwungen' werden würden, die nichts gemeinsam haben, andererseits wird zugleich als Gemeinsamkeit konstatiert, dass sie beide (wenn vermutlich auch in unterschiedlicher Art und Weise) „Freaks" seien. Was sich hier abzeichnet, wird in den folgenden Ausführungen thematisch, wenn danach gefragt wird, wie gleiche respektive ungleiche Herkünfte und Zugehörigkeiten in sozialen, aber auch in anderen Hinsichten in aktuellen Varianten romantischer Liebeserzählungen im Gegenwartsroman zueinander in Beziehung gesetzt werden.

Als Ausgangspunkt der Überlegungen fungieren dabei zwei miteinander verbundene Beobachtungen: So fällt erstens hinsichtlich der Aufmerksamkeit für Herkunfts- und Klassenthematiken innerhalb der Gegenwartsliteratur zunächst einmal die Konjunktur des im Moment noch überwiegend als *genre in the making* apostrophierten autosoziobiographischen Erzählmusters ins Auge (Blome et al. 2022). Texte von Didier Eribon und Édouard Louis oder im deutschen Kontext von Christian Baron und Daniela Dröscher (um nur einige wenige, besonders viel diskutierte Beispiele zu nennen),[2] die unter der – ursprünglich von Annie Ernaux geprägten[3] – Gattungsbezeichnung der Autosoziobiographie gefasst werden, verfolgen den Anspruch, die narrative Darstellung des eigenen Lebens mit der Analyse gesellschaftlicher Problemlagen und insbesondere derjenigen der sozialen

---
[1] Zur Problematik der Begrifflichkeiten von sozialem ‚Aufstieg' und ‚Abstieg' im Kontext von Klassen- und Herkunftsthematiken vgl. Reichenbach (2015).
[2] Vgl. Eribon (2009; dt. 2016), Louis (2021b; dt. 2021), Louis (2018; dt. 2019), Louis (2014; dt. 2016), Dröscher (2018), Baron (2020).
[3] Ernaux (2011 [2003], 23) verwendet das Adjektiv „auto-socio-biographique", von dem sich die Genrebezeichnung herleitet.

Ungleichheit zu verbinden. Eine zentrale Bedeutung kommt dabei der literarischen Auseinandersetzung mit dem Herkunftsmilieu aus der Perspektive von so genannten Klassenübergänger:innen zu (Blome 2020; Eßlinger 2022). Auffällig ist dabei, dass Paarbeziehungen in autosoziobiographischen Texten im engeren Sinne, also in solchen Texten, die den autobiographischen Pakt nach Philippe Lejeune erfüllen, mithin für die Lesenden eine Identifikation von Autor:in, Erzählinstanz und Protagonist:in nahelegen, kaum vorkommen.[4] Zwar spielt sexuelles Begehren in ihnen eine Rolle – dies prominent bei Eribon und Louis, bei denen die Erfahrung von Homophobie nicht unwesentlicher Antrieb für ein Verlassen des Herkunftsmilieus ist[5] – aber in den meisten autosoziobiographischen Darstellungen findet keine narrative Ausgestaltung längerer Paarbeziehungen (und auch kaum konkreter erotischer Begegnungen) statt.[6]

Daneben stehen nun aber zweitens Texte, die sich paratextuell als Romane ausweisen und ebenfalls Herkunftsgeschichten sowie über Klassenverhältnisse erzählen.[7] In diesem Genre, das vielleicht als (neuer) soziologischer Roman zu bezeichnen wäre, bilden – im Gegensatz zu den Autosoziobiographien – Liebesverhältnisse und Paarbeziehungen oftmals gerade das zentrale Sujet. Für die Verschränkung von Klassen- und Liebesplot gibt es zahlreiche (internationale) Beispiele.[8] Wenn ich im Folgenden neben Melles *3.000 Euro* vor allem zwei wei-

---

[4] Im Vergleich zum Ausfall der Liebesbeziehung in autosoziobiographischen Darstellungen ist bemerkenswert, dass der Freundschaft (zwischen Klassenübergängern) zuletzt ein literarisch-soziologisches Denkmal mit Geoffroy de Lagasneries *3 – une aspiration au dehors* (2023) gesetzt wurde.

[5] In Bezug auf *Rückkehr nach Reims* vgl. dazu Linck (2016); für Louis ist in dieser Hinsicht insbesondere sein zuletzt veröffentlichtes Buch *Changer: méthode* (2021a; dt. 2022) zu nennen.

[6] Eine dezidierte Ausnahme, die aber mehr als Beratungsliteratur denn als Autosoziobiographie in Erscheinung tritt, stellt Josephine Aprakus *Kluft und Liebe. Warum soziale Ungleichheit uns in Beziehungen trennt und wie wir zueinanderfinden* (2022) dar.

[7] Interessanterweise wurde Édouard Louis' literarisches Debüt *Das Ende von Eddy* in seiner deutschen Übersetzung paratextuell (noch) als Roman ausgewiesen, was vor dem Hintergrund der weiteren dezidiert autosoziobiographischen Bücher von Louis besonders erstaunlich erscheinen mag. Auch Daniela Dröschers eher klassische Autosoziobiographie *Lügen über meine Mutter* (2022) trägt anders als ihr autosoziobiographisches Debüt *Zeige deine Klasse* die paratextuelle Bezeichnung ‚Roman'. Die Genres Autosoziobiographie und Roman diffundieren also stark ineinander. So wie etwa auch zu beobachten ist, dass Autosoziobiographien, die sich paratextuell nicht als Roman ausweisen, wie etwa die entsprechenden Bücher von Didier Eribon, von ihren (deutschen) Verlagen stark als Romane vermarktet werden. Ich verhandle im Folgenden autosoziobiographische Romane, die anders als etwa die Texte von Eribon, Louis und Dröscher den autobiographischen Pakt nach Philippe Lejeune nicht erfüllen.

[8] Die Beispiele sind zahlreich und hinsichtlich Erzählweise und Fokalisierung divers. Es befinden sich darunter einige (internationale) Bestseller, preisgekrönte und viel diskutierte Bücher – und auch solche, die bei ihrer Ersterscheinung vor einigen Jahren zunächst weniger Aufmerk-

tere Romane, einen spanischsprachigen, nämlich Rafael Chirbes' *Paris-Austerlitz* (2016) sowie *Assembly* (2021) der britischen Autorin Natasha Brown einer vergleichenden Lektüre unterziehe, so wird dies von der Überlegung mitgetragen, dass es sich bei literarischen Formen immer auch um ‚reisende Formen' handelt, die Elemente heterogener Art zeitweise zu stabilen Arrangements fügen und zugleich in dynamischen, grenzüberschreitenden Transformationsprozessen eingebunden sind (vgl. Twellmann 2022; Lammers und Twellmann 2023).

Nun könnte man einwenden, dass der Befund einer literarischen Verschränkung der Themen soziale Ungleichheit und romantische Beziehung wenig überraschend ist, handelt es sich doch bei der Verknüpfung von Gesellschaftsroman und Liebesgeschichte um ein altes, seit Jahrhunderten tradiertes Erzählmuster. So konnte bereits Jurij Lotman für den Erzähltypus „Romeo und Julia", der in der Liebesbeziehung „zwei verfeindete Kulturräume vereinigt, deutlich das Wesen des ‚Grenzmechanismus' auf[decken]" (1990, 293), das für die Konstitution eines narrativen Sujets in paradigmatischer Weise konstituierend sei und im Verhältnis zur real existierenden Welt ein nachgerade revolutionäres Potential aufweise. Die im Folgenden zur Diskussion stehenden aktuellen Texte (re)aktivieren allerdings, um die Grenzüberschreitung in der Form der romantischen Liebeserzählung zu narrativieren, ein *spezifisches* gesellschaftliches Kategorienverhältnis: nicht die verfeindeten Elternhäuser wie im „Julia und Romeo"-Plot, sondern soziale Ungleichheit – in einem mehr oder weniger expliziten Rekurs auf die Differenzkategorie der Klasse – wird hier zur sozialen Opposition, auf deren Basis sich das Sujet der Romane entfaltet. Dabei ließe sich vielleicht vermuten, dass die sujetstiftende Grenzüberschreitung in diesen Fällen in Rückgriff auf soziale (Geschlechter-)Praktiken eine statische Auffassung von Klassendichotomie (im Marx'schen Sinn) dynamisiert und zu einem Moment der – individuellen, womöglich auch gesellschaftlichen – analytischen Erkenntnis und (vielleicht sogar) Transformation stilisiert. Lässt sich doch im modernen Liebesnarrativ – wie auch einige Soziologinnen konstatieren – eine veritable „Umkehrung der Identität" realisieren: „Hässlichkeit wird in betörende Schönheit verwandelt, arme Schafhirten werden zu Königen, Frösche zu Prinzen", betont etwa Eva Illouz und führt dazu weiter aus:

---

samkeit erfahren haben, nun aber in gewisser Hinsicht für ihr gesellschaftsdiagnostisches Potential entdeckt und im Zuge dessen (z. T. neu) übersetzt wurden, wie dies für die frühen Werke von Annie Ernaux besonders augenfällig ist, aber etwa auch für Chris Kraus' *I love Dick* gilt (1997; dt. 2017). Für die Verschränkung von Klassen- und Liebesplot seien exemplarisch an dieser Stelle folgende Texte angeführt: Ferrante (2016–2018), Klüssendorf (2018), Kordić (2022), Messina (2020), Rooney (2018).

> Diese Alchemie der Liebe ist [...] in erster Linie sozial, denn sie ist Ausdruck der Hoffnung, dass sich ungünstige Umstände in edle verwandeln lassen und dass die Liebe Menschen vereinen kann, die sonst durch Barrieren der Klasse, der Nationalität und der Herkunft getrennt sind. (2007, 271)

Auch neuere Theorien formulieren eine solche Hoffnung auf Transformation – im individuellen wie gesamtgesellschaftlichen Sinn – unter der Bedingung, dass die Betrachtung von der Identität auf diejenige der *Beziehungsweisen* der Subjekte übergehe. Eine solche „Perspektivverschiebung vom Subjekt zur Beziehung" erlaube nämlich, so Bini Adamczak, „die Frage, wer wir sind, zu transformieren in die Frage, welche Beziehung wir führen. Wesentlich ist dann weniger, welchen Namen wir uns geben, zu welchem Kreis wir uns zählen, sondern wie wir uns aufeinander beziehen, wie wir aufeinander bezogen sind." (Adamczak 2017, 253) Und auch die französische Philosophin Chantal Jaquet formuliert in ihrem 2014 erschienenen Essay über *Les transclasse ou la non-reproduction*, dass die „Macht des Begehrens und die Kraft der Freundschaft [...] zumindest für eine gewisse Zeit die Klassendistanz beseitigen und zur Aneignung fremder Modelle führen" könnten; bezeichnenderweise zeigt Jaquet „die Kraft des verliebten Begehrens, das die Klassenvorurteile zu Fall bringt" (2014 [2018], 69), jedoch gerade nicht an einem Beispiel der Gegenwartsliteratur, sondern an einem Klassiker des französischen Gesellschaftsromans des neunzehnten Jahrhunderts, an Stendhals *Le Rouge et le Noir* (1830), auf.

Aber schreiben sich die aktuellen ‚Klassenlieben'-Erzählungen tatsächlich – noch oder wieder – in eine solche Gesellschaftsutopie ein? Sicherlich sollten sie nicht vorschnell als Ausdruck einer die bestehende Sozialordnung infrage stellenden Narration gedeutet werden. Vielmehr darf angenommen werden, dass sie auf dieser letztlich substantiell aufruhen. Wie lässt sich also angesichts von Niklas Luhmanns Diktum, „daß literarische, idealisierende und mythisierende Darstellungen der Liebe ihre Themen und Leitgedanken nicht zufällig wählen, sondern daß sie damit auf ihre jeweilige Gesellschaft und deren Veränderungstrends reagieren" (1984, 24), die Narrativierung der Liebesgeschichte in Form der Klassengesellschaft auf aktuelle soziologische Gegenwartsdiagnosen rückbeziehen? Können sie gar selbst als soziologische Gegenwartsdiagnosen in literarischer Form interpretiert werden?

Ausgehend von diesen einführenden Überlegungen geht es in den folgenden Analysen darum, ein intrikates, spezifisch doppeltes Potential des skizzierten Erzählmusters für den Gegenwartroman herauszustellen. Gefragt wird danach, inwiefern die literarische Verklammerung von Liebesthematik und sozialer Ungleichheit dieses zweifache Potential von Reproduktion und Hoffnung auf Infragestellung bestehender Ordnungsmodelle von Klasse, Geschlecht und Begehren nicht nur zu bedienen, sondern auch zu problematisieren vermag. Mithin geht es darum zu bestimmen, was die literarische Figur der klassenübergreifenden Paarbeziehung – in narratologischer, sozialanalytischer und politischer Hinsicht – leistet. Dafür wähle ich einen Zugriff, der heuristisch unterscheidet zwischen Romanen, die ‚von unten' erzählen, also ein Erzählverfahren wählen, in dem die ungleiche Paarbeziehung aus dem Blickwinkel sozial weniger privilegierter Figuren perspektiviert wird, und solchen, die sich einer solchen Perspektive sperren und gerade umgekehrt erzählen: also aus der Perspektive der innerhalb des sozialen Ordnungsgefüges mit mehr Ressourcen und Kapital ausgestatteten Person.

1 Traditionslinien und -brüche

Zunächst ist darauf hinzuweisen, dass die hier zur Diskussion stehenden Figurationen von Klassen- und Liebesthematik in der Gegenwartsliteratur natürlich kein gänzlich neues Phänomen sind. Traditionslinien, die weit ins zwanzigste Jahrhundert zurück- und darüber hinausreichen, in den Blick zu nehmen, wäre indes ein eigenes Unterfangen.[9] Doch ein Roman der frühen 1970er Jahre, der nicht allein aufgrund seines Titels in dieser Hinsicht interessant ist, soll zumindest kurz angesprochen werden: Karin Strucks *Klassenliebe* von 1973[10] erzählt in Form eines Tagebuchberichts von der Positionierung ‚zwischen den Klassen' anhand einer aus dem Arbeitermilieu qua Bildungsaufstieg zur Doktorandin der Literaturwissenschaft gewordenen Ich-Erzählerin. Deren Positionierung des Dazwischen entfaltet sich dabei nicht zuletzt anhand ihrer Liebesverhältnisse zu zwei Männern:

> Ich bin zwischen zwei Klassen und habe mich wohl auch mit den Männern beider Klassen abzugeben, einzulassen, bleibt mir nichts anderes übrig, auch Kinder von beiden zu kriegen, leiden an beiden Klassen und schwanger gehen von Männern beider Klassen. Ich leide sehr und fühle mich todelend. (Struck 1973, 174)

Solcherart werden Liebes- und Klassenverhältnisse in *Klassenliebe* aufeinander bezogen; individuelle und kollektive Problemlagen treten als Konglomerat in Erscheinung. Das Ich des Tagebuchberichts versteht sich dabei als eine genuin „so-

---

9 Zu denken wäre hier für das ausgehende achtzehnte Jahrhundert etwa an Erzähl- und Dramentexte von J. M. R. Lenz (insb. *Zerbin oder die neuere Philosophie* (1776), aber auch an seine Komödie *Der Hofmeister* [1774]), für das neunzehnte Jahrhundert an Theodor Fontanes *Mathilde Möhring* (1891) und für die erste Hälfte des zwanzigsten Jahrhunderts an Irmgard Keuns *Das kunstseidene Mädchen* (1932).
10 Vgl. ausführlich zu *Klassenliebe* Blome (2022).

ziale [meine Hervorhebung, E. B.] Bezugsidentität" (Jurgensen 1985, 72), wobei die literarische Reflexion von einem starken – sich auf die literarische Imagination produktiv auswirkenden – Miserabilismus durchzogen ist. Die Ich-Erzählerin von *Klassenliebe* verfolgt auf diese Weise – lange vor Klaus Theweleits in theoretischer und kultursoziologischer Hinsicht für diesen Problemkomplex wichtigen Buch *Objektwahl* (1990)[11] – explizit eine (literarische) Theorie der „sozialen Triebkräfte der Liebe" (Struck 1973, 167), wenn sie durch spezifische Klassenherkünfte und Mobilitätsdynamiken – seien es Auf- oder Abstiege – bedingte Erfahrungen als Grundlage für bestimmte Begehrensökonomien, für eine „soziale Liebe" (Struck 1973, 21), ins Feld führt.[12] Strucks Roman und der Tagebuchbericht der Ich-Erzählerin motiviert dabei die Suche nach einer – in Ermangelung von Vorbildern – *neuen* literarischen Ausdrucksform, die die spezifische Erfahrung des *Dazwischen* aus einer Perspektive ‚von unten' zu narrativieren vermag.

Um sich das grundlegende Muster der Verklammerung von Klassen- und Liebesthematik und deren spezifische Aktualisierungen weitergehend und kontrastierend zu *Klassenliebe* wie zu aktuellen Darstellungen dieses Musters vor Augen zu rufen, lohnt darüber hinaus eine kurze Randbemerkung zu einem Klassiker dieses Narrativs: *Pretty Woman*. Im Vergleich zu gegenwärtigen Darstellungen klassenübergreifender romantischer Beziehungen in Filmen und Literatur verdeutlicht der scharfe Kontrast zum Hollywood-Klassiker, dass sich seit 1990 offenbar grundlegende Transformationen hinsichtlich der Erzählweisen von ‚Klassenlieben' vollzogen haben. Dass der damalige Kassenschlager von der sozialen Rettung der Prostituierten Vivian durch einen Märchenprinzen erzählt, der in Form von Edward Lewis als Prototyp des Raubtierkapitalisten daherkommt, und damit noch einerseits ganz dem romantischen Cinderella-Narrativ, andererseits dem neoliberalen Dispositiv der 1980er Jahre verschrieben ist (Menden 2021), erscheint aus heutiger Sicht durchaus befremdlich. Dieses Gefühl der Befremdung mag als Hinweis darauf dienen, dass aktuelle Narrative sozial ungleicher Paarbeziehungen anders funktionieren.

Doch wie genau erzählen Texte der Gegenwartsliteratur die Verklammerung von Sozial- und Geschlechterordnung? Wenn die Darstellung der sozial ungleichen Paarbeziehung weiterhin dazu dient, Klassengegensätze besonders deutlich im Nahverhältnis zu zeichnen, mit welcher Intention ist dies dann heute verbunden? Handelt es sich vielleicht doch um eine Art *neuer* utopischer Figuration, die dazu dient, das Begehren nach Überwindung von Klassenstrukturen zum Aus-

---

[11] Besonders einschlägig sind Theweleits (1990, 51–56) Ausführungen über „Paarbildungsstrategien" und „Aufstiegsheiraten" von „Männer[n] on their way up".
[12] Vgl. für eine soziologische Auseinandersetzung mit diesen (weiterhin aktuellen) Begehrensökonomien auch Collins (1985), darin insb. Kapitel 4 „Love and the Marriage Market".

druck zu bringen – oder wird eine solche Hoffnung verabschiedet? Und: Was bedeutet es eigentlich in politischer Hinsicht, auf die Individuen und nicht auf das soziale Kollektiv zu fokussieren?

2 Erzählen ‚von unten': *Assembly* und *3.000 Euro*

Im Folgenden werde ich zunächst zwei Romane genauer betrachten, für die sich meines Erachtens ein Erzählen ‚von unten' behaupten lässt. Anhand des Romans *3.000 Euro* von Thomas Melle, der bereits eingangs zitiert wurde, sowie anhand von *Assembly* (dt. *Zusammenkunft*), dem literarischen Debüt der britischen Autorin Natasha Brown aus dem Jahr 2021, möchte ich exemplarisch aufzeigen, welche Rolle dabei dem Sujet der Klassengrenzen überschreitenden Paarbeziehung zukommt. Mir ist dabei bewusst, dass die Formulierung ‚von unten' nicht unproblematisch ist, weil sie soziale Hierarchieverhältnisse reproduziert. Ich wähle sie hier dennoch (und zitiere dabei eine Formulierung, die der Gegenwartsautor Bov Bjerg in einem Interview verwendet hat, als er konstatierte: „Die Perspektive von unten ist einfach die interessantere" [2022]), weil es diesen Texten, so mein Argument, gerade um ein Erzählen geht, das eine literarische Sprache und Perspektive ‚von unten' gegen eine Perspektive der Draufsicht ‚von oben' errichten möchte.

Die Handlungen der Romane ähneln sich insofern, als dass wir es jeweils bei einem Beziehungspartner, einer Beziehungspartnerin mit einer – zumindest periodischen – Klassenwechsler:innen-Figur zu tun haben, die eine Liebesbeziehung eingeht, in der eine soziale Differenz zwischen den Partner:innen hinsichtlich ihrer jeweiligen ökonomischen Lage und Herkunft bzw. Klassenzugehörigkeit zu verzeichnen ist. In *Assembly* steht diese Form sozialer Differenzierung dabei nicht für sich alleine, sondern wird zudem intersektional mit der Kategorie *race* und (post-)migrantischen Thematiken verknüpft.

Ein Unterschied zwischen beiden Romanen, der einen Vergleich in narratologischer Hinsicht reizvoll macht, liegt dabei darin, dass sie sich hinsichtlich der Erzählinstanz nicht gleichen: Während *Assembly* homodiegetisch aus der Perspektive der weiblichen Hauptfigur erzählt, verzichtet *3.000 Euro* auf einen Ich-Erzähler und verwendet eine auktoriale Erzählinstanz, die aber über eine interne Fokalisierung gegenüber den beiden Hauptfiguren verfügt.

Dennoch ist zunächst einmal auffällig, dass, auch wenn beide Romane anhand einer aus nicht-privilegierten Verhältnissen stammenden Hauptfigur eine Aufstiegsgeschichte erzählen, sie dies nicht in Form einer Erfolgsgeschichte tun. Soziale Transgression als eine solche zu fassen (wie dies viele Autosoziobiographien tun), wird in ihnen vielmehr infrage gestellt. So formuliert die Protagonistin von *Assembly*: „Perhaps it's time to end this story." (Brown 2021, 13) Dabei soll sie aber genau dies, nämlich die eigene Geschichte als prototypische Erfolgsgeschichte verkaufen – und zwar vor Schulklassen. Denn die junge Frau, die sich zu einer erfolgreichen Bänkerin im Londoner Finanzbusiness hochgearbeitet hat, *obwohl ihre Familie aus Jamaica stammt und sie im Arbeitermilieu aufgewachsen ist*, erscheint ihren Arbeitgebern wie anderen staatlichen Institutionen als wunderbares Beispiel, um aufzuzeigen, was qua eigener Leistung für jeden und jede möglich sei.

Doch diesem – dem meritokratischen Prinzip folgenden – Auftrag wird im Roman eine Geschichte tiefgreifender Erschöpfung entgegengesetzt:

> Generations of sacrifice; hard work and harder living. So much suffered, so much forfeited, so much – for this opportunity. For my life. And I've tried, tried living up to it. But after years of struggling, fighting against the current, I'm ready to slow my arms. Stop kicking. Breathe the water in. I'm exhausted. (Brown 2021, 13)[13]

Das Nicht-Ankommen-Können in einer anderen sozialen Klasse, zumindest nicht ohne tiefgreifende Verletzungen in Form von Dissoziations- und Diskriminierungserfahrungen, die als klassistisch – in *Assembly* aber auch als sexistisch, kulturalistisch und rassistisch motivierte Gewalt – in Erscheinung treten, ist auch Melles *3.000 Euro* inhärent. Dort heißt es über die soziale Situierung Antons:

> [D]as blendende Abitur und das angefangene Jurastudium haben ihn der eigenen Klasse entrissen und – ja, was? Auf eine andere soziale Ebene gehoben? Einem unaufhaltsamen Aufstieg zugeführt? Nein, im Ungefähren belassen, nirgendwo wirklich abgesetzt. Anton ist der Klassenlose, was natürlich nicht stimmt, aber er fühlte sich schon immer so, ein Bastard zwischen den Schichten, auf Adelsgesellschaften ebenso zuhause und verloren wie in der Arbeiterkneipe. (2014, 68)

Vor diesem Hintergrund eines Verlustes sozialer Zugehörigkeit entfalten die beiden Romane also ihre Liebesgeschichten. Wie kommen diese zustande? Was macht sie aus?

Davon, wie es zur ‚Zusammenkunft', zur Beziehung zwischen der Ich-Erzählerin von *Assembly* und ihrem Freund, dem Spross einer aristokratischen Familie, gekommen ist, erzählt der Roman mit Rekurs auf eine Ursprungserzählung, wie sie der männliche Part gerne kundtut, und setzt dem die Sichtweise der Ich-Erzählerin entgegen:

---

[13] „Generationen der Aufopferung; harte Arbeit, noch härteres Leben. So viel gelitten, so viel aufgegeben – für diese Chancen. Für mein Leben. Und ich habe es versucht, habe versucht dem gerecht zu werden. Aber nach Jahren des Abmühens, des Ankämpfens gegen die Strömung, bin ich so weit, meine Arme sinken zu lassen. Mit dem Strampeln aufzuhören. Das Wasser einzuatmen. Ich bin erschöpft." (Brown 2022, 21)

> We met at college, he liked to say. Though I barely knew him back then. He was already in third year when I matriculated. I didn't remember ever speaking to him, though I knew his face and name from students politics. No, he only noticed me in the years after, at events in the occasional intersection of our overlapping social circles. My own social capital had increased – infinitesimally, immeasurably – since my student days. Money, even the relatively modest amount I'd amassed, had transformed me. My style, my mannerism, my lightly affected City vernacular, all intrigued him. He could see the person I was constructing. And he sensed opportunity. He'd read of Warren Wilhelm Jr's transformation to Bill de Blasio. (Brown 2021, 17)[14]

Die eigene Aufstiegsgeschichte wird hier als Voraussetzung dafür ins Feld geführt, für ihren späteren Partner überhaupt attraktiv zu sein. Diese birgt nämlich ein ganz besonderes Kapital, muss sie, so die Perspektive der Ich-Erzählerin, dem jungen Mann aus der Oberschicht doch als Ausweis einer ganz besonderen Leistungsbereitschaft und -fähigkeit gelten. Vor allem habe er in der Beziehung mit ihr die Möglichkeit entdeckt, sich den Anschein einer spezifischen liberalen Glaubwürdigkeit zu verschaffen – diese würde ihm mit Blick auf die von ihm angestrebte Karriere in der Politik gut zu Gesicht stehen. Seine Offenheit gegenüber anderen Klassen und Kulturen wäre damit jedenfalls, so die Annahme, demonstriert. Soweit das konventionelle neoliberale Narrativ, dem das Beziehungsverhalten des Mannes in dieser Darstellung folgt.

Anders verfährt aber der Roman selbst. Sucht dieser doch gerade aus der Perspektive der Ich-Erzählerin nach einem Ausweg, um die eigene Lebensgeschichte nicht immer wieder und wieder von Neuem als Aufstiegsgeschichte erzählen zu müssen. Drastischerweise entdeckt die junge Frau eine solche Ausflucht ausgerechnet in einer Krebsdiagnose. Angesichts der ewigen Repetition des meritokratischen Märchens erscheint der Ich-Erzählerin der Tod als verlockende Option:

> Surviving makes me a participant in their narrative. Succeed or fail, my existence only reinforces this construct. I reject it. I reject these options. I reject this life. Yes, I understand the

---

[14] „Wir haben uns an der Uni kennengelernt, sagte er gern. Obwohl ich ihn damals kaum kannte. Als ich anfing, war er schon im dritten Jahr. Ich erinnerte mich nicht, jemals mit ihm gesprochen zu haben, obwohl ich sein Gesicht und seinen Namen von der Studierendenvertretung kannte. Nein, er nahm mich erst in den Jahren darauf zur Kenntnis, auf gelegentlichen Events sich überschneidender Bekanntenkreise. Mein eigenes soziales Kapital war seit meiner Studienzeit – minimal, kaum messbar – angestiegen. Das Geld, selbst der relativ bescheidene Betrag, den ich angehäuft hatte, hatte mich verändert. Mein Stil, mein Auftreten, mein leicht affektierter City-Akzent, all das hat ihn angezogen. Er konnte die Person sehen, die ich erschuf. Und er witterte eine Gelegenheit. Er hatte über Warren Wilhelm Juniors Verwandlung in Bill de Blasio gelesen." (Brown 2022, 25)

pain. The pain is transformational – transcendent – the undoing of construction. A return, mercifully, to dust. (Brown 2021, 96)[15]

Doch trotz dieser Fatalismus-Signale stattet der Roman die autodiegetische Erzählung und die Figur der Erzählerin dennoch mit einer gewissen Handlungsmacht aus, mit einer Macht der Verweigerung jenseits des Todes, die sich im dritten und letzten Teils des Romans als „Transcendence", so die Kapitelüberschrift, zeigt: Stärker noch als der bisherige Text tritt dieser letzte Teil des Romans, in dem von einer Gartenparty der Eltern des Freundes erzählt wird, in Form einer montierten Collage in Erscheinung, die sich auch als eine ‚Assemblage' beschreiben ließe.[16] Browns Romantitel lässt sich insofern nicht nur auf die ‚Zusammenkunft' der Hauptpersonen und ihrer jeweiligen Herkunftsgeschichten beziehen, sondern auch auf ein maßgebliches Erzählverfahren des Textes selbst. So sind in diesen etwa kurze szenische Beschreibungen montiert, die Rassismuserfahrungen vor Augen stellen und – wie man es sonst von Abbildungen kennt – mit „Fig. 1", „Fig. 2" etc. überschrieben sind (Brown 2021, 79–83); unter „Fig. 5" werden offensichtlich Ausführungen des *Collins English Dictionary* zu den Lemmata „white" und „black" zitiert (Brown 2021, 90–91; Nachweis: 105); es tauchen kurze Erinnerungssequenzen an Gesprächsszenen mit Ärzten auf, zudem eine einzige Fußnote (Brown 2021, 76) sowie längere theoretische Rekurse und auch Zitationen, z. B. von bell hooks (Brown 2021, 86),[17] deren Buch *Where We Stand. Class Matters* (2000) zu den frühen autosoziobiographischen Darstellungen gezählt wird.

Die ‚Zusammenkunft' formal differenter Elemente heterogener Herkunft kennzeichnet also Browns Roman; die narrative Schilderung der eigentlichen Ereignisse, die sich allesamt noch vor Beginn der zentralen Gartenparty abspielen, wird von disparaten Textbausteinen durchkreuzt und zersetzt. Wenn die Ich-Erzählerin ironisch-klarsichtig feststellt, „I understand the function I'm here to perform. There's a promise of enfranchisement and belonging, yes. A narrative peak in the story of my social ascent" (Brown 2021, 86),[18] so versperrt sich dagegen ihre Erzählung durch das Textverfahren der Montage, die die kohärente Erzählung aufsprengt und ihr andere, fremde, aber doch zugehörige Elemente einfügt.

---

15 „Das Überleben macht mich zur Mitwirkenden ihres Narrativs. Es schaffen oder scheitern, meine Existenz bestätigt dieses Konstrukt nur. Das lehne ich ab. Ja, ich verstehe den Schmerz. Der Schmerz ist transformativ – transzendent – das Auflösen der Konstruktion. Eine gnädige Rückkehr zu Staub." (Brown 2022, 109)
16 Vgl. zur Assemblage ausführlich Twellmann (2019).
17 Das Zitat ist bell hooks Aufsatz *Postmodern Blackness* (1990) entnommen, wie die *Notes* am Ende von *Assembly* Auskunft geben (Brown 2021, 105).
18 „Mir ist klar, in welcher Funktion ich hier bin. Es gibt die Aussicht auf Zugehörigkeit, oh ja. Ein erzählerischer Höhepunkt in der Geschichte meines sozialen Aufstiegs." (Brown 2022, 80)

Die Errichtung einer kohärenten Geschichte, die Kulmination und Klimax umfasst, wird verhindert.

Aber nicht nur auf der Ebene des *discours*, sondern auch im Rahmen der *histoire* verweigert sich *Assembly* einem das (sozial) Diverse zusammenfügenden ‚happy end': Der Sohn aus gutem Hause, den die Erzählerin nicht zuletzt aufgrund „the elastic nature of his personality" (Brown 2021, 17–18)[19] schätzt, verwandelt sich auf der Gartenparty seiner Familie, im Kontext seines Herkunftsmilieus (wieder) in die Person, die er immer schon war: „He's himself again. Here. At home, and rendered in sharp contrast to me. But without this place, without that contrast –" (Brown 2021, 99).[20] Der Satz bleibt unvollendet; die sich anschließende Frage, die die Erzählerin an sich selbst richtet, *„What had you hoped to find there?"* (Brown 2021, 100, Hervorhebung i. O.),[21] bleibt unbeantwortet – ebenso wie der Heiratsantrag, der ihr kurz zuvor von ihm gemacht wurde. Der Roman schließt mit den Worten:

> I *should* meet his kiss. Then *we'll clamber up*, brush off, and walk back down to the house holding hands. Guests will be here soon, it's almost time. *Everything's coming together*. The champagne's tilted over, its *fizzy* contents puddling on to *dry soil and grass*. *His lips tremble with the strain of pursing*; confident in the assumed yes, and yet, uncertain. Suddenly, so uncertain. (Brown 2021, 100; meine Hervorhebungen, E. B.)[22]

Der Kitschverdacht wird durch den Imperativ geschluckt; das Futur I lässt sich auch konjunktivisch interpretieren: Dass zukünftig ein ‚wir' existieren könnte, in dem sich die beiden Bestandteile vereinigen, um sich – wie es in der deutschen Übersetzung heißt – „gegenseitig hoch[zu]ziehen", steht lediglich in Form einer (unsicheren) Möglichkeit im Raum. Dass alles zusammenkommt, lässt sich jedenfalls auch auf das Zusammentreffen von prickelndem Champagner und trockener Erde und Gras beziehen. Der Antragsteller wird hier am Ende mit seinen „pursing lips", seinen geschürzten, gespitzten Lippen, womöglich in Form einer Karikatur gezeichnet, der, so ließe sich vermuten, eine Persiflage (oder auch subversiv-invertierende Aneignung) sexistischer und rassistischer Darstellungen inhärent

---

19 „Biegsamkeit seines Charakters" (Brown 2022, 25).
20 „Er ist wieder er selbst. Hier. Zu Hause, und steht in einem scharfen Kontrast zu mir. Aber ohne diesen Ort, ohne diesen Kontrast –" (Brown 2022, 113).
21 „*Was hast du gehofft, hier zu finden?*" (Brown 2022, 113; Hervorhebung i. O.)
22 „Ich *sollte* seinen Kuss erwidern. Danach *werden wir uns gegenseitig hochziehen*, abklopfen und Hand in Hand hinunter gehen, zurück zum Haus. Die Gäste werden bald eintreffen, gleich ist es so weit. *Alles kommt zusammen*. Die Champagnerflasche ist umgefallen, ihr *prickelnder Inhalt* bildet eine Pfütze auf *trockener Erde und Gras*. Seine Lippen zittern von der Anstrengung beim Schürzen: überzeugt vom erwarteten Ja, und dennoch, unsicher. Plötzlich, so unsicher." (Brown 2022, 113–114; meine Hervorhebungen, E. B.)

sein könnte.[23] Das englische Verb *to purse* erinnert zudem an den Geldbeutel, den der designierte Ehegatte seiner Erwählten hier im übertragenen Sinn zusammen mit seinen Lippen entgegenstreckt. Ihn aus dieser Pose mit dem Ende des Romans nicht zu entlassen, sondern in Unsicherheit festzusetzen, erscheint wie eine indirekte, aber umso wirkmächtigere, weil ohne die Sprache und das Sprechen auskommende, Antwort auf ein ähnliches Begehren der männlichen Hauptfigur – und wie ein direkter Rekurs auf eine andere Textstelle, in der eben dieses zum Ausdruck kommt: Dieses Begehren des weißen, sozial privilegierten Mannes gilt der Herkunftsgeschichte der Erzählerin und dem richtigen Erzählen eben dieser.

> There are conventions, the son says. Familiar, *palatable* forms. To foster understanding. That's how they do it in speeches, he says. (He sometimes writes political speeches.) *Sugarcoat* the rhetoric, embed the politics within a *story*; make it relatable, personal. Honest, he says. Shape my truth into a narrative arc –
> Alright, I try it. I tell a *story*. But *he demands more*. He wants to know who did what, specifically, and *to whom*. How did it feel? (*Give him visceral physicality*.) Who is to blame? (A single, flawed individual. Not a system or society or the complicity of an undistinguished majority in maintaining the status quo...) And *what does it teach us? How will our heroine transcend her victimhood?* Tell him more, he encourages. He says he's listening. *He wants to know*. (Brown 2021, 88; meine Hervorhebungen, E. B.)[24]

Am Schluss verweigert der Roman eine Antwort auf dieses Begehren nach der anderen Geschichte (als Aufstiegsgeschichte) sowie den alles auflösenden Kuss und das alles zusammenbringende erlösende Ja. Ob das bereits als Transzendenz der Opferrolle gelten kann, wie der Titel des letzten Kapitels bei Brown vielleicht anzudeuten meint, lässt sich nicht beurteilen. Es scheint, der Roman hält auch dies in einer unsicheren Schwebe.

Wie in Browns Roman ist auch in *3.000 Euro* die Zusammenkunft der beiden Haupt- und Beziehungsfiguren durch eine Einebnung der sozialen Differenz gekennzeichnet – wenn auch unter etwas anderen sozialen Vorzeichen. So schildert

---

23 Zusätzlich ließe sich hier zudem eventuell auch an „stiff upper lip" denken – im britischen Kontext ein Ausdruck für die höheren Klassen, in dem sich Körper und Sprache vereinigen. Für diesen Hinweis bedanke ich mich bei Dominik Zink.

24 „Es gibt Grundsätze, sagt der Sohn. Gebräuchliche, *mundgerechte* Formen. Um Verständnis zu fördern. So machen sie es in ihren Reden, sagt er. (Er schreibt ab und zu politische Reden.) Du musst die Rede schönfärben [...], bette die Politik in *eine Geschichte* ein, ansprechend, persönlich. Ehrlich, sagt er. Meine Wahrheit in einen erzählerischen Bogen packen – Okay, ich versuchs. Ich erzähle *eine Geschichte*. Aber *er verlangt mehr*. Er möchte wissen, wer was getan hat, ganz genau, und *wem er es angetan hat*. Wie hat es sich angefühlt? (*Gib ihm intensive Körperlichkeit*.) Wer ist schuld? (Eine einzelne, fehlerhafte Person. Nicht ein System oder eine Gesellschaft oder die Mittäterschaft einer gewöhnlichen Mehrheit, die den Status quo stützt...). Und *was lernen wir daraus? Wie wird die Heldin ihre Opferrolle transzendieren?* Erzähl ihm mehr, er ermutigt dich. Er sagt, er hört zu. *Er will es wissen.*" (Brown 2022, 101; meine Hervorhebungen, E. B.)

Melle den *first-contact* zwischen dem verschuldeten und obdachlosen Ex-Jurastudenten und der Kassiererin Denise aus deren Perspektive – und zwar folgendermaßen:

> Hinten am Pfandautomat steht wieder der Typ, der anscheinend Flaschensammler ist, aber so wirkt, als mache er das nur aus Spaß oder als Projekt. Denise kennt sich nicht aus bei Projekten, aber sie weiß, dass die halbe Stadt aus ihnen besteht. Der Typ, den sie „Stanley" nennt, sieht aus wie ein Student, der zu lange freihatte, oder der sich in seinem Projekt, dessen Sinn Denise nie verstehen würde, völlig verloren hat. Er ist einer von denen, die sich immer bei ihr anstellen. [...] Er hat etwas Sanftes, Fremdes. [...] Als Stanley vor ihr steht und grüßt, kann sie sich zu einem Lächeln durchringen, das sich wirklich wie ein Lächeln anfühlt. Gleichzeitig nimmt sie seinen strengen Geruch wahr, der auf dem Weg zum säuerlichen, dichten Gestank der Obdachlosen ist, aber noch nicht ganz. Sie muss sich schütteln und verbirgt das hinter einem Husten. Freundlich verabschiedet er sich, und sie blickt ihm hinterher. (2014, 14–15)

Die Beziehung, die sich zwischen Anton und Denise anbahnt, endet, als Anton, nach einer verlorenen Gerichtsverhandlung zu seiner Privatinsolvenz, spurlos verschwindet. Denise, die schnell nicht mehr an ihn denkt und schließlich von seinem Tod ausgeht, hat es hingegen endlich geschafft, das Geld, das sie vor einiger Zeit durch einen einmaligen Auftritt in einem Porno verdient hat, einzutreiben. Dieses Geld verwendet sie, um nach New York zu fliegen. Dort sitzt sie in einem Schnellrestaurant, als ihr draußen auf der Straße

> ein Mann auf[fällt], der inmitten der vorbeigehenden Passanten stehen geblieben ist. [...] Denise erschrickt. Sie erkennt sein Gesicht genau, obwohl es zu lächeln scheint, aber die leicht gebeugte Körperhaltung, die auch über die Distanz hinweg deutlich wahrnehmbare, schräge Erscheinung, die eckigen Glieder, die Größe, der Anzug, die Haare, all diese Details legen nur einen Schluss nahe: Dort steht Anton. Anton lebt, und er steht dort, mitten in New York. (Melle 2014, 201–202)

Diese gespenstische Erscheinung löst sich zwar freilich sofort wieder in Luft auf, für Denise jedoch beginnt damit, so suggeriert der Romanschluss, ein neugewonnenes, befreites Leben. Im Gegensatz zu Anton, dessen Laufbahn sich dadurch auszeichnet, dass er in sozialer Hinsicht zunehmend unsichtbar wird und schließlich aus dem Erzählkosmos des Romans gänzlich verschwindet, gewinnt die Welt für Denise eine unbekannte, neue Form der Realität, in die sie hineintreten und mit der sie in Kontakt treten kann:

> Als sie den Diner verlassen [hat], atmet Denise tief ein und aus. Die Luft schmeckt frisch und neu. [...] Die Gesichter ziehen vorbei, alte, faltengekerbte Masken der Weisheit neben jungen, großäugigen Visagen. Sie blicken ihr alle in die Augen, doch ohne Häme diesmal, ohne Widerwillen, ohne den Drang, die Fehler in Denise zu suchen. So wurde sie lange nicht

> mehr angeblickt. Und sie scheint wirklich gemeint zu sein. Die Leute lächeln ihr freundlich zu, und Denise lächelt befreit zurück. Das ist also New York. Das ist also die Welt, denkt sie. Lange nicht mehr gesehen. (Melle 2014, 203)

Es scheint, als ob es zu einer Art sozialem Kräfteausgleich zwischen Denise und Anton gekommen ist: *3.000 Euro* ‚opfert' den männlichen Protagonisten innerhalb der ungleichen Beziehung zweier prekarisierter „Freaks" zugunsten der sozialen Rettung und Wiederauferstehung der weiblichen Hauptfigur. Es fällt nicht schwer, diesem Romanschluss auch gewisse utopische Qualitäten zuzusprechen.

3 Erzählen ‚von oben': *Paris-Austerlitz*

Der 2016 erschienene Roman *Paris-Austerlitz* des spanischen Autors Rafael Chirbes unterscheidet sich von den anderen beiden bisher diskutierten Texten in mehrfacher Weise:[25] Sicherlich ist das auffälligste (aber letztlich vielleicht gar kein so relevantes) Unterscheidungsmerkmal, dass Chirbes nicht von einer heterosexuellen Beziehung erzählt. Die Erzählperspektive ist wie in *Assembly* homodiegetisch, allerdings handelt es sich bei dem Ich-Erzähler hier um den sozio-ökonomisch und von seiner Klassenzugehörigkeit her privilegierten Part der Beziehung, wenngleich sich dieser zu Beginn der dargestellten Beziehung in einer finanziell prekären Situation befindet. Zudem ist der Ich-Erzähler mit einem Altersunterschied von fast dreißig Jahren der deutlich jüngere Partner. Außerdem ist er im Gegensatz zu seinem (ehemaligen) Liebhaber Michel, der zum Erzählzeitpunkt (aufgrund einer HIV-Infektion, die im Roman zwar sehr präsent ist, aber nicht beim Namen genannt wird) im Sterben liegt, gesund. Der Ich-Erzähler stammt aus Madrid und aus einer wohlhabenden Unternehmerfamilie, von der er sich jedoch im Streit verabschiedet hat; in Paris möchte er seinen Ambitionen als Maler nachgehen. Dort begegnet er dem Fabrikarbeiter Michel.

Die Liebes- und Leidensgeschichte dieser ungleichen Beziehungspartner erzählt der Roman a-chronologisch. Dabei verleiht das leitmotivische und sich wiederholende Ankommen und Abfahren des Protagonisten am Bahnhof Paris-Austerlitz, der dem Roman seinen Titel gibt, dem Rhythmus der Erzählung eine gewisse Taktung. Die Bahnschienen zwischen Madrid und der französischen Hauptstadt, so lässt sich sicherlich behaupten, bilden das verbindende Element

---

[25] Wir haben es bei diesem Text zunächst einmal nicht mit dem Werk eines noch jungen Autors oder gar einem literarischen Debüt wie im Fall von *Assembly* zu tun, sondern mit einem Altersund letzten Werk, an dem Chirbes nahezu 20 Jahre und bis kurz zur vor seinem Tod gearbeitet hat.

zwischen dem bürgerlichen Herkunfts- und existentialistisch-künstlerischen Zielmilieu des Ich-Erzählers. Im Rückblick blendet dieser, quasi im Angesicht des sterbenden Michels, einzelne Szenen des vergangenen Beziehungsgeschehens versatzstückartig auf. So wird vom Kennenlernen der Hauptfiguren erst in der Mitte des Romans erzählt. Zu diesem Zeitpunkt haben die Lesenden schon die gemeinsamen Orte der Liebenden, den im Krankenhaus dahinsiechenden Michel sowie zentrale Elemente der Beziehungs- und Liebesdynamik des Paares kennengelernt. Die Beiden, so erfährt man nun, haben sich zufällig in einem Restaurant kennengelernt, als der junge Spanier gerade dabei war, sein letztes Geld zu verprassen. Am Nebentisch sitzt Michel und es kommt zu dem, was dem Ich-Erzähler auch im Nachhinein wenig wahrscheinlich erscheint. Denn:

> Ich kam gar nicht auf die Idee, dieser breite Prolet, der wie verrückt Gitanes rauchte, könnte sich für mich interessieren, aber wir verbrachten, was von der Nacht des Freitags noch übrig war, im Bett. (Chirbes 2016b, 72)[26]

Zwei Seiten weiter heißt es entsprechend:

> *On reste ensemble toute la nuit?* Er lachte, als ich sagte, das [sic] nichts anderes übrig bliebe, da ich keine Wohnung hatte. *T'as de maison?* Nein, habe ich nicht. Er lachte: Da hab ich mir den elegantesten Clochard von Paris ins Bett geholt. An jenem Nachmittag hatten mich meine Kumpel aus der Wohngemeinschaft geworfen, weil ich nicht meinen Mietanteil bezahlt hatte. (Chirbes 2016b, 73)[27]

Interessant sind hier die gegenseitigen Identifikationen: Der Ich-Erzähler nimmt Michel als Prolet wahr; dieser sieht in ihm einen „Clochard", wenn auch den elegantesten von Paris. Die soziale Differenz ist ein Stück weit eingeebnet: man sitzt im selben Restaurant, isst das gleiche Essen, die finanziellen Ressourcen beider sind äußerst knapp, wobei Michel sogar in der privilegierten Situation ist, seine neue, obdachlose Bekanntschaft in seiner Wohnung beherbergen zu können.

Die folgenden Wochen sind von einer großen Gegenwärtigkeit geprägt: Alkoholkonsum und gegenseitiges sexuelles Verlangen, nur von Zeiten der Arbeit und

---

26 Im Original: „Ni se me ocurrió que yo pudiera interesarle a aquel tipo ancho y descamisado que fumaba Gitanes como un loco, pero pasamos metidos en la cama lo que quedaba de la noche de viernes." (Chirbes 2016a, 72) Zwei Seiten zuvor heißt es: „Er war derselbe *petit pays en devenu proletaire*, der mich bei sich aufgenommen hatte, [...]" (Chirbes 2016b, 71; im spanischen Originaltext wird die gleiche französische Formulierung verwendet). Die Kennzeichnung als „Prolet" (in der deutschen Übersetzung) scheint also stimmig zu sein.
27 „*On reste ensemble toute la nuit?* Se rió cuando le dije que no quedaba más remedio porque yo no tenía casa. *T'as pas de maison?* No, no. Se rió: he metido en mi cama al *clochard* más elegante de París. Esa tarde me habían echado los compañeros de un piso que compartía por no pagar mi parte de alquiler." (Chirbes 2016a, 73–74)

im Falle des Ich-Erzählers der Arbeitssuche unterbrochen, werden zu den entscheidenden Parametern einer – gleichwohl als „ungleiche[n] Beziehung mit [...] unterschiedlichen Zielen" (Chirbes 2016b, 81)[28] wahrgenommenen – intensiven Zusammenkunft. „Als ob das, was wir hatten und was uns verband, was auch immer das war, ein Ziel brauche und nicht der Augenblick genüge" (Chirbes 2016b, 81)[29], schwört sich der Ich-Erzähler noch nachträglich auf die ehemalige, damals noch frische Verliebtheit ein. Doch wenn es zugleich heißt, „[i]nnerhalb dieser Gegenwart konnte die Zukunft nur einen wohlwollenden Alien ausbrüten" (Chirbes 2016b, 83)[30], so gilt dies nur für den trägen Michel, der, in der Darstellung des Erzählers, nichts Anderes (mehr) möchte, als seine ihm verbleibende Zeit mit viel Pastis und Zigaretten, vor allem aber mit seinem jungen Liebhaber zu verbringen. Für diesen hält die Zukunft jedoch, was Michel bereits früh zu fürchten lernt, aber noch eine andere, die Liebenden trennende Lebensoption bereit. Die entscheidende Wendung erfährt das (stabil-instabile) Beziehungsgefüge in dem Moment, in dem der junge Maler von einer Reise zu seinen Eltern mit dem für ihn beruhigenden Umstand versehen zurückkehrt, von diesen zwei Wohnungen in Madrid vermacht bekommen zu haben, wodurch er sich nun nicht nur ausgiebiger seinen künstlerischen Ambitionen hingeben kann, sondern zudem in die Lage versetzt wird, aus der engen, stickigen und dumpfen Hinterhauswohnung von Michel in eine eigene, großzügigere und helle Wohnung im Vorderhaus umziehen zu können.

Bezeichnenderweise fungiert aber zugleich – in einem metaphorischen Sinn – „Michels Körper" als eine Art alternatives Heim. In dem Moment, in dem die Eltern ihren Sohn zunächst zwingen wollen, das Familienunternehmen zu übernehmen, weil der Vater einen Schlaganfall erlitten hat, und kurz bevor sie diesen dann doch mit den bereits erwähnten „Nießbrauch zweier Wohnungen" und der daraus abfallenden „Rendite" ausgestattet ziehen lassen, heißt es in den Aufzeichnungen des Erzählers:

> Michel ist mein Haus, schrieb ich wie eine Bekräftigung gegen die rinderhafte Beschränktheit meines Vaters und die Unersättlichkeit meiner Mutter. Mich tröstete das Gefühl des Besitzes, ihr habt das Eure, euren Besitz, ich habe meinen, er heißt Michel, dachte ich, während ich ihr Geschwätz bei meinem Madridaufenthalt über mich ergehen ließ: Du kommst, übernimmst, nimm dir die nötige Zeit, es kann nicht sein, dass deine Vettern sich da breit-

---

28 „Cuando pensaba así, me preguntaba qué estabilidad podía tener una relación tan desigual, con objetivos tan dispares." (Chirbes 2016a, 81)
29 „Como si aquello, cualquier cosa que fuera lo que teníamos y nos unía, necesitara una finalidad y no bastara el instante." (Chirbes 2016a, 82)
30 „Dentro de ese presente, sólo podía incubarse en el futuro algún *alien* benévolo." (Chirbes 2016a, 84)

machen, es wäre ein Ärgernis, wenn dein Onkel und sie am Ende für dich einspringen müssten, die von außen kommen, statt die vom Haus. (Chirbes 2016b, 121–122)[31]

Doch die homodiegetische Erzählinstanz macht sich nicht nur den Körper Michels zu eigen, sondern auch dessen Herkunftsgeschichte. So heißt es über Michels Kindheitserlebnisse bereits relativ früh im Roman:

> Die Bilder seiner Ursprungserzählung kehren zurück, eine Genesis, in der es das Paradies nie gegeben hat; es tritt auf ein schlecht rasierter Mann, der den Jungen, als er ihm die Haustür öffnet, mit der Hand beiseiteschlägt, dessen Mutter an den Schultern packt, sie rüttelt und beschimpft und plötzlich anfängt zu weinen, das kleine Wohnzimmer mit vier Schritten durchquert, ins Klo geht und bei offener Tür uriniert. (Chirbes 2016b, 55)[32]

Es ist offensichtlich, dass die (vermeintliche Wiedergabe der) „Ursprungserzählung" („narración original"; Chirbes 2016a, 55) Michels von der erzählenden Instanz als eine Art Kammerspiel eingerichtet wird, in der der Ich-Erzähler Regie führt und als Kulissenschieber fungiert. Vielleicht ließe sich hier gar von einem Akt der narrativen Appropriation sprechen, der soziale und andere Begehrensökonomien fortschreibt. Der Ich-Erzähler des Romans wird an späterer Stelle das von ihm geleistete (Wieder-)Erzählen der Herkunftsgeschichte Michels jedenfalls sowohl als Akt der Sichtbarmachung, womöglich sogar der Artikulation einer subalternen und daher (bisher) ungehörten Geschichte als auch als eine Form der eigenständigen Imagination perspektivieren: „Wie auch immer, ich spreche von den Dingen, die jemand für sich bewahrt und die für die anderen unsichtbar blei-

---

31 „Unas horas antes había escrito en el cuaderno: pienso en el cuerpo de Michel como en mi verdadero hogar, una casa en la que yo soy el único habitante. Michel es mi casa, escribí como una afirmación contra la cortedad bovina de mi padre, contra la insaciabilidad de mi madre. Me confortaba el sentimiento de propiedad: vosotros tenéis las vuestras, vuestras propiedades. Yo tengo la mía, se llama Michel, pensaba mientras soporté sus monsergas durante mi estancia en Madrid: vendrás, te harás cargo, tómate tu tiempo, no puede ser que tus primos se ocupen de, sería un escándalo si tu tío y ellos tuvieran que acabar haciendo lo que tú no, los de fuera antes que los de casa." (Chirbes 2016a, 118)
32 „Regresan las imágenes de su narración original, génesis en el que nunca existió el paraíso, y quien aparece es el hombre mal afeitado que lo aparta de un manotazo cuando él le abre la puerta de casa, y coge a su madre por los hombros, la zarandea, la insulta, y de pronto se echa a llorar y cruza la salita en cuatro zancadas y se mete en el retrete, donde orina con la puerta abierta. El niño oye el ruido de la orina y ve la espalda del hombre, que, al salir del retrete, lo levanta hasta la altura de su cara y lo besa." (Chirbes 2016a, 55)

ben. Dinge, die ich mir vorstelle oder die ich sage, um etwas zu sagen." (Chirbes 2016b, 100)³³

Chirbes' Text vollzieht also nicht die Position von unten nach. Innerhalb der Diegese des Romans jedoch wird eine solche Aneignung, Attraktivität und womöglich gar poetische Ausbeutung dieser Position offensichtlich – als Teil der Beziehungsdynamik und als Motor erzählerischer Produktivität; der Roman spricht vom „poetische[n] Funken" (Chirbes 2016b, 120), der für den Ich-Erzähler von Michel, seiner subalternen Lebenslage aufgrund von Klassenzugehörigkeit, Alter und Krankheit ausgeht.³⁴ Die Hoffnung auf eine diese Differenzen transzendierende Liebe wird als Geschichte von deren Verlust ausbuchstabiert, die durch eine spezifische Asymmetrie gekennzeichnet ist: Michel kann nicht mehr an eine alles umfassende und sich selbst erschöpfende Liebe glauben – in dem Moment, wo sich die ökonomischen Lebenssituationen von ihm und dem Ich-Erzähler offensichtlich massiv unterscheiden. Der junge, spanische Maler kann und will dem Liebesnarrativ von Michel nicht folgen und entfernt sich deshalb von diesem – freilich in dem Bewusstsein, dass dies einen Bruch mit der kultur- und literaturgeschichtlich (in der Hochliteratur) vorgezeichneten Liebeskonzeption, die absolute Hingabe fordert, bedeutet.

Paris-Austerlitz erzählt also vom schmerzhaften Scheitern einer den Gesellschaftsnormen in mehrfacher Hinsicht nicht entsprechenden *Beziehungsweise*, die im Zeichen sozialer Ungleichheit ihr utopisches Potential nicht zu entfalten vermag. Vielmehr zeichnet der Roman zudem noch die *literarische Erzählung* von dieser Beziehung als eine nach, die sich ebenfalls nicht aus den Verstrickungen der sozialen Ordnungsmodelle lösen kann: Die subalterne Position Michels bleibt stumm, erstickt zuletzt im Schluchzen des Verlassenen, wenn der Ich-Erzähler den Sterbenden mit einer letzten Lüge, dem offensichtlich falschen Versprechen auf eine gemeinsame Zukunft in Spanien, auf den Lippen, verlässt. Was bleibt ist die Geschichte, in der Michel zu einer literarischen Figur geworden ist.

---

33 „En cualquier caso, hablo de las cosas que alguien guarda y resultan invisibles para los demás. Cosas que imagino, o que digo por decir." (Chirbes 2016a, 99)
34 Dies in Form der rhetorischen Frage: „¿quién levantará poesía de eso?" (Chirbes 2016a, 117)

Literaturverzeichnis

Adamczak, Bini. *Beziehungsweise Revolution. 1917, 1968 und kommende*. Berlin: Suhrkamp, 2017.

Apraku, Josephine. *Kluft und Liebe. Warum soziale Ungleichheit uns in Beziehungen trennt und wie wir zueinanderfinden*. Hamburg: Eden Books, 2022.

Baron, Christian. *Ein Mann seiner Klasse*. Berlin: Claassen, 2020.

Bjerg, Bov. „‚Die Perspektive von unten ist einfach die interessantere.' Interview mit Philipp Böttcher und Louisa Meier". *Jacobin*. 4. Oktober 2022. https://jacobin.de/artikel/bov-bjerg-die-perspektive-von-unten-ist-einfach-die-interessantere-interview-auerhaus-serpentinen-eribon (21. September 2023).

Blome, Eva, Philipp Lammers und Sarah Seidel. „Zur Poetik und Politik der Autosoziobiographie. Eine Einführung." *Autosoziobiographie. Poetik und Politik*. Hg. Dies. Berlin, Heidelberg: Springer/J. B. Metzler, 2022. 1–14.

Blome, Eva. „Formlos. Zur Gegenwart sozialer Desintegration in Karin Strucks *Klassenliebe* (1973)". *Autosoziobiographie. Poetik und Politik*. Hg. dies., Philipp Lammers und Sarah Seidel. Berlin, Heidelberg: Springer/J. B. Metzler, 2022. 211–233.

Blome, Eva. „Rückkehr zur Herkunft. Autosoziobiografien erzählen von der Klassengesellschaft". *Deutsche Vierteljahrsschrift für Literaturwissenschaft und Geistesgeschichte* 94.4 (2020): 541–571.

Brown, Natasha. *Zusammenkunft. Roman*. Berlin: Suhrkamp, 2022.

Brown, Natasha. *Assembly*. London: Hamish Hamilton, 2021.

Chirbes, Rafael. *Paris-Austerlitz*. Barcelona: Editorial Anagrama, 2016a.

Chirbes, Rafael. *Paris-Austerlitz. Roman*. München: Antje Kunstmann, 2016b.

Collins, Randall. *Sociology of Marriage and the Family. Gender, Love and Property*. Chicago: Nelson-Hall, 1985.

Dröscher, Daniela. *Zeige deine Klasse. Die Geschichte meiner sozialen Herkunft*. Hamburg: Hoffmann und Campe, 2018.

Dröscher, Daniela. *Lügen über meine Mutter. Roman*. Köln: Kiepenheuer & Witsch, 2022.

Eribon, Didier. *Retour à Reims*. Paris: Fayard, 2009 [dt.: *Rückkehr nach Reims*. Berlin: Suhrkamp, 2016].

Ernaux, Annie. *L'écriture comme un couteau. Entretien avec Pierre-Yves Jeannet*. Paris: Stock, 2011 [2003].

Eßlinger, Eva. „Wechsel ohne Schwelle. Ein Soziologe kommt zu Besuch". *Autosoziobiographie. Poetik und Politik*. Hg. Eva Blome, Philipp Lammers und Sarah Seidel. Berlin, Heidelberg: Springer/J. B. Metzler, 2022. 193–210.

Ferrante, Elena. *Neapolitanische Saga*. Berlin: Suhrkamp, 2016–2018.

Illouz, Eva. *Der Konsum der Romantik. Liebe und die kulturellen Widersprüche des Kapitalismus*. Frankfurt a. M: Suhrkamp, 2007.

Jaquet, Chantal. *Les transclasse ou la non-reproduction*. Paris: P. U. F., 2014 [dt.: *Zwischen den Klassen. Über die Nicht-Reproduktion sozialer Macht*. Göttingen: Konstanz University Press, 2018].

Jurgensen, Manfred. *Karin Struck. Eine Einführung*. Bern: Peter Lang, 1985.

Klüssendorf, Angelika. *Jahre später. Roman*. Köln: Kiepenheuer & Witsch, 2018.

Kordić, Martin. *Jahre mit Martha. Roman*. Frankfurt a. M.: Fischer, 2022.

Kraus, Chris. *I Love Dick*. Los Angeles: Semiotext(e), 1997 [dt.: *I Love Dick*. Berlin: Matthes & Seitz, 2017].

Lagasnerie, Geoffroy de. *3 – une aspiration au dehors*. Paris: Flammarion, 2023 [dt.: *3 – Ein Leben außerhalb*. Frankfurt a. M.: Fischer, 2023].

Lammers, Philipp und Marcus Twellmann. „Autosociobiography: A Travelling Form". *Comparative Critical Studies* 20.1 (2023): 47–68.

Linck, Dirck. „Die Politisierung der Scham. Didier Eribons *Rückkehr nach Reims*". *Merkur* 808 (2016): 34–47.
Lotman, Jurij M. „Über die Semiosphäre". *Zeitschrift für Semiotik* 12.4 (1990): 287–305.
Louis, Édouard. *Changer: méthode*. Paris: Éditions du Seuil, 2021a [dt.: *Anleitung, ein anderer zu werden*. Berlin: Aufbau, 2022].
Louis, Édouard. *Combats et métamorphoses d'une femme*. Paris: Éditions du Seuil, 2021b [dt.: *Die Freiheit einer Frau*. Frankfurt a. M.: Fischer, 2021].
Louis, Édouard. *Qui a tué mon père*. Paris: Éditions du Seuil, 2018 [dt.: *Wer hat meinen Vater umgebracht*. Frankfurt a. M.: Fischer, 2019].
Louis, Édouard. *En finir avec Eddy Bellegueule*. Paris: Éditions du Seuil, 2014 [dt.: *Das Ende von Eddy*. Frankfurt a. M.: Fischer, 2016].
Luhmann, Niklas. *Liebe als Passion. Zur Codierung von Intimität*. Frankfurt a. M.: Suhrkamp, 1984.
Melle, Thomas. *3.000 Euro. Roman*. Berlin: Rowohlt, 2014.
Menden, Alexander. „Raubtierkapitalist als Märchenprinz: ‚Pretty Woman'". *Süddeutsche Zeitung*. 03.02.2021. https://www.sueddeutsche.de/panorama/alte-lieblingsfilme-pretty-woman-indiana-jones-e-t-steven-spielberg-roberto-benigni-1.5193861 (21. September 2023).
Messina, Marion. *Fehlstart. Roman*. München: Hanser, 2020.
Reichenbach, Roland. „Über Bildungsferne". *Merkur* 795 (2015): 5–15.
Rooney, Sally. *Normal People*. London: Faber & Faber, 2018.
Struck, Karin. *Klassenliebe. Roman*. Frankfurt a. M.: Suhrkamp, 1973.
Theweleit, Klaus. *Objektwahl (All You Need Is Love ...). Über Paarbildungsstrategien & Bruchstück einer Freudbiographie*. Basel, Frankfurt a. M.: Stroemfeld, 1990.
Twellmann, Marcus. „Assemblage (Collage, Montage): für einen neuen Formalismus". *Deutsche Vierteljahrsschrift für Literaturwissenschaft und Geistesgeschichte* 93.2 (2019): 239–261.
Twellmann, Marcus. „Autosoziobiographie als reisende Form. Ein Versuch". *Autosoziobiographie. Poetik und Politik*. Hg. Eva Blome, Philipp Lammers und Sarah Seidel. Berlin, Heidelberg: Springer/J. B. Metzler, 2022. 91–115.

Dariya Manova

Heimkehr, Fremdkehr und Heimsuchung in Deniz Ohdes *Streulicht* und Fatma Aydemirs *Dschinns*

Reisen sind in der Literatur ein Ausweg aus einem routinierten Status quo, eine Unterbrechung des Alltags, sie ermöglichen als Grundstrukturen von Abenteuergeschichten, Heldenreisen und Bildungsromanen Transformation, Bewusst- oder Erwachsenwerden einer Figur. Sie bieten jedoch auch eine Außenperspektive auf das Zurückgelassene, Freiraum für Reflexion und Erinnerung sowie für Vergleiche des bekannten Eigenen mit dem fremden Neuentdeckten. Während im neunzehnten und frühen zwanzigsten Jahrhundert eine zu Auswanderung und touristischen Reisen ermutigende oder diese ersetzende deutschsprachige Reiseliteratur kursierte (Brenner 1991, Reif 1989), die fremde Gegenden den am heimischen Herd verbliebenen Leser:innen durch exotisierende Beschreibungen vorstellen sollte, sind die Reisen der aktuellen, postmigrantischen Gegenwartsliteratur (Neumann und Twellmann 2023) häufig Rück- und Heimreisen. Gereist wird dabei zu Heimatorten und Ursprungserzählungen, die sich auf den Ebenen der eigenen raumzeitlichen Biografie, der Familiengenealogie sowie der nationalen, ethnischen, religiösen, sprachlichen, Gender- und Klassenzugehörigkeit als falsch, trügerisch und doch beharrlich herausstellen. ‚Herkunft' wird in diesen Generationen- und Familienerzählungen, die durch Migration, Flucht und sozioökonomische Diskriminierung geprägt sind, als identitätsstiftende Kategorie zwar in Frage gestellt, doch gerade im Erzähl- und Erinnerungsprozess einer Reise in die räumliche Vergangenheit wird sie gleichzeitig reaktiviert. Dadurch verhält sich der Begriff der Herkunft symmetrisch zum Begriff der Heimat, er drängt sich gerade dann auf, wenn seine Bedeutung destabilisiert wird. Dass die Frage nach der Herkunft durch eine lineare Erzählung oder ein Zurückverfolgen der eigenen Spuren bzw. der Spuren der Familie nur lückenhaft zu beantworten ist, zeigt die Figur der Heimkehr greifbar und prägnant. Denn wohin soll und kann man zurück, wenn die eigene Herkunft schwer verortbar ist oder wenn die geographischen Koordinaten den kulturellen, sprachlichen und religiösen nicht entsprechen?

Die Pluralisierung möglicher Antworten auf die Herkunftsfrage in der Gegenwartsliteratur wurde bisher in der Öffentlichkeit und Forschung mit dem Begriff der Identitätspolitik und mit den Kategorien *gender*, *class* und *race* fassbar gemacht.[1] Die autobiografischen Züge einer Großzahl der meist icherzählten Herkunftsprosa sowie ihr Anspruch auf strukturelle Repräsentativität haben wiederum Vergleiche mit der Gattung der Autosoziobiografie nahegelegt (Blome 2020). Denn nicht nur in den Texten von Annie Ernaux, Didier Eribon und Pierre Bourdieu, auch in der deutschsprachigen Gegenwartsliteratur (u. a. von Daniela Dröscher, Anke Stelling, Christian Baron oder Saša Stanišić) dient die eigene oder eine individuelle Herkunftsgeschichte als Mittel einer authentischen, weil intimen, Aufdeckung der kollektiven Vergangenheit, einer gesellschaftlichen Genealogie und einer Gegenwartsdiagnose.

Der Standpunkt, den die Protagonisten der autosoziobiografischen Geschichten in der deutschsprachigen, aber auch westeuropäischen Literatur einnehmen und aus dem heraus sie ihre Vergangenheit nachvollziehen, ist meist ein bereits privilegierterer. Denn die Figuren haben ihre räumlichen und symbolischen Herkunftsorte hinter sich gelassen und sind als Ausnahmeerscheinungen und den strukturellen Hürden zum Trotz in der Bildungs- und Klassenhierarchie aufgestiegen (Blome 2020, 561). Der persönliche Aufstieg aus proletarischen, migrantischen, provinziellen Verhältnissen in ein urbanes, akademisch gebildetes bürgerliches Milieu ist zwar einerseits ein Beweis für die Durchlässigkeit der Milieugrenzen, andererseits jedoch verfestigt er diese erneut durch seinen Ausnahmecharakter.

Der persönliche Aufstieg und die Herkunft werden in den kanonischen Texten der Autosoziobiografie und bei ihren deutschsprachigen Erben durch zeitliche Rückblenden erzählt, aber auch durch die Handlungsstruktur einer physischen Rück- oder Heimkehr verhandelt (Blome 2020, 547). Die Figuren der Rückkehr stellen sich neben den Aufstiegsnarrativen als geradezu konstitutiv für das Genre der Autosoziobiografie heraus (Böttcher 2023, 483). Sie bieten eine trügerisch einfache Herkunftsgeschichte an und sind eine Strategie der Vergegenwärtigung des Vergangenen, die einen Erzählakt motiviert oder gar einfordert.

Nostos (griech. Heimkehr) ist in der Literatur seit dem Mittelalter ein topisches Element der Abenteuersuche – denn jedes Abenteuer ist erst mit der Rückkehr zum Ausgangspunkt und der Reintegration des Helden in die Gesellschaft abgeschlossen (Weddige 2017, 196). Die Heimkehr ist gleichzeitig auch der Zeitpunkt, in dem die erlebten Abenteuer zu Geschichten verarbeitet und Teil eines Rückkehrrituals werden. Bereits Odysseus muss sich durch die narrative Vergegenwärtigung der überstandenen Gefahren als Held ausweisen und durch den Erzählakt seinen alten Platz in der Gesellschaft wiederfinden beziehungsweise einen neuen

---

1 Vgl. die Sammlung zu „Identity Boom in Contemporary Literature" der Zeitschrift *Genealogy and Critique* und das Sonderheft des *Internationalen Archiv für Sozialgeschichte der deutschen Literatur* 48.2 (2023) (Themenheft: „Postmigrantische Perspektiven in der deutschen Peripherie").

erringen.² Erzählen ist im Prozess der Heimkehr eine Bedingung der Reintegration und wirkt „sozial stabilisierend" (Eßlinger 2018, 121). Diese Motivik weisen zwar auch die Kriegsrückkehrerzählungen aus dem neunzehnten, zwanzigsten und einundzwanzigsten Jahrhundert auf. Doch wird in der Literatur der Moderne die Figur der Heimkehr mehrfach problematisiert (Steinbrink 1983, 79–80). Die Zweifel über die Abgeschlossenheit der Reise und die Endgültigkeit der Heimkehr entwickeln sich zu ihrem zentralen Anliegen (Eßlinger 2018, 123).

Grund für die Verunmöglichung der Heimkehr in der modernen Literatur ist eine beschleunigte Zeitlichkeit und das Gefühl einer immerwährenden Veränderung. Nichts bleibt gleich – weder der zurückgelassene Ort und seine Bewohner noch der Held selbst. Die persönlichen und gesellschaftlichen Transformationen gefährden die Reintegration. Somit weist die Erzählfigur der Heimkehr und ihre Entwicklung strukturelle Nähe zur Geschichte des Abenteuernarrativs sowie zur literarischen Karriere der Initiationsreise auf (Freese 1971).

Ausgehend von dieser Überlegung möchte ich im Folgenden an Deniz Ohdes Romandebüt *Streulicht* (2020) und Fatma Aydemirs *Dschinns* (2022) zwei unterschiedliche Arten der Heimkehr untersuchen und fragen, wie Gegenwartsliteratur neben der vertikalen Bewegung eines Aufstiegs auch mit der horizontalen Bewegung einer Rückkehr umgeht. Wie imaginiert der aktuelle Gegenwartsroman die Heimkehr? Während Ohdes Debüt als autofiktional zu lesen ist, aber nicht explizit die eigene Geschichte als eine kollektive präsentiert, ist Aydemirs *Dschinns* ein fiktionaler Roman, der sich durch die Pluralität der Stimmen um ein Panorama der postmigrantischen Gesellschaft bemüht. Die Herkunftsnarrative, die Ohde und Aydemir entwickeln, lassen sich jedoch schwer als Subgenre der Reiseliteratur verstehen (Kindinger 2015, 60), denn in beiden spielt die Fortbewegung und die Reise kaum mehr eine Rolle. Sie wird in der Diegese übersprungen und ist nicht mehr eine transformative Erfahrung, die die Auseinandersetzung und Überwindung von Hindernissen herbeiführt. Somit verhandeln die Romane die Frage nach der Herkunft als eine Frage, die zwischen Dynamik und Stillstand, Reise und Sesshaftigkeit, „routes and roots" (Hirsch und Miller 2011, 6) oszilliert.

Die Ambiguität der Heimkehr führen beide Romane vor, indem sie die Heimkehr als der Realität enthoben und mythisch stilisieren. Während bei Ohde eine Ich-Erzählerin sich mit den märchenhaften Ursprungserzählungen der Eltern auseinandersetzt, sind es bei Aydemir die Eltern, die sich für ihre nostalgischen Sehnsüchte und deren Folgen für die Leben der Kinder vor geisterhaften Stimmen verantworten müssen.

---

2 Susanne Gödde arbeitet heraus, dass dies keineswegs eine Problemlage der Moderne, sondern bereits in Homers *Odyssee* als grundlegende Gattungsfrage angelegt ist (vgl. Gödde 2018).

1.

„Wenn es nichts wird, kommst wieder heim." (Ohde 2020, 285) So verabschiedet der Vater die Protagonistin und Erzählerin auf der letzten Seite von Deniz Ohdes *Streulicht* und schlägt damit eine Brücke zum Anfang des Romans. Denn die von Ohde erzählte Geschichte beginnt mit der Rückkehr der namenlosen Ich-Erzählerin zu ihrem Heimatort in einem ebenso namenlosen westdeutschen Industriegebiet. Anlass dafür ist die Hochzeit ihrer Schulfreunde Pikka und Sophia.

Im Heimatort, an dem der Industriepark der Hauptarbeitgeber und infrastruktureller Mittelpunkt ist, hält sie es nicht lange aus. Von der Rückkehr auf der ersten Seite bis zur überstürzten Abreise auf der letzten vergeht ein Tag. Ursprünglich hätte der Aufenthalt zwei Tage länger sein müssen, doch nach der Hochzeit der Freunde entscheidet sich die Protagonistin, abrupt abzureisen, zurück in die Großstadt, in der sie ein praxisfernes geisteswissenschaftliches Fach studiert hat. Daraufhin kommen auch die Trostworte des Vaters.

Die Rückkehr in die Heimatstadt und die Wiederbegegnung mit dem Vater nimmt die Erzählerin zum Anlass, die Vorbereitung ihres Auszugs – also ihre Kindheit und Jugend – aufzurufen. Die zurückblickende Ich-Erzählung besitzt jedoch keine evidente Chronologie und Stringenz, sondern ist eine Collage aus Erinnerungen. Ihr Leben in der Großstadt sowie die Hochzeit und die Stunden im heimischen Vorort bleiben dagegen nur lakonisch skizziert. Nicht das Verlassen der Heimatstadt und das Erkunden neuer Orte legitimiert die Protagonistin als Erzählerin und gibt ihr den nötigen Stoff, sondern die Rückkehr. Innerhalb der nicht nummerierten Kapitel liegen zwischen einzelnen Absätzen Jahre oder Monate. Gesprungen wird zwischen Episoden der frühen Kindheit und späteren Jugend, trotzdem nähern sich Vergangenheit und Gegenwart im Laufe des Romans allmählich aneinander an.

Schon die ersten Außen- und Innenraumbeschreibungen leisten eine soziale Verortung – kaum hat die Protagonistin die Schwelle der Stadt überschritten, riecht sie die mit Industrieabgasen belastete Luft. Dieser Sinneseindruck soll jedoch nicht von Dauer sein: „Niemandem hier fällt das mehr auf, und auch mir wird es nach ein paar Stunden wieder vorkommen wie die einzig mögliche Konsistenz, die Luft haben kann." (Ohde 2020, 7) Die fehlende Veränderung und Stillstand kennzeichnen nicht nur die Arbeitergegend, sondern auch das Elternhaus. Dieses verortet die Protagonistin durch die billigen Baumaterialien und Möbel, den abgestandenen Zigarettenrauch, die Unordnung und den Platzmangel in einem bildungsfernen Arbeitermilieu. Der Vater ist im Ort aufgewachsen und hat sein ganzes Berufsleben lang Aluminium im Industriepark gebeizt. Die Mutter, eine Migrantin aus der Osttürkei, hat den trinkenden Vater verlassen und ist inzwischen, wie die Großeltern väterlicherseits, die im Untergeschoß gewohnt haben, verstorben.

Auch wenn das körperliche Gedächtnis die Ankunft erleichtert, deuten die Erinnerungen an Familie, Kindheit und Schulzeit an, dass die Ankunft nicht mit Reintegration oder Zugehörigkeit gleichzusetzen ist. Denn im Gedächtnis der Protagonistin drängen sich vorwiegend Episoden des Ausschlusses und der Differenz auf. Als Trägerin proletarischer und migrantischer Erben und aufgrund des Wunsches, den Ort zu verlassen und zu studieren, rekonstruiert die Protagonistin ihre Vergangenheit im Ort als einen zyklischen Prozess von selbstbestimmter Abgrenzung und fremdbestimmter Ausgrenzung. Die Überschneidung von Migrationsgeschichte und Klassenzugehörigkeit machen die Protagonistin zu einem Beispiel intersektionaler Marginalisierung – im kleinbürgerlichen Milieu der deutschen Arbeiterschaft des Industrieparks und im bildungsbürgerlichen Milieu der großstädtischen Universität. Sogar in den Augen der engsten Freund:innen ist sie eine akzeptierte Fremde, die das „Glück" (Ohde 2020, 120) hat, kein Kopftuch tragen zu müssen und die aus unverständlichen Gründen wegziehen und studieren möchte.

Während der erzählten Zeit von einem Tag rekonstruiert die Protagonistin bruchstückhaft ihre Bildungsbiographie. Der Bildungsweg der Protagonistin korrespondiert dabei mit der Darstellungsform, er ist nicht linear, sondern wird unterbrochen. Sie schafft zwar den Übertritt aufs Gymnasium, scheitert dann aber dort. Ihre Identität bildet sich nicht frei heraus, sondern wird ihr durch dieses in der Geschichte der Schule noch nie vorgekommene Scheitern „entzogen" (Ohde 2020, 133). Reduziert auf ihr Scheitern und auf 35 Kilogramm Körpergewicht muss sie daraufhin zur Abendschule, um die Klasse nachzuholen, dann verspätet aufs Oberstufengymnasium zu gehen und das Abitur zu schreiben. Trotz der Unterbrechung und des Umwegs, der Depression und der Essstörung schafft es die Protagonistin, im Bildungssystem und in der Welt der akademischen Abschlüsse bis zur Universität aufzusteigen.

Ihre Erfolge, die Politik und Soziologie als Klassen- und Bildungsaufstieg bezeichnen würden, machen aus der Erzählerin jedoch keine Heldin. Ganz im Gegenteil sind sie in der Selbsterzählung marginal und wenn hervorgehoben, dann eher als Quelle neuer Probleme und Exklusionserfahrungen. Sie kommt zurück zu Vater und Freund:innen nicht als erfolgreiche Akademikerin oder Großstädterin, die ihr Selbst anders und offener leben und zeigen kann, sondern als eine in ihrem psychischen Fundament verunsicherte Frau.

Angst stellt sich als zentrale Triebkraft für die Handlungen der Erzählerin heraus. Die Angst, als Migrantenkind erkannt zu werden und dadurch mit rassistischen Zuschreibungen wie Faulheit, Unordnung, Unfreundlichkeit, Unverständnis versehen zu werden, zwingt sie dazu, ihre Handlungen im Sinne eines vorauseilenden Gehorsams an Verboten und Vorschriften auszurichten: „Ich las die Ausschilderungen auf der Straße und die Informationstafeln an den Bahnhöfen, damit ich niemanden nach dem Weg fragen musste; vor allem las ich die Verbotsschilder." (Ohde 2020, 119) Die Angst, die Eribon als „soziale Scham" (2021, 19) bezeichnet, und die Fremdzuschreibungen aus ihrer Umgebung füllen die Lücke ihrer fehlenden Identität.

Die Suche der Protagonistin nach einer positiven Identität scheitert immer wieder. Sie kann sich in den erinnerten Episoden nicht artikulieren, sondern gibt sich mit den entmündigenden Zuschreibungen, gut und schlecht gemeinten Hinweisen, Ratschlägen, Urteilen von ihren nächsten Freund:innen, von Lehrer:innen, von den eigenen Eltern ab: Sie würde nicht selber denken wollen und ihre Erfolge würden nur durch das gesenkte Niveau möglich gemacht. Die poröse Identität der Protagonistin findet in der Schwierigkeit Ausdruck, als Teil einer Schulaufgabe, sich selbst zu beschreiben und in der Unmöglichkeit, das Wort für sich zu ergreifen und sich gegen die Fremdzuschreibungen in Alltagssituationen zu verteidigen. Die Namenlosigkeit der Protagonistin ist bis zum Ende des Romans Programm – bis auf die Auskunft über ihre zwei Namen – einen offiziellen, deutschen, Tür öffnenden A-Namen und einen geheimen und verbotenen K-Namen. Die Anonymität suggeriert nicht den Wunsch, die eigene Identität zu verstecken, sondern verweist auf eine Leerstelle.

Die Erinnerung an eine häufige Tagträumerei ist Indiz dafür, dass sich die Erzählerin selbst seit ihrer Kindheit nach der Welt außerhalb des Vororts gesehnt hat. In dieser ist sie nicht mehr Außenseiterin, sondern die Hauptdarstellerin eines Films oder gar eine Märchenfigur (Ohde 2020, 21). Ihren Wunschvorstellungen schenkt sie ähnlich wie einer Selbstbeschreibung kaum Erzählraum, auch diese scheinen wie ihre Identität unterbestimmt zu sein: Die weiten Felder, bevölkerten Wohnviertel und immer brennenden Fensterlichter, von denen sie träumt, versprechen eine Freiheit und die Möglichkeit zur Teilnahme. Sie bestimmen im Umkehrschluss den Herkunftsort als räumlich und psychisch einengend. Die Verkörperung dessen ist Pikka, der ebenfalls aus einer Arbeiterfamilie kommend das Fantasiepotenzial der Frage nach dem „späteren" Leben missversteht und anstatt des von der Protagonistin verlangten „Märchens" pragmatisch die in der Region angebotenen Ausbildungen aufzählt.

Eine märchenhafte Erzählung von einer Zukunft wird ihr zwar verwehrt, die Vergangenheit der Mutter eröffnet jedoch einen Erinnerungsraum, in den sich Ohdes Protagonistin stattdessen hineinträumen kann. Die mütterliche Erzählung vom kleinen Dorf am Meer klingt „wie ein Märchen" (Ohde 2020, 45), weil das Dorf der vor- und nichtindustrielle Gegensatz des eigenen Vororts ist und weil es für die Erzählerin keine reale Referenz hat. Das Dorf samt der nicht beherrschten Muttersprache liegen außerhalb ihrer Erfahrungswelt. Die Bedingung des Märchenhaften ist bei der Protagonistin das fehlende Wissen über die eigene Mutter und ihre Herkunft:

> Es war eine Unwissenheit, die weit hinreichte in meine Vergangenheit, weit über den Zeitpunkt meiner Geburt hinaus, die gekoppelt war an helle staubige Straßen an Berghängen entlang, die ich noch nie im Leben gesehen hatte, die aber meinem Aderlauf entsprachen, die Luft klar, aber in der Mittagshitze drückend […]. (Ohde 2020, 41–42)

Die Unwissenheit über die Herkunft der Mutter, die qua Geburt zur Herkunft der Erzählerin gemacht wird, erlebt die Protagonistin in der Schule weniger als Märchen, sondern erneuten Grund zur Scham. Im von der Mutter aufgezwungenen Türkischunterricht kann sie sogar den eigenen Namen nicht korrekt aussprechen:

> Ich konnte die Sprache meiner Mutter nicht sprechen, aber das galt nicht. Jeden Mittwochnachmittag schickte sie mich zum Schreibunterricht. Er fand im Keller der Schule statt für ein paar ausgewählte Kinder, die alle über die Scherze des Lehrers lachten, ich verstand sie nicht, aber ich lachte mit, aus Verlegenheit. Ich war die Einzige, die ratlos Kringel auf das linierte Papier zeichnete, als wären die Buchstaben Hieroglyphen. Wenn ich meinen Namen sagte, berichtigte der Lehrer meine Aussprache. (Ohde 2020, 42)

Nicht nur die Wege zurück in die Arbeiterklasse sind versperrt (Böttcher 2021, 305). Auch die Wege zurück zum Heimatort der Mutter sind abgeschnitten. Sprachlich und kulturell ist die Genealogie zurück in das namenlose türkische Bergdorf gekappt, genauso wie der Zugang zum eigenen „geheimen Namen", der den Bezug zu diesem fremden Ort verrät. Dabei ist der Protagonistin selbst die Deutungs- bzw. Aussprachehoheit über ihren Vornamen durch den Türkischlehrer abgesprochen, der sie stets korrigiert.[3]

Die einzige Verbindung zum märchenhaften Land der Mutter ist eine religiöse: die Dschinn[4] – die guten Geister, die bereits die Großmutter als Beschützer der Familie heraufbeschworen habe. Diese würden, so die Erzählungen der Mutter, böse Blicke abwenden und das Meer mit sich bringen: „Nachts sitzen sie um dein Bett, aber du musst keine Angst haben, du kannst sie nicht sehen, die halten Wa-

---

[3] Zu den zwei Namen der Protagonistin – dem Öffentlichen und dem Geheimen – kommt noch der Umstand dazu, dass einer davon unterschiedlich ausgesprochen werden kann. Dies könnte auf die Autofiktionalität des Textes verweisen. Denn der Vorname der Autorin, „Deniz", wird im Türkischen mit einem kurzen, im Deutschen jedoch mit einem langen „i" ausgesprochen. Durch die am Französischen orientierte deutsche Aussprache wird der Vorname, folge man den Ausführungen der Protagonistin, zum offiziellen und vorzeigbaren, westlichen Namen. Die türkische Aussprache dagegen verbannt sie dagegen aus dem Kreis der bürgerlichen Muttersprachler:innen und macht sie zu einer Person, die in Deutschland nur zu Gast ist. Für den Hinweis danke ich Dominik Zink.
[4] Ohde und Aydemir nutzen unterschiedliche Pluralformen für die Geister, die die fiktionalen Familiengeschichten begleiten.

che, damit du ruhig schlafen kannst, alle bösen Geister halten sie von deinem Bett fern." (Ohde 2020, 46)

In Opposition zur märchenhaften Vergangenheit der Mutter sind die Spuren der väterlichen Vergangenheit leicht im selben Industrieparkvorort personell und räumlich nachzuverfolgen. Der Vater ist nicht nur an den Ort gebunden, er scheint sich ähnlich wie dieser nicht zu verändern, indem er sich an nutzlosen Erinnerungsstücken und Ramsch klammert. Für den Vorort sowie für den Vater ist die Zukunft kein Versprechen auf Veränderung, sondern nur das Gesetz des Verfalls und des Alterns: „Alles wurde älter und älter und verfiel, nichts verging, nichts starb und fing von vorne an, auch nicht, wenn man es mit Gewalt versuchte […]." (Ohde 2020, 21) Deswegen gilt für Ort und Vater die Erinnerung an die Vergangenheit als die einzige Möglichkeit für Gegenwart und Zukunft. Die verklärten und romantisierenden Erinnerungen des Vaters an eine „Vorzeit" (Ohde 2020, 211), die sich in einer Stadtchronik materialisieren, machen auf seine Tochter einen trostlosen Eindruck:

> Die vom Geschichtsverein des Stadtteils mühsam zusammengestellte Chronik über den Ort liegt neben ihm auf dem Küchentisch, auf weißem Kopierpapier gedruckt und in A4 gebunden, mit pixeligen Abzügen von Schwarz-Weiß-Aufnahmen, Frauen in Schürzen, die vor dem Haus stehen. Immer wieder sein *wie es früher war*. (Ohde 2020, 11, Hervorhebung i. O.)

Zwar deutet die lange Retrospektive der Protagonistin auch auf eine Vergangenheitsbesessenheit, die sie näher an den Vater rücken würde. Doch die Außenperspektive, die sie einnimmt, bleibt ihrem Vater fremd. Die vom Vater erlernte Haltung einer „ängstliche[n] Teilnahmslosigkeit" (Ohde 2020, 7) behält sie als Überlebensstrategie in ihrer Heimat bei. Im Laufe des Romans wird jedoch aus der Teilnahmslosigkeit aus Angst eine bewusst nicht teilnehmende Beobachtung. Der Ausschluss und die Ausgrenzung ergeben die Analyse ermöglichende Distanz.

In der Fähigkeit, die die Erzählerin mit der ersten Seite des Romans ausbildet, nämlich ihre Vergangenheit nach Antworten und Erklärungen zu durchsuchen, ähnelt sie der Mutter, die selbst aus dem geliebten, aber allzu beschaulichen Dorf ausgebrochen war: „Ich habe es geliebt, mein Dorf, aber ich habe mich auch gefragt, ob das alles ist. Soll ich mein Leben lang nur das sehen, habe ich mich gefragt." (Ohde 2020, 46) Während die Mutter ihren Herkunftsort als „Heimat" im Sinne eines identitätsstiftenden, emotional besetzten aber prekären Raumes[5] anerkennt, findet sich in den Erinnerungen oder aber in der Rückkehrerfahrung der Protagonistin weder Nostalgie noch Freude über die Rückkehr. Vielmehr lässt

---

5 Vgl. zur Vielschichtigkeit des Heimat-Begriffs Peter Blickle: *Heimat. A Critical Theory of the German Idea of Homeland* (2002) und Anja Oesterhelt und Beate Althammer: *German „Heimat" in the Age of Migration, An Introduction* (2021).

sich ihr Aufenthalt im väterlichen Haus und im Industrievorort als die Begegnung mit einer „unheimlichen Heimat" charakterisieren – ein Konzept, das auf das von Freud schon untersuchte Verhältnis zwischen heimlich (bekannt, vertraut, heimelich) und heimlich (versteckt, verborgen) zurückgeht (1963, 45–53) und dieses auf die Phänomene der politischen und transzendentalen Heimatlosigkeit, auf Exil- und Fluchterfahrung überträgt (Blickle 2020; Anz 2020).

Die Unheimlichkeit der Heimat bei Ohde besteht gerade darin, dass der Herkunftsort nicht als Heimat erfahren wird. Er ist zwar vertraut – die Protagonistin erkennt die Schau- und Spielplätze ihrer Kindheit wieder – doch er war und bleibt ein Ort, zu dem sie sich nicht zugehörig fühlt und den sie möglichst bald verlassen will. Das Unheimliche der Heimat besteht aber auch darin, dass sich die Protagonistin erneut mit ihrer Familiengeschichte auseinandersetzen muss, die heimlich im zweiten Sinne des Wortes ist. Bei der Wiederkehr erinnern sie Ort und Vater an die bis jetzt verdrängten Erfahrungen des Ausschlusses, an den Verlust der Mutter, an die fehlende Nähe zu den Eltern und die versäumten Chancen, sich zu verteidigen und die Stimme für sich zu erheben. Denn um dies zu tun, muss die Erzählerin begreifen, dass sie eine Stimme und damit Macht besitzt (Bourdieu 2021, 642).[6]

Das Unheimliche der Heimat ist ein Gefühl und eine Stimmung, die die Erzählerin durch die Beschreibung peripherer Räume und ihrer eigenen peripheren Lage (Böttcher 2023) erzeugt. Die Eigenerzählung ist hier nicht an Vater und Freunde gerichtet und bezweckt nicht die Wiedererkennung und Reintegration, sie ist die endgültige Loslösung von Ort, Vater und Freunden und somit die Voraussetzung für das Herausbilden einer neuen Identität.

Die Eigenerzählung, die Ohdes Roman ausmacht, ist eine Antwort auf die Fragen, die geisterhaft Mutter, Vater und Tochter heimsuchen. Zuerst sind es unerklärliche Geräusche, die die Krankheit der Mutter ankündigen: „Sie hörte Dinge, die nicht da waren" (Ohde 2020, 46). Später schaltet der Alkohol die Stimmen der Reue frei, die den Vater daran erinnern, sich nicht für sich und seine Tochter an der Schule eingesetzt zu haben: „Warum hast du nichts gesagt? Wieso hast du dagesessen und dir das alles angehört?" (Ohde 2020, 215–216) Kurz vor der Abreise hört die Protagonistin selbst eine Vielfalt an Stimmen, die in einer später als Traum herausgestellten Sequenz sie immer aufdringlicher und verzweifelter fragen: „Wieso hast du dich nicht gewehrt?" (Ohde 2020, 256) Zwar ist die Protagonistin die alleinige Erzählerin ihrer Geschichte, allerdings sorgen erst die unheimlichen Stimmen, die ihre Erzählung unterbrechen, für die notwendigen Höhepunkte von Wut, Reflexion und Widerstand, die sie letztlich zur erneuten, verfrühten

---

[6] So argumentiert auch Philipp Böttcher über Anke Stellings Roman *Schäfchen im Trockenen* (vgl. Böttcher 2021, 287).

Abreise motivieren. Unter den Stimmen ihrer alten Lehrer:innen erheben sich auch solche, die die Erzählerin nicht identifizieren kann: „ich war mir nicht sicher, wer es war" (Ohde 2020, 252). Diese anonymen Stimmen verlangen von der Protagonistin Antwort und Erklärung, bis sich eine weitere Stimme in ihr Bewusstsein schiebt, „mit der ich nie jemand sprechen gehört hatte" (Ohde 2020, 256). Die unbekannte Stimme adressiert nicht die Protagonistin, sondern den Lehrer aus ihrer Erinnerung und fragt ihn nach den strukturellen Gründen für Erfolg und Scheitern im Schulsystem: „Für wen ist das Netz gebaut. Für wen ist es ein Fangnetz, und für wen ist der Abgrund darunter abgestimmt." (Ohde 2020, 256)

Die Antworten des Lehrers bleiben aus, doch in den Fragen ohne Fragezeichen scheinen die erwarteten Antworten der Ich-Erzählerin und somit die Frage durch, ob die unbekannte Stimme ihre neugefundene ist, oder ob sich hier die Schutzgeister aus der mütterlichen Legende zu Wort melden. Zwar überwindet sie durch den Erzählakt und die Gegenrede die Isolation und macht ihre Erfahrung verallgemeinerbar, die Abstraktion der persönlichen Geschichte zu einem repräsentativen Fall wird jedoch weiterhin der Leserschaft überlassen.

Das Ende des Romans ist der Anfang der Heldenreise der Erzählerin (Campbell 1999). Dadurch stellt der Roman die geschlossenen Kreisstrukturen von Abenteuernarrativen und Transformations- und Initiationsreisen in Frage. Er verunsichert aber auch die potenziell inflationäre Gleichsetzung von Reise und Transformation/Initiation – nicht jede Reise ins Unbekannte ist eine abenteuerliche und nicht jede Heimkehr ist der Abschluss einer solchen Reise unter veränderten Bedingungen. Ganz im Gegenteil ist hier die Rückkehr zum Bekannten Auslöser eines Abenteuers und einer Reise in Erinnerungen. Erst die zweite überstürzte fluchtartige Abreise vom Heimatort stellt den Übergangsritus dar, den Übertritt über die Schwelle ins Unbekannte.

So bietet Ohdes Rückkehrgeschichte keine Wiederentdeckung eines verlorenen Ursprungs. Heimkehr ist keine Neudefinition der Kategorien „eigen" und „fremd" (Sicks und Juterczenka 2011, 19), sondern überhaupt die Bedingung für das Herausbilden einer Identität. Heimkehr ist bei Ohde, um es mit Ilija Trojanow zu formulieren, eine „Fremdkehr". Aber nicht weil, wie Trojanow erklärt, die Heimat sich in der Zwischenzeit so verändert hat, dass sie einem fremd geworden ist (2017, 79), sondern weil die Heimat, also der Herkunftsort der Protagonistin, schon immer fremd war. Erst in der erneuten Abreise soll sich das Eigene konstituieren.

Ohdes Erzählerin gelingt die Rückkehr nicht, ihr gelingt dagegen das Sich-Freisprechen bzw. Sich-Freierzählen von den Identitätsangeboten von Ort und Eltern. Die Ursprungserzählung des Vaters als Mitglied des Arbeitermilieus, die von der Stadtchronik repräsentiert wird, und die Ursprungserzählung der Mutter, die in der Märchenvorstellung von Schutzgeistern gipfelt, führen die Erzählerin in Sackgassen. „Du kannst doch auch hierbleiben" (Ohde 2020, 220) lautet der Vorschlag des Kindheitsfreundes Pikka, den man mit dem Aufruf der Sirenen vergleichen könnte, die mit ihrem magischen Gesang Odysseus zwingen wollen, sich vom Schiff nach Ithaka zu lösen und bei ihnen zu verweilen. Doch das Bild, das Pikka der Protagonistin von einer möglichen Zukunft im Ort vormalt, ist das Bild einer Zukunft in der unglücklichen Vergangenheit und für die Erzählerin wenig attraktiv.

Die Dynamik zwischen Ich-Erzählung und Ursprungserzählung, zwischen Epos und Mythos beobachten schon Max Horkheimer und Theodor Adorno in ihrer Lektüre von Homers *Odyssee* als geglückte Heimkehr und Heimatfindung – geglückt gerade durch das Ablehnen der betörenden, mythischen, barbarischen Gesänge der Sirenen und das Entgegenhalten einer epischen, ordnenden, zivilisierten Ich-Erzählung. Heimat sei „das dem Mythos erst Abgezwungene" (Horkheimer und Adorno 2011, 86). Heimat sei „das Entronnensein" (Horkheimer und Adorno 2011, 86) von den Versuchungen der mythischen Kräfte und ihren triebhaften, regressiven Versprechen. Erst in der Auseinandersetzung mit den Mythen und Versprechen einer Vorzeit bildet sich das Selbst heraus (Horkheimer und Adorno 2011, 53). In diesem Sinne muss auch Ohdes Erzählerin zurückkehren, um die Ursprungserzählungen ihrer Eltern zu rekonstruieren und ihnen den Rücken mittels einer Ich-Erzählung erneut zu kehren. Das Heraufbeschwören einer Heimat ist für die Erzählerin von Anfang an erkennbar als nicht tragbarer Mythos erkennbar, umso dringender braucht sie ihre eigene Geschichte, um eine zukunftsorientierte Perspektive für sich zu eröffnen. Diese befreit sie aus der Isolation der einsamen Heldin (Martella 2011, 303), selbst wenn sie zum Schluss mit ihrem schnell gepackten Rucksack, einer Nomadin ähnlich, wieder das väterliche Haus verlässt.

2.

In Fatma Aydemirs zweitem Roman *Dschinns* (2022) stellt eine ähnlich unmögliche Rückkehr den Rahmen für die Geschichte einer türkisch-deutschen Familie dar. Bereits Aydemirs erster Roman *Ellbogen* (2017) erzählte von einer falschen Rückkehr – der unfreiwilligen Fremdkehr eines 17-jährigen Mädchens aus Berlin, das nach einem von ihm verursachten tödlichen Unfall ins unbekannte Heimatland ihrer Eltern, in die Türkei flieht. Während die Jugendliche selbst ihre Geschichte erzählen darf, vereint *Dschinns* die individuellen Geschichten aller Familienmitglieder. Die Familie setzt sich aus Hüseyin und Emine, kurdischen Migranten, und ihren fünf Kinder zusammen – Sevda, Hakan, Peri, Ümit und der von den Kindern für früh verstorben gehaltenen erstgeborenen Sevda, die den Namen mit ihrer Schwester teilt. Auch in *Dschinns* kehren die Figuren nach Istanbul in eine Heimat zurück, die sie nicht kennen – die ältere Generation, weil sie aus dem Osten des Landes stammt und die jüngere, weil sie in Deutschland aufgewachsen ist und Istanbul nur „von Postkarten" kennt (Aydemir 2022, 18).[7]

Die Reise der Familie erzwingt ein tragischer Vorfall, mit dem der Roman einsetzt: Hüseyin hat nach jahrzehntelanger Arbeit in unterschiedlichen Fabriken in Westdeutschland das gesparte Geld in eine Eigentumswohnung in Istanbul investiert, ist der Familie vorausgeeilt und hat die neue Wohnung für seine Rentenzeit dort eingerichtet. Gerade sind die Arbeiten an der Wohnung abgeschlossen und Hüseyin wartet ungeduldig auf die Ankunft seiner Frau und Kinder. In der Wohnung materialisiert sich nicht nur seine mühsame Arbeit als Gastarbeiter in einem gleich als fremd und kalt charakterisierten Land, sondern auch der nicht ausgesprochene Traum, dass nicht nur er und seine Ehefrau, sondern gleich auch Kinder und Enkelkinder in Istanbul einen verlorenen Sehnsuchtsort erkennen und dort bleiben werden. Voller schmerzvoller Erinnerungen an die schwere Zeit und die bald kommende Erlösung bekommt Hüseyin einen Herzinfarkt und stirbt, bevor seine Familie aus Deutschland anreisen kann. Sein Tod und die baldige Beerdigung sind der Grund, dass Emine und die vier Kinder in die Türkei fahren.

In den Geschichten der einzelnen Mitglieder zeigt sich Hüseyins Familie als eine mehrfach marginalisierte. Denn Hüseyin und Emine sind als Türken in Deutschland nur als Arbeiter willkommen, sie sind aber auch Kurden und werden als solche in der Türkei und in der türkischen Minderheit in Deutschland ausgegrenzt. Der obligatorische Militärdienst in der Türkei hat Hüseyin selbst zum Täter gemacht und wurde zum Grund des Kurdischverbots in der Familie und der Verheimlichung der eigenen ethnischen Identität. Als junge Menschen im dörflichen Osten haben sich Emine und Hüseyin den eigenen Eltern und den konservativen Vorstellungen des Ortes unterworfen und versuchen diese auch den eigenen Kindern aufzuerlegen. Diese müssen dann nicht nur außerhalb, sondern auch innerhalb der Familie Sexismus, Misogynie und Homophobie erleben. Die älteste Tochter Sevda darf sogar am Ende des Romans erfahren, dass die erstgeborene und totgeglaubte Schwester damals nicht gestorben ist. Hüseyin und Emine wurden von Hüseyins Eltern überredet, ihr Kind Hüseyins kinderlosem Bruder zu geben. Die Tochter taucht Jahrzehnte später als Transmann auf, verunglückt aber in einem Autounfall und bleibt unbekannt für die Familie. Da jede Figur auf eine je eigene Weise mit klassisch intersektionalen Marginalisierungen zu kämpfen hat und da sich auch das transgenerational wirkende Familientrauma als intersektio-

---

7 *Eure Heimat ist unser Albtraum*, der Essayband, den Aydemir 2019 mitherausgegeben hat und der mehrere Stimmen junger Menschen versammelt, deren Eltern meist vor ihrer Geburt nach Deutschland gekommen sind, beschreibt die Lebenslage der zweiten Generation im Roman, die in Deutschland ausgegrenzt wird und die Türkei nur als Urlaubsziel kennt.

nale Problematik entpuppt, sah sich Iris Radisch veranlasst, Aydemirs Roman als Tendenz- und Thesenliteratur zu kritisieren (2022).

Die Kinder von Hüseyin und Emine treten zwar nicht als Ich-Erzähler:innen der eigenen Geschichte auf, sie bekommen jedoch durch interne Fokalisierung und zahlreiche Gedankenberichte eigene Stimmen innerhalb der Diegese. Ihre persönlichen Träume und Traumata werden von einer heterodiegetischen Erzählstimme in jeweils einem Kapitel in erinnerten Rückblicken, inneren Monologen und aktuellen Dialogen entpackt. Hüseyins Tagträume gehen nach seinem Tod nicht in Erfüllung, denn kaum angekommen brechen die Kinder bis auf Sevda und Emine nach Antalya auf, um sich von der tristen Atmosphäre der neuen Wohnung und dem Tod des Vaters abzulenken. Die Distanz, die sie zum Land der Eltern haben, und das Unwissen über die dunkle Familiengeschichte scheinen sie gegen die Stimmen der Dschinns ähnlich wie Ohdes Erzählerin immun zu machen.

Die Geister, die diese Rückkehr begleiten, sind nicht mehr Teil einer abergläubischen Herkunftserzählung wie in Ohdes Roman. Sie sind titelgebend, treten im ersten und letzten der sechs Kapitel selbst als heterodiegetische[8] Erzählstimme(n) auf und rahmen dadurch die Handlung. Hier fungieren sie nicht nur als unsichtbare Beschützer, sondern treten in ihrer dämonischen Funktion auf. Die bösen oder guten Geister aus dem Koran, die so unbestimmt seien, dass die Menschen sie mit eigenen Phantasien füllen, so die Erklärung von Peri im Roman (Aydemir 2022, 184–185), sind fragende, widersprechende Stimmen, die die Eltern heimsuchen und ihre Rechtfertigungsversuche stören. Heimkehr wird für die Eltern zur Heimsuchung – während ihre Kinder von den unbekannten Stimmen unbeschwert Istanbul verlassen können, werden Vater und Mutter an diesem Ort von den Fragen und Annahmen eines anklagenden, geisterhaften Ichs festgehalten, das anstatt ihnen spricht und sie in der zweiten Person Singular anredet. Die Stimme nimmt einerseits Hüseyins und Emines jeweilige Perspektive ein, sie ermutigt sie und widerspricht ihnen gleichzeitig, gibt ihnen Handlungsanweisungen und zweifelt ihre Handlungen und Entscheidungen an. Sie spricht aber vor allem die existenziellen und grundlegenden Unsicherheiten aus, die die Figuren vor ihrer Gemeinschaft und vor sich selbst verschweigen.

Bereits erzähltheoretisch ist die Wahl der zweiten Person Singular für eine schwierige Verortung der Erzählstimme prädestiniert (Korte 1987, 180–181). Hinter der Stimme versteckt sich nicht das Ich einer hypothetisch menschlich vorstellbaren Erzählinstanz, sie bleibt körperlos (Fludernik 1993, 222). Denn die Stimme ist nicht Teil der Diegese und es handelt sich nicht um eine Selbstanrede, sie

---

[8] Zu Aydemirs Geistererzählerstimmen als bewusste Verunklarung der Unterscheidung zwischen hetero- und homodiegetischer Erzählung vgl. Dominik Zinks Beitrag in diesem Band.

adressiert mit „Du" weder eine fiktive noch eine reale Leserschaft, sondern eine Figur der erzählten Welt. Dadurch wird die Grenze zwischen der narrativen und figuralen Kommunikation angegriffen und die Fiktionalität und die Exklusivität der Erzählsituation als solche unterstrichen (Korte 1987, 177). Die Leserschaft wird im Akt des Ausfragens und Erzählens missachtet (Martínez und Scheffel 2019, 93–94) und gleichzeitig zum Voyeur des intimen Beieinanderseins von Figur und Erzählinstanz gemacht.

Ob die Erzählstimme im ersten Kapitel des Romans wieder im letzten auftaucht, ob ein Dschinn erzählt oder mehrere, bleibt unklar. Genauso ungelöst ist die Frage nach dem Verhältnis zwischen Figur und geisterhafter Stimme, denn die Stimme präsentiert sich mal als Beobachter und Helfer, mal als Teil des Bewusstseins der Figur:

> [...] du siehst einen Schatten auf die Wand fallen und du spürst kalte Schweißperlen in deinem Nacken, aber du musst dich nicht fürchten, Hüseyin, dieser Schatten, das bin nur ich. Ich verspreche dir, ich werde über deine Familie wachen, wenn sie hier eintrifft, ich gebe dir mein Wort, Hüseyin, ich verspreche es dir, für dich aber ist es nun Zeit zu gehen, daran kann nicht einmal ich etwas ändern. (Aydemir 2022, 20)

So allwissend die Erzählinstanz auch ist, sie ist nicht allmächtig und kann die Figur nur in den Tod begleiten, aber diesen nicht abwenden. Während für Hüseyin ein Schutzgeist zu sprechen scheint, ist bei Emine die Erzählstimme ein Teil von ihr, die das Unaussprechbare formuliert. Die Erzählinstanz übersteigt in beiden Fällen die Grenzen des individuellen Bewusstseins und lässt sich als eine unnatürliche Stimme (Richardson 2006) charakterisieren:

> In der Stille und der Dunkelheit ist nichts mehr außer dir und deinem Röcheln und plötzlich der Gewissheit, dass es zu spät ist, um auf Hilfe zu hoffen. Doch da ist noch etwas, Emine. Du fragst dich, wer ich bin? Das ist nicht wichtig, Emine. Die eigentliche Frage ist, wer du bist. Denn ich bin nur ein Teil von dir, Emine. Ich bin die Kluft zwischen deinem Glauben und deinem Handeln. Ich bin der Widerspruch zwischen dem Bild, das du von dir selbst hast, und dem Gesicht, das du den anderen zeigst. Ich bin die Lücke zwischen dem, was du für richtig hältst und für falsch, der feine Riss in deiner Moral, der Zwiespalt zwischen deinem Sein und deinem Sollen. Ich bin einfach nur die Stimme in deinem Kopf, Emine. Ich bin nichts ohne dich. Also sag mir, wer bist du? (Aydemir 2022, 365)

In der jeweils finalen Befragung der Figuren steht die Frage nach der Identität und somit nach der Rückkehr im Zentrum. Kurz vor dem letzten Atemzug des Familienvaters weiß die Stimme die Rückkehr zu einem Ort der Vergangenheit zu hinterfragen: „Warum wolltest du gerade nach Istanbul kommen? Was weißt du schon von diesem Ort? Ist es wirklich dieser Ort, nach dem du dich sehnst, oder bloß eine Erinnerung?" (Aydemir 2022, 18–19)

Die Frage greift das dem Roman vorangestellte Zitat aus Walter Benjamins *Kleine Rede über Proust* auf, das die unwillkürliche Erinnerung thematisiert: „Bilder, die wir nie sahen, ehe wir uns ihrer erinnerten" (1977b, 1064). Eine Erinnerung des nie Gesehenen bedeutet das Bewusstwerden von unbewussten Wahrnehmungen, sie verweist aber auch auf den Prozess des Erinnerns als einen kreativen, der erst unterschiedliche Elemente des Erlebten zu einem Bild zusammensetzt und als solches reproduziert. Im Falle Hüseyins kann der kreative Prozess der Erinnerung als Nostalgie beschrieben werden, denn er erzeugt ein Bild von einer Heimat, die es für Hüseyin nicht gab. Die Sehnsucht nach dem verlorenen Gefühl der Zugehörigkeit führt ihn zu einem falschen Ort, der keine Bedeutung für die eigene Biographie trägt. Auch Emine plagt dieselbe tückische Sehnsucht. Für sie ist der Ort der erwünschten Heimkehr nicht die türkische Metropole, sondern das Dorf, in dem sie aufgewachsen ist. Doch ihre Tochter ordnet den Wunsch schnell als Traum ein: „Das Dorf gibt es nicht mehr." (Aydemir 2022, 309).

Nostalgie ist eine Wortschöpfung des Schweizer Medizinstudenten Johannes Hofer, der im siebzehnten Jahrhundert den Begriff aus den griechischen Wörtern für Heimkehr (*nostos*) und Schmerz (*algos*) zusammensetzte, um das Krankheitsbild der Schweizer Söldner zu beschreiben, bei denen die starke Sehnsucht nach der verlassenen Heimat, so Hofers Diagnose, zu ernsthaften körperlichen Beschwerden führte. Als eine „Erkrankung der Imagination" (Schrey 2017, 37) löse die Nostalgie eine Überproduktion von Heimatbildern aus und könne tödliche Konsequenzen haben. Die eingedeutschte Version des Begriffs – Heimweh – etabliert sich im Laufe des achtzehnten Jahrhunderts und markiert bald die Sehnsucht nicht nur nach einem Ursprungsort, sondern auch nach dem Ort zu einem bestimmten bereits vergangenen Zeitpunkt. Die zeitliche Komponente dieses Heimwehs macht es zu einer Sehnsucht, die stets unerfüllt bleiben muss. Denn die Heimat entspricht nicht mehr der Erinnerung und die Erinnerung konstruiert eine idealisierte Heimat, die laut Benjamin tatsächlich jedoch niemals gesehen wurde. Jedes nostalgische Bild taucht demnach als eine geisterhafte Heimsuchung auf (Schrey 2017, 45). Diese Erfahrung holt im Laufe des neunzehnten Jahrhunderts immer mehr Menschen ein, denn die allgemeine Mobilität nimmt zu und im Zuge der Industrialisierung werden die Rückkehr zum Bekannten und der Verlass auf stabile Bezugspunkte immer schwieriger. Die ‚Popularisierung' der Nostalgie normalisiert und depathologisiert das Phänomen und macht es von einem historisch und geographisch spezifischen Krankheitsbild zu einem ständigen Gefühlsbegleiter des modernen Menschen.

In Ohdes und Aydemirs Texten erscheint das Heimweh nach einer räumlichen und zeitlichen Vergangenheit erneut als eine Krankheit mit schweren Folgen. Die imaginierte idyllische Rückkehr in die Türkei bleibt für alle aus. Zum

Schluss und nach einem kathartischen Gespräch zwischen Emine und ihrer ältesten Tochter wird die Romanhandlung von der historischen Wirklichkeit des 17. August 1999 und der Nacht des katastrophalen Gölcük-Erdbebens eingeholt. Dieses Erdbeben ist das magisch-dramatische und allzu reale Ende des Romans, das auch der Mutter eine Rückkehr zum heimischen Dorf verwehrt. Sie wird in der Wohnung verschüttet.

Der frühzeitige, unerwartete Tod der beiden Eltern durchbricht ihre Pläne, er ist gleichzeitig der einzige Weg ihrer Erfüllung – denn hätte Hüseyin länger gelebt, hätte er schnell erfahren, dass Istanbul für seine Familie noch fremder als Deutschland ist und genauso hätte Emine einsehen müssen, dass keine Vergangenheit und keine Zukunft in der Türkei auf sie warten. Emine und Hüseyin sind jedoch in ihren letzten Worten wieder vereint, denn beiden ist ein letzter Blick auf ihr erstgeborenes Kind im Tod erlaubt. Während die Erzählstimme die letzten Bilder in Hüseyins Bewusstsein verschweigt, gewährt sie einen Einblick in die idyllische letzte Phantasie Emines: Sie ist in einem unbestimmten, aber als „Zuhause" (Aydemir 2022, 366) charakterisierten Raum mit ihren Kindern, hat alle Fehler der Vergangenheit behoben oder diese gar nicht begangen. Die Szene, die Emines Lebensabschluss sowie den Romanschluss markiert, funktioniert dadurch als ein *tableau vivant* der Akzeptanz und Elternliebe. Sie ermöglicht in der Form einer Sterbevision eine vollkommene, zeitliche und räumliche Rückkehr zu einem glücklichen, geschützten Ort.

3.

Heimkehrerzählungen sind darauf angelegt, einerseits das Fremde und das Eigene zu konturieren und dazwischen zu differenzieren. Gleichzeitig verunsichern sie diese Unterscheidung. Seitdem das Narrativ der Heimkehr besteht, bestehen also auch schon Zweifel an der Ursprünglichkeit und Stabilität einer möglichen Heimat. Die Labilität der Heimat findet noch einmal Platz in der Geschichte und Tradition des Phänomens der Nostalgie, des krankmachenden Heimkehrschmerzes, der durch die moderne Gesellschaft, durch Sesshaftwerden und Eigentum überhaupt erzeugt wird (Horkheimer und Adorno 2011, 85).

Ohdes *Streulicht* und Aydemirs *Dschinns* konzentrieren sich als Erzählungen einer realen und imaginierten Rückkehr auf die Spannung zwischen Ich- und Fremderzählung, zwischen Ab- und Heimreise. Dabei werden in beiden Erzählungen die tragischen und unausweichlichen Folgen eines Selbstverlustes in nostalgischen Bildern anhand der Schicksale der Eltern gezeigt. Die notwendige Konsequenz, die dabei die Kindergeneration ziehen muss, ist ähnlich wie Odysseus, die

Ohren mit Wachs zu schließen, sich vom Griff des Industrieparks, des nie gesehenen türkischen Dorfes oder der türkischen Großstadt zu lösen und die Dschinns ihrer Eltern hinter sich zu lassen. Die Heimkehrnarrative sind somit nicht nur Fremdkehrnarrative, sondern und vor allem Erzählungen über Neuanfänge. Die Dschinns – die mythischen, übernatürlichen Erzähl- und Bewusstseinsstimmen – fungieren als intergenerationelle Vermittler und sind dabei das Schlüsselelement in der Plausibilisierung der Eigenerzählung als ein Entrinnen (Horkheimer und Adorno 2011, 86) von fremden Ursprungserzählungen und Identifikationsangeboten. Sie sind aber auch das Wundermittel, das das Unaussprechliche erzählbar macht und die nie gesehenen Bilder der Vergangenheit vergegenwärtigt.

Literaturverzeichnis

Anz, Thomas. „Heimat und Unheimliches im Werk Franz Kafkas". *Unheimliche Heimaträume. Repräsentationen von Heimat in der deutschsprachigen Literatur seit 1918*. Hg. Carme Bescansa und Mario Saalbach. Bern: Peter Lang, 2020. 21–38.

Aydemir, Fatma. *Dschinns*. München: Hanser, 2022.

Aydemir, Fatma und Hengameh Yaghoobifarah (Hg.). *Eure Heimat ist unser Albtraum*. Berlin: Ullstein, 2019.

Benjamin, Walter. „Der Erzähler. Betrachtungen zum Werk Nikolai Lesskows". Ders. *Gesammelte Schriften*. Bd. 2.2. Hg. Rolf Tiedemann und Hermann Schweppenhäuser. Frankfurt a. M.: Suhrkamp, 1977a. 438–465.

Benjamin, Walter. „Aus einer kleinen Rede über Proust, an meinem vierzigsten Geburtstag gehalten". Ders. *Gesammelte Schriften*. Bd. 2.3. Hg. Rolf Tiedemann und Hermann Schweppenhäuser. Frankfurt a. M.: Suhrkamp, 1977b. 1064–1065.

Blickle, Peter. *Heimat. A Critical Theory of the German Idea of Homeland*. Rochester/NY: Camden House, 2002.

Blickle, Peter. „Heimat und das Unheimliche im 21. Jahrhundert". *Unheimliche Heimaträume. Repräsentationen von Heimat in der deutschsprachigen Literatur seit 1918*. Hg. Carme Bescansa, Mario Saalbach, Iraide Talavera und Garbiñe Iztueta. Bern: Peter Lang, 2020. 39–54.

Blome, Eva. „Rückkehr zur Herkunft. Autosoziobiografien erzählen von der Klassengesellschaft". *Deutsche Vierteljahrsschrift für Literaturwissenschaft und Geistesgeschichte* 94.4 (2020): 541–571.

Böttcher, Philipp. „Ewig Peripherie? Raumdarstellung, Postmigrationserfahrungen und Gesellschaftsdiagnose in Deniz Ohdes Streulicht". *Internationales Archiv für Sozialgeschichte der Deutschen Literatur* 48.2 (2023): 481–506.

Böttcher, Philipp. „Der Mythos von der ‚nivellierten Mittelstandsgesellschaft' und die Soziologie der Gegenwartsliteratur. Erinnerungen an die alte Bundesrepublik in Anke Stellings *Schäfchen im Trockenen*". *Jahrbuch der Deutschen Schillergesellschaft* 65 (2021): 271–307.

Bourdieu, Pierre. *Die feinen Unterschiede. Kritik der gesellschaftlichen Urteilskraft*. 28. Aufl. Frankfurt a. M.: Suhrkamp, 2021.

Brenner, Peter J. *Reisen in die Neue Welt. Die Erfahrung Nordamerikas in deutschen Reise- und Auswanderungsberichten des 19. Jahrhunderts*. Tübingen: Niemeyer 1991.

Campbell, Joseph. *Der Heros in tausend Gestalten*. Frankfurt a. M.: Insel, 1999.

Eribon, Didier. *Rückkehr nach Reims*. 21. Aufl. Berlin: Suhrkamp, 2021.
Eßlinger, Eva. „Vorwort". *Deutsche Vierteljahrsschrift für Literaturwissenschaft und Geistesgeschichte* 92.2 (2018) [= Themenheft „Nostos und Gewalt. Heimkehr in der Prosa des 19. und 20. Jahrhunderts", hg. v. Eva Eßlinger]: 119–126.
Fludernik, Monika. „Second Person Fiction: Narrative You as Addressee And/Or Protagonist". *Arbeiten aus Anglistik und Amerikanistik* 18.2 (1993): 217–247.
Freese, Peter. *Die Initiationsreise. Studien zu Helden im modernen amerikanischen Roman*. Neumünster: Wachholtz, 1971.
Freud, Sigmund. „Das Unheimliche". Ders. *Das Unheimliche. Aufsätze zur Literatur*. Hg. Klaus Wagenbach. Frankfurt a. M.: Fischer, 1963. 45–84.
Gödde, Susanne. „Heimkehr ohne Ende? Der Tod des Odysseus und die Poetik der Odyssee" *Deutsche Vierteljahrsschrift für Literaturwissenschaft und Geistesgeschichte* 92.2 (2018): 163–180.
Hirsch, Marianne und Nancy K. Miller (Hg.). *Rites of Return. Diaspora Poetics and the Politics of Memory*. New York: Columbia University Press, 2011.
Horkheimer, Max und Theodor Adorno. *Dialektik der Aufklärung. Philosophische Fragmente*. 20. Aufl. Frankfurt a. M.: Fischer, 2011.
Kindinger, Evangelia. *Homebound: Diaspora Spaces and Selves in Greek American Return Narratives*. Heidelberg: Universitätsverlag Winter, 2015.
Korte, Barbara. „Das Du im Erzähltext. Kommunikationsorientierte Betrachtungen zu einer vielgebrauchten Form" *Poetica* 19 (1987): 169–189.
Martella, Vincenzo. „Heimkehr in die Zivilisation. Adornos Lektüre der Odyssee in der Dialektik der Aufklärung". *Figurationen der Heimkehr. Die Passage vom Fremden zum Eigenen in Geschichte und Literatur der Neuzeit*. Hg. Kai Marcel Sicks und Sünne Juterczenka. Göttingen: Wallstein, 2011. 289–308.
Martínez, Matías und Michael Scheffel. *Einführung in die Erzähltheorie*. 11. Aufl. München: C. H. Beck, 2019.
Oesterhelt, Anja und Beate Althammer. „,German Heimat' in the Age of Migration, An Introduction". *The Germanic Review* 96.3 (2021): 221–234.
Ohde, Deniz. *Streulicht*. Berlin: Suhrkamp, 2020.
Radisch, Iris. „Verficktes Land". *Die Zeit*. Nr. 9/2022. 24. Februar 2022. https://www.zeit.de/2022/09/dschinns-fatma-aydemir-roman-familie-migration-rezension (26. Februar 2024).
Reif, Wolfgang: „Exotismus im Reisebericht des frühen 20. Jahrhunderts". *Der Reisebericht. Die Entwicklung einer Gattung in der deutschen Literatur*. Hg. Peter J. Brenner. Frankfurt a. M.: Suhrkamp 1989. 434–462.
Richardson, Brian. *Unnatural Voices: Extreme Narration in Modern and Contemporary Fiction*. Columbus: Ohio State University Press, 2006.
Schrey, Dominik. *Analoge Nostalgie in der digitalen Medienkultur*. Berlin: Kulturverlag Kadmos, 2017.
Sicks, Kai Marcel und Sünne Juterczenka. „Die Schwelle der Heimkehr. Einleitung". *Figurationen der Heimkehr. Die Passage vom Fremden zum Eigenen in Geschichte und Literatur der Neuzeit*. Hg. dies. Göttingen: Wallstein, 2011. 9–32.
Steinbrink, Bernd. *Abenteuerliteratur des 19. Jahrhunderts in Deutschland. Studien zu einer vernachlässigten Gattung*. Tübingen: Niemeyer, 1983.
Trojanow, Ilija. *Nach der Flucht*. Frankfurt a. M.: Fischer, 2017.
Twellmann, Markus und Michael Neumann. „Einleitung. Postmigrantische Perspektiven in der Peripherie". *Internationales Archiv für Sozialgeschichte der Deutschen Literatur* 48.2 (2023): 379–397.
Weddige, Hilkert. *Einführung in die germanistische Mediävistik*. 9. Aufl. München: C. H. Beck, 2017.

Paul Krauße
Biographische Brüche und narrative Kontinuitäten – Strukturmerkmale des Herkunfterzählens am Beispiel von Kim de l'Horizons *Blutbuch*

1 Einleitung

Das Erzählen von Herkunft ist nostisch angelegt.[1] Sowohl wissenschaftliche als auch literarische Veröffentlichungen, die sich mit Herkunft beschäftigen, nutzen Begriffe wie ‚Rückkehr' oder ‚Wiederaneignung' (vgl. Eribon 2016; Eribon 2017, 94 und Blome 2020) oder verweisen gar explizit auf die Odyssee als strukturelles Vorbild, um das jeweilige Vorgehen zu beschreiben (vgl. Bourdieu 1998 und de l'Horizon 2022, hier v. a.: 62–63). Die große Zahl deutschsprachiger literarischer Texte zum Thema Herkunft, die seit der Veröffentlichung der Übersetzung von Didier Eribons *Rückkehr nach Reims* im Jahr 2016 erschienen sind, lassen sich als narrative Genealogien des Selbst konzeptualisieren, in denen homodiegetische Erzählfiguren eine retrospektive Gewordenheitskritik betreiben. Für diese spezifische literarische Form soll in diesem Aufsatz der Begriff ‚Herkunftserzählung' verwendet werden. Im Vergleich zu anderen Formen autobiographischen und autofiktionalen Schreibens bzw. der Erinnerungsliteratur und des sogenannten ‚life writing' betonen Herkunftserzählungen vor allem die Bedeutung der Zugehörigkeit zu Kollektividentitäten wie Nationen oder sozialen Klassen als Determinanten des eigenen Lebensweges. Die Gegenwart (und damit auch gegenwärtige Subjektivitäten) wird als von der Vergangenheit bedingt und durchdrungen gezeichnet, doch gerade durch das Erzählen veranschaulichen die entsprechenden Texte eine Möglichkeit des produktiven Zugriffs auf die eigene Vergangenheit. Zentrales Element beim Herkunfterzählen ist häufig eine zum Erzählzeitpunkt in der Vergangenheit liegende Übergangs- bzw. Brucherfahrung. Diese kann bspw. von einer Migration oder einem Klassenwechsel besetzt werden. Vor diesem Hintergrund werden sowohl die Notwendigkeit als auch die Schwierigkeit beim erzählerischen Wiederanknüpfen mit einem zeitlich zurückliegenden Selbst plausibilisiert.

Die Struktur des literarischen Herkunfterzählens soll im vorliegenden Aufsatz unter Verweis auf subjekt- und biographietheoretische Konzepte und die Methode der Genealogie erläutert werden. Im Anschluss wird diese Heuristik auf

---

[1] *nostisch* in Anlehnung an griech. νόστος (nóstos): Rückkehr, Heimkehr.

den Roman *Blutbuch* von Kim de l'Horizon angewandt, der strukturell als Herkunftserzählung bestimmt wird, zugleich aber veranschaulichen soll, dass sich das Erzählen von Herkunft neben Nationalität und sozialer Klasse auch auf die Kollektividentität des Geschlechts fokussieren kann.[2]

2 Biographische Brucherfahrungen

Die den Erzählfiguren der Herkunftstexte eigene Subjektivität zeichnet sich durch eine Position des Übergangs, des Dazwischen aus. Darauf verweist Chantal Jaquet in ihrer Analyse zur Nicht-Reproduktion sozialer Klassen durch den Begriff ‚transclasse': „Das Präfix trans bezeichnet hier keine Überwindung oder Erhöhung, sondern die Bewegung eines Übergangs, einer Passage von einer Seite auf die andere." (Jaquet 2018, 20) Mit Blick auf Klassenübergänger:innen spricht Jaquet von einer „doppelte[n] Zugehörigkeit" (Jaquet 2018, 135), die gemäß „einer Logik des Zwischenraums" (Jaquet 2018, 134) zugleich aber eine doppelte Distanz bedeute. Für die Subjektstruktur von Individuen wählt Jaquet mit Blick auf Spinoza und Descartes den Begriff der Komplexion, der „die Kette der Bestimmungen, die sich zur Textur eines singulären Lebens verknüpfen" (Jaquet 2018, 101), bezeichnet. Die transclasse-Person habe „keine feste und starre Identität […], sondern eine schwebende und bewegliche Komplexion" (Jaquet 2018, 124). Diese Beschreibung ist jedoch nicht auf Klassenübergänger:innen beschränkt, sondern lässt sich auch auf andere Figuren des Übergangs übertragen, deren affektive und epistemische Positionierung im Zwischenraum verschiedener Kollektividentitäten zu verorten ist.[3] Ein Beispiel dafür ist der autofiktionale Text *Herkunft* von Saša Stanišić, der nicht die klassenspezifische sondern die familiär-geografische Herkunft als primären Erzählgegenstand wählt.

Die Distanz zu den eigenen Herkünften (damit kann eine soziale Klasse, eine familiäre Gruppe, ein geografischer Ort oder eine allgemein als fremd wahrgenommene frühere Instanz des Selbst der Erzählfigur gemeint sein) wird als biographische Diskontinuität wahrgenommen, die in einer Spannung zwischen Ge-

---

[2] Anhand von Paul B. Preciado und Jayrôme C. Robinet hat bereits Christina Ernst (2022) für die Zuordnung von Texten, die sich mit der Zugehörigkeit zu Geschlechtsidentitäten auseinandersetzen, zum Genre der Autosoziobiographie argumentiert. Im vorliegenden Aufsatz soll hingegen der Begriff der Herkunftserzählung als Sammelbezeichnung genutzt werden.
[3] Auch Jaquet selbst betont immer wieder die Parallelen und die enge Verknüpfung zwischen den verschiedenen Identitätskategorien (vgl. Jaquet 2018, 27 und 108). Vgl. für eine phänomenologische Untersuchung eines an Jaquets Komplexionsbegriff anschlussfähigen, (im weiten Sinne) queeren Seins in der Welt: Ahmed 2006.

winn und Verlust steht: „Zwar mag der, der aufsteigt, an Bildung und Wissen gewinnen, er verliert aber den Bezug zu seiner Herkunft. Er verliert sich selbst." (Grabau 2020, 85) Dieser Selbstverlust wird in einigen Herkunftserzählungen durch den Verzicht auf das Pronomen ‚Ich' gekennzeichnet, wenn retrospektiv vom eigenen Aufwachsen erzählt wird.[4] Die Vorstellung biographischer Kontinuität wird in der Biographieforschung als wichtig erachtet, um individuelle Erfahrungen zu strukturieren, indem die persönliche Vergangenheit den „Horizont [bildet], auf dem neue Erfahrungen interpretiert und neue Ziele antizipiert werden." (Keddi 2011, 73) Die biographische Brucherfahrung wird als krisenhafte Diskontinuität wahrgenommen, die häufig schmerzhaft verläuft. Als Reaktion wählen Menschen auch außerhalb der Literatur vorzugsweise narrative Formen und den Einsatz von Metaphern, um Brucherfahrungen in die eigene Lebenskontinuität einzuhegen (vgl. Keddi 2011, 85–88).

3 Erzählerische Selbstwiederaneignung als narrating continuity?

Nachdem im vorigen Teilkapitel gezeigt wurde, inwiefern die biographische Brucherfahrung (des vermeintlichen Übergangs in der Zugehörigkeit zu Kollektividentitäten) bei den Protagonist:innen der Herkunftserzählungen zu einer Subjektivität der doppelten Distanz führt, soll nun geprüft werden, ob sich der narrative Rückbezug auf die eigene Herkunft als kontinuitätssichernde Wiederaneignung eines früheren Selbst verstehen lässt. In den entsprechenden (vor allem autosoziobiographischen) Texten herrscht eine Metaphorik des Wiedererlangens und des Zurückgewinnens einer verlassenen Welt oder eines vergangenen Selbst vor. Didier Eribon nennt die „Versöhnung mit sich selbst und die Wiederaneignung der eigenen Vergangenheit" (Eribon 2017, 94) als Ziel der Erzählung. Bei ihm wird der Wunsch nach Kontinuität sogar über die eigene Biographie hinaus verlängert, wenn das Fehlen eines Familiengedächtnisses in der Arbeiterklasse bedauert wird. Der Besitz einer familiären Vergangenheit und die bruchfreie Ableitung der Gegenwart aus dem Gewesenen, also die Vorstellung von Zeit und Geschichte, „die vom Band der biologischen (oder standesamtlichen) Filiation zu einer einzigen langen Sequenz verbunden" (Eribon 2017, 177) werden, beschreibt Eribon als Privileg der herrschenden Klassen. Die „Genealogie der Unterdrückten" (Eribon 2017, 167) hingegen stelle Kontinuität lediglich anhand „von kollektiven Abstam-

---

[4] Das ist zum Beispiel der Fall in Annie Ernauxs *Erinnerungen eines Mädchens* (2016) oder in Angelo Tijssens *An Rändern* (2024), aber auch bereits in Christa Wolfs *Kindheitsmuster* (1976).

mungskategorien (das ‚Volk', die ‚einfachen Leute')" (Eribon 2017, 167) her. Wie Christian Grabau betont, führen Eribon und Pierre Bourdieu – auf dessen Nachruf zu Mouloud Mammeri (vgl. Bourdieu 1998) sich Eribon hinsichtlich des Konzepts der Wiederaneignung bezieht –

> das immer wieder aufkeimende Begehren nach Identität und Sinn vor Augen, eines sich [...] im Medium der Autosoziobiografie ausdrückenden Begehrens nach einer Wiederaneignung der Vergangenheit, nach der Rückkehr zu jener Welt der Deklassierten, der man entronnen war, sich entronnen glaubte. (Grabau 2020, 101)

Der Wunsch nach einer Kontinuität zwischen dem Selbst zum Erzählzeitpunkt und dem Selbst der Kindheit oder den eigenen Vorfahren ist auch in deutschsprachigen Herkunftserzählungen ein wichtiges Motiv. In *Zeige deine Klasse* schreibt Daniela Dröscher zum Beispiel: „Ich wollte eine – Herkunft. Sehnsucht nach einer definierten, klaren, gar dynastischen (bürgerlichen) Herkunft haben diejenigen, in deren Elternhaus es an dieser Kontinuität mangelt." (Dröscher 2018, 208)

Die biographische Diskontinuität aufgrund von Brucherfahrungen und mangelhaften klassenspezifischen Archivierungspraktiken ist folglich ein wichtiges Motiv in Herkunftserzählungen. Die Selbstwiederaneignung wird durch die retrospektive Selbstbetrachtung und die Reflexion auf das eigene Werden vollzogen. Bei Bourdieu geschieht das mit soziologischen Mitteln in Form einer Selbstobjektivierung, die als Analyse präsentiert wird (vgl. Bourdieu 1998 und Bourdieu 2002). In den eher literarischen Herkunftserzählungen z. B. bei Saša Stanišić wird Herkunft hingegen als genuin narratives Phänomen präsentiert (vgl. bspw. Zink 2021, 173), wodurch die Selbstwiederaneignung folglich – wenn überhaupt – in Form einer Erzählung geschehen kann. Diese Kombination aus biographischem Kontinuitätsbegehren und einem erzählerischen Verständnis von Herkunft und Selbstwiederaneignung legt die Anwendung des Konzepts der narrativen Identität nahe. In der Identitätspsychologie versteht man darunter die Annahme, dass Selbstbezüge und die Konstruktion der eigenen personalen Integrität notwendig sprachlich erfolgen: „Die Prozessziele der Kohärenz und Kontinuität in der Identitätsbildung werden mit dem Mittel der Selbsterzählung erreicht." (Kraus 2002, 161) Durch die sprachlich-narrative Verfasstheit dieser Art von Identität ist sie immer bereits in bestehende soziale Strukturen eingefügt. Die fortlaufende Konfrontation mit neuen Erfahrungen macht die narrative Identität prozesshaft und aktualisierungsbedürftig: „Der Fluß der Zeit höhlt die narrativ konstruierte Identität einer Person aus und macht es erforderlich, sie immer wieder zu re-konstruieren." (Polkinghorne 1998, 33) Eine narratologisch-phänomenologische Theoretisierung hat die narrative Identität bei Paul Ricoeur erfahren, der die Erzählung als Vermittlung von Beständigkeits- und Veränderungsmerkmalen des Lebenszusammenhangs ansieht (vgl. Ricoeur 1987, 58). Im erzählerischen Werk und seiner Rezeption wird Identität dreifach hergestellt: auf der Ebene der Handlungsverknüpfung, der Figur (als Handlungsträger) und des Selbst im Akt des Lesens. Innovativ ist hieran vor allem der dritte Punkt, wenn Ricoeur behauptet, dass beim Lesen eine Selbstidentifikation durch die Identifikation mit einer erzählten Figur stattfinde: Die Identität der Figur wird angeeignet, der Gestaltcharakter dieser Figur wird erkannt und das eigene Selbst wird ebenfalls als ein gestaltetes begriffen, das folglich auch anders gestaltet werden kann (‚refiguration') (vgl. Ricoeur 1987, 65–66). Um diese Refiguration und die „imaginativen Variationen des Selbst" (Ricoeur 1987, 66) logisch zu ermöglichen, muss Ricoeur einen Begriff von ‚Identität' annehmen, der sich nicht durch einen unveränderlichen personalen Kern und eine Gleichheit in der Zeit auszeichnet (‚Identität' als ‚idem'), sondern vielmehr durch eine Selbstheit und Selbstbezüglichkeit, die zwischen Permanenz und Veränderung eines Individuums vermitteln kann („Identität' als ‚ipse') (vgl. Ricoeur 1987, 57–58). Die Vorteile dieses Identitätskonzepts beschreibt Ricoeur folgendermaßen:

> Die Ipseität entgeht dem Dilemma des Selben und des Anderen insofern, als ihre Identität auf einer Temporalstruktur beruht, die dem Modell einer dynamischen Identität entspricht, wie sie der poetischen Komposition eines narrativen Textes entspringt. [...] Das Subjekt konstituiert sich in diesem Fall [...] als Leser und Schreiber zugleich seines eigenen Lebens. (Ricoeur 1991, 396)

Um diese Strukturanalogie zwischen Selbst und Erzählung als eine im literarischen Text bewusst hergestellte adäquat untersuchen zu können, gilt es, die narrative Identität im Folgenden vorrangig von ihrer produktionsorientierten Seite her zu betrachten.[5] In Herkunftserzählungen als literarischen Selbsterzählungen einer homodiegetischen Narrationsinstanz kann das vergangene Selbst wie bei Ricoeur als Figur in einer Erzählung (nun aber der eigenen) betrachtet und probeweise angeeignet werden. Statt zur Aneignung einer ‚fremden' Figur in der historischen oder literarischen Erzählung (vgl. Ricoeur 1987, 65–66) kommt es zur Selbst-(wieder)-aneignung. Das Selbst wird dabei – wie die Erzählung – als Ort der „diskonkordanten Konkordanz" (Ricoeur 1987, 60) verstanden, an dem eine „Synthese des Heterogenen" (Ricoeur 1987, 60) stattfindet. Dem Kontinuitätsbegehren wird jedoch nicht durch eine simple Identifikation und eine unkritische Übernahme der eigenen biographischen Vergangenheit entsprochen, vielmehr wird

---

5 Vgl. zur Bedeutung des Rezeptionsprozesses bei Ricoeur: Ricoeur 1988, 113–135 und vor allem seinen oben bereits zitierten Aufsatz *Narrative Identität*. Die produktionsorientierte Verwendung des Konzepts der narrativen Identität lässt sich sowohl in der Biographieforschung (vgl. bspw. von Felden 2020) als auch in der literarischen Textanalyse (vgl. Steiner 2008, v. a. 20–31) finden.

die eigene Herkunft als Bezugspunkt der Identität verfügbar – dies kann sich sowohl in Anknüpfung als auch in Abgrenzung ausdrücken: Didier Eribon nutzt die Metapher des Vatermords als

> Zurückweisung der eigenen Familie als konstruktives Prinzip des Selbst und des Weltbezugs. Sie [die Metapher] bezeichnet den Bruch mit der identischen Rollentradierung, mit der niemals hinterfragten Reproduktion des Vaters durch den Sohn oder der Mutter durch die Tochter. (Eribon 2017, 88)

Bei Daniela Dröscher führt die Erforschung der eigenen Herkunft hingegen zu unerwarteten Kontinuitäten, wenn sie beschreibt, dass ihr Großvater gern las: Im Zuge ihres sozialen Aufstiegs durch Bildung erschien ihr das Lesen zuvor als ein Teil ihrer Selbst, der sie von ihrer Familie entfremdete. Was also zuvor konstitutives Element der Brucherfahrung war, kann nun zur Kontinuitätserzeugung uminterpretiert werden: „Mir klarzumachen, dass meine Liebe zu Büchern bäuerliche Wurzeln hat [...], dass das Lesen ein Teil meiner Herkunft ist, der keiner Erklärung bedarf." (Dröscher 2018, 58)

Über zeitgenössische Herkunftserzählungen kann folglich konstatiert werden, dass es in den Texten darum geht, die eigene Identität zum Erzählzeitpunkt mit der individuell-biographischen und der kollektiven Vergangenheit (i. S. v. Familien-, Landes- und Klassengeschichte) wieder in Beziehung zu setzen. Eine so durch das Erzählen produzierte narrative Identität zeichnet sich durch Relationalität von Vergangenheit, Gegenwart und Zukunft aus und wird damit eine historische. In genau diesem Sinne muss das Kontinuitätsbegehren verstanden werden. Die alternative Konzeptualisierung von Kontinuität als Homogenität, als Vorstellung eines bruchfreien Ichs ist hingegen zum Scheitern verurteilt. Das zeigt bspw. Tanja Prokić am Zusammenhang der (durch die funktional ausdifferenzierte Gesellschaft der Moderne entstehenden) Individualität und der Notwendigkeit der Erzählung „zur Organisation unserer Selbsterfahrung" (Prokić 2011, 10). Auch Chantal Jaquet betont mit dem oben eingeführten Begriff der ‚Komplexion' gerade die Ablehnung eines substantiellen, essentialistischen Subjekt-Konzepts zugunsten einer Vorstellung der Existenz als Gewebe zahlloser Charakteristika und Beeinflussungen (vgl. Jaquet 2018, 102–108 und 187). Wiederaneignung versteht auch sie als Zusammenfügen der Stücke der eigenen Geschichte, als „Umkonfiguration" (Jaquet 2018, 191) der eigenen Herkunft, um diese als „lebensgeschichtliche Selbstkonstitution" (Jaquet 2018, 191) nutzbar zu machen.

4 Genealogien des Selbst

Nachdem in den beiden vorherigen Teilkapiteln die Vermittlung von biographischer Brucherfahrung und Kontinuitätsbegehren durch das Herstellen einer narrativen Identität erläutert wurde, gilt es nun, die Form genauer zu bestimmen, durch die die bereits mehrfach erwähnte Selbstwiederaneignung vollzogen wird. Dies soll mithilfe des Begriffs der Genealogie geschehen, wie er vor allem bei Michel Foucault (im Anschluss an Friedrich Nietzsche), Martin Saar und Judith Butler definiert wird.

Die Erzählfiguren der Herkunftserzählungen agieren als Genealog:innen ihrer selbst. Sie erzählen eine kritische Geschichte ihrer eigenen Gewordenheit. Das Erzählen von Herkunft ist demnach das Erzählen der eigenen Subjektivierungsgeschichte, das analog zu Ricoeur das zum Erzählzeitpunkt gegenwärtige Selbst als gestaltetes, als subjektiviertes zeichnet und dadurch emanzipatorische Potentiale der Neugestaltung erschließt.[6] Michel Foucaults Methode der Genealogie lehnt wie Paul Ricoeur die Vorstellung eines kontinuierlichen, substantiellen Ichs ab (vgl. Foucault 2002, 174 und 180). Durch das Aufzeigen der kontingenten Beeinflussungsgeschichte, die zum gegenwärtigen Sein geführt hat, wird der unveränderliche personelle Kern vielmehr aufgelöst und das Subjekt und sein Leib bleiben als Orte zurück, an denen sich Geschichte einprägt (vgl. Foucault 2002, 174). Entsprechend führt die Genealogie „alles, was am Menschen als unsterblich galt, wieder dem Werden zu" (Foucault 2002, 179). Den Zusammenhang zwischen dem Aufzeigen von Veränderbarkeit und der Historisierung betont auch Martin Saar, wenn er schreibt, dass die Genealogie solche Dinge historisiere, „die bisher keine signifikante Geschichte hatten" (Saar 2003, 162). Das Subjekt als geschichtlich Gewordenes zu perspektiveren hat dabei niemals bloß die korrekte Darstellung der Vergangenheit zum Ziel, sondern ist

> immer schon eine praktische und identitätsrelevante *Geschichte der (eigenen) Gegenwart* [Hervorhebung i. O.], die heutige Vollzüge und Identifikationen in Frage stellt. Die Darstellung der kontingenten und machtabhängigen Gewordenheit des Selbst steht im Dienste seiner Transformation. (Saar 2007, 14–15)

---

[6] Der hier zugrundeliegende Subjekt-Begriff folgt weitestgehend Michel Foucault, der Subjektivierungsprozesse als Unterwerfungsprozesse versteht. Das Subjekt ist folglich „Wirkung und nicht Urheber einer gesellschaftlichen Ordnung" (Bublitz 2008, 294). Subjektivitäten sind nicht überzeitlich, sondern historisch und gesellschaftlich spezifisch. Sie werden durch normierende und disziplinierende Machtwirkungen hervorgebracht. Durch kritische Selbstbezüge und die Analyse der Geschichte der Subjektivität ist jedoch die Möglichkeit gegeben, „abzulehnen, was wir sind" (Foucault 2007, 91) und die freiheitliche Konstruktion des eigenen Selbst in Angriff zu nehmen.

In den entsprechenden literarischen Texten zeigt sich dies durch die häufig prominente Gegenwartsebene (vgl. Dröscher 2018; Stanišić 2019; Bjerg 2020; Ohde 2020). Die Gewordenheit der Erzählfiguren wird von diesen nicht um der Vergangenheit willen erzählt, sondern durch die Selbst-Historisierung sollen Möglichkeitsräume der eigenen Neugestaltung in Gegenwart und Zukunft eröffnet werden. Die gegenseitige Durchdringung der in den Herkunftserzählungen präsenten Zeitebenen wird daran deutlich, dass die Erzählfigur zum Erzählzeitpunkt als Ergebnis einer vergangenen Subjektivierungsgeschichte gezeichnet wird, diese Geschichte zugleich jedoch interpretatorisch offen bleibt und Bezugspunkt für vielfältige Selbstkonstitutionen in der Gegenwart bieten kann (wie oben am Beispiel von Eribon und Dröscher gezeigt). Gegenwart und Vergangenheit werden durch den Akt des Erzählens in ein gegenseitiges Beeinflussungsverhältnis gestellt.

Ein entscheidender Unterschied zwischen den literarischen Herkunftserzählungen und der Genealogie als Textform (vor allem in der Darstellung Martin Saars) ist das Verhältnis von Erzählfigur und Diegese. Saar spricht in Bezug auf die Genealogie von einer Adressierung der Texte: Das die genealogische Darstellung *lesende* Subjekt soll sich als Gegenstand und Adressat derselben erkennen (vgl. Saar 2003, 176). Bei autobiographischen Texten fände hingegen eine Identifikation von Gegenstand und Autor:in (also *schreibendem* Subjekt) statt. Saar gesteht anschließend in einer Fußnote selbst die Möglichkeit von Hybridformen des Genealogischen und Autobiographischen zu (vgl. Saar 2003, 176). Dem ist unbedingt zuzustimmen, da die Übertragung der genealogischen Methode von der lesenden Rezeptions- auf die schreibende Produktionsseite naheliegt: Zum einen bleibt auch bei homodiegetisch erzählten Texten das rezeptive Identifikationspotential bestehen, da eine nachvollziehbare Selbsthistorisierung eines Subjekts die Einsicht in die Historisierbarkeit jeglicher Subjektivität nahelegt.[7] Zum anderen führt die homodiegetische Selbstgenealogisierung zusätzlich das transformative Potential des Verfassens ebenjener Texte vor Augen. Hierbei entsteht ein komplexes Verhältnis zwischen dem Aufdecken bzw. Konstruieren der eigenen vergangenen Subjektivierungsgeschichte und dem produktiven narrativen Mitschreiben an derselben. Judith Butler spricht von einem zeitlichen Paradox des sich selbst historisierenden Subjekts, da das zum Analyse- bzw. Erzählzeitpunkt bereits gebildete Subjekt auf die Geschichte der eigenen Gewordenheit (die eigene Genese) wie auf etwas noch im Werden Begriffenes zurückblickt. „Andererseits setzt die

---

7 Martin Saar beendet seinen Aufsatz *Genealogie und Subjektivität* mit dem Satz: „Der Genealoge hat dann Erfolg, wenn seine Leser ihre Geschichte selbst weiterschreiben." (2003, 177) Sollten diese Geschichten nun jedoch homo- bzw. autodiegetisch verfasst sein, so will er sie offenbar nicht automatisch als Genealogien verstanden wissen. Den Zusammenhang zwischen dem Lesen und dem anschließenden Schreiben von Autosoziobiographien stellt auch Marcus Twellmann her (vgl. 2022, 101–102).

Erzählung der Konstitutionsgeschichte des Subjekts diese Konstitution bereits voraus und ist somit gegenüber dem Faktum nachträglich." (Butler 2017, 16; vgl. auch 33–34) Diese Differenzierung zwischen dem Subjekt als Werdendes und dem Subjekt als Gewordenes ist in den literarischen Texten am teilweise stattfindenden Verzicht auf das Personalpronomen ‚Ich' erkennbar, auf das oben bereits im Zusammenhang mit den biographischen Brucherfahrungen eingegangen wurde. Die ebenfalls zuvor angeführte Präsenz einer Vergangenheits- und einer Gegenwartsebene in den literarischen Texten zu Herkunft lässt sich mithilfe von Butler auch genauer erklären. Im Anschluss an Michel Foucault verfolgt Judith Butler einen machttheoretischen Ansatz bezogen auf Subjektivierungsprozesse: Subjektivation findet durch Unterwerfung und Verinnerlichung von Macht statt. Macht (ob durch Anrufung im Anschluss an Kollektividentitäten, durch diskursive Ordnungen oder durch Kapitalverteilung wirkend) unterwirft und determiniert, aber ist immer auch produktiv, indem sie Subjekte überhaupt erst erzeugt und formt (vgl. Butler 2017, 7–11). Butler unterscheidet nun eine bloß auf das Subjekt wirkende Form der Macht von einer vom Subjekt bewirkten Macht, die sie als Handlungsfähigkeit definiert. Sie kann durch eine reflexive Wendung zu sich selbst und zur eigenen Subjektivierungsgeschichte ausgeübt werden:

> Sie [die Macht] wird aus dem, was von Anfang an und von außen auf uns einwirkt, zu dem, was in unserem gegenwärtigen Handeln und seinem [sic!] in die Zukunft ausgreifenden Wirkungen unseren Sinn für die Handlungsfähigkeit ausmacht. (Butler 2017, 21)

Das Erzählen von Herkunft dient somit der Erkenntnis der eigenen Subjektivierungsgeschichte (dem Selbst in seinem Werden) und dem Herstellen von Handlungsfähigkeit in Gegenwart und Zukunft. Der Akt des Erzählens muss dabei als selbst subjektivierend verstanden werden, da er bloß ein weiterer Schritt in der Geschichte des eigenen Werdens ist – nun aber mit dem Unterschied, dass die Erzählfigur sich reflexiv auf sich selbst bezieht und das Selbst in Vergangenheit, Gegenwart und Zukunft produktiv in Beziehung setzt: Der „Historismus des Selbst" (Saar 2003, 165) führt zur Wiederaneignung des Selbst. Das Erzählen von Herkunft ist somit eine kritische Geschichtsschreibung des Selbst, das nach seiner Historisierung durch ebendiesen Erzählvorgang nicht mehr dasselbe ist (vgl. Saar 2003, 165).

5 *Blutbuch*: Textile Körper

Die in den bisherigen drei Teilkapiteln entwickelte Heuristik mit den Kategorien des biographischen Bruchs, der narrativen Identität und der Selbstgenealogisierung soll nun auf Kim de l'Horizons 2022 erschienenen Roman *Blutbuch*[8] angewandt werden, der von einer nicht-binären Erzählfigur handelt, die ihr Aufwachsen und die Geschichte der eigenen Familie in Auseinandersetzung mit Klassen- und Geschlechtsidentitäten[9] erzählt und große Teile des Textes an ihre demente Großmutter adressiert.[10] Besonders werden dabei das Motiv der Körperlosigkeit und die Parallelisierung von Text und Selbst anhand der Gewebemetapher in den Blick genommen.

5.1 Das Feste und das Flüssige

Das Erinnern und Erzählen vom kindlichen Selbst kann in *Blutbuch* nicht in eine lineare Kontinuität mit der Gegenwart gestellt werden. Dies wird durch den grammatischen und lexikalischen Wechsel in der retrospektiven Selbstbezeichnung angezeigt:

> Weil ich diese Dinge erinnere, weiss ich, dass da mal ein Kind war, aber dieses Kind fühlt sich nicht an wie ich. [...] Ich versuche, über diese Zeit zu schreiben, die in mir fehlt, die in diesem Kind steckengeblieben ist. Vielleicht ist Heimat kein Ort, sondern eine Zeit. (BB, 29)

Die zeitliche Konzeption, die hier nahegelegt wird, erinnert an Ernst Blochs vielzitierte Formel von der Heimat als „etwas, das allen in die Kindheit scheint und worin noch niemand war." (Bloch 1959, 1628) Entrückt von jeglicher Zugänglichkeit, außer durch die Erinnerung, tritt die Kindheit somit als Utopie der Selbstidentität auf. An anderer Stelle führt Bloch aus, dass

> Heimat ein philosophischer Begriff gegenüber Entfremdung [sei]. Daß man in der Heimat identisch sein kann, daß die Objekte, wie Hegel sagt, nicht mehr behaftet sind mit einem Fremden, sondern wo das Objekt uns so nahe rückt wie das Subjekt, daß wir darin zu Hause sind. (Bloch 1975, 206)

Für die Erzählfigur ist die Kindheit mit einem Gefühl der Körperlosigkeit verbunden: „In der Zeit, über die ich schreibe, habe ich noch keinen Körper." (BB, 23) Diese Unbestimmtheit erlaubt die vielfältige Identifikation mit der Außenwelt:

---

8 Im Folgenden im Fließtext mit der Sigle ‚BB' und Seitenzahl zitiert.
9 Tatsächlich ist soziale Klasse als Thema im Roman präsent und die strukturelle Parallelität der Existenz im Zwischenraum verschiedener Klassen und Geschlechtsidentitäten wird im Text selbst nahegelegt. Die in diesem Aufsatz präsentierte Analyse fokussiert im Hinblick auf *Blutbuch* den Aspekt der Geschlechtsidentität und stellt die Analogie zu anderen Übergangserfahrungen über die oben beschriebene Struktur der Herkunftserzählung her.
10 Zur Du-Form in *Blutbuch* siehe den Artikel von Dominik Zink in diesem Band.

Die Erzählfigur erinnert sich an das Kind nicht als Körper (also selbst Objekt in der Welt), sondern als Wahrnehmung (als aufnahmebereite Rezeption anderer Objekte in der Welt) (vgl. BB, 23). Für das Kind werden Bilder der Offenheit und Fluidität verwendet, die die kindliche Selbst- und Weltwahrnehmung als unverbindlich identifikationsbereit und (zumindest anfangs) nicht entfremdet präsentieren: „Die Haut öffnet sich. Das Kind schwappt gegen Einfamilienhäuser, Pappeln, Strassenlaternen" (BB, 84) und „bleibt etwas Flüssiges." (BB, 101)[11] Diese Unbestimmtheit erlaubt die vielfältige Übernahme bestehender Identitäten und Körperlichkeiten, ohne dass diese das Kind nachhaltig festlegen. Verschiedene Arten, wie sich die Eltern des Kindes bewegen, wie sie sprechen, wie sie mit der Welt interagieren, können unabhängig von einer eigenen festen (Geschlechts)-Identität wie Kostüme an- und abgelegt werden. Es ist die Rede vom „Joggingkörper", „Feierabendkörper", „Streitkörper" und „Ausgehkörper" (vgl. BB, 85–86). Diese jeweils gegenseitig exklusiv der Mutter oder dem Vater zugeschriebenen Körper werden in der spielerischen Praxis des Kindes und der nachträglichen funktionalen Benennung durch die Erzählfigur nicht zur Verfestigung von Identitäten genutzt, sondern veranschaulichen eine emanzipatorische Praxis des Verständnisses von Körper- und Geschlechtsidentitäten als Performanz und nicht als Substanz (vgl. West und Zimmerman 1987 und Butler 2021, 198–218).

Die empfundene Körperlosigkeit wird jedoch nicht als reine Idylle der freiheitlichen kindlichen Selbstidentifikation geschildert, sondern führt auch zu Problemen, wenn vom Kind gerade hinsichtlich der Geschlechtsidentität eine eindeutige Identifikation als „kohärentes, festes Subjekt" (Butler 2021, 21) eingefordert wird. Stellenweise wird diese Forderung als Frage formuliert: „Das Kind muss sich bald entscheiden. Die Leute fragen. NA DU. WAS BIST DU DENN? BUB ODER MEITSCHI?" (BB, 87) Die Bezeichnung der Geschlechtsidentifikation als Entscheidung verweist hier auf die Unmöglichkeit, eine Antwort durch bloßen Abgleich mit anderen Körpern zu geben und ist folglich eine Absage an den „Glauben an ein mimetisches Verhältnis zwischen Geschlechtsidentität und Geschlecht" (Butler 2021, 23). Kann das Kind die hier geforderte Selbstidentifikation aufgrund der empfundenen Körperlosigkeit und Fluidität von sich aus nicht leisten, bietet jedoch auch die an anderen Stellen präsentierte Fremdzuweisung keine Lösung: Das mehrfach stattfindende Verkleidungsspiel mit langen Kleidern, das das Kind mit der Großmutter betreibt, wird eines Tages abrupt von dieser mit folgenden Worten gestoppt: „Zieh dich um, das sind Mädchenkleider, du bist doch kein Mädchen." (BB, 40) Im Gegensatz zur oben gestellten Frage findet die geschlechtliche

---

[11] Den Zusammenhang zwischen einem Gefühl der Verbundenheit und des Zu-Hause-Seins in der Welt und der körperlichen Entgrenzung und Ausdehnung im Sinne des Hinausgreifens in die Welt und des Einnehmens und Bewohnens von Räumen betont auch Sara Ahmed (vgl. 2006, 7–11).

Subjektivierung an dieser Stelle als Zuweisung statt. Gemäß Louis Althussers Theorie der Interpellation (Anrufung) werden konkrete Individuen von der Ideologie[12] als konkrete Subjekte adressiert und damit in einer bestimmten Weise subjektiviert:

> Wir behaupten außerdem, daß die Ideologie in einer Weise ‚handelt' oder ‚funktioniert', daß sie durch einen ganz bestimmten Vorgang, den wir Anrufung (interpellation) nennen, aus der Masse der Individuen Subjekte ‚rekrutiert' (sie rekrutiert sie alle) oder diese Individuen in Subjekte ‚transformiert' (sie transformiert sie alle). (Althusser 1977, 142)

Gerade die Anrufung gemäß einer kollektiven Identität (wie ‚Mann' oder ‚Frau') ordnet die damit bezeichnete und dementsprechend subjektivierte Person in einen totalisierenden historisch bedingten Kontext von Handlungs- und Wertungskategorien ein (vgl. Butler 2017, 92): Die scheinbar simple Zuschreibung, dass das Kind kein Mädchen sei, delegitimiert schlagartig die Praxis des Anlegens von Kleidern und führt die für Subjektivierungsprozesse wirkmächtige Kategorie der Scham ein, „die schon lange gewartet hatte vor den Fenstern, vor der Tür, die nun schäumend hereinbrach. Es [das Kind] zog sich aus, so schnell es konnte, es war, als hätte alles Augen [...] eine Welle aus Scham klatschte an seine Glieder." (BB, 40) Analog zu dem, was Annie Ernaux in *Die Scham* in Bezug auf soziale Klasse beschreibt, ist es in der Szene aus *Blutbuch* die Subjektivierung anhand von Geschlechtsidentitäten, die vormals als lustvoll oder neutral wahrgenommene Praktiken entwertet. Aus der Perspektive der bürgerlichen Klasse erscheint das zerknitterte und fleckige Nachthemd von Ernauxs Mutter plötzlich liederlich und schambesetzt: „Soeben hatte ich meine Mutter zum ersten Mal mit den Augen der Privatschule gesehen." (Ernaux 2020, 92) In *Blutbuch* trägt das Einziehen der Geschlechterbinarität und der Ausschluss des Kindes von der weiblichen Seite dazu bei, dass dieses auch von bestimmten Handlungsoptionen wie dem Tragen von Kleidern ausgeschlossen wird. Regulativ wirkt auch hier der schamerzeugende Blick – die Klassen- und Geschlechtergrenzen überwachenden Augen: Bei Ernaux richtet die Protagonistin diesen Blick selbst auf ihre Mutter und übernimmt Wertungen anderer. Bei de l'Horizon sind es hingegen die Gegenstände, die Augen bekommen und das Kind zum Betrachteten und Bewerteten machen. Dadurch werden die empfundene Körperlosigkeit und Unstetigkeit überhaupt erst als etwas Negatives wahrgenommen, das die Suche nach Begrenzungen nach sich zieht:

---

12 Der vielschichtige Ideologiebegriff Althussers kann an dieser Stelle nicht umfassend erläutert werden. Althusser entwickelt ihn in Auseinandersetzung mit dem Begriff der Ideologie bei Karl Marx, nimmt aber gerade hinsichtlich des Verhältnisses der materiellen Existenzbedingungen und der Ideen entscheidende Anpassungen vor. Zudem betont Althusser die subjektivierende Funktion der Ideologie, wodurch sie sich in dieser Hinsicht in eine Nähe zu den Begriffen der ‚Macht' bei Michel Foucault und der ‚symbolischen Gewalt' bei Pierre Bourdieu rücken lässt.

„Manchmal muss es [das Kind] sich schlagen. Wenn es zu sehr hin und her mäandriert. [...] Und geht die Wand entlang. Damit es vom Wassersein zurück in seine Haut kommt. Es drückt sich ins Zugewiesene zurück." (BB, 101) Dieser Zuweisungsprozess wird mit Blick auf seinen performativen und zu einem großen Teil sprachlich erfolgenden Charakter aber auch wegen seiner Unverständlichkeit für das Kind als Zauberspruch bezeichnet: „Den musst du so oft sagen. Bis der Satz dir ins Fleisch wächst. Bis der Satz verfleischt. Einkörpert. Überblutet." (BB, 87) Durch die betonte Körperlichkeit und Repetitivität der geschlechtsbezogenen Subjektivierung lässt sich diese in Analogie zu Judith Butler verstehen, bei der das Geschlecht

> die obligatorische Anweisung an den Körper [ist], ein kulturelles Zeichen zu werden bzw. sich den geschichtlich beschränkten Möglichkeiten entsprechend zu materialisieren, und zwar nicht nur ein- oder zweimal, sondern als fortdauernder, wiederholter leiblicher Entwurf. (Butler 2021, 205)

Diese Anweisung und der Versuch der Verfestigung des als ‚flüssig' wahrgenommen Körpers sind (zu einem großen Teil) verantwortlich für die Erfahrung des biographischen Bruchs, der sprachlich die retrospektive Selbstbezeichnung in der dritten Person nach sich zieht. Der Verzicht auf die Idealisierung der Kindheit legt nahe, dass hierbei keine bloß nostalgische Rückwendung propagiert wird, sondern vielmehr der erzählerische Versuch der Konstruktion einer Selbstkontinuität in der Zeit zu beobachten ist. Dies wird auch durch die starke Präsenz der Gegenwarts- und Schreibebene im Text plausibel. Rückblickend soll nachvollzogen werden, wie die eigene Subjektivierung abgelaufen ist, um – den biographischen Bruch transzendierend – die Vorstellung einer Selbstheit in der Zeit, aber gerade keine ahistorische Selbstgleichheit zu konstruieren. Das gegenwärtige Sein wird durch die Darstellung seines Werdens historisiert. Trotz des Gefühls der Unverbundenheit mit dem kindlichen Ich wird nämlich die These vertreten, dass es kein Verschwinden gebe, „sondern eine Verwandlung, ein Übersetzen von Körper in anderen Körper, [...] von Gegenwart in Immer-da-seiende Vergangenheit" (BB, 44). Dieser Übersetzungsprozess ist es, der den Versuch der narrativen Selbstwiederaneignung möglich macht.

5.2 Herkunft und Selbst als narratives Gewebe

Im Hinblick auf die Erfahrung des biographischen Bruchs und der damit in Verbindung stehenden Komplexion des Übergangs im Sinne Chantal Jaquets sind im Vergleich zwischen *Blutbuch* und anderen Herkunftserzählungen Differenzierungen nötig: Bei Klassenwechsel- oder Migrationserzählungen ist es die mehr oder weniger selbstbestimmte Bewegung im geografischen oder sozialen Raum, die die Erzählfigur in eine Position der doppelten Distanz zwischen Herkunfts- und Ankunftswelt bringt. Die entsprechend bewegliche Komplexion und das Gefühl der Zerrissenheit entstehen jedoch erst durch den Eintritt in den Zwischenraum der Kollektividentitäten. Dieses Schema lässt sich nicht ohne Anpassungen auf *Blutbuch* übertragen. Im Sinne der empfundenen Körperlosigkeit als Kind und der mit dem Älterwerden häufiger gestellten Forderung der geschlechtlichen Identifikation hat diese biographische Brucherfahrung zwar ein klares zeitliches Moment. Dennoch kann nicht von einem Wechsel der Geschlechtsidentitäten gesprochen werden, der womöglich analog zum Wechsel von nationalen oder sozialen Kollektivzugehörigkeiten abläuft. Die Nicht-Binarität der Erzählfigur betont vielmehr in besonderem Maße die bereits in der Kindheit empfundene Existenz in der ‚Logik des Zwischenraums', ohne dass sich die Kategorien der Herkunfts- und Ankunftswelt hinsichtlich der Geschlechtsidentität am vorliegenden Beispiel sinnvoll füllen lassen. Kann gerade in Bezug auf den Klassenwechsel von einer nie abzuschließenden transitorischen Existenz gesprochen werden, so lässt sich die Kategorie des (nicht-linearen) Verlaufs nicht in gleichem Maße auf Nicht-Binarität übertragen. Die Erzählfigur in *Blutbuch* befindet sich vielmehr bereits zu Beginn ihres Lebens im besagten Zwischenraum. Das Empfinden desselben als Zwischenraum, die entsprechende Komplexion des Übergangs und das retrospektive Diskontinuitätsempfinden entstehen jedoch erst durch die gewaltsamen Zuweisungsversuche zu einer dem binären Schema entsprechenden Geschlechtsidentität.

Trotz dieser im Detail vorliegenden Unterschiede entspricht die affektive und epistemische Position der Erzählfigur genau dem, was Chantal Jaquet in Bezug auf transclasse-Personen beschreibt und was sich auch in Herkunftserzählungen über Migration finden lässt. Die Erzählfigur in *Blutbuch* sagt von sich, dass ihre Glieder „ein Kauderwelsch, ein zerkautes Elfisch, ein zerbroken Dringlisch, ein in Wirrnis hin und her torkelndes Dazwischen und Damit" (BB, 58) sprächen „in dieser Insellosigkeit, in diesem Immermittendrinsein, im Binaritätsfaschismus der Körpersprachen" (BB, 58). Es wird eine Positionierung im Übergang der bestehenden Identitäten propagiert. Aus der Absage an Homogenität und Eindeutigkeit in der (Geschlechts)-Identität wird – poetologisch analog zu Stanišić (vgl. 2019, 193) – eine Absage an eine kohärente und kontinuierliche Darstellung der eigenen Herkunftsgeschichte abgeleitet:

> Ich stehe in einer Fremdsprache. Vielleicht ist das mit ein Grund für das Schreiben, für dieses zerstückelte, zerbrösmelnde [sic!] Schreiben. Dafür, dass aus meinen Händen nur Bruchstücke kommen, deren Kanten so versplittert sind, dass sich daraus keine schöne, smoothe, packende, glatt polierte Geschichte bauen lässt. (BB, 58)

Wie bei Ricoeur wird eine Strukturanalogie zwischen Selbst und Erzählung formuliert. Gemäß der in diesem Aufsatz präsentierten Fokussierung erfolgt die Konstruktion der narrativen Identität dabei nicht primär durch Textrezeption, sondern durch -produktion, indem Selbst und Selbsterzählung in ein mimetisches Verhältnis gebracht werden. Der weitestgehend erfolgende Verzicht auf zeitliche Chronologie und stilistische Kohärenz entsprechen dabei der beschriebenen entgrenzten Körpererfahrung:[13] Der Körper als vermeintlicher Garant von personeller Kontinuität bei wechselnden Bewusstseinszuständen wird zum „Ort der Zersetzung des Ich" (Foucault 2002, 174). Damit verbunden ist eine Absage an Vorstellungen eines homogenen, substantiellen Ichs und die Hinwendung dazu, sich „zwischen diesen verschiedenen Ichs aufreiben zu lassen wie eine Muskatnuss, [...] zwischen meinem Homo-Macho-Ich, meinem protestantischen Ich, meinem wässrigen Ich, meinem Eiskunstlauf-Ich, [...] meinem inneren Kind, meinem geschriebenen Ichs" (BB, 146).

Im Sinne der oben präsentierten Heuristik für Herkunftserzählungen muss bei der Selbstgenealogisierung zwischen zwei Vorgängen analytisch unterschieden werden: einerseits der Selbsthistorisierung durch retrospektiven Nachvollzug der eigenen Subjektivierungsgeschichte und andererseits dem performativen Aspekt der dabei entstehenden Erzählung – also der Frage, was es mit der Erzählfigur macht, dass sie sich erzählt. Rein analytisch ist die Unterscheidung in der Hinsicht, dass beide Vorgänge im Text gleichzeitig ablaufen (und die Protagonist:innen der Herkunftserzählungen sich im Sinne Ricoeurs zugleich als Lesende und Schreibende des eigenen Lebens begreifen). Mit der retrospektiven Darstellung der eigenen Subjektivierung sind genau die Stellen gemeint, die oben bereits mit Blick auf den biographischen Bruch analysiert wurden, in denen die Erzählfigur bspw. die Zuweisungen einer festen Geschlechtsidentität an das Kind betrachtet und sich so auch das eigene Körperempfinden zum Erzählzeitpunkt verständlich macht: „Ich schreibe dir [der Großmutter], um gegen die Verachtung anzuschreiben, die ich für diesen Körper empfinde, seit ich denken kann und die vielleicht auch mitverantwortlich dafür ist, dass ich so wenige Erinnerungen an ihn habe." (BB, 31) Der genealogische Selbstbezug historisiert das Selbst, indem er gegenwärtige Seinsweisen aus der Vergangenheit heraus erklärt.

Die darüber hinausgehende, transformative Seite des Schreibens über sich selbst findet in *Blutbuch* ebenfalls Beachtung: Wenn der Roman derart selbstreflexiv auf den performativen Aspekt der Genealogie verweist, werden vorrangig Metaphern und Vergleiche gewählt, die Schreiben und Identität in eine Nähe zu

---

[13] Dazu passt auch die Formulierung ‚Sprachkörper' (vgl. B, 133).

den Tätigkeiten des Strickens und Webens rücken.[14] Die strickenden Hände der Großmutter werden beschrieben als „ratternde, klappernde, klackernde Textilmaschine, die [...] Fäden knüpft" (BB, 34). Die gemeinsame etymologische Herkunft des ‚Textes' und des ‚Textils' aus dem lateinischen ‚texere' (weben) in Verbindung mit den die Aufmerksamkeit auf die Sprachproduktion lenkenden onomatopoetischen Adjektiven legt ein Verständnis der großmütterlichen Hände als Textilmaschine in Analogie zum vorliegenden Erzählakt als Textmaschine nahe. Eine Verbindung zwischen Enkel:in und Großmutter wird zweifach hergestellt: durch die Weitergabe der Fertigkeit des Strickens und durch das adressierte Erzählen – in beiden Fällen also Text(il)produktion: „[I]ch bin Teil von dir; im Stricken, im Schreiben – ohne Unterschied – bin ich mit dir verbunden." (BB, 35) Es wird eine narrative Verknüpfung zwischen der Erzählfigur und der Großmutter dargestellt; zusätzlich aber auch zwischen der Vergangenheit, die die Gegenwart noch immer prägt und dieser Gegenwart, in der ein Verändern und Neu-Erzählen der Vergangenheit möglich ist. Die zurückliegenden Ereignisse und Äußerungen werden als Elemente von Subjektivierungsprozessen benannt und damit in eine Kontinuität mit dem Jetzt gestellt. Ziel des Schreibens sei es, „dem Verschwundenen, dem Überwundenen – aber nicht Vergangenen – einen Mund zu geben, ein ‚Und' ein ‚Es-war-so-UND-ich-lebe'" (BB, 247). Die Bindestrich-Koppelung und die Großschreibung des ‚und' markieren den Schreibprozess als Verknüpfungsakt, der die oben bereits mit Ricoeur bezeichnete ‚Synthese des Heterogenen' leisten soll. Der literarische Text als Gewebe fungiert damit analog zum schreibenden Selbst, in dem sich die vielfältigen Elemente der Subjektivierung ebenfalls zu einer ‚diskonkordanten Konkordanz' verbinden.[15] Das mimetische Verhältnis zwischen Selbst und Selbsterzählung kommt erneut zum Tragen und die Form des Textgewebes fungiert als Bild für die Form des Selbstgewebes: „[V]ielleicht geht es um eine Vernarbung; darum, dass das Gewebe eigene, neue, sichtbare Nähte knüpft. Denn ich will nicht, dass das Gewebe spurlos zusammenwächst." (BB, 248)[16] Anhand dieser Konzeption der Subjektivität lässt sich ein Bogen zum oben eingeführten Begriff der Komplexion bei Chantal Jaquet schlagen, über den sie schreibt:

---

[14] Vgl. zur literaturhistorischen Bedeutung dieser Metaphorik: Greber 2002. Auf die bestehende Tradition nimmt auch der Roman selbst bspw. durch die Helvetisierung des Mythos um Philomela und Prokne intertextuell Bezug (vgl. BB, 83–84 und Fehr 2023 und zum Arachne-Mythos in *Blutbuch*: Zollinger 2023). Auch Paul Ricoeur beschreibt das im Sinne der narrativen Identität verstandene Leben als „Gewebe erzählter Geschichten" (Ricoeur 1991, 396).
[15] Vgl. dazu auch die expliziten Verweise auf Ursula Le Guins *Carrier Bag Theory of Fiction* am Ende des Romans: BB, 286–287 und Le Guin 1988.
[16] Für eine Untersuchung der Erzähltechnik in *Blutbuch* als ‚Gehäute' aus posthumanistischer Perspektive vgl. Sambruno Spannhoff 2024.

Das Wort geht auf das lateinische Wort complexio zurück, das aus dem Präfix con, ‚mit', und der Wurzel plexus – aus dem Partizip Perfekt von plectere, ‚verknüpfen, weben', gebildet ist –, und drückt die komplizierte Verschlingung der Fäden aus, die das Gewebe eines Lebens ausmachen und dieses Leben an das der anderen anbinden. (Jaquet 2018, 101)

Es ist folglich die Metapher des Webens, in der in *Blutbuch* die genealogische Betrachtung des Selbst als Ergebnis von Subjektivierungsprozessen und der performative, emanzipatorische Aspekt dieser Selbsterzählung zusammenkommen: „[E]s geht darum, die Fäden aufzudröseln, die uns gewoben haben: die Fäden, die uns [...] gefesselt haben, zu entwirren" (BB, 32) – und sie neu zu verknüpfen. Diese textile Arbeit erfolgt aufgrund der Analogien zwischen Selbst und Erzählung schreibend und versteht das Schreiben als Herstellen einer narrativen Identität, als „Versuch, ein Zuhause zu finden, das es vielleicht schon nicht mehr gibt, das es vielleicht erst noch zu erzählen gilt." (BB, 63)

6 Fazit

Die Protagonist:innen von Herkunftserzählungen zeichnen sich durch eine Komplexion des Übergangs aus, die sie im Zwischenraum verschiedener Kollektividentitäten verortet. Diese Positionierung führt affektiv zu einem Gefühl der Zerrissenheit und mehrfachen Exklusion. Zugleich lässt sich sie sich als epistemisch privilegiert verstehen, da die entsprechenden Figuren reduktiv homogenen Identitätskonstruktionen immer schon misstrauen. Häufig sind es biographische Brucherfahrungen wie Klassenwechsel oder Migration, die zu der oben beschriebenen Form von Subjektivität führen. Diese Brüche ziehen das Bedürfnis nach einer kritischen Wiederaneignung vergangener Iterationen des Selbst nach sich. Solche Wiederaneignungsversuche sind in dem Maße kritisch, in dem sie genealogisch sind und das gegenwärtige Selbst historisieren. Der stattgefundene Subjektivierungsprozess kann damit rekonstruiert werden, das Selbst wird als veränderbar verstanden und zugleich durch den ablaufenden Erzählvorgang performativ transformiert. Das heißt, dass sich die Erzählfigur narrativ auf sich selbst zurückwendet und sich durch den Nachvollzug des Subjektivierungsprozesses als figuriert und figurierend zugleich versteht. Die narrative Form dieses Vorgangs ist durch eine Strukturanalogie zwischen Selbst und Erzählung zu begründen.

Mit Blick auf *Blutbuch* konnte gezeigt werden, dass sich die vorgestellte Struktur der Herkunftserzählung auch auf solche Texte beziehen lässt, die sich inhaltlich prominent mit der Kollektividentität des Geschlechts auseinandersetzen. Im vorliegenden Fall waren dabei besonders der Körper als Ort der geschichtlichen Prägung und Subjektivierung und die Konzeption von Text und Identität als Gewebe von Bedeutung. Die im Roman stark ausgearbeitete Gegenwartsebene konnte durch Verweis auf die nicht vorrangig archivierende Ausrichtung der Genealogie dahingehend verstanden werden, dass die Erzählfigur von *Blutbuch* (wie auch anderer Herkunftserzählungen) nicht aus Interesse an der Vergangenheit schreibt, sondern „erzählt, um eine Zukunft zu haben" (BB, 63).

Literaturverzeichnis

Ahmed, Sara. *Queer Phenomenology. Orientations, Objects, Others.* London: Duke University Press, 2006.
Althusser, Louis. „Ideologie und ideologische Staatsapparate. Anmerkungen für eine Untersuchung". *Ideologie und ideologische Staatsapparate. Aufsätze zur marxistischen Theorie*. Hg. Frieder Otto Wolf. Hamburg: VSA, 1977. 108–153.
Bjerg, Bov. *Serpentinen*. Berlin: Claassen, 2020.
Bloch, Ernst. „Das Prinzip Hoffnung. Kapitel 38–55". Ders. *Gesamtausgabe in 16 Bänden*. Bd. 5 II. Frankfurt a. M.: Suhrkamp, 1959.
Bloch, Ernst, Rainer Traub und Harald Wieser. *Gespräche mit Ernst Bloch*. Frankfurt a. M.: Suhrkamp, 1975.
Blome, Eva. „Rückkehr zur Herkunft. Autosoziobiographien erzählen von der Klassengesellschaft." *Deutsche Vierteljahresschrift für Literaturwissenschaft und Geistesgeschichte* 94 (2020): 541–571.
Bourdieu, Pierre. „L'Odyssée de la réappropriation". *Awal, cahiers d'études berbères* 18.3 (1998): 5–6. http://www.homme-moderne.org/societe/socio/bourdieu/varia/odyssee.html (22. Februar 2024).
Bourdieu, Pierre. *Ein soziologischer Selbstversuch*. Frankfurt a. M.: Suhrkamp, 2002.
Bublitz, Hannelore. „Art. ‚Subjekt'". *Foucault-Handbuch. Leben–Werk–Wirkung*. Hg. Clemens Kammler, Rolf Parr und Ulrich Johannes Schneider. Weimar, Stuttgart: J. B. Metzler, 2008. 293–296.
Butler, Judith. *Das Unbehagen der Geschlechter*. 22. Aufl. Frankfurt a. M.: Suhrkamp, 2021.
Butler, Judith. *Psyche der Macht. Das Subjekt der Unterwerfung*. 9. Aufl. Frankfurt a. M.: Suhrkamp, 2017.
de l'Horizon, Kim. *Blutbuch*. Köln: DuMont, 2022.
Dröscher, Daniela. *Zeige deine Klasse. Die Geschichte meiner sozialen Herkunft*. Hamburg: Hoffmann und Campe, 2018.
Eribon, Didier. *Rückkehr nach Reims*. Frankfurt a. M.: Suhrkamp, 2016.
Eribon, Didier. *Gesellschaft als Urteil. Klassen, Identitäten, Wege*. Frankfurt a. M.: Suhrkamp, 2017.
Ernaux, Annie. *Erinnerungen eines Mädchens*. Berlin: Suhrkamp, 2018.
Ernaux, Annie. *Die Scham*. Berlin: Suhrkamp, 2020.
Ernst, Christina. „Transclasse und transgenre. Autosoziobiographische Schreibweisen bei Paul B. Preciado und Jayrôme C. Robinet". *Autosoziobiographie. Poetik und Politik*. Hg. Eva Blome, Philipp Lammers und Sarah Seidel. Berlin: Springer/J. B. Metzler, 2022. 257–273.
Fehr, Shana. „De fagu sanguinea mutata: die Metamorphosen Ovids in Kim de l'Horizons Blutbuch ". *Germanistik in der Schweiz* 19 (2013): 72–94.
Foucault, Michel. „Nietzsche, die Genealogie, die Historie". Ders. *Dits et Ecrits*. Bd. II. Hg. Daniel Defert und François Ewald. Frankfurt a. M.: Suhrkamp, 2003. 166–191.
Foucault, Michel. „Subjekt und Macht". Ders. *Ästhetik der Existenz. Schriften zur Lebenskunst*. Hg. Daniel Defert und François Ewald. Frankfurt a. M.: Suhrkamp, 2007, 81–104.

Grabau, Christian. „Bourdieu, Eribon und die beschwerliche ‚Odyssee der Wiederaneignung'. Biografie und Identität in habitustheoretischer Perspektive". *Die Arbeit am Selbst. Theorie und Empirie zu Bildungsaufstiegen und exklusiven Karrieren.* Hg. Ulrike Deppe. Wiesbaden: Springer VS, 2020. 85–104.

Greber, Erika. *Textile Texte. Poetologische Metaphorik und Literaturtheorie. Studien zur Tradition des Wortflechtens und der Kombinatorik.* Köln, Weimar, Wien: Böhlau, 2002.

Jaquet, Chantal. *Zwischen den Klassen. Über die Nicht-Reproduktion sozialer Macht.* Konstanz: Konstanz University Press, 2018.

Keddi, Barbara. *Wie wir dieselben bleiben. Doing continuity als biopsychosoziale Praxis.* Bielefeld: Transcript, 2011.

Kraus, Wolfgang. „Falsche Freunde. Radikale Pluralisierung und der Ansatz einer narrativen Identität". *Transitorische Identität. Der Prozesscharakter des modernen Selbst.* Hg. Jürgen Straub und Joachim Renn. Frankfurt a. M.: Campus, 2002.

Le Guin, Ursula K. „The Carrier-Bag Theory of Fiction". *Women of Vision.* Hg. Denise Du Pont. New York: St. Martin's Press, 1988. 1–12.

Ohde, Deniz. *Streulicht.* Berlin: Suhrkamp, 2020.

Polkinghorne, Donald E. „Narrative Psychologie und Geschichtsbewußtsein. Beziehungen und Perspektiven". *Erzählung, Identität und historisches Bewußtsein. Die psychologische Konstruktion von Zeit und Geschichte.* Hg. Jürgen Straub. Frankfurt a. M.: Suhrkamp, 1998. 12–45.

Prokić, Tanja. *Kritik des narrativen Selbst. Von der (Un)Möglichkeit der Selbsttechnologien in der Moderne. Eine Erzählung.* Würzburg: Ergon, 2011.

Ricoeur, Paul. „Narrative Identität". *Heidelberger Jahrbücher* 31 (1987): 57–67.

Ricoeur, Paul. *Zeit und Erzählung.* Bd. 1: *Zeit und historische Erzählung.* München: Wilhelm Fink, 1988.

Ricoeur, Paul. *Zeit und Erzählung.* Bd. 3: *Die erzählte Zeit.* München: Wilhelm Fink, 1991.

Saar, Martin. „Genealogie und Subjektivität". *Michel Foucault. Zwischenbilanz einer Rezeption. Frankfurter Foucault-Konferenz 2001.* Hg. Axel Honneth und Martin Saar. Frankfurt a. M.: Suhrkamp, 2003. 157–177.

Saar, Martin. *Genealogie als Kritik. Geschichte und Theorie des Subjekts nach Nietzsche und Foucault.* Frankfurt a. M.: Campus, 2007.

Sambruno Spannhoff, Theresa. „Skin Sediments: Narrating Memory in Kim de l'Horizon's Blutbuch (2022)". *German Quarterly* (2024): 1–19.

Stanišić, Saša. *Herkunft.* München: Luchterhand, 2019.

Steiner, André. *Das narrative Selbst – Studien zum Erzählwerk Wolfgang Hilbigs: Erzählungen 1979–1991, Romane 1989–2000.* Frankfurt a. M., Berlin, Wien, Bern: Peter Lang, 2008.

Tijssens, Angelo. *An Rändern.* Hamburg: Rowohlt, 2024.

Twellmann, Marcus. „Autosoziobiographie als reisende Form. Ein Versuch". *Autosoziobiographie. Poetik und Politik.* Hg. Eva Blome, Philipp Lammers und Sarah Seidel. Berlin: Springer/J. B. Metzler, 2022. 91–115.

von Felden, Heide. „Grundannahmen der Biographieforschung, das Erzählen von Lebensgeschichten und die Konstruktion von narrativer Identität". *Die Arbeit am Selbst. Theorie und Empirie zu Bildungsaufstiegen und exklusiven Karrieren.* Hg. Ulrike Deppe. Wiesbaden: Springer VS, 2020. 23–40.

West, Candace und Don H. Zimmerman, „Doing Gender". *Gender and Society* 1.2 (1987): 125–151.

Wolf, Christa. *Kindheitsmuster.* Berlin, Weimar: Aufbau, 1976.

Zink, Dominik. „Herkunft – Ähnlichkeit – Tod. Saša Stanišić' Herkunft und Sigmund Freuds Signorelli-Geschichte". *Zeitschrift für interkulturelle Germanistik* 1 (2021): 171–185.

Zollinger, Edi. „Arachnes Enkelkind". *tell. Magazin für Literatur und Zeitgenossenschaft.* https://tell-review.de/arachnes-enkelkind/ (22. April 2024).

Juliane Ostermoor

„Stolperstein meines Erzählens": Sprichwörtliche Redewendungen als leibliche Herkunftserfahrung bei Daniela Dröscher

Die kursivierten Redewendungen, die in Daniela Dröschers *Lügen über meine Mutter* immer wieder in den Romantext eingewebt sind, bezeugen die Brüchigkeit der eigenen Herkunft: Im autosoziobiografischen Versuch, die soziale Herkunft und den Bruch mit ihr zu beschreiben, stellen die Redewendungen als Verflechtung von Körper, Sprache und Herkunft die Inkommensurabilität der Herkunftserfahrungen dar. Die eigene Existenz ist nämlich stets durch eine Fremderfahrung gedacht, durch ein *alter ego*, das als altes, überschrittenes *ego* inszeniert wird. In diesem Beitrag arbeite ich sprichwörtliche Redewendungen als typisches Verfahren der autosoziobiografischen Schreibweise exemplarisch an den Texten von Daniela Dröscher heraus und konzeptualisiere dadurch Herkünfte im Plural als körperlich-sprachlich erfahrbares Paradoxon.[1]

Im Mittelpunkt meiner Untersuchung steht der Roman *Lügen über meine Mutter* (2022), der sich stark auf seinen Vorgängertext *Zeige deine Klasse* (2018) bezieht und wie der Roman der sozialen Herkunft der Erzählerin und Autorin Daniela Dröscher nachgeht. Der paratextuelle Zusatz „Roman" zielt bei *Lügen über meine Mutter* auf den literarischen Umgang mit den gemachten Erfahrungen im Herkunftsmilieu ab, der in Bezug auf die theoretische Einordnung dieser Erfahrungen der Erzählerin deutlich wird. Dies wirkt sich auf den fiktionalen Grad des Erzählten aus: *Zeige deine Klasse* stellt einen Versuch dar, mit Hilfe von Foucaults und Bourdieus Theorien die eigene Biografie in einem soziologischen Kontext zu interpretieren, wohingegen es in *Lügen über meine Mutter* darum geht, sie als Narration im Präteritum zu inszenieren. Wie Blome, Lammers und Seidel herausgearbeitet haben, stellt die fiktionale Form kein Ausschlusskriterium für eine Einordnung in das autosoziobiografische Spektrum dar (vgl. Blome, Lammers und Seidel 2022, 4). Ein weiteres Argument dafür, beide Texte zusammen zu untersuchen, ist der beobachtbare Drang zur Iteration in den Arbeiten Dröschers, der trotz Genrewechsel vom Faktualen ins Fiktionale beide Texte durch wörtliche Übernahme

---

1 Dieser Beitrag ist im Rahmen meines Dissertationsprojekts, das Körperlichkeit und Gegenwart in deutsch- und französischsprachigen autosoziobiografischen Texten untersucht, eine erste analytische Annäherung an die Untersuchung der autosoziobiografischen Schreibweise.

∂ Open Access. © 2025 Juliane Ostermoor, publiziert von De Gruyter. Dieses Werk ist lizenziert unter der Creative Commons Namensnennung 4.0 International Lizenz.
https://doi.org/10.1515/9783111249476-015

ganzer Sätze in einen engen Bezug zueinander setzt. Und auch die Autorin selbst äußerte sich während einer Lesung in Freiburg am 01. Dezember 2022 dahingehend, dass die Protagonistin im Roman mit der Autorin gleichgesetzt werden könne, wodurch auch eine Übereinstimmung mit der Protagonistin aus *Zeige deine Klasse* insinuiert wird.[2] Wie man aus einem zeitlich und sozial überschrittenen Milieu über die eigene Herkunft schreiben und Erfahrungen sichtbar machen kann, die in ihrer Subjektivität unsichtbar sind, ist ein zentrales Anliegen der Autorin.

Die kindliche Erzählperspektive und die Körper-Bezüge der aus dem Herkunftsmilieu entliehenen Redewendungen – wie z. B. „viel um die Ohren [haben]" (Dröscher 2022, 267), „[etwas] auf dem Herzen haben" (Dröscher 2022, 77), „sich in Luft auflösen" (Dröscher 2022, 115), „alle Hände voll zu tun [haben]" (Dröscher 2022, 260) – sind Teil einer Verflechtungsästhetik, die mittels dieser besonderen Sprache Herkunftserfahrungen sichtbar macht, und somit die ungreifbare Herkunft als eine leibliches figuriert.

In einem ersten Schritt werde ich Gestalt und Funktionen der Tropen in Bezug auf die Kategorien ‚Körper' und ‚Klasse' herausarbeiten. Darauf aufbauend deute ich die Redewendungen als ein literarisches Verfahren der Verfremdung und gleichzeitig der Aneignung. Dem Konzept ‚Herkunft' nähere ich mich so einerseits auf sprachlicher, andererseits auf körperlich-leiblicher Ebene. Denn die Herkunftserfahrungen, die das Kind spürt und auf die die erwachsene Erzählerin keinen unmittelbaren Zugriff mehr hat, werden mit den von den Eltern übernommenen Metaphern und Metonymien ausgedrückt. Durch diese Schreibweise versucht der Text Herkünfte darzustellen, die in den sprichwörtlichen, körperbezogenen Redensarten nicht bloß ihren Ausdruck finden und erfahrbar werden, sondern gerade durch ihre de-semantisierte Sprichwörtlichkeit selbst am eigenen Leib zu spüren sind. Somit kann anschließend diese Art von Körper-Sprache als eine spezielle Ästhetik des klassenübergreifenden Erzählens gedeutet werden; die vermeintlich ‚minderwertige' Sprache wird literarisiert und die sprichwörtlichen Redensarten aus dem Herkunftsmilieu durchlaufen einen an der Biografie der Erzählerin angelehnten Klassenwechsel. Die einst als ‚bäuerlich' markierten Ausdrucksformen werden so nobilitiert. Doch auch die Sprache wird in einer Art Schwebezustand zwischen den Klassen ästhetisiert, da die Erzählstimme mittels eines Konglomerats aus Hochdeutsch, Dialekt und Phraseologismen versatzstückhaft widerständige Momente des Erzählens erzeugt.

---

[2] Die Lesung fand im Literaturhaus Freiburg am 01. Dezember 2022 statt und war Teil des Workshops, der den Ausgangspunkt dieses Bandes bildet.

1 Multiple Herkünfte: Im Schwebezustand

Die Herkunftsthematik tritt in autosoziobiografischen Texten meist als ein „deklassierte[s] Milieu" (Blome 2020, 541) in Erscheinung und wirkt als Sujet konstituierend für das von der Forschung betitelte Genre (vgl. Blome, Lammers und Seidel 2022, 7). Erst die distanzierte Perspektive zur eigenen Herkunft macht ein Schreiben darüber möglich: Nähe- und Distanzverhältnisse sozialer Übergänger:innen zu ihrem Herkunftsmilieu, in das sie nicht dauerhaft zurückkehren können, bestimmen die literarische Aufarbeitung des Lebensweges und des Klassenwechsels (vgl. Blome 2020, 451). Herkunft wird in Dröschers Texten stets als soziale Herkunft benannt, die sich wiederum aus geografischem Herkunftsort, Sprache und Mutterkörper zusammensetzt: „Ich lebte lange in der gefühlten Gefangenschaft dieser drei Ds – dicke Mutter, Dorf, Dialekt." (Dröscher 2018, 23) Verglichen mit dem sogenannten ‚Migrationsroman' (vgl. Hallet 2016), dem ebenfalls die Struktur einer Herkunftserzählung zugrunde liegt, fällt vor der Gemeinsamkeit der narrativen Struktur dieses Verständnis von Herkunft als soziale Herkunft besonders auf. Wolfgang Hallet hat vier narrative Ebenen des Migrationsromans herausgearbeitet: Zunächst wird die Geschichte der Migration erzählt, die von einer Erzählung des Herkunftsraums selbst vervollständigt wird. Dazu kommen die Erzählung der Re-Migration, also die Rückkehr in den Herkunftsraum, und die meta-semiotische Ebene, die eine Erzählung der Entstehung der Herkunftsgeschichte selbst beschreibt (vgl. Hallet 2016, 340–346). Unabhängig vom Begriff ‚Migrationsroman' beziehen sich die sozialen Transgressionen auf Ort, Sprache und Körper (vgl. Hallet 2016, 340–46).

Dass es sich bei sozialen Transgressionen in autosoziobiografischen Texten dennoch um eine Migration handelt, macht der von Annie Ernaux eingeführte Begriff des *transfuge de classe* sichtbar, der etymologisch „eng mit dem Gedanken der Flucht" (Jaquet 2018, 12–14) verbunden ist (vgl. Lieber und Mayer 2020). Ausgehend von Gründungstexten des autosoziobiografischen Schreibens wie *Retour à Reims* (2009) von Didier Eribon lässt sich eine generelle Tendenz zur Verschiebung des Herkunftsbegriffs innerhalb der autosoziobiografischen Schreibweise von der noch sehr örtlich geprägten Auffassung der Herkunft (Reims) zu einer eher konzeptuellen Auffassung ausmachen, die sich zum Beispiel auf den Familiennamen (*Nom* von Constance Debré), die weibliche Blutslinie (*Blutbuch* von Kim de l'Horizon), die Berufsgruppe der Eltern (*Verdunstung in der Randzone* von Ilija Matusko) oder die eigene soziale Mobilität (*Changer: méthode* von Édouard Louis) bezieht.

„Erst jetzt kann ich über meine Herkunft schreiben – auch weil nun die Zeit meiner Kindheit selbst eine historische und damit fremde geworden ist" (Dröscher 2018, 27), schreibt Dröscher über die notwendige Distanzierung von ihrer Herkunft. In einer zeitlichen und sozialen Distanz, durch die Worte ‚historisch' und ‚fremd' beschrieben, kann die Autorin ihre Herkunft ästhetisieren und über sie schreiben. Die eigene Herkunft zum literarischen Sujet zu machen, setzt für Dröscher also eine Verortung der Herkunft in der Vergangenheit und in der Fremde voraus. Diese Überlegungen rücken die autosoziobiografische Schreibweise gattungspoetisch ebenfalls näher an den Migrationsroman, da sie einen in der Vergangenheit liegenden Herkunftsort imaginiert.

Dass viele autosoziobiografische Texte diese Art der Herkunft bewusst nicht als Heimat titulieren, stellt jedoch ein erstes Abgrenzungsmoment zum Migrationsroman dar: Obwohl beide Konzepte so multipel wie komplex auf das gleiche „Hineingeborensein" (Zemanek 2012, 74) zu schauen scheinen, liegt genau dort die brüchige affektiv-emotionale Nicht-Identität der Herkunft, die sich erst aus der Transgression ergibt und somit immer aus zwei oppositionellen Positionen bestehen muss (vgl. Iztueta Goizueta et al. 2021, 9). Dröschers Texte arbeiten exemplarisch heraus, dass Herkunft nicht durch ein in einer sozialen Klasse Beheimatetsein entsteht, sondern literarisches Produkt des Übergangs und der Entfernung ist. Die Transgression, die die autosoziobiografische Schreibweise konstituiert, produziert eine brüchige Herkunft, denn die zeitliche und soziale Entfernung, bedingt nicht nur das Schreiben darüber, sondern erschwert es gleichzeitig. Auch in der narrativen Struktur der Texte findet sich dieser Bruch. Denn die Erzählstimme wird in zwei Figuren aufgebrochen: Die erwachsene Erzählerin Daniela reflektiert im Präsens die im Präteritum erzählten Erfahrungen der kindlichen Protagonistin Ela. Die verschiedenen Namen und das unterschiedliche Alter verdeutlichen die soziale wie auch zeitliche Distanz und bilden somit eine narrativ, temporal und figurale Multidimensionalität der Herkunftserfahrung. Die Herkunft wird durch das konstitutive Sujet der Transgression in ihrer Struktur brüchig.

Daniela Dröscher beschreibt diese Brüchigkeit folgendermaßen:

> Lange Zeit hatte ich diesen Boden, diese Ferse nicht, hatte ich doch meine Herkunft samt Nabelschnur gekappt. Wie ein Geist schwebte ich zwischen schwarzer Schrift und weißem Papier über den Dingen. (Dröscher 2018, 38)

Die Erzählerin versprachlicht hier mit Körperbezügen die Beziehung zu ihrer sozialen Herkunft bevor sie mit dem autosoziobiografischen Schreibprojekt begann. Als *transfuge de classe* blendete sie ihre soziale Herkunft zugunsten der Anpassung an die neue Klasse aus; der autosoziobiografischen Auseinandersetzung geht also ein epistemologischer Bruch mit der Herkunft voraus. Die Metonymie des Bodens, die dann als Körpermetapher der Ferse fungiert, beschreibt den Zugang zur sozialen Herkunft, welcher der Erzählerin Halt im sozialen Raum (vgl. Bourdieu 1996, 277) geben soll. Der Bruch mit der sozialen Herkunft, beschrieben über die Metapher der ‚gekappten Nabelschnur' führt aber zu einer sozialen Desorientierung. Das Schreiben, hier durch die Metonymie von „schwarzem Stift und weißem Papier" umschrieben, soll diesen Schwebezustand zwischen den Klassen und brüchiger Herkunft qua soziologischer Einordnung wieder verfestigen. Als körperloser Geist, der nicht alternd die Grenzen zwischen Vergangenheit und Gegenwart passieren kann, imaginiert sich die Erzählerin, die schreibend den Zugang zu ihrer Herkunft sucht. Bei der darin dargestellten Herkunft handelt es sich um ein literarisches Produkt, das „[w]ie jede Selbsterzählung [...] eine erdichtete" (Dröscher 2018, 28) ist.

Die eigene Autosoziobiografie zu schreiben ist für Dröscher nur durch eine Distanz zum Sujet des Textes möglich; die Schreib-Szene ist durch die Transgression der sozialen Klasse bedingt. Die somit den Texten vorgängige Distanz wird durch die Fiktionalisierung innerhalb der Texte verstärkt: Den Texten wohnt eine doppelte Entfernungsbewegung inne. Durch das Schreiben distanziert sich die Autorin von ihrer Entfremdung von der Herkunft, die Schreibanlass und Sujet der Texte zugleich ist. Die Distanzierung von der Entfremdung von der Herkunft resultiert in einer Inkommensurabilität der Herkünfte im Plural: Durch die Transgression wohnen den Texten mehrere Herkünfte inne, die in der Vergangenheit erfahren und in der Gegenwart beschrieben werden, und die sich jeweils aus Ort, Sprache und Körper zusammensetzen. Die Multiplikation der Herkünfte durch Transgression und doppelte Distanzierung lassen die Schreibenden in einem Schwebezustand zurück, der permanent zwischen Vergangenheit, Gegenwart, alter und neuer sozialer Klasse, Körper und Sprache fluktuiert.

2 „Rätselhaft und weit entfernt": ex-zentrische Herkunftsorte

Die Konzeptualisierung von Herkunft als Ort kommt nicht nur in Bezug auf das Dorf, in dem Ela aufwächst, zum Tragen, sondern auch hinsichtlich der nationalen Zugehörigkeit der Familie der Mutter: Die Mutter der Erzählerin und ihre Eltern stammen aus Schlesien, einer Region, die heute in weiten Teilen zu Polen gehört. Die „deutsche" Oma (Dröscher 2018, 42) bezeichnet die aus Schlesien stammende Familie stets als „Hochstetter" (Dröscher 2018, 43) und schreibt ihnen somit eine Identität zu, die nur dem deutschen Wohnort entspricht und den schlesischen Herkunftsort unsichtbar macht. Weiterhin bestimmt in *Zeige deine Klasse* die beständige Zuschreibung von Fremdheit durch den Verweis auf den geografischen Herkunftsort die Identität der „schlesiendeutsche Großmutter" (Dröscher 2018, 51). Die Erzählerin grenzt sich somit von ihrer deutschen Großmutter ab und wählt einen anderen Umgang mit dem Herkunftsort der Großeltern und der eigenen Mutter. Anstelle der Unsichtbarmachung wird Schlesien als Herkunftsort durch die Adjektivierung betont.

Der geografische, soziale und sprachliche Raum Schlesien wird in *Zeige deine Klasse* als „rätselhaft und weit entfernt" (Dröscher 2018, 53) beschrieben. Nur in der Auflistung der Wohnorte der Mutter wird dieser auf den genauen Geburtsort Miechowice eingegrenzt. Obwohl die Großeltern erst 1958 freiwillig nach Deutschland umsiedelten, setzt die deutsche Oma sie dennoch mit den „Vertriebene[n]" gleich (vgl. Dröscher 2018, 45).

„Meine Mutter drückte auf die Klingel, über der auf einem Messingschild dieser schöne schlesiendeutsche Nachname stand. Ihr Mädchenname, wie sie sagte. In meinen Ohren klang er weich und rätselhaft" (Dröscher 2022, 100), heißt es auch in *Lügen über meine Mutter*. Beide Texte verknüpfen stets die Adjektive ‚schlesiendeutsch' und ‚rätselhaft'. Die schlesiendeutsche Herkunft wird in der folgenden Textstelle über den Geburtsnamen der Mutter transportiert, also über einen Eigennamen des schlesischen Sprachraums, der jedoch deutsch ausgesprochen wird:

> „Er hat viel auf sich genommen, um von dort wegzukommen. Ich werde ihn bestimmt nicht in Polen begraben." Bei der Trauerpredigt ärgerte sie [die Mutter] sich sehr, dass Pastor Bauer den Nachnamen polnisch aussprach oder das, was er dafürhielt. „Der Name wird deutsch ausgesprochen. Wie man ihn spricht. Mit ‚i', nicht mit ‚j'", korrigierte meine Mutter ihn leise, woraufhin sich Pastor Bauer kleinlaut entschuldigte, er habe es eben besonders korrekt handhaben wollen. Dieses „Schlesien" schien alle zu überfordern. (Dröscher 2022, 229)

Die undurchschaubare, da selbst schon durch das ambivalente Verhältnis des eigenen Vaters geprägte, brüchige Herkunft der Mutter transportiert der Text über den Namen der Mutter. Auffällig ist jedoch, dass der Geburtsname der Mutter ungenannt bleibt, die Herkunftserfahrung, die das Kind durch das Hören des Namens macht, wird vom Text nicht auf das Lesepublikum übertragen. Aber auch die Erzählerin selbst kann die Herkunft der Mutter und der Großeltern selbst nicht klar greifen. Die brüchige Herkunft in den Texten Dröschers bleibt somit eine nicht weiter bestimmbare und undefinierte Fremdheit, zu der das Attribut ‚schlesiendeutsch' auch semantisch eine Distanz herstellt, insofern es weniger eine Zuschreibungs- als ein Abgrenzungskriterium dient, bleibt doch die Bedeutung für die Protagonistin wie auch für die Lesenden unbestimmt.

Vor dem Hintergrund des ‚rätselhaften' Herkunftsorts Schlesiens bleibt auch der soziale Habitus der Mutter undefiniert:

> Meine Mutter ist eine passionierte Köchin. [...] Schlesiendeutsche Gerichte – „schläs'sche Kiche" kochte sie nie. Keinen Karpfen Blau, keine Mohnklöße, kein Schlesisches Himmelreich. [...] An meiner Mutter gibt es nichts in dieser Art. Ich könnte an ihrer Gestik keinerlei soziale Herkunft ablesen. (Dröscher 2018, 53)

Der soziale Habitus der Mutter kann nur in einer Negation beschrieben werden. Maßgeblich ist, was sie nicht kocht und was das Kind folglich nicht isst und schmeckt. Auch dass die Mutter weder polnisch noch mit polnischem Akzent, sondern je nach Situation und Gesprächspartner:in flexibel Hochdeutsch oder Dialekt spricht, wird als Moment der Irritation erzählt (vgl. Dröscher 2018, 52–53). Auch in der Sprache und im sozialen und körperlichen Habitus der Mutter bleibt „der Ort ihrer Herkunft unsichtbar" (Dröscher 2018, 53).

Die besondere Art der Adjektivierung betont die Unsichtbarkeit und Ungreifbarkeit des Herkunftsortes Schlesien: Anstelle von ‚schlesischdeutsche Oma' (was laut o. V. Duden 2024 die korrekte Adjektivierung in Bezug auf die Herkunft durch das Suffix ‚isch' wäre), ‚Schlesier Oma' (sich auf die regionale Zugehörigkeit beziehend) oder ‚Schlesischdeutsch sprechende Oma' (sich auf eine besondere sprachliche Mischform beziehend) wird ein Neologismus, nämlich „schlesiendeutsch" verwendet. Diese Art der Adjektivierung betont den Herkunftsort, da er ohne Flexion in seiner Ursprungsform auch noch im Kompositum erkennbar bleibt. Dabei handelt es sich jedoch nicht um ein großgeschriebenes flexionsloses attributives Adjektiv, das eine klare Zugehörigkeit zu einem Ort ausdrückt. Diese Art der Adjektivierung wählt die deutsche Oma, die Mutter des Vaters, von der die schlesische Familie immer als „Hochstetter" apostrophiert wird. Analog wäre dies auch über den Ausdruck ‚Schlesier Oma' vermittelbar. Die Kleinschreibung des Attributs ‚schlesiendeutsche Oma' betont deshalb weniger die räumliche Zugehörigkeit, sondern beschreibt vielmehr die kulturell-charakteristischen Eigentümlichkeiten, wie zum Beispiel die Sprache, Bräuche oder Rituale (vgl. o. V. Duden 2024b).

Aufgrund der nonkonformen Adjektivierung könnte es sich also um ein Inversionskompositum handeln, bei dem der semantische Kopf auf die linke Seite des Wortes gerückt wird. Somit würde der Ort Schlesien durch das rechte Glied „deutsch" näher bestimmt, somit aber auch wieder abgewertet werden (vgl. Eins 2016a). Diese semantische Verschiebung lässt auf die schlesische Kultur als Leerstelle schließen, die paradigmatisch beide Texte durchzieht. Das Adjektiv „schlesiendeutsch" könnte andererseits auch als Kopulativkompositum klassifiziert werden. Durch das nicht restriktive Verhältnis zwischen den Konstituenten weist das Wort auf einen nicht weiter beschreibbaren Ort hin: Denn die Herkunft der Mutter ist weder genuin schlesisch, noch deutsch, sondern ein unbekanntes Produkt beider Glieder (vgl. Eins 2016b). In *Lügen über meine Mutter* heißt es auf der ersten Seite: „Seit ein paar Jahren lebt meine Mutter am Haff. Es ist der nordöstlichste Punkt des Landes. Näher an Polen, also dem Land ihrer Geburt, geht es nicht." (Dröscher 2022, 5) Polen wird hier nicht als ‚Herkunft' oder als ‚Heimat' betitelt, sondern lediglich als Geburtsort benannt. Die in Polen geborene Mutter wird im Folgenden, wie auch schon in *Zeige deine Klasse*, als fremd dargestellt: „Dass mir meine Mutter, obwohl wir einander so nah sind, manchmal so rätselhaft vorkommt" (Dröscher 2022, 6), schreibt Dröscher über die Beziehung zu ihrer Mutter, die sie mit den gleichen Attributen wie das Verhältnis zu deren Herkunft beschreibt.

Das Kapitel „Das Küchenfenster meiner Mutter" in *Zeige deine Klasse* stellt emblematisch nicht die Kindheit der Mutter, sondern die Kindheit der Erzählerin dar, in der die Mutter als „Sonne, um die ich mich drehte" (Dröscher 2018, 48) existiert. Erneut bedient sich die Erzählerin eines Bildes, das die eigene Beziehung zur Mutter mit deren Verhältnis zur Herkunft vergleicht: Die Metapher aus der Astronomie, die die Mutter als Sonne und das Kind als Planet bezeichnet, stellt exemplarisch heraus, dass die Herkunft der Mutter zwar im Zentrum der beiden Texte *Lügen über meine Mutter* und *Zeige deine Klasse* steht, aber aufgrund ihrer Distanz und Beschaffenheit unbegehbar ist, wie die Mutter selbst, die für die Tochter „unberührbar" (Dröscher 2022, 173) bleibt. Dröscher beschreibt den unfokussierten Blick auf die mütterliche Herkunft auch in *Zeige deine Klasse*: „Es wäre nur naheliegend gewesen, mich auch für die soziale Herkunft meiner Mutter, bzw. meiner Eltern zu interessieren, doch dies tauchte immer nur beiläufig, im Augenwinkel auf." (Dröscher 2018, 15) Nicht die Kindheit der eigenen Mutter steht im Zentrum, sondern die Mutter der eigenen Kindheit der Erzählerin. Im darauffolgenden Kapitel „Das Küchenfenster meines Vaters" wird hingegen ausführlich beschrieben, unter welchen sozialen, materiellen und geografischen Umständen der Vater aufgewachsen ist (Dröscher 2018, 54–59). In diesem Kontrast zeigt sich, dass die sozialen, geografischen und sprachlichen Charakteristika des Aufwachsens der Mutter bewusst als Leerstelle im Text wirken.

Auch für den Vater bleibt die Herkunft seiner Ehefrau ‚rätselhaft': „Zeitlebens hat mein Vater die schlesische Herkunft meiner Mutter mehr irritiert, als er zugeben wollte." (Dröscher 2018, 106) Schlesien bleibt durchgehend ein Ort der Irritation, ein inkommensurabler Herkunftsort. „Meine Oma mochte meine Mutter nicht, und die Eltern meiner Mutter mochte sie ebenso wenig. Die Familie kam ‚von auswärts'. Sie waren aus Polen und zugleich Deutsche, also ‚Schlesiendeutsche', was ich furchtbar kompliziert fand." (Dröscher 2022, 16) In dieser Passage stellt sich das Problem der Uneindeutigkeit des Herkunftsortes ‚Schlesien' heraus: Die Protagonistin in *Lügen über meine Mutter* ist hin- und hergerissen zwischen den Attributen der Fremdheit, die die deutsche Oma ihrer Familie mütterlicherseits zuschreibt und der Identität der Mutter und ihren Eltern, die sich als legitime Deutsche empfinden (vgl. Dröscher 2018, 44 f.). „Dass der echte Krieg schon lange vorbei war, schien für Martha-Oma kein Argument. Russe blieb Russe, so wie Polin Polin." (Dröscher 2022, 147) Mit Polin ist in diesem indirekten Zitat die Mutter gemeint, die der Ansicht der Großmutter nach auf ihren Geburtsort außerhalb von Deutschland reduziert wird. Die ‚deutsche' Großmutter schreibt damit der Mutter und ihren Eltern eine ex-zentrische Position zu, die jedoch mit der selbstgewählten Distanziertheit der Mutter und der selbstbewussten Legitimität der Großeltern (vgl. Dröscher 2022, 105) für die kindliche Erzählerin kollidieren. Diese Gleichzeitigkeit von Zugehörigkeit und Fremdheit, von ‚Außen' und ‚Innen' passt nicht in das Schema des Sozialraums des Dorfes und der Familie des Vaters.

3 Scham als Erinnerungsort

Herkunft wird in dem Text als zweidimensionale Matrix mit Hilfe der Kategorie der sozialen Klasse vertikal verräumlicht: „Es war kein Zufall, glaube ich, dass ich sozial nach unten küsste." (Dröscher 2018, 128) Um die soziale Bewegung zu verdeutlichen, wird das Klassensystem wie eine „soziale Leiter" (Dröscher 2018, 29) verstanden, auf der Herkünfte mit Ortsangaben wie ‚unter' und ‚über', also ‚oben' und ‚unten', lokalisiert werden. Dabei wird die eigene Herkunft stets als Ausgangsort gewählt, der sich auch in der Verortung der Scham über die Herkunft niederschlägt:

> Wenn ich mich ‚nach oben' schäme, also mich mit den Augen derjenigen sehe, die ihre Privilegien als selbstverständlich betrachten, gewähre ich diesen die Macht darüber, meinen gesellschaftlichen Wert zu bestimmen. […] Wenn ich mich ‚nach unten' schäme, also mich in denjenigen spiegele, die deutlich weniger Privilegien besitzen, kann ich mir meiner blinden Flecke und ungenutzten Handlungsmöglichkeiten bewusst werden. (Dröscher 2018, 25)

Scham und Herkunft sind zwei ineinander verzahnte Größen, die auf die Identität der Erzählerin dergestalt einwirken, dass sie den Sozialraum strukturieren. Die autosoziobiografische Schreibweise stellt für Dröscher ein Vehikel zur Überwindung der Scham dar, die diese in den im Präteritum erzählten Passagen verortet, was in einem Verlust an Unmittelbarkeit resultiert (vgl. Blome, Lammers und Seidel 2022, 7). Die von der kindlichen Erzählerin empfundene Scham, als die Mutter für alle sichtbar aus dem Becken des Freibads steigt, wird über den Blick der Freundin, eine mittelbare und externe Fokussierung des eigenen Schamgefühls, transportiert: „Jessy triumphierte. Es war kein Lächeln, in den Augen saß der

Triumph. Sie sah meine Scham, und sie kostete sie nach Herzenslust aus. Die Scham angesichts meiner Mutter, die sie so liebte." (Dröscher 2022, 294)

Dröscher reflektiert ihre Scham über den übergewichtigen Mutterkörper, der Teil der Herkunftsdefinition ist, als eine vom Vater übernommene Scham (vgl. Dröscher 2022, 61; vgl. 2018, 23). Obwohl es sich um eine „Scham zweiter Ordnung" (Dröscher 2018, 24) für die Erzählerin handelt, die in der bäuerlichen Herkunft ihres Vaters wurzelt, bezeugt die Erzählerin eine Inkorporierung des Gefühls: „Die Scham gehörte lange Zeit sogar so untrennbar zu mir wie das Atemholen." (Dröscher 2018, 21) Auch in dem später erschienen Roman *Lügen über meine Mutter* wird diese Passage wörtlich übernommen: „Die Scham gehörte einige Zeit so untrennbar zu mir wie das Atemholen. Erst mit den Jahren verstand ich, dass gar nicht ich es war, die sich schämte. Es war eine Scham zweiter Ordnung." (Dröscher 2022, 295) Der Vergleich des Atemholens verankert die Scham über die Herkunft und die Scham aus der eignen Herkunft im Körper der Erzählerin. Die somit inkorporierten Herkünfte werden über den Körper versprachlicht und untermauern als *„modus operatum"* (vgl. Bourdieu 1996, 281) die zweidimensionale Matrix des sozialen Herkunftsraumes.

Die Herkünfte der Erzählerin werden schließlich als Konglomerat aller familiärer Herkunftsorte auf geografischer, sozialer und sprachlicher Ebene inszeniert:

> Ich wuchs in einem äußerst beredt schweigenden Elternhaus auf, durch dessen teils verschämten Umgang mit den errungenen Privilegien die Welt des Bäuerlichen ebenso hervorlugte wie die des Bergbaus und das kommunistische Polen. (Dröscher 2018, 17)

In dieser Pluralität verstärkt sich die Inkommensurabilität der eigenen Herkünfte zwischen den Klassen und zwischen den verschiedenen Herkunftsorten der Familienmitglieder. Das Metonym des „Elternhauses" steht stellvertretend für dieses Konglomerat, dessen nicht intelligible Sprache durch das Oxymoron „beredt schweigend" inszeniert wird. Ein weiteres Oxymoron ist der „verschämte Stolz" (Dröscher 2018, 58), der die paradoxale, durch die multiplen Herkünfte geprägte Gefühlswelt der Erzählerin in *Zeige deine Klasse* bestimmt und den die Erzählerin empfindet, wenn sie den Grund ihrer „Liebe zu Büchern" (Dröscher 2018, 58) in der väterlichen bäuerlichen Herkunft findet.

Die multiplen autosoziobiografischen Herkünfte sind also Collagen gegensätzlicher Affekte, die über den Erzählmodus im Präteritum überwunden werden sollen, darüber – ebenso wie durch ihre Komplexität – jedoch einen unmittelbaren Zugang verhindern. Die autosoziobiografische Schreibweise zeichnet sich also durch eine Zerrissenheit, Zerstückelung und eine erneute Zusammenfügung verschiedener Versatzstücke auf inhaltlicher, wie auf sprachlicher Ebene aus.

4 Sprachlosigkeit in mehrsprachigen Herkünften

Mit Herkünften in der Mehrzahl ergibt sich auch eine Mehrsprachigkeit, da die überschrittene wie die neue soziale Klasse sich durch Ort, Mutterkörper und Sprache konstituiert. Dabei geht es nicht um eine Mehrsprachigkeit im klassischen Sinne, also die Fähigkeit, sich in verschiedenen internationalen Sprachgemeinschaften auszudrücken, sondern um soziale Mehrsprachigkeit.

In Dröschers Texten wird der Schwebezustand aufgrund der Herkünfte an eine Position zwischen zwei sozialen Sprachräumen gekoppelt: „Vielleicht wählt meine Mutter ihre Worte deshalb so sorgsam. Die Sprache, die sie spricht, gehört ihr nie ganz. Sie lässt große Vorsicht walten." (Dröscher 2022, 174) Die Zugehörigkeit der Mutter zum Sprachraum im Herkunftsort wird über das Verb „gehören" transportiert und der unüberwindbare Fremdheitscharakter dieser Sprache wird zu einem Attribut, das wie ein Statussymbol die soziale Klasse sichtbar macht.

Die Unterschiede zwischen Dialekt und Nicht-Dialekt werden im Roman ebenfalls benannt und in das Schema der sozialen Leiter eingeteilt: „Und doch hat mein Vater ihr genau das immer wieder vorgeworfen. Dass sie sich aufgrund ihrer Bildung, des Geldes meiner Großeltern und ihres Hochdeutsches für etwas Besseres hielt." (Dröscher 2022, 105) Hochdeutsch zu sprechen steht, wie schon in der Bezeichnung angedeutet, „hoch oben" im Gefälle der sozialen Sprachen. Dabei handelt es sich in dem Vorwurf des Vaters um eine Fremdzuschreibung der Mutter, die je nach Situation zwischen Hochdeutsch und Dialekt wechseln kann (vgl. Dröscher 2018, 52–53). Auch in *Lügen über meine Mutter* reflektiert die erwachsene Erzählerin die soziale Mehrsprachigkeit der Mutter:

> Sie spürte früh, dass Sprache *die* Währung ist, die über Zugehörigkeit entscheidet. Auch deshalb hat sie mit dem Umzug in unser Dorf versucht, den dortigen Dialekt nachzuahmen – trotzdem klang es in meinen Kinderohren immer falsch. (Dröscher 2022, 174, Hervorhebung i.O.)

Die verschiedenen sozialen Sprachräume sind durch eine Grenze voneinander getrennt; ein legitimer Wechsel, wie die Mutter ihn anstrebt, ist fast nicht möglich. Da die Mutter, anders als der Vater, nicht in „unserem Dorf" (Dröscher 2018, 16) geboren wurde, wird sie anhand ihrer Aussprache im sozialen Sprachraum des Dialekts als fremd eingestuft. Die Grenze zwischen Dialekt und Nicht-Dialekt ist eine unpassierbare, denn die sprachlichen Grenzgänger, wie zum Beispiel die Mutter, werden trotz Anpassung als „hörbar anders" (Dröscher 2022, 174) und die Sprache als „falsch" eingestuft.

Die soziale Mehrsprachigkeit der Mutter zeugt von einer Überanpassung und einer „umsichtige[n], freundliche[n] Distanz" (Dröscher 2018, 51), die von der Erzählerin und ihrem Vater ebenso als ein Nicht-Ankommen gewertet wird: „Sie hatte ‚nie eine Heimat' gehabt, wie mein Vater manchmal konstatierte." (Dröscher 2018, 50) Die Mutter wird somit als eine Figur ohne sprachlich distinkte Herkunft, aber auch ohne identitätsstiftenden Ankunftsort dargestellt, denn von der neuen Sprachgemeinschaft im Dorf wird sie aufgrund ihres Hochdeutsches und der ‚falschen' Aussprache ausgeschlossen. In der Sprache der Mutter vermischen sich Herkunfts- und Heimatbegriff, denn die nicht hörbare Herkunft aus der Minderheit der Deutschen in Polen bedingt für den Vater eine Heimatlosigkeit: Schon in ihrem Geburtsort bleibt der Mutter die nicht-brüchig affektive Identifikation mit ihrer Umgebung aufgrund eines Verbots verwehrt und ihre Identität als „Schlesiendeutsche" wird unterdrückt. Die Heimatlosigkeit der Mutter liegt in dem Sprachverbot begründet, mit dem die Mutter in Polen aufwuchs (vgl. Dröscher 2022, 174), denn noch in Polen lebend wird die Familie dort ebenfalls als ‚fremd' eingestuft:

> Im Polen der Nachkriegszeit durften Schlesiendeutsche kein Deutsch in der Öffentlichkeit sprechen. Wann immer meine Mutter als kleines Mädchen ein Satz auf Deutsch herausrutschte, zischte meine Oma ‚pscht, pscht' – aus Angst, sie könnten dafür sanktioniert werden. (Dröscher 2022, 174)

Die Biografie der Mutter durchzieht eine durch Sprache bedingte Fremdheit. Von diesen Erfahrungen geprägt, wählt die Mutter die Strategie des Schweigens. Dieser Schwebezustand der angepassten Distanz wird in *Lügen über meine Mutter* mit der Redewendung ‚sich in Schweigen hüllen' beschrieben:

> Wann genau hat meine Mutter angefangen, Versteck zu spielen? [...] Der Ausdruck ‚sich in Schweigen hüllen' faszinierte mich als Kind. Als wäre das Schweigen ein Kostüm, mit dem man unsichtbar werden konnte. Dabei wird man bisweilen umso sichtbarer. (Dröscher 2022, 217)

Über die sprichwörtliche Redensart ‚sich in Schweigen hüllen' versucht die Erzählerin, die ex-zentrische Position der Mutter in der sozialen Sprachgemeinschaft des Dorfes zu versprachlichen, die aus dem paradoxalen Sprechverhalten der Mutter zwischen Nachahmung und Schweigen resultiert. Die reflexhaft assoziierte Redensart, die über die Kleidung wieder metaphorisch Bezug zum Körper nimmt, transportiert hier in ihrer Pragmatik die unbeschreiblichen Reaktionen der Erzählerin auf die paradoxale Erfahrung ihrer Mutter im eigenen Herkunftsraum: als Teil der Dorfgemeinschaft ist die kindliche Protagonistin zwischen ihrer Loyalität zur Mutter und dem ausgrenzenden Verhalten des Vaters und des Dorfes hin- und hergerissen.

Die eigene Sprache der Mutter wird von der Erzählerin wie folgt beschrieben: „Nein, genau das ist die stumme, beredte Sprache, die meine Mutter ihr ganzes

Leben lang gesprochen hat: eine Sprache voll trotziger, clownesker Melancholie." (Dröscher 2018, 105) Hier findet sich das Oxymoron der „stummen, beredten Sprache" wieder, das dem Schweigen der Mutter trotz fehlender Worte dennoch eine Ausdrucksfähigkeit zuspricht. Anders als das „stumme, beredte Elternhaus" (Dröscher 2018, 29), also die eigene Herkunft als Metapher des Elternhauses, wird nun die Sprache selbst als „stumm und beredt" bewertet. Herkunft und Sprache werden mit den gleichen, sich widersprechenden Attributen beschrieben und miteinander verwoben.

Diese Verflechtung von Herkunft und Sprache wird später im Text noch deutlicher benannt: „Symptomatisch für ihren [die Mutter] Zwiespalt – ‚Wie sehr dazugehören?' ‚Wie sehr Distanz wahren' – war die Sprache." (Dröscher 2018, 52) Zwischen Identifikation und Abgrenzung wird die Sprache zu der Kategorie, an der sich die Zugehörigkeit in einer sozialen Klasse manifestiert. Vor diesem Hintergrund wird das Oxymoron „beredt schweigend" zum symptomatischen Ausdruck für das soziale wie sprachliche Fern- und Nahverhältnis der Mutter zum Herkunftsort der Erzählerin.

Auch der Roman *Lügen über meine Mutter* drückt das zwiespältige Verhältnis der Mutter zum Herkunftsort und der sozialen Klasse der Erzählerin aus: „Meine Mutter bemühte sich, den Sinn der Worte genauer zu überprüfen. Nicht einfach nachzuplappern, was man eben so sagte." (Dröscher 2022, 326) Das ‚man' stellt in dieser Passage die dörfliche Gemeinschaft dar, die über Ausdrücke, Floskeln, Dialekt und Bezeichnungen, also die Sprache, definiert wird. Die Zugehörigkeit zu dieser sozialen Klasse wird über die Verwendung der Sprache im Ort markiert. Das Beschreiben des Distanz- und Nahverhältnis zu dieser Gemeinschaft findet in Dröschers Texten vorrangig über die Übernahme oder Ablehnung der Sprache statt.

Besonders im Erzählstrang über die Puppe der kleinen Ela in *Lügen über meine Mutter* wird dieses Verhalten deutlich:

> „Iwona." In der Eile hatte ich sie im Auto vergessen. „‚Iwona'. Ist das deine Schwester?" Die Stimme des Tankwarts hatte plötzlich einen seltsamen Unterton. Ich musste den Namen laut gerufen haben. „Es ist nur eine Puppe. Und sie heißt Yvonne", sagte meine Mutter schnell und schaute mich dabei drohend an. Tatsächlich hieß das Puppen-Modell im Original „Yvonne", aber meine Himmelstädter Oma, die „von auswärts" kam, hatte sie vor lauter Heimweh in „Iwona" umgetauft. (Dröscher 2022, 17)

Der Umgang mit dem Namen der Puppe stellt hier exemplarisch den paradoxen Umgang der Mutter mit ihrer eigenen brüchigen Herkunft dar: Die Puppe wird durch den Namen „Iwona" zum Symbol der schlesiendeutschen Herkunft der Mutter, die je nach Situation und je nach Anforderung bejaht oder verneint wird. Die Mutter distanziert sich dadurch von ihrer eigenen Herkunft. Da die Mutter in der Tankstelle auf die Hilfe des Tankwarts angewiesen ist und sich durch Eigenverschulden in einer vulnerablen Position befindet, will sie sich so stark wie möglich anpassen; die „rätselhafte" und „überfordernde" schlesiendeutsche Herkunft wird versteckt, um so das Attribut „von auswärts" nicht zu reproduzieren. Die Mutter antizipiert die soziale Ausgrenzung aufgrund des schlesiendeutschen Namens der Puppe und ändert diesen in den ursprünglichen deutschen, weniger auffälligen Namen um.

Im weiteren Textverlauf wird das Symbol der Puppe erneut aufgegriffen, als Ela und die Mutter die schlesischdeutschen Großeltern besuchen, da die Mutter Hilfe für die Kinderbetreuung während ihrer geplanten Dienstreise nach Marokko erbittet:

> Ich entschied, dass Iwona sich die Knie aufgeschlagen hatte. Vorsichtig presste ich den farbigen Filz auf das harte Plastik. Es funktionierte. Bald waren Iwonas Unterarme vollgemalt. Es sah täuschend echt aus. [...] „Kind! Was hast du gemacht?" Ich zuckte zusammen. Opa Adam kam an meiner Mutter vorbeigehumpelt und deutete mit seiner Krücke auf Iwona, die hinter meinem Rücken hervorsah. „Deine scheene Puppe. Nu, Kind, das macht man doch nicht", sagte er mit zusammengepressten Zähnen. [...] „Das ist meine Puppe." Einen Moment lang schaute mich meine Mutter unentschlossen an, als wüsste sie nicht, was tun, als müsse sie sich entscheiden, zwischen mir und ihrem Vater. Dann zog sie mich mit hartem Griff vom Boden empor. „Du entschuldigst dich." [...] Als wir an der Mülltonne vorbeikamen, griff sie plötzlich nach Iwona, und ehe ich's mich versah, war meine Puppe im Müll gelandet. [...] Als sie den Motor startete, drehte sie sich mit eisigem Blick nach hinten zu mir um. „Mach das nie wieder, hast du gehört?" „Was?" „So frech zu Opa zu sein." (Dröscher 2022, 102–103)

Obwohl Ela laut ausspricht, dass die Puppe ihr gehört und sie deswegen eigentlich mit ihr umgehen kann, wie sie möchte, behalten der Großvater und die Mutter die Deutungsmacht über den richtigen Umgang mit der Puppe. Die Puppe bleibt in den Kinderhänden unantastbar und unverfügbar, wie auch die schlesiendeutsche Herkunft der Mutter und Großeltern in den schreibenden Händen der erwachsenen Erzählerin.

Die Protagonistin kann weder in der Vergangenheit als Kind, noch in der Gegenwart als Schriftstellerin auf die Herkunft zugreifen und frei mit ihr umgehen: Der Versuch, sich Iwonas Körper durch die Modifikation mit einem Filzstift anzueignen, wird von Großvater und Mutter verurteilt. Die soziale Herkunft zu fassen, wird durch das ungreifbare Schlesien unmöglich. Die Figuren der Großeltern und Eltern begründen einerseits genealogisch die Herkunft, verwehren andererseits aber auch den Zugriff darauf, da die Figuren zwischen einem richtigen und falschen Umgang mit der schlesiendeutschen Herkunft werten. Paradox erscheint außerdem, dass es die Mutter ist, die die Puppe wegwirft, nachdem Ela den Puppenkörper angemalt hat. Es scheint, als sei die Puppe nun nichts mehr wert, da ihr Aussehen und ihre Gestalt verändert wurden. Nur der ursprüngliche, nun der

Vergangenheit angehörende Puppenkörper hat einen Wert. Der vom Filzstift unwiederbringlich angemalte Puppenkörper ist in den Augen der Familie ein Vergehen, für das sich Ela entschuldigen soll.

Bezogen auf die Herkunftssymbolik bildet dieses Verhalten die Beziehung der Großeltern zu ihrem Herkunftsort ab: In Folge der historisch wechselnden Machtansprüche an die Herkunftsregion Schlesien kann der schlesischdeutsche Herkunftsort Beuthen nur in der Vergangenheit existieren, da dieser seit 1945 den polnischen Namen Bytom trägt. Mutter und Großeltern wehren sich vehement dagegen, dass die eigene Herkunft wortwörtlich in den Händen einer jüngeren Generation verändert wird. Somit bleibt die schlesiendeutsche Herkunft in *Lügen über meine Mutter* ein unantastbarer Begriff. In diesem Symbol der Puppe für den schlesischen Herkunftsort wird deutlich, wie die autosoziobiografische Schreibweise im Genre des Romans mit Hilfe von fiktiven Erzählverfahren die Unverfügbarkeit und die paradigmatische Inkommensurabilität von Herkünften auszudrücken vermag und somit zu epistemologischen Erkenntnissen in Bezug auf die eigene Autosoziobiografie beiträgt. Nur im Symbol der Puppe Iwona kann die Beziehung der Mutter zu ihrer eigenen schlesischdeutschen Herkunft in ihrer Widersprüchlichkeit und Komplexität einen adäquaten Ausdruck finden.

Das paradoxe Verhältnis der Mutter zur schlesiendeutschen Herkunft beschreibt die Erzählerin mittels folgenden Vergleichs: „Sie weiß, welche Wunden Sprache hinterlassen kann, bisweilen schlimmere als Ohrfeigen und Fausthiebe." (Dröscher 2022, 175) Damit sind die rassistischen Beleidigungen gemeint, die dieser reflektierenden Passage im Text in fiktionaler Form vorausgehen: Die Mutter wird von der Nachbarin als „Du dreggisch Bolagge-Weib" (Dröscher 2022, 171–172) beschimpft. In diese verbale Form der Gewalt wird durch die reflektierende Passage eine leibliche Gewalt eingeschrieben, deren Wunden in ihrem Ausmaß die der physischen Gewalt übertreffen. Durch diesen Vergleich wird die sprachliche Fremdheitserfahrung der xenophoben Beleidigung als eine am Leib spürbare dargestellt. In seiner Pragmatik markiert der Dialekt die unsichtbare Grenze, die von der Mutter leiblich erfahren wird. Die semantische Komponente der Ausgrenzung wird über den Dialekt auch typografisch markiert: Die Doppelkonsonanten und die an der Aussprache orientierte Schreibweise verstärken die Grenze zwischen den sozialen Klassen. Dabei kommt dem Dialekt hier noch eine weitere pragmatische Funktion zu: Da die Erzählerin niemals den Dialekt für ihre eigene direkte Rede benutzt, wird somit auch die Entfernung zur Herkunftsklasse versprachlicht.

Die soziale Klasse mit ihrer spezifischen Sprache wird eindeutig als etwas beschrieben, das spürbar ist, und zu der die Zugehörigkeit oder Fremdheit sich am eigenen Leib manifestieren kann. Auch die Protagonistin selbst macht eine leibliche Herkunftserfahrung aufgrund von Sprache:

> Die Tür ging auf, Oma Ella beugte sich mit ihrem massigen Oberkörper herab und drückte mir ohne Vorwarnung einen Kuss auf den Mund. Ich traute mich nicht, ihr zu sagen, dass ich so nicht geküsst werden wollte, und hielt still. „In Schlesien macht man das so", hatte meine Mutter mir erklärt. [...] „Mein scheenes, grrrrroßes Goldkind", flüsterte Oma Ella mit ihrer sanften Stimme. „Gott, was bist du grrrrrroß." Ihr gerolltes schlesisches „rrrrr" klang wie ein zartes, ungefährliches Donnergrollen. Ich drückte mich sehnsüchtig an sie und schnupperte. Immer roch sie nach Rosenseife. (Dröscher 2022, 100)

Das gerollte ‚R' wird durch die Wiederholung des Buchstabens im Textbild sichtbar und die veränderte Schreibweise transportiert die besondere Aussprache der Großmutter. Die Hervorhebung und Erklärung der Aussprache als ‚schlesisch' macht somit den Herkunftsort in der Sprache greifbar. Die hörende Herkunftserfahrung und die emotionale Fremdheitserfahrung, die die kindliche Erzählerin in dieser Szene macht, werden somit auch textlich inszeniert. In der typografisch transportierten Aussprache wird die schlesische Herkunft zu einer beschreibbaren und benennbaren Größe für die Protagonistin in *Lügen über meine Mutter*. Weiterhin verknüpft der Text die herkunftsbedingte Aussprache mit dem Körpergeruch der Großmutter, sodass das gerollte ‚R' und der Duft nach Rosenseife wie eine instantane, fast körperliche Reaktion den brüchigen Herkunftsraum und die Vergangenheit zugänglich macht. Hier werden schlesisch konnotierte Attribute aus der Erinnerung des Kindes nicht als ‚seltsam' und ‚fremd' beschrieben, sondern im Gegensatz dazu als Teil einer positiven und behaglichen Erinnerung ausgedrückt. Diese Verknüpfung wird in der schreibenden Gegenwart zu einer der wenigen Möglichkeiten, die multiplen Herkünfte adäquat zu beschreiben und die in der Vergangenheit liegenden uneindeutigen Gefühle und Affekte zwischen Sehnsucht und Unbehagen zu versprachlichen.

Über die Sprache und den spürenden Leib werden die soziale Klasse und die Herkünfte im Plural erfahrbar. In den meta-semiotischen Ebenen von *Zeige deine Klasse* wird diese Verflechtungsästhetik durch Körper Metaphern auch in der Gegenwart des Schreibens benutzt:

> Ein Stolperstein meines Erzählens ist die Sprache. Hochdeutsch ist für mich immer ein Stück weit eine Fremdsprache geblieben. Ich spüre selbst, wie ich im Schreiben stottere und strauchle und immer haarscharf an einer leicht windschiefen Grammatik vorbeistakse – so windschief wie die Wände meines Elternhauses. (Dröscher 2018, 29)

Das Erzählen der Herkünfte wird „als schweißtreibende Angelegenheit" (Dröscher 2018, 28) bezeichnet, die durch eine widerständige Sprache, zu der die Erzählerin keinen Zugriff hat, behindert wird, da die Position zwischen den Klassen auch eine Position zwischen den sozialen Sprachräumen bedeutet. Geprägt von dem Dialekt und den Redensarten der Eltern, kann die Darstellung der Herkünfte nicht im Hochdeutschen erfolgen: Das unmittelbare Hineinversetzen in die Vergangenheit ist nur über eine dem Herkunftsmilieu angemessene und angepasste Sprache möglich. Der mittelbare Zugriff durch das Hochdeutsche wird von Dröscher mit den Verben „spüren", „stottern", „straucheln", „staksen" beschrieben und findet in der Metapher des Stolpersteins seine stärkste Ausprägung. Somit werden nicht nur die Herkünfte selbst als ein sich entziehender Gegenstand, sondern auch das Medium des Zugriffs darauf – die Sprache – als etwas Unzugängliches dargestellt, das „erstrauchelt" und „erstottert" wird. Diese Verben beschreiben die desorientierte Position der transfuge de classe. Die „Ferse", also der Halt, fehlt im ungangbaren Sozialraum. Die Metapher der Ferse stellt dabei einen Verweis auf die sprichwörtliche „Achilles-Ferse" dar, die das verwundbare Körperteil eines Helden meint (vgl. Röhrich 2003a, 63–64). Diese Sprach-Körper-Metaphorik durchzieht Dröschers Texte in dem Versuch, die Herkunft von einer distanzierten und doch zugehörigen Position aus zu beschreiben, denn aufgrund des Klassenwechsels der Erzählerin macht auch diese eine Fremderfahrung, wenn sie Hochdeutsch spricht oder schreibt.

5 Mutter-Sprache

In dem Versuch, adäquat über die eigene Herkunft zu schreiben, wird also eine Art Körper-Sprache mobilisiert. Auch in der narrativen Struktur von *Lügen über meine Mutter* findet sich der inhaltliche Bezug auf den Körper wieder: Aufgeteilt in die Doppelstruktur aus erzählendem Präteritum und reflektierendem Präsens stellt letzteres unter anderem eine Suche nach den Gründen für das starke Übergewicht der Mutter dar: „Einer Theorie zufolge reichen Menschen ihren Hunger an die Nachfahren weiter. Sie vererben ihnen das Verlangen, sich einen Energievorrat anzulegen. Für härtere Zeiten." (Dröscher 2022, 194) In diesem Zitat wird die körperliche Konstitution der Mutter durch ihre Herkunft begründet, nämlich damit, dass der Großvater der Erzählerin in russischer Kriegsgefangenschaft Hunger leiden musste.

Die Verschränkung von Körper und Herkunft findet sich auch in *Zeige deine Klasse*: „Die Herkunft ist einem jeden in die soziale Aura eintätowiert." (Dröscher 2018, 15) Ein weiteres Mal wird eine den Körper betreffende Metapher für die Beschreibung der Herkunft mobilisiert. „Der Körper ist nicht einfach ein Körper, der mir gehört, er ist der Ort, an dem sich die Machtverhältnisse einer Gesellschaft artikulieren." (Dröscher 2018, 21), beschreibt Dröscher explizit die Verwebung von Körper, Sprache und Herkünften. Der Körper ist der Ort, an dem Machtverhältnisse zum Ausdruck gebracht werden können. Vor diesem Hintergrund wird deutlich, wie sehr sich die Suche nach der eigenen Herkunft und die thematische Auseinandersetzung mit dem übergewichtigen Mutterkörper in *Lügen über meine Mutter* gegenseitig konstituieren, finden sich doch nach dieser Logik Spuren der Herkunft unter der Haut und in der subkutanen Fettschicht. Fast scheint es, als werde diese ungreifbare Herkunft der Mutter durch eine Überbetonung ihres körperlichen „Zur-Welt-Seins" (Merleau-Ponty 2010, 10) in Form des starken Übergewichts und der chronischen Erkrankung aufgewogen, die als eine „in den Körper geweinte Depression'" (Dröscher 2022, 411) interpretiert wird.

Die Körper-Sprache bestimmt gemeinsam mit den Redewendungen und dem Dialekt die Ästhetik von Dröschers Texten. Dialekt und Redewendungen sind dabei eine Sprache, die es der Erzählerin ermöglicht, die Herkunftserfahrungen der Vergangenheit in ihrer Unmittelbarkeit wiederzugeben. So soll die durch die zeitliche und soziale Distanz provozierte Entfernung zur alten sozialen Klasse überbrückt werden.

Der Dialekt hat in *Lügen über meine Mutter* paradoxerweise aber auch die Funktion der Distanzierung: So erfolgt die Darstellung der „fremden Mutter" (Dröscher 2018, 28) meist über die Wiedergabe im Dialekt der Beschimpfungen der xenophoben deutschen Großmutter, z.B. „‚So ä dreggisch Weibsstick. Nä, nä, geh fatt.'" (Dröscher 2022, 23), „‚So ä Zores', zeterte Martha-Oma. ‚So ä verriggt Huhn.'" (Dröscher 2022, 24) Über die an der Aussprache orientierten Schreibweise wird deutlich, dass es sich bei den misogynen und rassistischen Aussprüchen der Großmutter um Ideologien der alten sozialen Klasse handelt und nicht um geteilte Meinungen. Weiterhin beschreibt Dröscher den Dialekt als den Versuch „beim Reden rohes Fleisch mit den bloßen Zähnen zu zerlegen" (Dröscher 2018, 22). Der Dialekt wird als archaische Ess-Handlung imaginiert. Erneut bedient sich Dröscher eines auf den Körper bezogenen Vergleichs, um ihre paradox-affektive Involviertheit im Herkunftsraum darzustellen; denn obwohl die eigene Großmutter und deren bäuerliche Herkunft maßgeblich zur Identitätsstiftung beitragen, steht zwischen Enkelin und ihr durch den Klassenwechsel der Eltern bereits eine soziale Distanz. In dieser Beschreibung zeigt sich das eigene Nah- und Fernverhältnis, dass Dröscher zu ihren Herkünften und deren Sprach- und Sprechpraktiken hat: Auf der Schwelle zwischen Hochdeutsch und Dialekt befindet sich die Erzählerin zwischen den zwei sozialen Sprachräumen und gehört keinem vollständig an. Durch den Klassenwechsel ist der Dialekt nicht mehr zugänglich, durch das schreibende Erinnern wird dieser jedoch reflektiert: „Lange Zeit hatte ich diesen Boden, diese Ferse nicht, hatte ich doch meine Herkunft samt Nabelschnur gekappt." (Dröscher 2018, 38) Die Herkunft und der Dialekt, wie auch die elterlichen Redenwendungen werden als eine Art Plazenta imaginiert, zu der die Autorin ihre ‚Nabelschnur', also ihren Zugang, zu einem Zeitpunkt vor der Entstehung der autosoziobiografischen Texte unbewusst unterdrückt hat. Hier wird die Funktion der Bewältigungsstrategie der autosoziobiografischen Schreibweise kenntlich, stellt doch das

Schreiben für Dröscher die Erarbeitung eines Verhältnisses zu ihrer Herkunft dar. Erneut verweist die autosoziobiografische Schreibweise Dröschers die Denkfigur der „Text-Körper- oder Sprach-Körper-Metaphorik" (Herbold 2004, 6).

„Ich habe das Schreiben gewählt, weil es die bestmögliche Form ist, das menschliche Herz zu erkunden" (Dröscher 2022, 372), heißt es in *Lügen über meine Mutter*. Syntaktisch werden hier Text und Körper über eine Kausalbeziehung zueinander in Bezug gesetzt. Somit wird auch hier die semantische Dreiecksbeziehung zwischen Sprache, Herkünften und Körper etabliert. ‚Das menschliche Herz' ist, wie auch die ‚rätselhafte' Herkunft, eine Metapher für ein spezifisches Gefühl in Bezug auf die multiplen Herkünfte, das nur schwer versprachlicht werden kann. Der Text gilt als Bewältigungsstrategie der paradoxen Gefühle zwischen Identifikation und Ablehnung in Bezug auf die Herkünfte.

Beschreibt die Protagonistin zuvor noch ihren körperlichen Reflex des „Fight-or-Flight" in Bezug auf ihre alte soziale Klasse (vgl. Dröscher 2022, 372), erlaubt sie sich im Schreiben eine Position der Uneindeutigkeit, die brüchige Gefühle zu brüchigen Herkünften zulässt: „An meinem Schreibtisch kann ich beobachten, abwägen, hin- und herwenden. Die Herzen können flattern, flirren, irren." (Dröscher 2022, 372) Das zuvor noch in der Einzahl genannte menschliche Herz wird nun im Plural aufgegriffen. Die Paronomasie verdeutlicht die multiplen Gefühlszustände der Erzählerin in Bezug auf ihre Herkünfte: Die Accumulatio ähnlich anmutender Bewegungen stellt eine uneindeutige Collage verschiedener Affekte dar. Gemeinsam bilden die Verben ‚flattern', ‚flirren', ‚irren' die nicht stringente Suche nach einer Vergangenheit ab, die nur noch mittelbar über den Körper zugänglich ist. Die ubiquitären Bezüge auf den Körper, die stilistisch den Roman *Lügen über meine Mutter* ausmachen, beschreiben also die Unmöglichkeit, von einem einzelnen Standpunkt im sozialen Raum auf die Herkünfte zu blicken und somit die Suche nach einer treffenden, und damit literarisch legitimen Sprache.

Dabei spricht die Mutter in der Imagination der Protagonistin in *Lügen über meine Mutter* eine Fremdsprache: „Vor meinem inneren Auge sehe ich meine Pelzmantel tragende Mutter an einem Baden-Badener Casino-Tisch sitzen, wo sie mit Geld um sich wirft. Sie spricht Polnisch, obwohl sie kaum Polnisch kann." (Dröscher 2022, 48) Da die Mutter eine „beredt stumme" Sprache spricht, die für die Erzählerin nicht greifbar und weiter beschreibbar ist, spricht die fiktionalisierte Figur in der Fantasie der schreibenden Erzählerin in der Gegenwart die Sprache, die heute an deren Geburtsort gesprochen wird: Polnisch. In dieser Vorstellung zeigt sich, wie wenig die Sprache und der Herkunftsort für die Erzählerin verständlich sind. Denn des Polnischen unfähig kann sie keine authentische Wiedergabe dessen schreiben, was sie für die Sprache ihrer Mutter hält. *Lügen über meine Mutter* wählt daher die Strategie, die sichtbaren sprachlichen Eigenheiten aus dem Elternhaus, die sprichwörtlichen Redewendungen, in den literarischen Text zu inkorporieren.

In den autosoziobiografischen Texten Dröschers finden sich somit diverse Verknüpfungen zwischen dem Mutterkörper, Sprachraum und Herkunft wieder. Die ungreifbare Herkunft wird mit Körper-Metaphern zu umschreiben versucht, der übergewichtige Mutterkörper wird in der Herkunft begründet und im Versuch des Erinnerns wird selbst die Sprache als „Stolperstein" (Dröscher 2018, 29) imaginiert. Die Konzentration auf die Dreiecksbeziehung zwischen Mutter, Kind und Sprache zeigt eine Nähe von Dröschers Texten zum Genre des Bildungsromans: Treffenderweise unterhält die Autosoziobiografie ein ähnlich paradoxes Nah- und Fernverhältnis zu seiner eigenen gattungspoetischen Herkunft wie die Protagonist:innen dieser Texte zu ihrer sozialen Herkunft (vgl. Blome 2020, 550). Die komplexe Beziehung zum brüchigen Herkunftsraum wird in Dröschers Texten über die Versatzstücke der Redewendungen zu transportieren versucht, die von einem instantanen Involviertsein trotz Distanz zeugen. Die Metapher des „Stolperstein[s] meines Erzählens" (Dröscher 2018, 29), beschreibt den verhinderten Zugriff auf ihre eigenen Herkünfte, den sie mit einer dem Herkunftsraum entliehenen Sprache möglich machen will. Nur mit den Redewendungen als unmittelbare Sprache aus dem Elternhaus und somit aus der eigenen sozialen wie sprachlichen Herkunft, ist eine adäquate Darstellung und ein Erinnern denk- und schreibbar. Die kursivierten Redewendungen bilden somit eine Art ‚Mutter-Sprache' ab, die jedoch nicht mit dem Dialekt gleichzusetzen sind. Der Dialekt dient der Kenntlichmachung einer Distanzierung zur überschrittenen sozialen Klasse, die Redewendungen einer Bezeugung des Verhaftetseins in ihr. Dieses sprachliche Verfahren der Inkorporierung von Redewendungen in den literarischen Text erinnert stark an den von Herder gezeichneten Diskurs, dass „die Muttersprache an einer mütterlichen Brust *eingesaugt*, um dann in einem Akt des Gebärens als lebendiger Schriftkörper wieder *herausgepresst*" (Herbold 2004, 15) wird.

Die Texte bilden also in Bezug auf die Eltern eine Sprache ab, die sich vom durch Bildung veränderten Sprachgebrauch der Erzählerin stark unterscheidet. Durch die Kursivierung der Redewendungen wird dieser Mutter-Sprache ein eigener typologischer Körper zuteil. Aber auch inhaltlich weisen die Redewendungen auf den Körper im Herkunftsraum hin: Als „mentales Lexikon" (Palm 1995, 1) einer Sprache beziehen sich diese Phraseologismen vor allem auf den menschlichen Körper (vgl. Sadikaj 2021, 54).

In Redewendungen wie „viel um die Ohren [haben]" (Dröscher 2022, 267), „[etwas] auf dem Herzen haben" (Dröscher 2022, 77), „sich in Luft auflösen" (Dröscher 2022, 115), „alle Hände voll zu tun [haben]" (Dröscher 2022, 260) zeigt sich ein Sprach-Körper, der die Gefühle, die die Erzählerin mit ihrer Herkunft verbindet, unmittelbar transportieren soll. „Oft schien mir, dass meine Eltern sich an den Redewendungen, die sie so häufig gebrauchten, wie an einem Geländer festhielten." (Dröscher 2022, 326). Diese Redewendungen produzieren die Sprach-Körper, die Herkunft mit Hilfe von Körpermetaphern beschreibbar zu machen versuchen (vgl. Herbold 2004, 13). Hier zeigt sich, auf welch spiegelbildliche Weise Sprache und Körper miteinander den ungehinderten Weltbezug im Herkunftsmilieu abzeichnen: Auch der Sprachgebrauch der Eltern wird durch eine leibliche Erfahrung des Sich-Festhaltens beschrieben, in der der Leib als Mittler zwischen Ich und Welt tritt – er ist es, der sich am Sprach-Geländer festzuhalten versucht. Dass bei den Eltern ein ungebrochenes Verhältnis zur Körper-Sprache herrscht, wird somit autosoziobiografisch durch den Gebrauch einer Körper-Sprach-Metapher, des ‚Sich-am-Sprach-Geländer-Festhaltens' sichtbar.

Erst im literarischen Textkörper treten die Redewendungen als Störmomente auf:

> So sehr ich diese Redewendungen verinnerlicht habe, fühlt es sich teilweise gewaltvoll an, sie aus mir zu verbannen, denn sie sind ein Teil von mir. All diese Redewendungen, die so akrobatisch auf mich wirkten, als Kind, weil ich sie ganz und gar wörtlich nahm. (Dröscher 2022, 326)

Sowie der Leib erst durch ein körperliches Auflehnen spürbar wird, lehnen sich die Redewendungen gegen den „Stolperstein" (Dröscher 2018, 29) des Hochdeutschen, also dem eigentlich neuen Sprachraum der Erzählerin, auf (Abraham 2002, 12). Hier zeigt sich, wie die Redewendungen in der neuen sozialen Klasse durch neue sprachliche Konventionen anecken. Das *alter ego*, wie auch die alte Sprache aus der alten sozialen Klasse der Erzählerin können sich nicht in das neue Milieu integrieren. Dabei fügt der Versuch des Verzichts auf die Redewendungen der Erzählerin ein Gefühl des Versehrt-Seins zu. Die Redewendungen des Elternhauses werden als inkorporierte Teile des Leibes beschrieben, deren Verzicht als ein leiblich erfahrbarer dargestellt wird. Die den Körper betreffenden und von der Erzählerin wörtlich aufgefassten Redensarten sind eine greifbare Komponente der Herkunft der Erzählerin, die konstitutiv auf deren Identität wirken. Es ergibt daher Sinn, im Folgenden die Redewendungen auch auf ihre Semantik hin zu analysieren, auch wenn selbstverständlich nie die tatsächlichen Körperteile gemeint sind. Die starke Identifikation mit den Redensarten und die Verflechtung von Körper und Sprache – auch auf semantischer Ebene – wird durch die Präpositionen „aus mir" und „Teil von mir" deutlich. Das Adjektiv „akrobatisch" stellt die Redewendungen als zudem „körperlich besonders gewandt" (o. V. Duden 2024a) dar. Der autosoziobiografierte Sprach-Körper versucht, die zeitliche und soziale Distanz zur alten sozialen Klasse zu überbrücken und die Grenzen zwischen den sozialen Sprachräumen in den Herkünften der Erzählerin zu passieren. Durch die besondere Typografie des alten Sprachkörpers, also durch die Kursivierung der Redewendungen und die an der Aussprache orientierten Schreibweise des Dialekts, bleibt dieser dennoch als Fremdkörper kenntlich und der Text ambivalent, was das Gelingen einer *transclasse*-Darstellung betrifft.

6 Autosoziobiografisches Schielen

Die sprichwörtlichen Redensarten sollen im autosoziobiografischen Schreiben auch das Gefühl der Scham überwinden, das alle drei Merkmale der Herkunftsdefinition Dröschers zueinander in Bezug setzt. Dröschers Texte versuchen, diesem Schamgefühl entgegenzutreten, indem sie prominent die körperbezogenen Redewendungen aus dem Elternhaus zur Schau stellen: „Als Schriftstellerin ist es ein Zeichen von minderem Stil, diese Ausdrücke zu verwenden. Es sei denn, man kennzeichnet sie als Sprache eines bestimmten Milieus." (Dröscher 2022, 326) Hier zeigt sich, wie sehr sich der Stil des Romans über sprachliche Entfernung definiert: Die meta-semiotische Dimension (vgl. Hallet 2016) der Narration, also die Erzählung über die Entstehung der Herkunftserzählung selbst, macht einen Sprachgebrauch des ursprünglichen Milieus, also eine sprachliche Re-Migration in die alte soziale Klasse, möglich.

Zeige deine Klasse thematisiert ebenfalls den doppelten Gesichtspunkt, der vertikal durch die Herkunft zu blicken scheint und sich im Gefühl der Scham verdichtet:

> Der gerade Blick auf mich selbst ist verstellt, ich sehe unweigerlich den abwertenden oder als abwertend vorausgesetzten Blick des Mannes mit. Ein ähnliches Schielen attestiert Bourdieu dem Kleinbürger – und auch der Aufsteiger lernt dieses Schielen, wenn auch in abgeschwächter Form. Das beginnt schon mit der Sprache, der Selbst- und Fremdbezeichnung: den latent pejorativen Etiketten „Emporkömmling", „Neureicher", „Parvenü". Auch ein Aufsteiger sieht sich stets im Spiegel der tonangebenden Elite und imitiert willentlich oder unwillentlich deren Habitusformen. [...] Für sie selbst war es eben NICHT SELBSTVERSTÄNDLICH. Wie oft meine Mutter diesen Satz sagte. Dass etwas NICHT SELBSTVERSTÄNDLICH sei. (Dröscher 2018, 109, Hervorhebungen i.O.)

Die Erzählerin benennt hier die Auswirkungen der Kategorie ‚Klasse' auf die Sprache, die als Seismograph der internalisierten Scham fungiert. Auf zwei Weisen stellt der Sprachgebrauch der Erzählerin die soziale Klasse aus. Anhand der pejorativen Selbstbezeichnung des ‚Emporkömmlings' stellt die Passage die neue Position auf der Schwelle zwischen zwei sozialen Klassen mit Hilfe der dem Herkunftsraum entliehenen Bezeichnungen aus, die jedoch gleichermaßen den Standpunkt der neuen bürgerlichen Klasse ausdrücken. Diese Worte werden dann unmittelbar durch die wissenschaftliche Sprache der Soziologie demaskiert und eingeordnet. Diese Selbst- und Fremdbezeichnungen bezeugen den vertikalen Blick ‚von oben' auf das ‚Unten', da sie die Leistung des Klassenübertritts aus dem Blick der herrschenden Klasse abwerten. Anhand dieser Textstelle lässt sich auf Ebene der Sprache die Struktur des autosoziobiografisch erzählten Klassenwechsels der Erzählerin nachvollziehen: Unfähig, die eigene Position der *transclasse* zu benennen, greift die Erzählerin auf Worte aus ihrer sozialen Herkunft zurück, die jedoch selbst von einem Klassendiskurs geprägt sind. Die soziologisch reflektierte Rückkehr zur sprachlichen Herkunft erzeugt eine semantische Neubesetzung, da nur diese die Distanz zur alten sozialen Klasse auszudrücken vermag. Die meta-semiotische Dimension der narrativen Struktur macht die beiden sozialen Sprachräume sichtbar, die die Herkünfte bilden und hinterfragt kritisch die Mutter-Sprache. Im obigen Zitat geschieht das über die bildungssprachliche Beschreibung „latent pejorativ". Mit der Floskel des ‚Nicht Selbstverständlichen' zieht der Text ebenjene Mutter-Sprache heran, um die soziale Klasse der Eltern zu beschreiben und um dadurch die Herkünfte zu versprachlichen. Durch die Schreibweise in Majuskeln ist die Floskel als ein Versatzstück der Mutter-Sprache erkennbar. Die Floskel der Mutter steht stellvertretend für alle Privilegien der Erzählerin und für die Herkünfte der Eltern, die inkommensurabel die Herkünfte der Erzählerin mitbegründen.

Gleichermaßen drückt so der symptomatische Sprach-Körper die Position der *transclasse* aus:

> Der *Ungezwungenheit* des Großbürgers steht die *Gezwungenheit* und *Gehemmtheit* des Kleinbürgers gegenüber, *dem in seinem Leib und seiner Sprache nicht wohl ist, der beides, statt mit ihnen eins zu sein, gewissermaßen von außen, mit den Augen der anderen betrachtet, der sich fortwährend überwacht, sich kontrolliert und korrigiert, der sich tadelt und züchtigt und gerade durch seine verzweifelten Versuche der Wiederaneignung eines entfremdeten „Seins-für-den-Anderen" sich dem Zugriff der anderen preisgibt, der in seiner Überkorrektheit so gut sich verrät wie in seiner Ungeschicklichkeit.* (Bourdieu). (Dröscher 2018, 109, Fußnote Nr. 97, Hervorhebungen i. O.)

Diese Fußnote in *Zeige deine Klasse*, die ein Zitat von Bourdieu darstellt, setzt die eigene Erfahrung der Sprachzerrissenheit in einen wissenschaftlichen Kontext. Nur mit Hilfe einer Distanzierung kann die Herkunft unmittelbar durch die Floskeln und Redewendungen dargestellt werden.

Diese meta-semiotische Ebene beinhalten beide Texte Dröschers. Sie ist unabdingbar für die instantane, fast körperliche Reaktion des Textes mittels Redewendungen, um die Herkünfte zu beschreiben. Andernfalls würden die Phraseologismen als „minderer Stil" vom lesenden Publikum bewertet werden, das die Erzählerin in einer ‚höheren' als ihrer alten sozialen Klasse verortet. Die meta-semiotische Ebene ist es, die eine Sprache ermöglicht, die Ausdrücke, Körper-Metaphern und Redewendungen aus beiden Klassen vermischt. Indem sie einerseits Vergangenheit und Gegenwart deutlich voneinander trennt, eröffnet sie die Möglichkeit, die eigentlich literarisch illegitimen Redewendungen zu ästhetisieren. Erst durch die meta-semiotische Distanz zu den Redewendungen kann der Text sprachlich die Vergangenheit mit der Gegenwart verbinden, indem er Versatzstücke der alten Sprache inkorporiert. Somit findet sich in der meta-semiotischen Ebene ein paradoxes Transgressionsnarrativ wieder, das das ambivalente Nah-Fern-Verhältnis der Erzählerin und der Sprache zu den multiplen Herkünften beschreibt.

Die meta-semiotische Ebene doppelt aber auch die Perspektive auf die Sprache: Die unmittelbaren Erfahrungen im Herkunftsmilieu können nur mit einer Sprach-Körper-Metaphorik beschrieben werden, die wiederum stilistisch dem sozialen Sprachraum der Herkunft zugeordnet wird und anschließend reflektiert wird. Somit stellt die autosoziobiografische Schreibweise nicht nur die ursprüngliche Erfahrung, sondern auch die Sprache selbst als eine Erfahrung dar, die in ein Klassensystem eingebettet ist und die Sprache wird selbst zu einer Herkunftserfahrung. In der Vergangenheit beschreibt der Körper in seiner Unmittelbarkeit die sprachlichen Herkunftserfahrungen. In der Gegenwart des Schreibens ist dieser Körper nun der Mittler zwischen Sprache und Herkunft, der diese in ihrer Inkommensurabilität greifbar und beschreibbar macht. Eine Fluktuation zwischen diesen beiden Funktionen des Körpers ist der ‚Schwebezustand', der beide Positionen zwischen den Zeiten und den sozialen Klassen in sich vereint. Die Positionen sind dabei nicht antagonistisch zu verstehen, sondern sie bedingen und konstituieren sich gegenseitig. Herkünfte sind also ein sprachliches Produkt.

Das Verfahren, die Floskeln und sprichwörtlichen Redensarten der Eltern herauszustellen und als Bedeutungsträger von Herkünften zu inszenieren, wird in *Lügen über meine Mutter* zur prominenten Ästhetik, die gleichzeitig die soziale Klasse und den Herkunftsraum der Protagonistin abbildet:

> Sich das Maul zerreißen. Große Augen machen. Jemandem einen Bären aufbinden. Nicht aus seiner Haut können. Etwas in großem Bogen von sich werfen. Einen Frosch im Hals haben. Sich um Kopf und Kragen reden. Über den Tellerrand schauen. Mit Kusshand nehmen. Sich auf die Zunge beißen. Sich in die Nesseln setzen. Wie ein Elefant im Porzellanladen. Ein Dorn im Auge sein. Im Schweiß stehen. Den Kopf in den Wolken. Bis zum Himmel stinken. Im eigenen Saft schmoren. Das Haar in der Suppe suchen. In die nächste Woche gucken. Wie Luft behandeln. Nach den Sternen greifen. Jemandem in den Ohren liegen. Das Geld zum Fenster hinauswerfen. Arm wie eine Kirchenmaus. Die Hände über dem Kopf zusammenschlagen. Am Hungertuch nagen. In den Schwitzkasten nehmen. Jemandem den Wunsch von den Augen ablesen. Dumm aus der Wäsche schauen. Sein Gesicht verlieren. Gute Miene zum bösen Spiel machen. Immer dieselbe Leier. Sich kein X vors U machen lassen. Sich in

Grund und Boden schämen. Auf dem Absatz kehrt machen. Bis über beide Ohren verliebt. Kein Herz haben. In die Luft gucken. (Dröscher 2022, 326–27)

Auf der meta-semiotischen Ebene listet *Lügen über meine Mutter* viele der im Roman eingewobenen sprichwörtlichen Redensarten auf. Obwohl der Text nicht weiter auf die Semantik der Redensarten eingeht und diese phraseologisch einwebt, zielen die meisten der aufgelisteten Redewendungen mittels auf den Körper bezogenen Metaphern oder Metonymien inhaltlich auf unveränderliche soziale Benachteiligung und unhaltbare Zustände (vgl. Röhrich 2003a, 328; 2003b, 682, 718 und 951), z. B. in Form von Unwissenheit (vgl. Röhrich 2003a, 116 und 146; 2003b, 1088; 2003c, 1696 und 1752), Armut (vgl. Röhrich 2003b, 769 und 841), Scham (vgl. Röhrich 2003a, 543 und 590), Sprachlosigkeit (vgl. Röhrich 2003a, 478; 2003b, 871) ab, wie das *Lexikon der sprichwörtlichen Redensarten* zeigt, und auch das Thema des leistungsbegründeten Klassenübertritts wird von den Redewendungen evoziert (vgl. Röhrich 2003c, 1444 und 1549).

In den im Präteritum erzählten Passagen bestimmt die Darstellung des sprachlichen Geschmacks der Eltern die Pragmatik der Phraseologismen. Die Redewendungen ermöglichen ein unmittelbares Hineinversetzt-Werden in die erinnerte Vergangenheit: „Sie zog den neuen dunkelblauen Rock an und dazu die karierte Bluse, die sie bei einem unserer Einkaufsausflüge in die Kreisstadt gekauft hatte. *Sich hübsch machen* hieß das." (Dröscher 2022, 76, Hervorhebung i.O.) Der soziale Habitus der Mutter am Tag ihres Geburtstages wird durch den kursivierten Ausdruck, den die Mutter selbst für die Handlung benutzt, ergänzt. Damit wird die emotionale Erinnerung an den sozialen Habitus erzählt. Das Gefühl, das die Tochter empfindet, wenn sie dabei zuschaut, wie ihre Mutter sich für einen besonderen Tag ankleidet und auch das Gefühl, das die Mutter selbst hat, kann nur durch den Ausdruck ‚sich hübsch machen' beschrieben werden, der die feinen Unterschiede zwischen der alten und der neuen sozialen Klasse der Erzählerin deutlich macht. Die kursivierten Redensarten werden durch Erklärungen ergänzt. Dieses Verfahren verweist auf das von Dröscher anvisierte Lesepublikum, das gewissermaßen die Zielgruppe dieses Textes ist. In der Regel sind autosoziobiografische Texte nämlich nicht für ein Publikum der alten sozialen Klasse aus dem Herkunftsraum geschrieben, die ja keinerlei Erklärung bräuchten, sondern für Leser:innen der neuen sozialen Klasse:

> Das arme Tier wirkte so platt gefahren wie Paulchen Panther, wenn er unter einen Laster geriet oder von einer Tür erschlagen wurde. Während meine Augen das Tier studierten, musste ich an Pepper denken. *Das Fell über die Ohren ziehen*, war ein unheimlicher Ausdruck, den meine Mutter manchmal benutzte, wenn es darum ging, dass jemand ungerecht bezahlt wurde. (Dröscher 2022, 71, Hervorhebung i.O.)

Die gleiche Struktur lässt sich auch hier erkennen: Zunächst wird die soziale Herkunft mit Hilfe von Referenzen auf die Populär-Kultur, hier das Cartoon ‚Paulchen Panther', beschrieben. Der soziologische Blick wird dann mit Hilfe der Redensart vervollständigt, da die reine Beschreibung nicht ausreicht, um das Gefühl zwischen Grusel, Belustigung und Mitleid, das die Erzählerin empfindet, zu vermitteln. Die Redensart wird sodann für das unwissende Lesepublikum erklärt.

Der vollständige Zugriff auf die alte soziale Klasse kann nur phraseologisch erfolgen: „Sie [die Mutter] wusste, wie wichtig es war, vor Gericht *eine gute Figur* zu machen. Frauen hatten es grundsätzlich schwerer. Dicke Frauen ‚von auswärts' allemal." (Dröscher 2022, 186, Hervorhebung i.O.) Hier wird durch die kursivierte Redewendung noch einmal das Distanz- und Nahverhältnis deutlich: Die Erzählerin versucht in *Lügen über meine Mutter*, den vom Vater unreflektiert übernommenen misogynen und sexistischen Blick auf den Mutterkörper zu überwinden. Dieser Versuch geschieht mittels der Redewendung der ‚guten Figur', die einerseits die strukturelle Benachteiligung von Frauen in dem in der Vergangenheit liegenden Herkunftsmilieu abbildet und andererseits die spezifische Benachteiligung der eigenen Mutter aufgrund ihrer körperlichen und geografischen Dispositionen betont. Durch die Redewendung wird dieser Blick auf die Mutter als ein fremder gekennzeichnet, da sich die Erzählerin einer fremden Sprache bedient, die sie durch den Klassenwechsel eigentlich abgelegt hat.

Auch in den reflektierenden Passagen der meta-semiotischen Ebene werden Redensarten benutzt, um Affekte und Emotionen, die die Erzählerin mit ihrer sozialen Herkunft verbindet, zu versprachlichen: „Ich glaube, dass an meiner Mutter eine gute Ärztin oder Krankenschwester verloren gegangen ist. Etwas ist an jemandem verloren gegangen. Auch so ein Ausdruck." (Dröscher 2022, 286) Hier wird jedoch die Redensart nicht mehr kursiviert und die Erzählerin distanziert sich durch einen Nachschub, dass es sich dabei explizit um einen Ausdruck handelt, den sie ihrem Herkunftsmilieu entliehen hat. Wie ein körperlicher Reflex wechselt die Erzählerin in den elterlichen, von Floskeln geprägten Stil, wenn sie die eigene soziale Herkunft beschreiben will, teilweise auch unbewusst: „Ehe er sich versah, war er ein Kleinbürger geworden, und damit auf ewig verloren zwischen den Klassen. Und ich, Hand aufs Herz, habe ich dieses Leistungsmärchen nicht komplett verinnerlicht? Muss nicht auch ich ständig dagegen ankämpfen?" (Dröscher 2022, 279) Der Ausdruck „Hand aufs Herz", der das Authentizitätsversprechen der autosoziobiografischen Schreibweise unterstreicht (vgl. Röhrich 2003b, 704) wird weder gekennzeichnet, noch erklärt. Phraseologisch wird die Identifikation mit den Werten des Vaters unterstrichen, da diese Art der Distanzierung fehlt. Dort, wo die Erzählerin noch keine reflektierte Position außerhalb der alten sozialen Klasse einnimmt, wirkt sich das unmittelbare Verhaftetsein in den eigenen Herkünften auch auf die sprachliche Darstellung aus. Die Redewendung wird, ebenfalls wie das Leistungsprinzip, unbewusst übernommen.

Herkünfte werden bei Dröscher in kontrastierenden Szenarien deutlich, einerseits durch Ein- und Ausschließungseffekte in der Sprache, andererseits durch eine Verschränkung von leiblichen Erfahrungen und der Sprache selbst, die so wiederum selbst zur Differenz-Erfahrung wird, die im Kontrast mit dem Herkunftsmilieu steht. Die Kategorie der sozialen Klasse als Struktur des Denkens wird in der leiblichen Erfahrung sichtbar, die wiederum durch die körper-bezogene Sprache abgebildet wird: „Ich bedankte mich artig, auch weil ich wusste, dass er als Kind nur aus Konserven gebastelte Stelzen hatte. Und Murmeln aus Blei, keine glänzenden aus Glas. ‚Gligger', wie sie im Dialekt hießen. Er hatte auch viel *um die Ohren.*" (Dröscher 2022, 31) Die erwachsene Erzählerin erinnert sich im Präteritum an die kindlichen Erfahrungen der Klassenunterschiede zwischen sich und dem Vater, die durch die sprachlichen Differenzen zwischen Hochdeutsch und Dialekt, zwischen literarisch legitimen Stil und Redewendung sichtbar werden. Hier stehen also der spürende Leib des Kindes, das Holz und Glas wahrnimmt, direkt neben dem Körper in der Redewendung, der aus der distanzierten Position des meta-semiotischen als dem Milieu verhafteten Diskurs markiert wird. Die eigenen Herkünfte treten hier in dreierlei Abgrenzung vom Vater und wiederum dessen sozialer Klasse in Erscheinung: Erstens durch die konkret materiell-spürbaren Unterschiede der Stelzen und Murmeln, zweitens durch die unterschiedlichen sprachlichen Bezeichnungen dieser Objekte und drittens durch die in der Gegenwart vollzogenen Abgrenzung durch das Schreiben: Die Redewendung des Vaters – „viel um die Ohren haben" – wird bewusst übernommen, typografisch hervorgehoben und somit eine Andersartigkeit markiert.

So geht es in Dröschers Texten immer um mehrere Herkünfte: um die eigenen und die der anderen. Nur im Kontrast zwischen normalisierter und abweichender Erfahrung, z. B. durch die Nicht-Zugehörigkeit der Mutter zum Herkunftsmilieu und die eigene Abgrenzung zum Milieu des Vaters, werden Herkünfte im Plural literarisch dargestellt (vgl. Wehrle 2016, 247, 252). Erfahrbar werden diese Herkünfte in der Sprache und durch die Sprache: Leibliche Erfahrungen der sozialen Klasse werden autosoziobiografisch re-semiotisiert und sprachliche Herkunftserfahrungen literarisiert.

Die Körper-Bezüge und die zitatähnlichen Versatzstücke der Redewendungen beschreiben somit die „Rückkehr in die eigene Kindheit – und dieser Umstand erfordert es, Vergangenes in der Gegenwart sichtbar zu machen" (Blome 2020, 552). Als „Ausweis des Authentischen, als eine Art Realitätsanker" (Blome 2020, 552) stellen somit die kursivierten Redewendungen eine Ästhetik dar, die in der distanzierten Darstellung die Entfernung zur Herkunft überwinden soll (vgl. Blome 2020, 560). „Wer schreibt, hat ein Problem mit gesprochener Sprache, sagt man."

(Dröscher 2022, 218), heißt es in *Lügen über meine Mutter*. Damit drückt die schreibende Erzählerin diesen Zwiespalt zwischen Identifikation und Abgrenzung zu den eigenen Herkünften und deren sozialen Sprachräumen aus: Dem Hochdeutschen immer noch fremd, dem Dialekt aufgrund des Klassenwechsels nicht mehr zugehörig, dem Schlesiendeutschen nicht vertraut, des Polnischen nicht fähig und aufgrund von stilistischen Ansprüchen gezwungen, den elterlichen Redewendungen zu entsagen, stellen die autosoziobiografischen Schreibprojekte Dröschers eine Suche nach einer eigenen Sprache des Dazwischen dar, die Herkünfte, soziologische Einordnung und Fiktion vereint.

> Ist das hier eine Geisteraustreibung? Ja. [...] Glaube ich, dass der Körper eine eigene Sprache spricht? Ja. Dass er bisweilen versucht, etwas zu sagen, das ich selbst mit Worten nicht sagen kann? Dass er andere Ideen hat als ich? Ja, ja, ja. Weiß ich, was er zu sagen versucht? Nicht immer. (Dröscher 2022, 421)

Das Symbol der Geister, das schon in *Zeige deine Klasse* benutzt wird um den Schwebezustand „zwischen schwarzer Schrift und weißem Papier" (Dröscher 2018, 38) zu versprachlichen, dient auch in *Lügen über meine Mutter*, um das autosoziobiografische Ich zu beschreiben. Die Textstelle der Geisteraustreibung verdeutlicht die Inkommensurabilität der Position als *transclasse*, die vom Text pragmatisch und semantisch an den Körper gebunden wird. Die Funktion des autosoziobiografischen Schreibens als Bewältigungsstrategie der Gegenwart tritt deutlich im Ausdruck der ‚Geisteraustreibung' hervor. Die Herkünfte sollen literarisch überwunden werden, was allerdings aufgrund der Verwobenheit zu Körper und Sprache erschwert wird, da diese drei Komponenten sich gegenseitig bedingen und so jeweils zu einer unverfügbaren Collage beitragen. Die autosoziobiografische Schreibweise, die selbst eine Verflechtung von Fiktion, soziologischer Reflexion und Biografie ist, wird vor diesem Hintergrund als eine Erprobung einer neuen Sprache gedeutet, die es schafft, die Körper-Sprache der Vergangenheit, die Mutter-Sprache und die durch Bildung geformte Sprache zu vereinen. Der Körper steht hier erneut exemplarisch als Metapher für die verschiedenen, teils unbeschreibbaren Herkünfte der Erzählerin, die semantisch und pragmatisch immer wieder an den Körper gekoppelt werden. Widerständiger Körper, widerständige Sprache und widerständige Herkünfte sollen mit der ‚Geisteraustreibung' der autosoziobiografischen Schreibweise gefügig gemacht werden; die Erzählerin lenkt jedoch selbst ein, dass dies nur in Ansätzen möglich ist, da Körper, Sprache und Herkunft in ihrer subjektiven Singularität nicht beschreibbar sind.

Das Konglomerat der verschiedenen sozialen Sprachräume ahmt somit auch den realen Werdegang der Autorin nach: durch soziologisch-theoretische Einordnung, gleich dem Klassenwechsel qua Bildung, können die Redewendungen und der Dialekt, also die sozialen Herkünfte, Einzug in einen literarischen Kanon erhalten. Diese Art des sprachlichen Klassenwechsels produziert keinesfalls ironische oder karikierte Figuren, sondern soll das Authentizitätsversprechen und den autobiografischen Pakt typologisch und formal bestärken.

7 Klassenübergängerin Sprache

Schließlich stellt die autosoziobiografische Schreibweise auf sprachlicher Ebene eine Mimesis des Klassenwechsels dar: Die ursprünglich als minderwertig angesehen Redewendungen und Dialekte werden ästhetisiert und ins Literarische gehoben: „Als künstliche Schnittstelle simuliert [der] Körper die Einheit zwischen Zeichen und Bedeutung." (Herbold 2004, 189)

Mit Hilfe meiner Analyse von Daniela Dröschers Texten, die exemplarisch für autosoziobiografisches Schreiben stehen, konnte ich herausarbeiten, dass Herkünfte im Plural auf Basis von Klasse, Körper und Sprache konzipiert werden und dass über die Verknüpfung von Mutter-Körper und Herkunft eine Mutter-Sprache in autosoziobiografischen Texten kenntlich gemacht wird. Paradoxal blicken autosoziobiografische Texte mit einer multiplen Narration auf die multiplen Herkünfte, deren Inkommensurabilität mit Hilfe von authentischen Darstellungen der sozialen Sprachräume überwunden werden soll. Den instantanen Phraselogismen und Tropen liegt eine leiblich erfahrbare Pluralität von Herkünften zugrunde, die die brüchigen Herkünfte und den Bruch mit ihnen versprachlichen. Somit stellen Redewendungen, Dialekte und Metaphern eine klassenübergreifende Verflechtungsästhetik zwischen Herkunft, Körper und Sprache dar, die es sich auch in anderen Texten und in vergleichender Weise zu untersuchen lohnt.

Literaturverzeichnis

Abraham, Anke. *Der Körper im biographischen Kontext*. 1. Aufl. Wiesbaden: VS Verlag für Sozialwissenschaften, 2002.

Blome, Eva. „Rückkehr zur Herkunft. Autosoziobiografien erzählen von der Klassengesellschaft". *Deutsche Vierteljahrsschrift für Literaturwissenschaft und Geistesgeschichte* 94.4 (2020): 541–571.

Blome, Eva, Patrick Eiden-Offe und Manfred Weinberg. „Klassen-Bildung. Ein Problemaufriss". *Internationales Archiv für Sozialgeschichte der deutschen Literatur* 35.2 (2010): 158–194.

Blome, Eva, Philipp Lammers und Sarah Seidel. „Zur Poetik der Autosoziobiografie. Eine Einführung". *Autosoziobiographie. Poetik und Politik*. Hg. Dies. Berlin, Heidelberg: Springer/J. B. Metzler, 2022. 1–16.

Bourdieu, Pierre. 1996. *Die feinen Unterschiede. Kritik der gesellschaftlichen Urteilskraft.* Übers. von Bernd Schwibs und Achim Russer. 8.Aufl. Frankfurt a. M.: Suhrkamp, 1987 [1996].

Dröscher, Daniela. *Zeige deine Klasse. Die Geschichte meiner sozialen Herkunft.* 1. Aufl. Hamburg: Hoffmann und Campe, 2018.

Dröscher, Daniela. *Lügen über meine Mutter.* Köln: Kiepenheuer & Witsch, 2022.

Eins, Wieland. „Art. ‚Inversionskompositum'". *Metzler Lexikon Sprache.* Hg. Helmut Glück und Michael Rödel. 5. Aufl. Stuttgart: J. B. Metzler, 2016a. 307.

Eins, Wieland. „Art. ‚Kopulativkompositum'". *Metzler Lexikon Sprache.* Hg. Helmut Glück und Michael Rödel. 5. Aufl. Stuttgart: J. B. Metzler, 2016b. 373.

Hallet, Wolfgang. „Die Re-Semiotisierung von Herkunftsräumen im multimodalen Migrationsroman". *Literarische Räume der Herkunft.* Hg. Maximilian Benz und Katrin Dennerlein. Berlin, Boston: De Gruyter, 2016. 337–56.

Herbold, Astrid. *Eingesaugt & rausgepresst Verschriftlichungen des Körpers und Verkörperungen der Schrift.* Würzburg: Königshausen & Neumann, 2004.

Iztueta Goizueta, Garbine, Carme Bescansa, Iraide Talavera und Mario Saalbach. „Heimat und Gedächtnis heute. Vorbemerkungen". *Heimat und Gedächtnis heute. Literarische Repräsentationen von Heimat in der aktuellen deutschsprachigen Literatur.* Hg. Dies. Bern: Peter Lang, 2021. 7–20.

Jaquet, Chantal. *Zwischen den Klassen. Über die Nicht-Reproduktion sozialer Macht.* Übers. v. Horst Brühmann. Göttingen, Konstanz: Konstanz University Press, 2018.

Lieber, Maria und Christoph Oliver Mayer. „Zur Dynamik des Flüchtens (nicht nur) in der Romania – eine Einleitung". *Flüchtlinge? Zur Dynamik des Flüchtens in der Romania,* Hg. Dies. Berlin: Peter Lang, 2020. 7–16.

Merleau-Ponty, Maurice. *Phänomenologie der Wahrnehmung.* 6. Aufl. Übers. v. Rudolf Böhm. Berlin: De Gruyter, 2010.

O. V. „Art. ‚akrobatisch'". *Duden online.* https://www.duden.de/rechtschreibung/akrobatisch. (3. Juli 2024a).

O. V. „Art. ‚Von Ortsnamen abgeleitete Adjektive auf ‚-(i)sch' und ‚-er'"". *Duden online.* https://www.duden.de/sprachwissen/sprachratgeber/Von-Ortsnamen-abgeleitete-Adjektive-auf-isch-er (15. Juli 2024b).

Palm, Christine. *Phraseologie: eine Einführung.* Tübingen: Narr, 1995.

Röhrich, Lutz. *Lexikon der sprichwörtlichen Redensarten. A – Hampelmann.* Bd. 1. Freiburg, Basel, Wien: Herder, 2003a.

Röhrich, Lutz. *Lexikon der sprichwörtlichen Redensarten. Hanau – Saite.* Bd. 2. Freiburg, Basel, Wien: Herder, 2003b.

Röhrich, Lutz. *Lexikon der sprichwörtlichen Redensarten. Salamander – Zylinder.* Bd. 3. Freiburg, Basel, Wien: Herder, 2003c.

Sadikaj, Sonila. „Die Kuh vom Eis bringen. Landwirtschaft als metaphorischer Herkunftsbereich für Phraseolexeme des Deutschen und Albanischen." *Acta Facultatis Philosophicae Universitatis Ostraviensis Studia Germanistica* 28 (2021): 51–72.

Wehrle, Maren. „Normale und normalisierte Erfahrung. Das Ineinander von Diskurs und Erfahrung". *Dem Erleben auf der Spur. Feminismus und die Philosophie des Leibes.* Hg. Hilge Landweer und Isabella Marcinski. Bielefeld: Transcript Verlag, 2016. 235–56.

Zemanek, Evi. „Vertraut(es) verfremdet. Heimat-Diskurse und Verfremdungsverfahren in der Gegenwartslyrik (Grünbein, Kling, Draesner)". *Phänomene der Fremdheit. Fremdheit als Phänomen.* Hg. Simone Broders, Susanne Gruss und Stephanie Waldow. Würzburg: Königshausen & Neumann, 2012. 69–94.

Daniela Henke
Das postmigrantische Wissen
Der literarische Identitätsdiskurs im postmigrantischen Coming-of-Age-Roman am Beispiel von *Die Sommer* von Ronya Othmann

1 Einleitendes: Dimensionen des Postmigrantischen

‚Postmigration' kursiert als ein emergierender Begriff seit etwa einem Jahrzehnt durch Debatten und Positionsbestimmungen im interkulturellen Feld. Er wird sowohl von wissenschaftlicher[1] als auch von kulturaktivistischer Seite verwendet.[2] Entsprechend der Vielfalt seiner Kontexte und seines jungen Alters wird der Begriff des Postmigrantischen mit unterschiedlichen Stoßrichtungen verwendet. Eine erste, deskriptive Verwendungsweise bezieht sich auf die Generationalität migrantisierter Gruppen. Als postmigrantische Generation werden demnach die Kinder und Enkelkinder migrierter Personen bezeichnet, „die nicht mehr selbst migriert sind, diesen sogenannten Migrationshintergrund aber als persönliches Wissen und kollektive / familiale Erinnerung mitbringen" (Cramer et al. 2023, 12).[3] Analog zu dem Begriff ‚Postmemory' von Marianne Hirsch (1997) geht es darum, sich auf ein Erfahrungskontinuum beziehen zu können, das von den betreffenden Individuen nicht geteilt wird, aber für ihre Biographie und Identität zentral relevant ist.

Naika Foroutan skizziert das Postmigrantische als Gesellschaftsformation. Die postmigrantische Gesellschaft ist demnach von pluralen, generationell und perspektivisch bestimmten Bezügen auf die Migrationserfahrungen ihrer Mitglieder geprägt. In dieser zweiten Verwendungsweise wird das Postmigrantische zu einer soziologischen Gegenwartsdiagnose und kulturwissenschaftlichen Analysekategorie. Die Bezeichnung, so betont Foroutan,

---

[1] Erol Yıldız findet den ersten Beleg in einem kulturwissenschaftlichen Beitrag von Gerd Baumann und Thijil Sunier von 1995. Yıldız selbst hat (neben bspw. Naika Foroutan) wesentlichen Anteil an seiner Verbreitung und Lexikalisierung (vgl. Yıldız 2022, 3).
[2] Shermin Langhoff übernahm 2008 die Leitung des Theaters ‚Ballhaus Naunystraße' in Berlin und legte den programmatischen Schwerpunkt auf ‚postmigrantische Kulturproduktion' (vgl. Foroutan 2016, 230).
[3] Vgl. auch Yıldız (2022, 5).

∂ Open Access. © 2025 Daniela Henke, publiziert von De Gruyter. [CC BY] Dieses Werk ist lizenziert unter der Creative Commons Namensnennung 4.0 International Lizenz.
https://doi.org/10.1515/9783111249476-016

steht also keineswegs […] für einen Prozess der beendeten Migration, sondern für eine Analyseperspektive, die sich mit den Konflikten, Identitätsbildungsprozessen, sozialen und politischen Transformationen auseinandersetzt, die nach erfolgter Migration und nach der Anerkennung, ein Migrationsland geworden zu sein, einsetzen. Gleichzeitig steht ‚postmigrantisch' für einen gesellschaftlichen Wandel, der eine ganzheitliche Partizipation aller Mitglieder der Gesellschaft anstrebt. (2016, 232)[4]

Anschließend daran wird ‚Postmigration' – drittens – „als Selbstbeschreibung und Kampfbegriff mit selbstermächtigendem Potenzial verwendet" (Cramer et al. 2023, 13). Dieser Impetus findet sich naheliegenderweise in erster Linie in kulturaktivistischen Positionierungen Betroffener und verbindet sich mit einer politischen Zielsetzung. Es geht um „ein Überwinden von Denkmustern, das Neudenken des gesamten Feldes, in welches der Migrationsdiskurs eingebettet ist" (Hill und Yıldız 2018, 2), und darum, Migrantisierung als Fremdzuschreibung zu dekonstruieren und die eigene Identität und Position in der Gesellschaft selbst zu bestimmen.[5]

Der vielbeachtete, von Hengameh Yaghoobifarah und Fatma Aydemir herausgegebene Essayband *Eure Heimat ist unser Albtraum* (2019) kann als Programmschrift einer postmigrantischen Perspektive gelten. In ihrem Beitrag zu diesem Band spricht Sasha Marianna Salzmann von einer „Community" (2019, 26) der rassifizierten, migrantisierten und sexistisch stigmatisierten; der „marginalisierte[n] Körper" (2019, 21), die als *Andere* der Mehrheitsgesellschaft gegenüberstehen. Diese Anderen verbindet eine geteilte Erfahrung, die „in ein Wissen überschrieben" (Salzmann 2019, 21) wird: „So unterschiedlich wir auch sind, liegt unser jeweiliges Wissen um das Aus-dem-Raster-Fallen sehr nah beieinander. Unser Wissen um das Niemals-normal-Sein. Wir sind immer sichtbar" (Salzmann 2019, 26).

In diesem Zitat klingt eine vierte Dimension des Postmigrationsbegriffs an, die Erol Yıldız als „erkenntnistheoretische Verschiebung" (2022, 2) charakterisiert. Diese Verschiebung beinhaltet eine kritische Auseinandersetzung mit der hegemonialen Wissensproduktion, indem sie ihre Voraussetzungen und Vorentscheidungen offenlegt, ihre Dependenz von „gesellschaftlichen Ordnungen und kulturelle[n] Kontexten" (Spinner 2003, 341) beschreibt und dadurch abweichenden Wissensformen Geltung verschafft. Vor diesem Hintergrund kann die postmigrantische Intervention als Versuch verstanden werden, Gewissheiten aufzubrechen, Phänomene und Konzepte neu zu denken und marginalisiertem Erfahrungswissen zu diskursiver Bedeutung zu verhelfen.

Nicht als weitere Dimension, aber als bemerkenswertes Phänomen lässt sich das Postmigrantische als literarisches Ereignis beobachten. Seit etwa 5 bis 10 Jah-

---

4 Vgl. auch Foroutan (2019).
5 Vgl. auch Yıldız (2022, 2).

ren ist eine regelrechte Flut von Romanen mit postmigrantischer Thematik zu verzeichnen – und das mit beachtlicher Resonanz – so beispielsweise: Olivia Wenzels *1000 Serpentinen Angst* (2020), Deniz Ohdes *Streulicht* (2020), Mithu Sanyals *Identitti* (2021), Shida Bazyars *Drei Kameradinnen* (2021), Sasha Marianna Salzmanns *Im Menschen muss alles herrlich sein* (2021), Nava Ebrahimis *Neun Wörter* (2022), Fatma Aydemirs *Dschinns* (2022) und viele mehr. Zu ihren Wegbereitern gehören die einige Jahre früher erschienenen Romane *Ellbogen* (2017) von Fatma Aydemir und *Außer sich* (2017) von Sasha Marianna Salzmann. Die Romane werfen Fragen zu Rassismus, zu Migration, zu Bildungsgerechtigkeit und ganz zuvorderst zu Identitätsbildungsprozessen Heranwachsender auf, deren Eltern nach Deutschland migriert sind. Möchte man eine Beschreibung des Genres und des Sujets finden, so ließe sich von postmigrantischen Coming-of-Age-Romanen sprechen.

In diesem Beitrag möchte ich den Roman *Die Sommer* (2020) von Ronya Othmann auf sein Wissen über Identität untersuchen und dabei die Frage nach der spezifischen Formation postmigrantischer Identität stellen. Es geht um die Fragen, wie sich Identität konstituiert, durch welche Art von Prozessen sie sich bildet und unter Rückgriff auf welche Strukturen sie beschrieben beziehungsweise dargestellt werden kann. Vor dem Hintergrund der epistemischen Verschiebung im postmigrantischen Paradigma ist von Interesse, welche Voraussetzungen bestehender Identitätsmodelle kritisch adressiert werden und auf welche Weise sich die postmigrantische Identitätskritik von diesen absetzt. Dafür scheint es sinnvoll, Komponenten eines etablierten Identitätswissens der interkulturellen Forschung als Vergleichsfolie heranzuziehen. Aufschlussreich sind in diesem Zusammenhang Alois Wierlachers xenologische Analysen, auf deren Basis die Möglichkeiten interkulturellen Verstehens und somit interkultureller Erkenntnis ausgelotet werden (1993, 48). Das zentrale Begriffspaar in Wierlachers Modell und Komponenten einer dialektischen Figur sind das Eigene und das Fremde. Die beiden Positionen hängen von der jeweils anderen ab und konstituieren sich so gegenseitig. Als Zuschreibungen können sie selbstverständlich je nach Position „ihre Stellung wechseln" (Wierlacher 1993, 62–63), stehen einander aber immer different gegenüber:

> Das ‚Fremde' ist darum grundsätzlich als das aufgefaßte Andere, als Interpretament der Andersheit und Differenz zu definieren. Es ist mithin keine objektive Größe und Eigenschaft des Fernen, Ausländischen, Nichteigenen, Ungewohnten, Unbekannten, des Unvertrauten oder Seltenen. Als Interpretament ist das Fremde wie alle gesellschaftliche Wirklichkeit aber auch keine nur subjektive Größe. (Wierlacher 1993, 62)

Identität – und auf Basis des obenstehenden Zitats ist Identität stets als kollektiv gerahmt zu verstehen (vgl. Wierlacher 1993, 35) – spannt sich demzufolge zwischen dem identifikatorischen Bezug zum kulturell Eigenen auf der einen Seite und der Distanzierung vom kulturell Fremden auf der anderen Seite auf. Das Beschreibungsmodell impliziert also bereits eine spezifische Definition von Identität. Wenn Wierlacher dafür plädiert, die Xenologie „von westlicher Dominanz [zu] befreien" (1993, 62), so lässt sich dieser Appell auch auf die nicht-migrantische Dominanz des mitfolgenden Identitätswissens beziehen, auf das ich mich in diesem Beitrag konzentrieren möchte.

Als Diskursmedium eines postmigrantischen Identitätswissens erweist sich die Literatur, wie die vielen Romane der letzten fünf bis zehn Jahre, von denen einige genannt wurden, zeigen. Konkret ist anhand der Darstellung der Protagonistin in *Die Sommer* exemplarisch zu beobachten, wie sich das Verhältnis zwischen Eigenem und Fremdem als Differenzkategorien im postmigrantischen Paradigma verschiebt. Um dies zeigen zu können, ist zum einen die epistemologische Dimension des Postmigrantischen in den Fokus zu rücken und zum anderen seine Verwendung als Zuschreibung an eine Gesellschaftsformation auszublenden, ohne diese freilich zu verwerfen. Jedoch soll im Folgenden das postmigrantische Individuum im Zentrum der Aufmerksamkeit stehen.

2 Literatur und Wissen

Verbindet man die epistemologische Dimension des Postmigrantischen mit der Eigenschaft literarischer Texte, Wissen zu generieren, ergibt sich die Frage, welche – diskursiv verdrängten – Wissensinhalte in den genannten Romanen zur Geltung kommen. Die Annahme, fiktionale Literatur produziere Wissen, ist freilich umstritten – zeichnet sich das Fiktionale doch gerade dadurch aus, dass die reale Welt nicht seinen Referenzrahmen bildet.[6] Doch gerade vor diesem Hintergrund erscheint die aufgeworfene Frage produktiv, denn auch die Kritik an jener Annahme basiert auf einem engen Wissensbegriff, der per se auf entsprechenden Voraussetzungen basiert. So stehen in der Diskussion nach der epistemischen Potenz fiktionaler Literatur zwei Wissensarten zur Disposition: Das propositionale Tatsachenwissen positiver Fakten, das in der Fähigkeit besteht, Aussagen über die Wirklichkeit einen korrekten Wahrheitswert zuzuweisen, auf der einen Seite, und ein Erfahrungswissen emotionaler und sinnlicher Qualität, das einem „Wissen-wie-es-ist" (Reicher 2007, 28) gleichkommt. Bei dem Wissen darüber, was Identität ist, welche Dependenzzusammenhänge sie aufweisen kann, welche Strukturen ihr zugrunde liegen und in welcher Art von Prozessen sie sich bildet, handelt es

---

[6] Vgl. etwa Zipfel (2023, 48). Zur Debatte über das Wissen der Literatur vgl. bspw. auch Scholz (2001), Köppe (2008) und Borgards et al. (2013).

sich um ein auf intersubjektiver Erfahrung basierendes propositionales Wissen, das einem konzeptuellen Bereich des Wissens zuzuordnen ist. Die geteilte Wahrnehmung, dass menschliche Erfahrung mit einem relativ kontinuierlichen Ich-Bewusstsein verbunden ist, in dem sich ein Ensemble aus Bewusstseinszuständen, Lebenserfahrungen, Zugehörigkeiten, Differenzerfahrungen, Selbstzuschreibungen und Fremdzuschreibungen bündelt, hat den Begriff der Identität hervorgebracht und mitfolgend Meinungen und Definitionsversuche, was diese Identität ausmacht. Mit Blick auf den Wahrheitsbegriff, der sich mit einem solchen Wissen verbindet, scheint der Begriff der Korrespondenz hilfreich. Korrespondenz-Theorien zufolge besteht „die Wahrheit einer Aussage in einer bestimmten Übereinstimmung zwischen Aussage und Welt" (Borgards et al. 2013, 231). Zu ‚Welt' kann hier auch die Erfahrung innerhalb der Welt gehören. Wissen über Identität kann also als mehr oder weniger zutreffend für das gelten, was als solche erfahren oder diskursiv verhandelt wird und ist mit Blick auf den „soziokulturellen Horizont des epistemischen Ermöglichungsgrundes" (Brauneis 2012, 200) des mitgeführten Anspruchs, etwas „über Mensch und Welt" (Brauneis 2012, 200) auszusagen, zu bewerten. Vor dem Hintergrund, dass die epistemische Verschiebung des Postmigrantischen sich in erster Linie als Kritik hegemonialen Wissens und etablierter Zuschreibungen artikuliert, ist von einer postmigrantischen Intervention zu erwarten, dass sie bestehende Identitätsmodelle zur Disposition stellt oder dekonstruiert, um die postmigrantische Erfahrung dessen, was mit dem Identitätsbegriff belegt wird, sichtbar zu machen. Aus diesen Überlegungen ergibt sich als erste, in diesem Beitrag zu stützende These, dass sich postmigrantisches Wissen gerade deshalb in literarischen Formen artikuliert, weil die Literatur epistemologisch gesehen prekäre Darstellungsmöglichkeiten bereithält, die nicht hegemonial besetzt sind – im Gegensatz zu institutionalisierten Wissensformen, die aufgrund ihrer Vorentscheidungen dazu tendieren, Wissensinhalte, die durch das gesetzte Raster fallen, zu ignorieren. Diese These entspricht der spezifisch literaturepistemologischen Wissensformation, die Adrian Brauneis „Problemreflexion" nennt und wie folgt begründet:

> Relativ zum Ausmaß der soziokulturellen Verpflichtung von Menschen gegenüber bestimmten Weisen epistemisch begründeter Welterfassung kann die Erfahrung von Wirklichkeit für einzelne Subjekte, mehr oder weniger klar abgrenzbare Gruppen oder ganze Gesellschaften problematisch werden. (2012, 196)

Das fiktionale Setting ist demnach ein Weg, die „nicht unmittelbar zu überbrückende[] Differenz zwischen den eigenen Fähigkeiten zur kognitiven Durchdringung bzw. praktischen Beherrschung von Wirklichkeit einerseits" (Brauneis 2012, 196) – im zu diskutierenden Fall die postmigrantische Identitätserfahrung – „und den theoretischen bzw. praktischen Voraussetzungen eines Begreifens bestimmter Aspekte von Wirklichkeit andererseits" (Brauneis 2012, 196) – die etablierten Beschreibungsmodelle der Identität – sichtbar zu machen und zu überwinden.[7]

3 Das Identitätswissen in Ronya Othmanns *Die Sommer* (2020)

Wahrscheinlich aufgrund der schieren Menge an Romanen literaturwissenschaftlich bislang zu Unrecht weniger beachtet ist der Roman *Die Sommer* von Ronya Othmann aus dem Jahr 2020, den ich hier als Textbeispiel wählen möchte, um die postmigrantische Wissensproduktion in der Literatur zu diskutieren und ihn *nonchalant* in die Forschungsdebatte zu integrieren. *Die Sommer* ist ein Coming-of-Age-Roman über eine junge Frau namens Leyla, die mit einem êzidisch[8]-kurdischen Vater und einer deutschen Mutter in Deutschland aufwächst. Die Handlung im ersten der beiden nummerierten Teile des Romans spielt vorrangig in einem kurdischen Dorf in Syrien, wo Leylas Verwandtschaft väterlicherseits lebt und wo sie mit ihren Eltern die Sommer ihrer Kindheit verbringt. Ort des zweiten Teils ist Deutschland. Die Protagonistin zieht nach der Schule zum Studieren von Bayern nach Leipzig und verfolgt von dort aus im Fernsehen den 74. Farmān, den Genozid an dem êzidischen Volk im Nordirak durch die Terrormiliz Islamischer Staat im August 2014. Eines der Hauptstrukturelemente des Romans ist die Kontrastierung zwischen den beiden Lebenswelten, in denen Leyla sich bewegt. Es liegt deshalb scheinbar nahe und wurde in der medialen Rezeption von vielen Seiten – unter anderem von mir selbst – entsprechend kolportiert, die Identitätsthematik des Romans mit dem Verweis auf die ‚Zerrissenheit' Leylas zu charakterisieren (vgl. Henke und Lelle 2020). Bei genauerer Betrachtung jedoch – dies sei vorweggenommen – handelt es sich bei den Indizien, die für diese Interpretation sprechen, textimmanent um Fremdcharakterisierungen. Darüber hinaus verhält sich die Protagonistin zwar ähnlich wie die in Deniz Ohdes Roman *Streulicht* bisweilen eher passiv, aber keinesfalls *zerrissen* im Sinne von *unsicher* in Bezug auf ihre

---

[7] Auf die fiktionstheoretische Einordnung der postmigrantischen Coming-of-Age-Romane, für die auch die Kategorien des Autofiktionalen und des Autosoziobiographischen (vgl. Henke 2023a, 3; zur Autosoziobiographie vgl. Blome, Lammers und Seidel 2022) firmieren, muss an dieser Stelle verzichtet werden. Zum Geltungsanspruch hybrider Fiktionen vgl. Henke (2023b).
[8] Neben der Bezeichnung ‚Êzid:innen' finden sich diverse andere, darunter häufig ‚Jesid:innen' und ‚Yezidis'. Da die Angehörigen der êzidischen Diaspora in Deutschland die erste Schreibweise bevorzugen und sie auch in Othmanns Roman benutzt wird, soll sie auch hier Verwendung finden.

Positionierung zum Geschehen. Schon allein das Ende der Handlung – Leyla packt ihren Rucksack und zieht nach Syrien, um im dortigen Bürgerkrieg gegen den Islamischen Staat zu kämpfen – spricht gegen eine solche Deutung. Diese beruht also auf einer bereits vorhandenen nicht-(post)migrantischen Konzeption von Identität und ihrer literarischen Darbietung. Insofern illustrieren die frühen Reaktionen auf den Roman die Mechanismen diskursiver Hierarchien der Wissensbildung, die dazu beitragen, dass marginalisierte Perspektiven und Erfahrungswelten durch die Brille hegemonialer Konzepte betrachtet und auf diese Weise verfälscht oder unsichtbar gemacht werden.

Die erkenntnistheoretischen Entscheidungen, die der Interpretation, Leyla sei zwischen zwei Lebenswelten zerrissen, vorausgehen, stehen in einem Wechselwirkungsverhältnis zum Sprachrepertoire der Identität, was daran deutlich wird, dass das Wort ‚Herkunft' im allgemeinen Sprachgebrauch nur im Singular verwendet wird, eine Mehrfachzugehörigkeit in diesem Diskurs also gar nicht vorgesehen ist. Im Folgenden soll das Zusammenspiel von Herkunftserzählung und dem postmigrantischen Identitätswissen, das Othmanns Roman einer hegemonialen Auffassung von Identität entgegensetzt, im Mittelpunkt stehen.

Azadeh Sharifi formuliert, es gehe einer postmigrantischen Kulturproduktion um

> die Schaffung einer eigenen Identität in der deutschen Gesellschaft und dem [...] Kosmos, in dem sich die postmigrantischen Künstler und Kulturschaffenden bewegen. Themen und Traditionen der deutschen Kultur und der Kultur der Familien müssen in einer neuen Art und Weise geschaffen und erzählt werden, weil die bisherigen Instrumente nicht ausreichen. (2011, 43)

Postmigrantische Coming-of-Age-Romane wie Deniz Ohdes *Streulicht*, Shida Bazyars *Drei Kameradinnen* oder eben Ronya Othmanns *Die Sommer* individualisieren diese postmigrantische Perspektive, indem sie auf eine bestimmte Biographie und damit auf eine spezifische Konstellation von Herkunftsbezügen fokussieren. Dies wird dem Charakter postmigrantischer Erfahrung insofern gerecht, als die plurale Herkunftsbeziehung an sich ihr Kollektivmerkmal ist, während die einzelnen kulturellen Bezüge unterschiedliche sind und stets nur partiell geteilt werden.

Ziel der folgenden Ausführungen ist es, den postmigrantischen Identitätsdiskurs in *Die Sommer* zu analysieren, genauer sein spezifisch literarisch durch die narrative Umsetzung des Themas generiertes Identitätswissen. Leitgedanke dabei ist die Erkenntnis postklassischer Narratologie, dass die Form selbst inhaltskonstitutiv ist.[9] Es geht also um ein Wissen, dass durch die literarische Sprache – ihre

---

9 Vgl. etwa Eagleton (2012, 60) oder Nünning (2015, 21).

narrative Form, konkret die Anordnung von Plotstrukturen und die Komposition und Progression von Motivstrukturen – vermittelt wird, nicht durch Exkurse und explizite Kommentare. Die Analyse erfolgt entlang von vier ausgewählten Aspekten der narrativen Gestaltung. Es handelt sich dabei um eine Motivstruktur (Schriftlichkeit und Mündlichkeit), den narrativ reflektierten Kontrast zwischen Leyla und ihrem Vater bezüglich ihrer Herkunftsbezüge (Integration vs. Simultaneität), die Figurenkonstellation (Leyla in Beziehung zu ihrer Großmutter und ihrer Partnerin) und einem Einzelmotiv der Erzählung (dem Fugenmotiv).

3.1 Schriftlichkeit und Mündlichkeit als Kontrastmotiv

Der Kontrast zwischen den Herkunftsbeziehungen Deutschland und Kurdistan, der sich in der Zweiteilung des Textes widerspiegelt, imprägniert die Motivstruktur des Romans *Die Sommer*. Ganz zu Beginn des ersten Teils wird der Gegensatz zwischen Schriftlichkeit und Mündlichkeit motivisch angelegt: „Jeden Sommer flogen sie in das Land, in dem der Vater aufgewachsen war. Das Land hatte zwei Namen. Der eine stand auf Landkarten, Globen und offiziellen Papieren. Den anderen Namen benutzten sie in der Familie." (Othmann 2020, 13)[10] Weiter wird ausgeführt: „Das eine Land war Syrien, die Syrische Arabische Republik. Das andere war Kurdistan, ihr Land." (DS, 13) Kurdistan als einer der beiden Herkunftsorte der Protagonistin ist also existenziell mit oral tradiertem Wissen verknüpft. Die Schriftkultur des Westens hingegen bedeutet eine ebenso existenzielle Bedrohung für Kurdistan: „Leyla würde Kurdistan später im Schulatlas suchen, vergeblich. Die Europäer sind daran schuld, sagte der Vater [...]." (DS, 13)

Schriftlichkeit und Mündlichkeit markieren die Herkünfte der Protagonistin: die schriftlose Kultur der Êzid:innen steht der Schriftkultur, welcher der Herkunftsort Deutschland angehört, kontrastiv gegenüber. Als *nutshells* dienen dieser Gegenüberstellung das kurdische Dorf in Syrien mit dem inoffiziellen Namen (vgl. DS, 7), wo „alles [...] etwas [bedeutete]" (DS, 67) und das bayrische Dorf, in dem Leyla aufwächst und von dem es gegensätzlich heißt: „Das gesamte Dorf hatte keine Bedeutung. Daran änderte auch nichts, dass der Heimatpflegeverein Dorfchroniken drucken ließ, die man in der nächstgelegenen Kleinstadt im Buchladen kaufen konnte, kiloschwere, dicke Bücher mit festem Einband und Farbabbildungen [...]" (DS, 143).

Die motivische Kontrastierung wird, wie hier, auf die Erzählkultur, die selbst Gegenstand metanarrativer Kommentation ist, sowie auf soziale Reglements projiziert. Es sind geschriebene Geschichten – erwähnt wird das Buch *Sara, die kleine*

---

10 Im Folgenden wird aus dieser Quelle unter der Sigle ‚DS' zitiert.

Prinzessin – die Leyla als Kind von ihren Cousinen und Cousins in dem kurdischen Dorf trennen, während ihr dort „die Wörter [...] beim Sprechen fehlten" (DS, 25). Umgekehrt erscheint das êzidische Erzählgut, mit dem die Großmutter Leyla vertraut macht, nicht schrifttauglich:

> [...] als die Großmutter ihr einmal wieder sehr viel erzählt hatte und Leyla sagte, Oma, ich muss das aufschreiben, sonst vergesse ich es, schüttelte die Großmutter den Kopf und sagte, nein, aufschreiben, wozu das denn? Die Großmutter trug ihr Buch auf der Zunge.
> Besser im Kopf, Leyla, sagte sie.
> Da ist es vor allen sicher. (DS, 63)

Der Ethnologe Karl-Heinz Kohl weist auf die Funktion der Heiligkeit in oralen Kulturen hin:

> Eine der wichtigsten Formen des Wissensspeicherung und -sicherung ist dessen religiöse Sanktionierung: Die kulturellen Überlieferungen werden in Form von heiliggehaltenen Erzählungen weitergegeben. Das deutsche Wort ‚heilig' geht auf eine gemeingermanische Wurzel zurück, die ursprünglich auch ‚ganz' oder ‚unversehrt' bedeutete. (2012, 73)

Die Aussage der Großmutter, unverschriftlicht seien die êzidischen Mythen sicher, verweist auf ebendiesen Zusammenhang: „Etwas ‚heilighalten' bedeutet zugleich, auch, es zu schützen und unversehrt zu wahren" (Kohl 2012, 73). Komplementär zur mündlichen Überlieferung der heiligen Erzählungen vermittelt die Großmutter ihrer Enkeltochter auch Sprechverbote:

> Man soll nicht auf die Erde spucken, weil auch die Erde heilig ist, sagte die Großmutter [...]. Den Namen des Bösen soll man niemals nennen, fuhr die Großmutter fort [...]. Weil Gott keine Widersacher kennt, sagte sie, aber das habe ich dir schon gesagt. Man soll auch keine Schlangen töten, sagte die Großmutter [...]. (DS, 67)

Das Regime der Mündlichkeit und seiner Wissensordnung wird in dem Zusammenhang durch den monotonen Gebrauch des semantisch unterbestimmten Verbs ‚sagen' unterstrichen – eine Ausdrucksweise, die so von einer stilistischen Schwäche zum Stilelement mit narrativem Bedeutungsüberschuss avanciert.

Auch soziale Reglements werden in dem Dorf in Syrien beziehungsweise in der oralen êzidischen Kultur nicht schriftlich verhandelt. Die êzidische Tradition, wie sie allgemein verstanden wird, definiert die Zugehörigkeit zur Gemeinschaft endogam, das heißt, die êzidische Identität wird ausschließlich durch die Abstammung von einer êzidischen Mutter *und* einem êzidischen Vater weitervererbt. Othmanns Roman erzählt davon, dass dies in der Praxis der êzidischen Lebensrealität nicht überall so strikt gesehen wird. Die konsequent intern fokalisierende Erzählstimme kommentiert dies wie folgt:

> Auch wenn sich die Großmutter über ihre eigenen Regeln hinwegsetzte und Leyla ihre Geschichten und Gebete beibrachte, wusste Leyla nie, ob sie nun Êzidin war oder nicht, und diese Frage schien ihr sehr wichtig. [...] Die Frau des Sheiks sagte zu Leyla [...]: Du bist Êzidin, weil dein Vater Êzide ist. Es geht nach dem Vater. Leyla wusste nicht, was stimmte, es gab kein Buch, in dem man die Regeln hätte nachschlagen können [...] [u]nd jeder sagte etwas anderes zu ihr. (DS, 109)

Dem gegenüber steht die Emigrationsgeschichte des Vaters nach Deutschland, in der die brieflich verbürgte Identität durch Pässe und andere schriftliche Identitätsdokumente, eine zentrale Rolle spielt (vgl. DS, 100; 187).

Die Identitätskonzeption einer oralen Kultur stößt sich in *Die Sommer* an den für Schriftkulturen geltenden hegemonialen Wissensstrukturen, die die Zugehörigkeit zu einer ethnisch-religiösen, kulturellen oder nationalen Gruppe performativ durch Schriftlichkeit fixieren. Gleichzeitig wird auch die Realität kultureller Machtverhältnisse und die existenzielle Gefährdung, die von diesen für marginalisierte Gruppen wie die êzidische Minderheit ausgeht, durch das Kontrastmotiv Schriftlichkeit versus Mündlichkeit markiert, indem die hegemoniale Erzähl- und Wissenskultur der Schrift als – im konkreten Fall genozidale – Bedrohung für orale Wissensbestände dargestellt wird. Neben der oben zitierten Maxime der Großmutter, dass diese nur „im Kopf" (DS, 63) sicher seien, wird dies durch ein Ereignis aus der Jugendzeit des Vaters deutlich. Das Haus der Familie wird von der Polizei aufgesucht und der Großvater festgenommen. Beweismittel gegen ihn sind „kurdische Kinderbücher, alle in Syrien verboten" und „eine Liste mit Einnahmen und Ausgaben" (DS, 127) der Demokratischen Partei Kurdistans. Die Großmutter geht daraufhin „mit einer Schaufel in den Garten, hob ein Loch aus. Sie legte alle Bücher hinein, die sie finden konnte, und schüttete das Loch mit Erde zu. Sie, die nie lesen und schreiben gelernt hatte, machte keinen Unterschied. Für sie war alles Gedruckte gefährlich" (DS, 128).

Auf Ebene der individuellen Identitätsfindung führen die beiden kontrastiven Herkunftsbezüge Leylas weder zu einer Synthetisierung oder Integration – die Übersetzungsversuche scheitern, ihre Kinderbücher stoßen bei den Syrien-Aufenthalten auf Unverständnis – noch zu der häufig angeführten Zerrissenheit. Vielmehr stehen Darstellungen unterschiedlicher herkunftsinduzierter Beziehungsweisen nebeneinander. Leyla macht sowohl in dem kurdischen Dorf als auch in Deutschland Zugehörigkeitserfahrungen und in beiden Handlungsräumen grundsätzliche Fremdheitserfahrungen: „Alles an Leyla irritierte immer alle" (DS, 158). Der Satz bringt genau jene Erfahrung zum Ausdruck, die Salzmann in dem eingangs zitierten Essay formuliert und in ein „Wissen um das Niemals-normal-Sein" abstrahiert: „Wir sind immer sichtbar" (2019, 26). Die kontextunabhängige Irritation, die Leyla in Othmanns Roman aufwirft und die durchgehende Andersheit, die Salzmann beschreibt, werfen ein neues – ein postmigrantisches – Licht auf die Kategorie der Fremdheit. Wenn „Fremdheit eine Beziehung her[stellt] zwischen dem, was als jeweils Eigenes betrachtet wird, und dem, was als diesem nicht zugehörig bewertet wird" (Albrecht 2003, 235), so ist die postmigrantische Erfahrung davon geprägt, in keiner Herkunftsdomäne als dem kulturell Eigenen zugerechnet zu werden. Das heißt, auch das Eigene ist durchsetzt mit der Erfahrung, als fremd angesehen zu werden und umgekehrt Fremdheitserfahrung in die eigene Identitätskonstruktion zu integrieren.

Denn spiegelbildlich zu ihrer ungeklärten êzidischen Zugehörigkeit und dem Misstrauen der Kinder gegen die „ach so schlaue Cousine aus Deutschland" (DS, 25) wird Leyla in Deutschland fälschlicherweise als Muslimin gelesen und die Herkunft des Vaters abgesprochen: „Kurdistan gibt es nicht" (DS, 158). Die Gleichzeitigkeit sich widersprechender Bezugnahmen findet ihren verdichteten Ausdruck in der folgenden Parallelisierung:

> Bist du mehr deutsch oder kurdisch, fragte die Mutter der Schulfreundin. Deutsch, sagte Leyla, und die Mutter der Schulfreundin wirkte zufrieden.
> Fühlst du dich mehr deutsch oder kurdisch, fragte Tante Felek. Kurdisch, sagte Leyla, und Tante Felek klatschte vor Freude in die Hände. (DS, 158)

Das Eigene und das Fremde als dialektische Strukturelemente kultureller Herkunft verlieren in *Die Sommer* ihren Antagonismus und sind einander divergent zugeordnet. Inkommensurable plurale Herkünfte, Unvermittelbarkeit und eine identitätsimprägnierende Fremdheitserfahrung charakterisieren den spezifisch postmigrantischen Zugang zu dem Konstrukt Identität, den der Roman *Die Sommer* narrativ generiert. Zugleich verweisen die gescheiterten Übersetzungsversuche Leylas metanarrativ darauf, dass auch der Roman als schriftliche Erzählform dem marginalisierten Erfahrungsraum oraler Kultur nicht beikommen kann und so ein unbestimmter, nicht vermittelbarer Rest verbleibt.

3.2 Integration versus Simultaneität: Religion und Generationalität

Die Großmutter der Protagonistin Leyla erzählt dieser nicht nur die mythischen Geschichten, sondern unterweist sie auch in die Gebete der êzidischen Religion und die Rituale der êzidischen Spiritualität. Anders als ihre Cousine Zozan, die selbst in dem kurdischen Dorf lebt, beginnt sie, die religiösen Rituale zu praktizieren. Sie betet mit der Großmutter und ahmt die rituellen Küsse ihrer Großmutter auf ein Wandbild nach, auf dem das êzidische Heiligtum Lalish mit einem Pfau zu sehen ist. Dieser Pfau repräsentiert einen der sieben Engel aus den êzidischen Mythen. Indem sie die religiösen Praktiken ihrer Großmutter vollzieht, erlebt sich Leyla als Teil der êzidischen Gemeinschaft: „Sie, Leyla, vom Stamm der Xaltî, vom Xûdan der Mend, aus der Kaste der Murids, war ein Kind vom Volk des Engels Pfau. Das kam ihr sehr bedeutsam vor" (DS, 64). Leylas Vater missbilligt das. Als Leyla ihm verkündet, „sie wolle nach Lalish fahren, schüttelte er entsetzt den Kopf. Was erzählt die Großmutter dir, sagte er. Das ist nicht gut" (DS, 69). Weiter belehrt er sie, dass Religionen den Fortschritt verhinderten, die Menschen unterdrückten und „mit fehlender Bildung" (DS, 69) zu tun haben; sie seien „nur etwas für arme oder dumme Menschen" (DS, 115). Mit Blick auf die mnemonische Bedeutung, die religiöse Mythen für orale Kulturen haben, übernimmt Leylas Vater mit seinem Urteil die hegemonialen Wertstrukturen der Kultur, in die er emigriert ist. Analog zu seinem Eintritt in die Schriftlichkeit – etwa durch Erlangen eines Passes – vollzieht er damit einen Akt der Integration, der bei Leyla ausbleibt. Wie ein Vergleich zwischen den beiden Figuren verdeutlicht, lässt sich die Logik des Integrationsparadigmas gar nicht sinnvoll auf die postmigrantische Generation beziehen.

Statt an eine Religion glaube der Vater an den Kommunismus. Wie die Großmutter ihre mythischen Geschichten, erzählt er seiner Tochter „vom Klassenkampf" (DS, 116). Wie die Großmutter ihre Gebete, bringt er Leyla Arbeiterlieder wie die *Internationale* bei, „auf Kurdisch und auf Deutsch" (DS, 116). Die Integration des Vaters als identitätsstiftendes Verfahren zeichnet sich also dadurch aus, dass er seine Herkunftssprache und seine Emigrationssprache auf ideologischer Ebene miteinander verbindet. Leyla hingegen eignet sich die Paradigmen ihrer *beiden* Herkünfte an. Sie identifiziert sich mit ihnen, aber nicht im Sinne einer nivellierenden Integration, sondern im Sinne einer dissonanten Simultaneität. Eingebettet in den konsequent intern fokalisierten Erzähldiskurs des Romans sind die Belehrungen und Unterweisungen der beiden Bezugspersonen mit ihren divergierenden Urteilen einander durch unverbunden aneinandergereihte Parallelnarrationen zugeordnet. Es findet weder ein Urteil noch eine Parteinahme oder eine Vermittlung statt. Leylas im besten Wortsinne gleichgültige Haltung gegenüber den Erzählungen ihrer Verwandten und mithin gegenüber den Erwartungen, die mit ihren beiden Herkünften verbunden sind, findet ihren Ausdruck wiederum in dem lakonischen Verb ‚sagen', das die Parallelerzählungen miteinander verbindet und somit eine vielfältige narrative Bedeutungsanreicherung erfährt:

> Die Großmutter […] sagte, in Lalish gebe es einen Baum in der Nähe der heiligen Quelle Kanîya Sipî. Eltern gingen zu diesem Baum, wenn ihre Kinder nicht schlafen könnten. […] Nein, Leyla, sagte der Vater […]. (DS, 69)

> In Lalish, sagte die Großmutter, leben Frauen, die Tempelhüterinnen sind. Sie tragen weiß. Man nennt sie Kebani. (DS, 70)
>
> Ich glaube nicht an Gott, sagte der Vater und spuckte die Schale eines Sonnenblumenkerns auf seinen Teller. (DS, 115)

Der Unterschied zwischen Leyla und ihrem Vater steht exemplarisch für den spezifischen Unterschied zwischen den selbst Migrierten und ihren Kindern, der postmigrantischen Generation. Letztere teilen die Erfahrung einer pluralen Herkunftsdisposition, die nicht zwischen Emigrationsraum und Herkunftsraum differenziert werden kann. Daraus ergibt sich ein weiteres, ebenfalls signifikantes Merkmal postmigrantischer Identitätserfahrung: die Erfahrung des Fremden imprägniert die Beziehung zu allen, auch den identitätsrelevanten Räumen. Es gibt kein von dieser Fremdheitserfahrung abgegrenztes Eigenes, das ihr gegenübersteht. Vielmehr ist das Fremde im Eigenen stets zugegen. Folglich sind Ambiguität und Simultaneität strukturale Teile jenes Identitätswissens, das in *Die Sommer* durch narrative Strategien generiert wird.

4 Die soziale Dimension postmigrantischer Identität: Konfigurationen

Die Dissonanz zwischen den beiden Herkunftsräumen Leylas imprägniert auch die Darstellung der konstitutiven Coming-of-Age-Themen Sexualität und Partnerschaft. In der Welt des syrischen Dorfes gilt das Heiraten als Ziel des Erwachsenwerdens. Leyla wird von der Verwandtschaft in die Heiratspläne der nächsten Generation einbezogen. Diese kulturelle Identifizierung findet jedoch ausschließlich als Fremdzuschreibung statt: „Die Großmutter sprach ständig vom Heiraten, weil sich in ihren Augen weder Leylas Vater noch Leylas Mutter ausreichend darum kümmerten" (DS, 61). Dies ist eine der wenigen Stellen, an denen Werte und kulturelle Gepflogenheiten, auf die referiert wird und die an die Protagonistin herangetragen werden, nicht unkommentiert in ihre Praxis übergehen, sondern explizit als Fremdperspektive markiert werden. Denn Leyla selbst distanziert sich in Bezug auf die Heiratserwartungen auch aktiv von ihren kurdischen Cousinen und Cousins: „Ich, hatte Leyla in einem der Sommer zu Zozan gesagt, habe andere Ziele im Leben, als einen Mann zu finden, sieben Kinder zu gebären und Brot zu backen" (DS, 27).

Ihre sexuelle und amouröse Initiation als junge Erwachsene erlebt Leyla als inkommensurabel mit ihrer Herkunft und als ihrer Familie nicht mitteilbar. Den Gedanken daran, ihre erste große Liebe und Partnerin Sascha ihren Eltern vorzustellen, verwirft Leyla als „absurde Vorstellung: Sascha bei ihnen zu Hause, mit Leylas Eltern und Leyla selbst vor dem Fernseher, in dem der Krieg lief" (DS, 242). Umgekehrt vermag sie es auch nicht, Sascha die kurdisch-êzidischen Anteile ihrer Identität oder ihre emotionale Involviertheit in die kriegerischen Auseinandersetzungen und genozidalen Ereignisse im Nordirak zu vermitteln.

> Sie versuchte es trotzdem. Leyla sagte, dass sie nach drei Frauen benannt worden sei, nach Leyla Qasim, Leyla Zana und der Leyla, die der Vater hatte heiraten wollen, die aber zum Kämpfen in die Berge gegangen sei, und die nun als Fotografie im Wohnzimmer von Onkel Nûrî und Tante Felek über dem Fernseher hing. Leyla hörte bald wieder auf zu reden, strich nur über Saschas Hand. Dass es eine Art von Fotografien gab, die erst verbreitet wurden, wenn der Mensch gefallen war, und dass man einen Gefallenen Şehîd nannte, was wusste Sascha davon, dachte Leyla. Manche Dinge, dachte sie, waren nicht zu erzählen. (DS, 242–243)

Auch hier ist es nicht Leyla selbst, deren identitätsbezogene Konstitution als zerrissen dargestellt wird. Vielmehr empfindet die Protagonistin die Unvermittelbarkeit und die Diskrepanz zwischen ‚Saschas Leyla' und ihrer kurdischen Herkunft durch den Blick des Anderen. Der Protagonistin werden Sascha und die Großmutter, also Repräsentantinnen der eigenen Herkunftskulturen, partiell fremd. Der Identitätsbildungsprozess des postmigrantischen Coming-of-Age ist also von einer Verschiebung der Differenzachsen zwischen Eigenem und Fremdem geprägt. Nicht die Zugehörigkeit zu unterschiedlichen Kulturen markiert die Grenze, sondern die Teilhabe an der postmigrantischen Erfahrung innerhalb dieser Kulturen.

5 Grenze statt Liminalität: Das Todesfugenmotiv

Der postmigrantische Paradigmenwechsel der Identitätsbildung hin zu Simultaneität und Inkommensurabilität der Herkünfte wird in *Die Sommer* durch ein intertextuell vermitteltes Motiv fixiert. In einer iterativen Handlungssequenz, in der Leyla als Kind mit ihren Eltern am Flughafen wartet, spielt sie das verbreitete Hüpfspiel, bei dem die Lücken zwischen Pflastersteinen und Wegplatten nicht betreten werden dürfen: „Wer die Fugen berührte, war tot, ihr Spiel, das sie unterwegs immer spielte, ungeduldig, dass es weiterging" (DS, 15). Die Formulierung wird über 200 Seiten später aufgegriffen. Leyla studiert inzwischen als junge Erwachsene in Leipzig und muss „[a]uf dem Weg vom Seminargebäude zur Bibliothek [...] über die Platten gehen. Sie musste dabei immer an die Fugen zwischen ihnen denken, in den Fugen sitzt der Tod, dachte Leyla" (DS, 226). Das Kinderspiel verbindet sich hier mit einem Ausdruck aus Paul Celans Holocaust-Gedicht *Todes-*

fuge. Auf diese Weise ist die Motivstruktur des Romans mit dem paradigmatischen genozidalen Ereignis des zwanzigsten Jahrhunderts verknüpft. Daraus kann zunächst eine implizite Forderung abgeleitet werden, den 74. Fermān als Völkermord anzuerkennen, was der Deutsche Bundestag zweieinhalb Jahre nach Erscheinen des Romans, am 19. Januar 2023, auch getan hat.

Darüber hinaus wird die intertextuelle Referenz auf Celans Gedicht in dem Roman motivisch ausgestaltet und gewinnt dabei an weiteren Bedeutungsebenen. So wird das Fugenmotiv zu Beginn bildlich eingesetzt, um Kurdistan zu verorten. Die bereits erwähnten unterschiedlichen Namen für das Herkunftsland des Vaters – Syrien und Kurdistan – aufgreifend heißt es im Text: „Beiden Namen konnte man jeweils eine Fläche zuordnen. Legte man die Flächen der beiden Länder übereinander, gab es Überschneidungen" (DS, 13). Dem Prinzip der Fuge wird das der Grenze entgegengesetzt: Das Land von Leylas Verwandten „hatte keine offiziell anerkannten Grenzen" (DS, 13). Die offiziell nicht anerkannten kurdischen Gebiete jenseits der Autonomen Region Kurdistan, die sich als Fugen oder Überlappungen auf der Landkarte zeichnen lassen, werden für die kurdische Bevölkerung im Laufe der Geschichte immer wieder zu Todeszonen. In dem Motiv der Todesfuge kristallisiert also die fortwährende Bedrohungslage für Kurdistan.

Im Rahmen der postmigrantischen Coming-of-Age-Erzählung des Romans und vor dem Hintergrund der oben herausgearbeiteten Identitätskonstruktion simultaner Herkunftsbeziehungen, die eine *inhärente* Grenze zwischen Fremderfahrung und Zugriff im Sinne des Eigenen auszeichnet, verbindet sich das von Celan übernommene Motiv mit einer weiteren Bedeutungsebene. Die Fuge als Struktur und Verbindungselement wird negativ dargestellt, die Grenze hingegen präferiert. Dabei handelt es sich aber nicht um eine solche Grenze, die Wierlacher als „Brücken zwischen Identitäten" versteht, „die die unaufhebbare Differenz zwischen Eigenem und Fremdem überspannen und das Gemeinsame verbinden" (1993, 50), sondern um Binnengrenzen der individuellen Identität, die keine Verbindung zulassen. Der Bedrohung Kurdistans durch schriftkulturelle Vereinbarungen und politische Machtverhältnisse entspricht die Bedrohung durch die hegemoniale Identitätskonstruktion für das postmigrantische Identitätswissen, für das eine Binnengrenze konstitutiv ist. Im Bild der Todesfuge laufen diese Ebenen zusammen.

Gleichzeitig schirmt das Todesfugenmotiv die postmigrantische Identität, wie sie hier narrativiert wird, vor der im interkulturellen Diskurs prominenten Figur der Hybridität ab, das sich ausgehend von Homi K. Bhabhas Theorien durchgesetzt hat. Die Fuge lässt sich so als Metapher für Bhabhas „Dritten Raum" (2000, 57) deuten, der durchlässig ist, indem er „einander gegenüberstehende[] Territorien überschreitet" (2000, 38). Die Interaktionsform der Hybridität ist Bhabha zufolge die „Übersetzung" (2000, 38) und damit ebenjene Strategie der Integration –

oder eben der kulturellen Vermischung – von der sich Leylas Identitätsfindungsprozess absetzt. Die programmatische Schlagseite von Hybridisierung zielt darauf ab, das Eigene durch den Blick des Fremden zu sehen und so einen Raum des gegenseitigen Verstehens zu erzeugen, der nicht etwa „sowohl das Eigene als auch das Andere, sondern einen, der weder das Eigene noch das Andere" (Dubiel 2005, 57) repräsentiert. Was auf kulturtheoretischer Basis einer dekolonisierenden Völkerverständigung erstrebenswert ist, lässt sich, so zeigt die Figuration in *Die Sommer*, auf das postmigrantische Individuum nicht anwenden. Sein Eigenes ist von Vornherein sowohl partiell entfremdet als auch dem befremdlichen Blick der eigenen Gemeinschaft ausgesetzt. Die Begegnung zwischen Eigenem und Fremdem ist deshalb keiner poetologischen Verräumlichung im Bhabha'schen Sinne zugänglich, sondern figuralisiert (vgl. Dubiel 2005, 60–66) und hebt sich so auch narrativ von raumorientierten Darstellungskonzepten interkultureller Literatur ab. Statt der Hybridisierung wird in dem Roman eine andere, weniger prominente Figur, die ebenfalls Bhabha anführt, priorisiert: die der „Iteration" oder „Verhandlung", „welche die Form politischer Bewegungen bestimmt, die versuchen, widerstreitende (*antagonistic*) und einander entgegengesetzte (*oppositional*) Elemente ohne die erlösende Rationalität der Aufhebung oder Transzendenz zu artikulieren" (2000, 39). Statt Integration oder Hybridisierung anzustreben, entwirft *Die Sommer* eine Identitätskonstruktion, in der ein Individuum zwei unterschiedliche Herkunftsbezüge als zwei Sphären mit ihren je eigenen Registern, Paradigmen und Fremdheitserlebnissen unvermittelt bespielt, ohne dabei eine Dissoziation zu erleben.

Deutlich wird diese letzte Bedeutung des Motivs an der kontextuellen Einbettung des Motivs: Der Flughafen als Transitzone und liminaler Ort steht für die Vermittlung zwischen den Herkünften Leylas. In dem syrischen Dorf schneidet Leyla bei einer Variante des besagten Hüpfspiels schlecht ab, weil sie mit der Umgebung nicht so vertraut ist wie die anderen Kinder (vgl. DS, 25). Spiegelbildlich dazu steht die oben zitierte Textstelle im Kontext von Leylas Studium an einer deutschen Universität, auf das sie sich nicht konzentrieren kann, weil ihre Verwandten in Syrien von Krieg und Verfolgung bedroht sind. Auch hier steht die Entfremdung vom eigenen Raum im Zentrum. Die beiden Textstellen sind durch das Fugenmotiv miteinander verknüpft. Dieses Motiv fordert die Präferenz für Liminalität, für Vermittlung innerhalb der interkulturellen Sphäre heraus, die durch die Grenze und die Ambivalenz als positiv besetzte Konstruktionselemente der Identität ersetzt werden.

Fremdes und Eigenes verschieben sich in dem Identitätsdiskurs des Romans *Die Sommer*, indem die identitätsstiftende Differenz zwischen beiden einer identitätsstiftenden Grenze *innerhalb* des Ichs Platz macht, die zwischen den Polen des Eigenen und des Fremden changiert. Das vom Fremden abgegrenzte Eigene wird postmigrantisch zu einem Eigenen, dem Phänomene des Fremden konstitutiv zugehören. Das Changieren zwischen den Polen hegemonialer Identitätskonstruktionen verweist auf paradoxe Positionsbestimmungsversuche innerhalb des postmigrantischen Diskurses. Analog zur postmigrantischen Auslotung von Herkunft, die in Othmanns Roman in einer nicht aufhebbaren Ambivalenz mündet, wird in der postmigrantischen Literatur dem Heimatsparadigma mit gegenläufigen, gleichsam dissonanten Begrifflichkeiten begegnet: wir finden dort die Neologismen ‚Mehrheimischkeit' (vgl. Yıldız und Meixner 2021) und „haymatlos",[11] die schon auf lautlicher Ebene quer zur ‚hegemonialen' Sprache stehen.

Wie am Beispiel des Romans gezeigt wurde, erweist sich die Literatur als Diskursform, die der epistemischen Verschiebung des Postmigrantischen Raum gibt. Ihr narratives Gestaltungsrepertoire erlaubt es, divergente Identitätskonzepte zu erproben und die Zutreffendlichkeit von bestehenden Konzepten zur Disposition zu stellen.

Literaturverzeichnis

Albrecht, Corinna. „Art. ‚Fremdheit'". *Handbuch Interkulturelle Germanistik*. Hg. Alois Wierlacher und Andrea Bogner. Stuttgart, Weimar: J. B. Metzler, 2003. 232–238.
Aydemir, Fatma und Hengameh Yaghoobifarah (Hg.). *Eure Heimat ist unser Albtraum*. Berlin: Ullstein, 2019.
Bhabha, Homi K. „Das theoretische Engagement". Ders. *Die Verortung der Kultur*. Tübingen: Stauffenburg Verlag, 2000. 29–58.
Blome, Eva, Philipp Lammers und Sarah Seidel. „Zur Poetik und Politik der Autosoziobiographie. Eine Einführung". *Autosoziobiographie. Poetik und Politik*. Hg. dies. Berlin, Heidelberg: Springer/J. B. Metzler, 2022. 1–14.
Borgards, Roland, Harald Neumeyer, Nicolas Pethes und Yvonne Wübben. *Literatur und Wissen. Ein interdisziplinäres Handbuch*. Stuttgart, Weimar: J. B. Metzler, 2013.
Brauneis, Adrian. „‚Schöne Literatur' als Form der Problemreflexion. Eine erkenntnistheoretische Begründung ihrer normativen Bestimmung". *Scientia Poetica. Jahrbuch für Geschichte der Literatur und der Wissenschaften* 16 (2012): 183–209.
Cramer, Rahel, Jara Schmidt und Jule Thielmann. „Ein Postmigrant Turn? Warum eine Theoriewende gefragt ist". *Postmigrant Turn. Postmigration als kulturwissenschaftliche Analysekategorie*. Hg. dies. Berlin: Neofelis Verlag, 2023. 11–22.
Dubiel, Jochen. „Manifestationen des ‚postkolonialen Blicks' in kultureller Hybridität". *(Post-)Kolonialismus und Deutsche Literatur. Impulse der angloamerikanischen Literatur- und Kulturtheorie*. Hg. Axel Dunker. Bielefeld: Aisthesis-Verlag, 2005. 45–68.
Düzyol, Tamer und Taudy Pathmanathan (Hg.). *Haymatlos. Gedichte*. Münster: edition assemblage, 2018.
Eagleton, Terry. *The Event of Literature*. London: Yale University Press, 2012.

---

[11] Titel des Gedichtbands von Düzyol und Pathmanathan (2018).

Foroutan, Naika. *Die postmigrantische Gesellschaft. Ein Versprechen der pluralen Demokratie*. Bielefeld: Transcript, 2019.

Foroutan, Naika. „Postmigrantische Gesellschaften". *Einwanderungsgesellschaft Deutschland*. Hg. Heinz Ulrich und Martina Sauer. Wiesbaden: Springer VS, 2016. 227–254.

Henke, Daniela. „Der Autor ist tot – es lebe die Autorin! Identitätspolitik als Herausforderung für die Literaturwissenschaft". *Textpraxis. Digitales Journal für Philologie #21* 1 (2023a).

Henke, Daniela. „Brisante Hybride. Zur erweiterten Lizensur konstitutiv wirklichkeitsbezogener Genres unter Berücksichtigung des zweifachen Referenzproblems". *Lizensur. Was darf fiktionale Literatur?* Hg. Eric Achermann, Daniel Arjomand-Zoike, Nursan Celik. Berlin: Springer/J. B. Metzler, 2023b. 65–89.

Henke, Daniela und Nikolas Lelle. „Erzählen vom Ende her. Rezension zu Ronya Othmanns *Die Sommer*". *Belltower News*. 23.09.2020. https://www.belltower.news/buchtipp-ronya-othmanns-die-sommer-erzaehlen-vom-ende-her-104601/ (5. Oktober 2023).

Hill, Marc und Erol Yıldız. „Editorial". *Postmigrantische Visionen. Erfahrungen – Ideen – Reflexionen*. Hg. dies. Bielefeld: Transcript, 2018. 2.

Hirsch, Marianne. *Family Frames. Photography, Narrative and Postmemory*. Cambridge/Mass.: Harvard University Press, 1997.

Kohl, Karl-Heinz. *Ethnologie. Die Wissenschaft vom kulturell Fremden – Eine Einführung*. 3., aktual. und erw. Aufl. München: C. H. Beck, 2012.

Köppe, Tilmann. *Literatur und Erkenntnis*. Paderborn: Mentis, 2008.

Nünning, Ansgar. „Narratology and Ethical Criticism. Strange Bed-Fellows or Natural Allies?". *Forum for World Literature Studies* 7.1 (2015): 16–40.

Othmann, Ronya. *Die Sommer*. München: Hanser Verlag, 2020.

Reicher, Maria E. „Fiktion, Wahrheit und Erkenntnis". *Kunst denken*. Hg. Alex Burri und Wolfgang Huemer. Paderborn: Mentis-Verlag, 2007. 25–45.

Salzmann, Sasha Marianna. „Sichtbar". *Eure Heimat ist unser Albtraum*. Hg. Fatma Aydemir und Hengameh Yaghoobifarah. Berlin: Ullstein, 2019. 13–26.

Scholz, Oliver Robert. „Kunst, Erkenntnis und Verstehen. Eine Verteidigung einer kognitivistischen Ästhetik". In: *Wozu Kunst? Die Frage nach ihrer Funktion*. Hg. Bernd Kleimann und Rainold Schmücker. Darmstadt, 2001. 34–48.

Sharifi, Azadeh. *Theater für alle? Partizipation von Postmigranten am Beispiel der Bühnen der Stadt Köln*. Frankfurt a. M.: Lang, 2011.

Spinner, Helmut F. „Art. ‚Wissen'". *Handbuch Interkulturelle Germanistik*. Hg. Alois Wierlacher und Andrea Bogner. Stuttgart, Weimar: J. B. Metzler, 2003. 337–343.

Wierlacher, Alois. „Ausgangslage, Leitbegriffe und Problemfelder". *Kulturthema Fremdheit. Leitbegriffe und Problemfelder kulturwissenschaftlicher Fremdheitsforschung*. Hg. ders. München: Iudicum, 1993. 19–114.

Yıldız, Erol. „Postmigrantisch". *Inventar der Migrationsbegriffe*. Hg. Inken Bartels, Isabella Löhr, Christiane Reinecke, Philipp Schäfer und Laura Stielike. 20.01.2022. www.migrationsbegriffe.de/postmigrantisch (5. Oktober 2023).

Yıldız, Erol und Wolfgang Meixner. *Nach der Heimat. Neue Ideen für eine mehrheimische Gesellschaft*. Stuttgart: Reclam, 2021.

Zipfel, Frank. „Imaginiertes Wissen. Fiktionslizenzen und das Erkenntnispotenzial literarischer Narration". *Lizensur. Was darf fiktionale Literatur?* Hg. Eric Achermann, Daniel Arjomand-Zoike und Nursan Celik. Berlin: Springer/J. B.Metzler, 2023. 39–64.

Autor:innenverzeichnis

Matthias Bauer, Dr. phil., ist Professor für Neuere deutsche Literaturwissenschaft an der Europa-Universität Flensburg.

Franziska Bergmann, Dr. phil., ist Professorin für Neuere deutsche Literatur mit komparatistischem Schwerpunkt an der Friedrich-Alexander Universität Erlangen-Nürnberg.

Eva Blome, Dr. phil., ist derzeit Vertretungsprofessorin für Kulturtheorie am Institut für Kulturwissenschaften an der Universität der Bundeswehr München.

Paul Gruber, M. A., war bis 2023 wissenschaftlicher Mitarbeiter der Germanistik, Abt. Neuere deutsche Literaturwissenschaft an der Europa-Universität Flensburg; seitdem Lehrer im Fach Deutsch an einem Wiener Gymnasium.

Daniela Henke, Dr. phil., ist wissenschaftliche Mitarbeiterin am Institut für Germanistik, Abt. Neuere deutsche Literaturwissenschaft an der Justus-Liebig-Universität Gießen.

Nikola Keller, Dr. des., ist wissenschaftliche Mitarbeiterin am Department Germanistik und Komparatistik, Abt. Neuere deutsche Literatur mit komparatistischem Schwerpunkt an der Friedrich-Alexander Universität Erlangen-Nürnberg.

Paul Krauße, M. A., ist wissenschaftlicher Mitarbeiter am Institut für Deutsche Philologie, Abt. Neuere deutsche Literaturwissenschaft an der Ludwig Maximilians-Universität München.

Juliane Ostermoor, M. A., ist wissenschaftliche Mitarbeiterin am Deutschen Seminar, Abt. Allgemeine und vergleichende Literaturwissenschaft an der Albert-Ludiwgs-Universität Freiburg.

Iulia-Karin Patrut, Dr. phil., ist Professorin für Neuere deutsche Literaturwissenschaft im europäischen Kontext an der Europa-Universität Flensburg.

Dariya Manova, Dr. phil., ist Juniorprofessorin für Neuere deutsche Literaturwissenschaft mit dem Schwerpunkt Jugend- und Pop-Kultur an der Universität Wien.

Reto Rössler, Dr. phil., ist Juniorprofessor für Neuere deutsche Literaturwissenschaft an der Europa-Universität Flensburg.

Nadjib Sadikou, Dr. phil., ist wissenschaftlicher Mitarbeiter der Germanistik, Abt. Neuere deutsche Literaturwissenschaft an der Europa-Universität Flensburg. Er habilitierte sich ebendort im Jahr 2023.

Hannah Speicher, Dr. phil., ist wissenschaftliche Mitarbeiterin im Projekt *Systemcheck* des Bundesverbands Freie Darstellende Künste e. V. in Kooperation mit dem Institut für interdisziplinäre Arbeitswissenschaft der Universität Hannover.

Lena Wetenkamp, Dr. phil., ist Juniorprofessorin für Geschlechterforschung im Fach Germanistik/Neuere deutsche Literaturwissenschaft an der Universität Trier.

Dominik Zink, Dr. phil., ist Juniorprofessor für Neuere deutsche Literaturwissenschaft an der Albert-Ludwigs-Universität Freiburg.

∂ Open Access. © 2025 bei den Autorinnen und Autoren, publiziert von De Gruyter. Dieses Werk ist lizenziert unter der Creative Commons Namensnennung 4.0 International Lizenz.
https://doi.org/10.1515/9783111249476-017

Personenregister

Abraham, Anke 321
Abrego, Verónica 6
Acker, Marion 125
Adamczak, Bini 246
Adams, Sarah Josephine 164–166, 171
Adelung, Johann Christoph 168, 173
Adler, Alfred 227, 234
Adorno, Theodor W. 36, 273, 278
Ahmed, Sara 282, 291
Albrecht, Corinna 341
Alemán, Mateo 212
Althammer, Beate 270
Althoff, Lara 204
Althusser, Louis 292
Amlinger, Carolin 195
Andrić, Ivo 97–98
Anz, Thomas 271
Apraku, Josephine 244
Arnaudova, Svetlana 129
Assmann, Aleida 157–158
Aydemir, Fatma 4, 7–8, 13, 19–21, 23–24, 29, 39, 46–47, 263, 265, 269, 273–278, 332–333

Baasner, Rainer 78
Bachtin, Michail Michailowitsch 98–99, 101, 103–105, 237
Bales, Kevin 161, 163
Balzli, Beat 183
Barankow, Maria 211, 217
Barenboim, Daniel 112
Baron, Christian 3–6, 21, 37, 65–67, 211, 215–217, 224–225, 233–235, 243, 264
Barthold, Willi 158
Basil, Priya 147–148, 217
Baßler, Moritz 25, 28–29
Bauer, Matthias 9, 211, 213–214
Baumann, Gerd 331
Bazyar, Shida 333, 337
Beck, Laura 6
Beckmann, Anna 6
Benjamin, Walter 8, 62–63, 70, 72, 118, 277
Bergmann, Franziska 7, 9, 111
Berndt, Ralph 182

Bernhard, Thomas 221–224, 231
Bernstein, Basil 217
Bhabha, Homi K. 115, 149–150, 154, 345–346
Bhatti, Anil 7, 10, 112–113
Bieber, Florian 100
Birus, Hendrik 118
Bischoff, Doerte 147
Bjerg, Bov 249, 288
Blickle, Peter 270–271
Blitz, Hans-Martin 173
Bloch, Ernst 290
Blome, Eva 5–6, 12, 21–23, 47, 51, 53, 243–244, 247, 261–262, 264, 281, 298, 301, 303, 309, 320, 327, 336
Boehm, Omri 94
Boltanski, Luc 203
Borgards, Roland 335
Bosse, Anke 112, 117
Böttcher, Philipp 54, 264, 269, 271
Böttcher, Phillipp 271
Bourdieu, Pierre 53, 55, 195–197, 208, 214, 226, 232, 234, 264, 271, 281, 284, 292, 301, 305, 310, 322–323
Bozzi, Paola 125
Brauneck, Manfred 199
Brauneis, Adrian 335–336
Brenner, Peter J. 263
Brown, Natasha 12, 188, 245, 249–254
Brumlik, Micha 82
Bublitz, Hannelore 287
Buck, Theo 93
Burdorf, Dieter 114
Bürgel, Johann Christoph 116
Bürger, Peter 45
Busse, Caspar 180
Butler, Judith 94, 96, 116, 287–289, 291–293

Campbell, Joseph 272
Carlyle, Thomas 118
Ceaușescu, Nicolae 130, 139
Celan, Paul 14, 344–345
Chiapello, Eve 203
Chirbes, Rafael 12, 245, 256–260
Clifford, James 149, 157

Collins, Randall 248
Courtman, Nicholas 131
Cramer, Rahel 6, 331–332
Czollek, Max 4
d'Alembert, Jean Le Rond 166

Daas, Fatima 4
Danckert, Werner 212
Davis, Charles T. 167
Debré, Constance 303
Degn, Christian 179
Deleuze, Gilles 56, 64
Depkat, Volker 78, 84–85, 88
Derrida, Jacques 41, 43
Detering, Heinrich 117
Dickens, Charles 212
Dickinson, Kristin 36
Diderot, Denis 166
Dorigny, Marcel 161
Draesner, Ulrike 76
Dröscher, Daniela 4–5, 8, 11, 13, 21, 37, 51, 53–66, 68–71, 218–220, 222, 224–235, 243–244, 264, 284, 286, 288, 301–323, 325–329
Dubiel, Jochen 346
Düzyol, Tamer 347

Eagleton, Terry 337
Eble, Annalena 164
Egger, Sabine 76
Eichenberg, Ariane 75
Eins, Wieland 307–308
Eke, Norbert 125
Emmer, Pieter C 161
Eribon, Didier 3, 12, 21, 37, 51, 53, 55, 62, 65–67, 75, 211, 227, 229, 236, 243–244, 262, 264, 268, 281, 283–284, 286, 288, 303
Erikson, Erik K. 222
Ernaux, Annie 21, 37, 53, 55, 65–66, 75, 211, 228, 236, 243, 245, 264, 292, 303
Ernst, Christina 282
Eschenbach, Wolfram von 213
Eßlinger, Eva 244, 265

Fanon, Frantz 157
Fehr, Shana 44, 296
Felden, Heide von 285
Ferrante, Elena 245, 261
Floyd, George 175
Fludernik, Monika 19–20, 22–25, 30–31, 36, 46, 275
Fontane, Theodor 247
Foroutan, Naika 331–332
Foucault, Michel 13, 60, 287, 289, 292, 295, 301
Freese, Peter 265
Freud, Sigmund 271
Friedrich, Caspar David 63
Fülle, Henning 199
Funk, Mirna 9, 76–77, 79–80, 85, 87, 89

Gates, Henry Louis 167
Geiser, Myriam 34
Genette, Gérard 22, 156
Gibbs, Jenna M. 165–166
Gilroy, Paul 149
Gödde, Susanne 265
Goethe, Johann Wolfgang von 9, 52, 63, 92–94, 98, 111–121, 213–214
Goffman, Erving 11, 216–217
Golz, Jochen 78
Gommans, Jos J.L. 161
Gorelik, Lena 8, 76–77, 79–80, 86
Göttsche, Dirk 6
Grabau, Christian 283–284
Graf, Patricia 185–186
Greber, Erika 296
Grimmelshausen, Hans Jacob Christoffel von 11, 213
Grjasnowa, Olga 4, 8, 76, 79–82, 85–86, 90
Gruber von Grubenfels, Carl Anton 165, 167–170, 172–173
Gruber, Paul 7, 9, 91
Gründer, Horst 164
Guillén, Claudio 212
Gundram, Ralph 184
Güngör, Dilek 19, 36

Habermas, Rebekka 177
Hafis, Muhammad Schams ad-Din 9, 112, 114, 116–117, 119, 121–122
Hakkarainen, Marja-Leena 125
Hall, Stuart 10
Hallet, Wolfgang 303, 322
Hamberger, Joachim 164
Hammerdörfer, Karl 173–174
Hartmann, Evi 163
Hasters, Alice 20
Haunschild, Axel 196, 206
Hautkapp, Dirk 2
Heidrich, Jens F. 175–180, 185–188
Heimböckel, Dieter 7, 151, 154
Helfer, Monika 75
Henke, Daniela 12–13, 331, 336
Henryson, Hanna 28
Herbold, Astrid 319–321, 329
Higgins, E. Tory 95
Hill, Marc 332
Hipp, Claus 183
Hipp, Hans 183
Hirsch, Arnold 213
Hirsch, Marianne 8, 60, 75, 265, 331
Hirschman, Albert O. 204
Hissy, Maha El 103
Hobrack, Marlen 4, 11, 214, 233–237
Hoffmann, E.T.A. 56
Hoffmann-Ihde, Beatrix 164
Hoggarts, Richard 53
Holdenried, Michaela 93
Homer 44
hooks, bell 203, 252
Horkheimer, Max 273, 278
Hroch, Miroslav 100
Hussein, Saddam 150

Illouz, Eva 245, 261
Ippolito, Enrico 4
Iztueta Goizueta, Garbine 304

Jäger, Maren 54
Jameson, Leslie 228, 232
Janesch, Sabrina 76
Jaquet, Chantal 52, 246, 261, 282, 286, 293–294, 296–297, 303

Joudo Larsen, Jacqueline 186
Juterczenka, Sünne 272

Kafka, Franz 35, 279
Kanakamedala, Prathibha 166
Keddi, Barbara 283
Keller, Nikola 9–11, 161
Kessler, Florian 195, 208
Khider, Abbas 10, 147–148, 150–158
Kimmich, Dorothee 7
Kindinger, Evangelia 265
Klammer, Angelika 125
Klawitter, Nils 179
Kluge, Alexander 68
Klüssendorf, Angelika 245, 261
Kohl, Karl-Heinz 339
Köhler, Sigrid G. 166, 172, 174, 189
Komfort-Hein, Susanne 147
Kordić, Martin 4, 245, 261
Korte, Barbara 275
Koß, Daniela 199
Kosche, Christian Traugott 173–174
Kotzebue, August von 165, 167, 172–173
Kracauer, Siegfried 8, 54–55, 58, 70
Kraus, Wolfgang 284
Krauße, Paul 12–13, 37, 281
Kupfer, Antonia 185–186
Kurz, Judith 175–176, 184, 186, 188–189
Küspert, Konstatin 165, 174–190, 192

l'Horizon, Kim de 4, 7–8, 13, 19–21, 24, 37, 39, 44–46, 281–282, 290, 292, 303
Lammers, Philipp 22–23, 47, 245, 261–262, 298, 301, 303, 309, 336
Lange, Sebastian 174
Langhoff, Shermin 331
Lareau, Annette 203
Lasker-Wallfisch, Maya 9, 76–78, 81–83, 87–89
Lasker-Wallfischs, Maya 9
Lauer, Claudia 99
Layne, Priscilla 165
Le Guin, Ursula K. 42, 46, 296
Lejeune, Philippe 69, 244
Lentz, Sarah 172
Lenz, Jakob Michael Reinhold 247

Lesage, Alain-René 213
Lewis, Edward 248
Lieber, Maria 303
Little, Roger 170
Lizarazu, Maria Roca 36
Lörchner, Jasmin 163
Lotman, Jurij 245
Louis, Édouard 20–21, 37, 75, 243–244, 262, 292, 303
Lubrich, Oliver 113–114
Luhmann, Niklas 45, 246
Lukács, Georg 152
Lüthi, Alexandra 46–47, 164, 193

Maalouf, Amin 149–150, 154
Maalouf, Anim 150
Magerski, Christine 45
Mann, Thomas 214
Manova, Dariya 12, 32, 263
Manske, Alexandra 207
Maron, Monika 8, 76–78, 80, 84–85, 88
Marschelke, Jan Christoph 163
Marschelke, Jan-Christoph 185
Martella, Vincenzo 273
Martínez, Matías 103–104, 276
Marx, Karl 55, 229, 231–232, 245, 292
Mattutat, Liza 28
Matusko, Ilija 303
Mayer, Christoph Oliver 303
Mayr, Anna 8, 51, 53, 65–71
Mecklenburg, Norbert 157
Mein, Georg 151
Melle, Thomas 12, 243–244, 249–250, 255–256, 262
Mercier, Louis-Sébastien 189–190
Merleau-Ponty, Maurice 318
Messina, Marion 245, 262
Meyerhoff, Joachim 52
Miller, Nancy K. 265
Miller, Stewart 212
Milman, Noa 175
Müller, Heiner 161
Müller, Herta 10, 125–143, 161, 163, 187
Müllers, Herta 10, 125–129, 131–132, 134–136, 139–141

Nayar, Pramod K. 170
Neimanis, Astrida 42
Nettling, Astrid 112, 121
Neumann, Birgit 95, 99
Neumann, Michael 6, 263
Niehaus, Judith 28
Nietzsche, Friedrich 34, 231, 233, 287
Nöstlinger, Christine 64
Novalis (Georg Philipp Friedrich von Hardenberg) 57
Nünning, Ansgar 23, 91–92, 107, 337
Nünning, Vera 23

Obama, Barack 2
Odysseus 44, 264, 273, 278, 280
Oesterhelt, Anja 270
Oesterle, Günter 57
Oestermann, Tristan 182
Ohde, Deniz 4, 12, 75, 263, 265–273, 275, 277–279, 288, 333, 336–337
Ostermoor, Juliane 12–13, 301
Othmann, Ronya 4, 13, 331, 333, 336–340, 347
Otoo, Sharon Dodua 4, 20
Overhoff, Jürgen 174
Öziri, Necati 4, 19

Palm, Christine 320
Patalong, Frank 163
Pathmanathan, Taudy 347
Patrut, Iulia-Karin 6–7, 9–10, 62, 125
Petrowskaja, Katja 76
Pigault-Lebrun (Charles-Antoine-Guillaume Pigault de l'3Épinoy) 170
Pigault-Lebrun (Charles-Antoine-Guillaume Pigault de l'Épinoy) 165, 167, 172–173
Polaschegg, Andrea 116
Polkinghorne, Donald E. 284
Preciado, Paul B. 282
Preuss, Matthias 164
Prokić, Tanja 286
Purtschert, Patricia 164
Pyta, Wolfram 78, 84–85, 88

Quevedo, Francisco de 212

Raabe, Anne 20
Radisch, Iris 275
Reckwitz, Andreas 53, 55
Reed, Terence 115
Reicher, Maria E. 334
Reidy, Julian 85
Reif, Wolfgang 263
Reitz, Landon 152
Richardson, Brian 276
Ricoeur, Paul 13, 284–285, 287, 295–296
Riesche, Barbara 166, 168–169
Roberts, Justin 161
Robinet, Jayrôme C. 282
Röhrich, Lutz 317, 325–326
Rooney, Sally 245
Rössler, Reto 1, 7–8, 51, 54
Rothberg, Michael 36
Rühle, Otto 227

Saar, Martin 287–289
Sachse, Johann Christoph 213
Sadikaj, Sonila 320
Sadikou, Nadjib 9–10, 147
Safran, William 148–149
Said, Edward 10, 112
Salzmann, Sasha Marianna 4, 332–333, 340–341
Sambruno-Spannhoff, Theresa 43, 296
Sanyal, Mithu 4, 20, 333
Sathi, Achit 40, 46–47
Scheffel, Michael 276
Schimmelmann, Ernst Heinrich 183
Schimmelmann, Heinrich Carl von 179–180, 183
Schlegel, Friedrich 57
Schmidt, Friedrich Ludwig 165, 167–168, 171, 175
Schmidt, Jara 6
Schmidt, Ludwig Friedrich 168–169, 173
Schnitzler, Arthur 214
Scholz, Oliver Robert 334
Schößler, Franziska 206
Schöttker, Detlev 84
Schrey, Dominik 277
Schrödinger, Erwin 235
Schröter, Jens 113

Schrott, Raoul 9, 111, 113–121
Schulte Beerbühl, Margit 184
Segner, Michael 24
Seidel, Sarah 22–23, 47, 261–262, 298, 301, 303, 309, 336
Seiwert, Martin 183
Sharifi, Azadeh 337
Sicks, Kai Marcel 272
Skolnik, Jonathan 81
Sophokles 212
Speicher, Hannah 9, 11, 62, 195–196
Spinner, Helmut F. 332
Spivak, Gayatri Chakravorty 228, 230
Spoerhase, Carlos 3, 6, 52–53
Stahl, Enno 6
Stanišić, Saša 4, 9, 20, 75, 92–93, 97–98, 106, 211, 238, 264, 282, 284, 288, 294
Stanišićs, Saša 91, 93–94, 97, 103
Steinbrink, Bernd 265
Steiner, André 285
Steinsberg, Franz Guolfinger von 165, 167–168, 173
Stelling, Anke 7, 19, 21, 24–25, 28–29, 39, 46–47, 54, 264, 271, 279
Stendhal (Marie-Henri Beyle) 246
Struck, Karin 247–248, 261–262
Struve, Karen 166–167
Sunier, Thijil 331
Süskind, Patrick 156
Sutherland, Wendy 165

Tardola, M. Elizabeth 166
Theweleit, Klaus 248
Thiemann, Jule 6
Thomasson, Fredrik 166
Thümler, Melanie 41
Tiemann, Manfred 115
Tijssens, Angelo 283
Timmler, Vivien 180
Tito, Josip Broz 97–98
Tobsch, Verena 196, 200, 203
Todorov, Tzvetan 22, 39
Todorova, Maria 101
Tonger-Erk, Lily 165
Treichel, Hans-Ulrich 223–224
Trojanow, Ilja 12, 272

Trump, Donald 1–3
Twellmann, Markus 6, 245, 252, 261–263, 288

Uerlings, Herbert 6, 57
Utlus, Deniz 36

Vance, James David (JD) 1–6
Velikonja, Mitja 97
Vellusig, Robert 87
Vogl, Joseph 68

Wagner, Heinrich Leopold 190
Wagner-Egelhaaf, Martina 94
Wallace, David Foster 44
Weber, Klaus 184
Weddige, Hilkert 264
Wehrle, Maren 327
Weidner, Stefan 118–119
Weimar, Klaus 237
Weinelt, Nora 42
Welle, Tobias 175, 178
Wells, Herbert Geroge 176, 186
Welzer, Harald 95
Wenzel, Olivia 4, 20, 333
Wernher der Gartenaere, Meier Helmbrecht bei 213

West, Candace 291
Wetenkamp, Lena 7–8, 25, 75–76
Wierlacher, Alois 333–334, 345
Willemer, Marianne von 115
Willemsen, Roger 8, 51–52, 54, 70–71
Williams, Bernard 102, 105
Wolf, Christa 283
Wolf, Werner 168
Woolf, Virgina 43
Wörrle, Bernhard 182

Yaghoobifarah, Hengameh 4, 332
Yıldız, Erol 331–332, 347

Zedler, Johann Heinrich 168, 173
Zehschnetzler, Hanna 125
Zemanek, Evi 19, 304
Zeuske, Michael 161–163, 177–178, 181, 184
Zimmer, Anette 204
Zimmerman, Don H. 291
Zink, Dominik 1, 7, 19, 54, 88, 97, 254, 269, 284, 290
Zipfel, Frank 334
Zobl, Susanne 113
Zollinger, Edi 296
zum Eschenhoff, Silke 199
zur Lage, Julian 179–183